普通高等院校计算机基础教育“十三五”规划教材
江西省线上线下混合式一流本科课程教材
江西省线上一流本科课程教材

数据库原理及应用

（SQL Server 2014）

主　编　彭　军　杨　珺
副主编　包　琳　刘珊慧

中国铁道出版社有限公司
CHINA RAILWAY PUBLISHING HOUSE CO., LTD.

内 容 简 介

本书基于中国式现代化基础设施体系和新农科、新工科建设的需要，全面介绍了数据库的原理与应用知识，内容涵盖数据库原理理论和应用开发。全书共分13章，包括数据库概论，关系数据库，数据库的设计，SQL Server 2014中数据库、表、视图和索引等数据对象的管理和操作，SQL基础，T-SQL编程，存储过程和触发器，事务与并发控制，数据库安全管理，数据库备份和还原等内容。

本书以立德树人为根本，以科技强国为己任，按照“理论实践一体化”教学方式组织编写，理论与实践紧密联系，学练结合。结合SPOC混合教学模式，采取分层准入的教学理念进行教学设计。本书顺应信息时代教育发展趋势，探索数字教材建设，建设立体化教学资源，建设了配套的江西省线上一流本科课程。初学者可以从头开始学习，有一定基础的读者可以选择合适的章节开始学习。学习好本书可以为后续Web开发技术、信息系统开发等课程打下良好的基础。

本书适合作为高等学校计算机、信息管理、软件工程、电子商务、大数据等相关专业数据库类课程本科生的教材，同时也适合作为数据库系统研究、数据库管理和数据库系统开发者的参考用书。

图书在版编目（CIP）数据

数据库原理及应用: SQL Server 2014/彭军，杨珺主编. —北京:
中国铁道出版社有限公司, 2020.8（2024.7 重印）
普通高等院校计算机基础教育“十三五”规划教材
ISBN 978-7-113-27193-0

Ⅰ.①数… Ⅱ.①彭…②杨… Ⅲ.①关系数据库系统-高等学校-教材 Ⅳ.①TP311.132.3

中国版本图书馆 CIP 数据核字（2020）第 156560 号

书　　名： 数据库原理及应用（SQL Server 2014）
作　　者： 彭　军　杨　珺

策　　划： 曹莉群　　　　**编辑部电话：**（010）51873202
责任编辑： 刘丽丽　包　宁
封面设计： 刘　颖
责任校对： 张玉华
责任印制： 樊启鹏

出版发行： 中国铁道出版社有限公司（100054，北京市西城区右安门西街 8 号）
网　　址： https://www.tdpress.com/51eds/
印　　刷： 河北宝昌佳彩印刷有限公司
版　　次： 2020 年 8 月第 1 版　2024 年 7 月第 5 次印刷
开　　本： 787 mm×1 092 mm 1/16　**印张：** 19　**字数：** 450 千
书　　号： ISBN 978-7-113-27193-0
定　　价： 49.00 元

前言

党的二十大报告指出，高质量发展是全面建设社会主义现代化国家的首要任务。要建设现代化产业体系，坚持把发展经济的着力点放在实体经济上，推进新型工业化，加快建设制造强国、质量强国、航天强国、交通强国、网络强国、数字中国。要优化基础设施布局、结构、功能和系统集成，构建现代化基础设施体系。

数据库技术正是实现中国式现代化、建设数字中国所需的基础技术，在现代化基础设施体系中不可或缺。数据库技术已经成为计算机科学技术发展最快、应用最广的领域之一，也是计算机科学技术的核心和重要基础，同时也在全面推进乡村振兴、加快农业农村现代化信息化、加大培养农业农村信息化人才力度和提高农业农村人才培养质量中起着基础性的作用。

本书编者长期从事高等学校计算机及相关专业本科生、研究生数据库相关课程的教学，不仅教学经验丰富，而且还有着多年的农业信息系统数据库开发经验。编者基于长期的教学经验，熟悉数据库课程的重点、难点，了解学生学习数据库课程时的困难和问题所在，从而，在总结经验教训的基础上，完善教材内容，构建课程知识体系以适应新时期的教师教学和学生自学。

本书以立德树人为根本，以科技强国为已任，围绕新农科、新工科建设要求，贯彻课程思政理念，立足学术理论前沿，全面介绍数据库的原理与应用知识，内容涵盖数据库原理理论和应用开发，基本理论与应用技术并重，具体特色如下：

①本书按照“理论实践一体化”教学方式组织编写，理论与实践紧密联系，学练结合。

②本书结合 SPOC 混合教学模式，是江西省一流本科课程配套教材，采取分层准入的教学理念进行教学设计。初学者可以从头开始学习，有一定基础的读者可以选择合适的章节开始学习。

③本书以“创新创业”教育为导向，以培养“创新创业”技能为抓手，推动“产教融合”，邀请企业工程师参与，突出“创新创业”实际社会生产需求，突出“创新创业”实际需求，在内容上，紧扣创新创业技能特色，实用性强。

④全书文字精练，通俗易懂，图文并茂，既适合学校课堂教学，也适合社会培训和读者自学。

⑤本书积极推进教育数字化，探索数字教材建设，配置了立体化教学资源——江西省线上一流本科课程（网址 https://www.xueyinonline.com/detail/24/242714），教学视频时长达 1100 多分钟，页面累计浏览量达 200 多万次，为广大读者提供了可听、可视、可练、可互动的教学服务。

学习好本书可以为后续学习 Web 开发技术、信息系统开发、数据分析等课程打下良好的基础。本书适合作为高等学校计算机、信息管理、软件工程、电子商务、大数据等相关专业数据库类课程研究生和本科生的教材，也适合作为从事数据库系统研究、数据库管理和数据库系统开发者的参考用书。

本书由江西农业大学彭军、杨珺、刘珊慧、万韵、胡亚平，大连海洋大学包琳，上海第二工业大学吴嘉琪等老师共同编写。彭军、杨珺任主编，包琳、刘珊慧任副主编，全书由彭军、杨珺提出框架，杨珺、包琳负责统稿。本书第 1 章由杨珺、吴嘉琪共同编写，第 2、4、6、7 章由彭军编写，第 3 章由彭军、包琳共同编写，第 5 章由杨珺、包琳共同编写，第 8、10 章由万韵编写，第 9、11 章由刘珊慧编写，第 12、13 章由胡亚平编写。在本书的编写和试用过程中，获得了深圳麟安科技有限公司、深圳肆专科技有限公司的多位数据库工程师的大力支持，并得到了江西农业大学、大连海洋大学、上海第二工业大学等院校的多位老师的帮助，再次表示衷心感谢；同时，还要感谢提供网络资源的网友。

本书是江西省高等学校教学研究省级重点项目“以课程思政方法建设一流本课课程的改革与实践——以省级一流本科课程‘数据库原理与应用’为例”（JXJG-21-3-4）、江西省线上线下混合式省级一流本科课程、江西省线上省级一流本科课程、江西省教育科学“十四五”规划 2023 年度一般课题“课程思政视角下 SPOC 课程教学交互行为与学习成效实证研究——以省级线上线下一流本科课程《数据库原理与应用》为例”（项目编号 23YB043）、江西省高等学校教学研究省级一般课题“基于 SPOC+‘双创’教育的课程混合教学实证研究”（JXJG-18-3-021）、中华农业科教基金教材建设研究 2018 年项目“基于 SPOC 的西部农业院校计算机公共基础课程混合教学模式研究”（NKJ201803047）和 2022 年江西农业大学课程思政建设示范课程培育项目的研究成果之一。

由于编者水平有限，书中不妥和疏漏在所难免，敬请同行及广大读者批评指正。

编　者

2024 年 7 月

目录

第 1 章 数据库概论

本章主要阐述数据库技术的基础知识，介绍数据库系统的组成、数据模型、数据库模式结构、数据库技术的产生与发展以及数据库的体系结构等方面的知识。学生通过学习本章知识，可以对数据库技术基础知识有一个基本的了解，认识数据库的结构及组成，为进一步学习后续相关知识打下基础。

1.1 数据库系统

1.1.1 数据库系统组成

随着数字中国建设进程的加快，生产力已进入数字时代，数字经济成为驱动经济高质量发展的关键力量，数据成为数字经济发展的核心动力。2023 年 3 月国家数据局的组建说明，国家对数据治理能力的重视和数据要素基础建设的重要性。数据库系统向下调用底层硬件资源，向上支撑应用软件，作为三大基础软件之一，为数字中国、数字经济和数字社会的建设起到重要支撑作用。

数据库系统（database system，DBS）指在计算机系统中引入数据库后构成的系统，其内涵已经不仅仅是一组对数据进行管理的软件（即通常称为数据库管理系统），也不仅仅是一个数据库。数据库系统是一个可实际运行的，按照数据库方式存储、维护和向应用系统提供数据或信息支持的系统。它是存储介质、处理对象和管理系统的集合体，一般由数据库、硬件环境、软件环境、相关人员 4 部分构成。

1. 数据库

数据库（database，DB）是与一个特定组织的各项应用相关的所有数据的汇集。通常由两大部分组成：一部分是有关应用所需要的工作数据的集合，称为物理数据库，它是数据库的主体；另一部分是关于各级数据结构的描述，称为描述数据库，通常由一个数据字典系统管理。

数据库构建主要是通过综合各个用户的文件，除去不必要的冗余，使之相互联系形成的数据结构，数据结构的实现取决于数据库的类型。

2. 硬件环境

硬件环境是指数据库赖以存在的物理设备，包括 CPU、内存、外存、数据通道等各种存储、处理和传输数据的设备。数据库系统需要较大的存储空间，用于存放系统程序、应用程序以及开辟系统和用户工作区缓冲区；外部存储一般要配备高速、大容量的直接存取设备，例如磁盘或光盘等；要考虑到 I/O 设备速度、可支持终端数和性能稳定性等指标，在许多应用中还要考虑系统支持连网的能力和配备必要的后备存储设备等因素；此外，还要求系统有较高的通道能力，以提高数据的传输速率。

3. 软件环境

软件环境主要包括操作系统、数据库管理系统、各种宿主语言和支持开发的实用程序等。数据库管理系统（database management systems，DBMS）是管理数据库的软件系统，是在操作系统（operating system，OS）支持下工作的，选用 DBMS 时还要考虑选择提供支持的操作系统；为开发应用系统，需要各种宿主语言（如 COBOL、PL/I、Fortran、C 等）及其编译系统，这些语言与数据库之间应有良好的接口。此外，支持开发的实用程序，如报表生成器、表格系统、图形系统、具有数据库存取和表格 I/O 功能的软件、数据字典等，是系统为应用开发人员和最终用户提供的高效率、多功能的交互式程序设计系统，它们为数据库应用系统的开发和应用提供了良好的环境，使用户提高效率，有的系统甚至能提高效率达百倍。

4. 相关人员

管理、开发和使用数据库系统的人员主要有系统分析员、数据库管理员、应用程序员和用户，他们各自有不同的职责：

1）系统分析员

系统分析员负责应用系统的需求分析和规范说明。他们要与用户及 DBA 配合，确定系统的软/硬件配置并参与数据库各级模式的概要设计。一般来说，系统分析员要求有相应的丰富系统开发经验，从而能整体全面地对系统进行分析和设计。对于计算机及相关专业的读者来说，要成为合格的系统分析员，所具备的知识结构可以参考全国计算机技术与软件专业技术资格（水平）考试中的系统分析师或信息系统项目管理师的考试要求；也鼓励有条件的读者参与考试。

2）数据库管理员

数据库管理员（database administrator，DBA）是对数据库系统进行监督、管理的人员。对于计算机及相关专业的读者来说，要成为合格的 DBA，可以通过系统学习本书知识来获得相应的知识技能，同样也可以参考全国计算机技术与软件专业技术资格（水平）考试中的数据库系统工程师的考核要求。

3）应用程序员

应用程序员负责设计应用系统的程序模块，根据外模式编写应用程序以及对数据库的操作过程程序。对于计算机及相关专业的读者来说，要成为合格的应用程序员，则需要学习相关的应用程序设计与开发的知识技能，相应地，全国计算机技术与软件专业技术资格（水平）考试中的软件设计师考核要求可以作为参考。

4）用户

用户有应用程序和终端用户两类，通过应用系统的用户接口使用数据库，目前常用的接口方式有菜单驱动、表格操作、图形显示报表生成等，这些接口给用户提供简明直观的数据表示。身处网络时代的人们基本无一例外地已经成为了某个数据库的用户。可以简单回顾一下我们所用到的各种应用程序和管理信息系统，它们已经深入到了人们生活的方方面面。

由于大型系统中的数据库具有共享性，因此要想成功地运转数据库，就需要配备 DBA 维护和管理数据库，使之处于最佳的状态。DBA 可以是一个人或几个人组成的小组，其主要职责是：

（1）决定数据库的信息内容和结构，确定某现实问题的实体联系模型，建立与 DBMS 有关的数据模型和概念模式。

（2）决定存储结构和存取策略，建立内模式和模式/内模式映像。使数据的存储空间利用率和存取效率两方面都较优。

（3）充当用户和 DBS 的联络员，建立外模式和外模式/模式映像。

（4）定义数据的安全性要求和完整性约束条件，以保证数据库的安全性和完整性。安全性要求是用户对数据库的存取权限，完整性约束条件是对数据进行有效性检验的一系列规则和措施。

（5）确定数据库的后援支持手段及制订系统出现故障时数据库的恢复策略。

（6）监视并改善系统的“时空”性能，提高系统的效率。

（7）当系统需要扩充和改造时，负责修改和调整外模式、模式和内模式。

总之，DBA 承担创建、监控和维护整个数据库结构的责任。由于职责重要和任务复杂，要求具有系统程序员和运筹学专家的素质和知识，一般由业务水平较高、资历较深的人员担任。

1.1.2 数据库系统的优势

数据库系统的应用，使计算机应用深入社会的各个领域，这是因为应用数据库系统可获得很大的优势，具体包括下列几个方面：

（1）简易性。由于精心设计的数据库能模拟企业的运转情况，并提供该企业数据逼真的描述，使管理部门和使用部门能很方便地使用和理解数据库。同时，数据独立性使得修改数据库结构时尽量不损害已有的应用程序，使程序维护工作量大为减少。

（2）灵活性。数据库容易扩充以适应新用户的要求，同时也容易移植以适应新的硬件环境和更大的数据容量。

（3）集中性。能对数据进行集中控制，就能保证所有用户在同样的数据上操作，而且数据对所有部门具有相同的含意。数据的冗余减到最合适，消除了数据的不一致性。

（4）高效性。数据库系统的应用加快了应用系统开发速度。程序员和系统分析员可以集中全部精力于应用处理设计，而不必关心数据操纵和文件设计的细节，后援和恢复问题均由系统保证。数据库方法使系统中的程序数量减少而又不过分增加程序的复杂性，由于数据管理语言命令功能强，应用程序编写起来较快，进一步提高了程序员的工作效率。

（5）实用性。由于数据库反映企业的实际运转情况，因此基本上能满足用户的要求，同时数据库又为企业的信息系统奠定了基础。

（6）标准化。数据库方法能促进建立整个企业或整合数据达到一致性，对各种数据的使用能实现标准化工作。

1.2 数据库管理系统

数据库管理系统（DBMS）是数据库系统中对数据进行管理的软件，也是数据库系统的核心组成部分。对数据库的一切操作，包括定义、查询、更新及各种控制等都是通过 DBMS 进行的。DBMS 是用户与数据库的接口。用户要对数据库进行操作，是由 DBMS 把操作从应用程序带到外部级、概念级、再导向内部级，进而操纵存储器中的数据。

DBMS 是针对某种数据模型设计的，可以看成是某种数据模型在计算机系统中的具体实现。根据所采用数据模型的不同，DBMS 可以分成网状型、层次型、关系型、面向对象型等。但在不同的计算机系统中，由于缺乏统一的标准，即使同种数据模型的 DBMS，它们在用户接口和系统功能等方面也常常是不相同的。

1.2.1 DBMS 的主要功能

1. 数据库的定义功能

DBMS 提供数据定义语言（data definition language，DDL）定义数据库的结构，包括外模式、内模式及其相互之间的映像，定义数据的完整性约束、保密限制等约束条件。定义工作是由 DBA 完成的。在 DBMS 中由 DDL 的编译程序，负责将 DDL 编写的各种模式编译成相应的目标模式。这些目标模式是对数据库的描述，不是数据本身，是数据库的框架（即结构），并被保存在数据字典中，供以后进行数据操纵或数据控制时查阅使用。

2. 数据库操纵功能

DBMS 提供数据操纵语言（data manipulation language，DML）实现对数据库的操作。基本的数据操作有四种：检索、插入、删除和修改。DML 有两类，一类是嵌入在宿主语言中使用的，例如嵌入在 COBOL、Fortran、C 等高级语言中，这类 DML 称为宿主型 DML。另一类是可以独立地交互使用的 DML，称为自主型或自含型 DML。因而 DBMS 中必须包括 DML 的编译程序或解释程序。

3. 数据库运行控制功能

DBMS 对数据库的控制主要通过 4 个方面实现：数据安全性控制、数据完整性控制、多用户环境下的并发控制和数据库的恢复。

（1）数据库安全性控制是对数据库的一种保护。使用数据的用户，必须向 DBMS 标识自己，由系统确定是否可以对指定的数据进行存取。它的作用是防止未经授权的用户蓄意或无意地修改数据库中的数据，以免数据泄露、更改或破坏导致企业蒙受巨大的损失。

（2）数据完整性控制是 DBMS 对数据库提供保护的另一个重要方面。其目的是保持进入数据库中存储数据语义的正确性和有效性，防止任何对数据造成违反其语义的操作。因此，DBMS 都允许对数据库中各类数据定义若干语义完整性约束，由 DBMS 强制实行。

（3）并发控制是 DBMS 的第三类控制机制。数据库技术的一个优点是数据的共享性。但多个应用程序同时对数据库进行操作可能会破坏数据的正确性，或者在数据库内存储了错误的数据，或者用户读取了不正确的数据（称为脏数据）。并发控制机制能够防止上述情况发生，正确处理好多用户、多任务环境下的并发操作。

（4）数据库的恢复机制是保护数据库的又一个重要方面。在对数据库进行操作的过程中，可能会出现各种故障，例如停电、软/硬件各种错误、人为破坏等，导致数据库损坏或者数据不正确。此时 DBMS 的恢复机制有能力把数据库恢复至最近的某个正确状态。为了保证恢复工作的正常进行，系统要经常为数据库建立若干备份（一般存储在磁盘中）。

4. 数据库的维护功能

包括数据库的初始数据的载入、转换、转储、数据库的重组和性能监视、分析等数据库的维护功能。这些功能由各个实用程序完成。例如装配程序（装配数据库）、重组程序（重新组织数据库）、日志程序（用于更新操作和数据库的恢复）、统计分析程序等。

5. 数据字典（Data Dictionary，DD）

DD 中存放着数据库三级结构的描述，对于数据库的操作要通过查阅 DD 进行。现在有的大型系统中，把 DD 单独抽出来自成一个系统，成为一个软件工具，使得 DD 成为一个比 DBMS 更高级的用户和数据库之间的接口。

数据字典的任务就是管理有关数据的信息，所以又称“数据库的数据库”。它的主要任务有：

（1）描述数据库系统的所有对象，并确定其属性，如一个模式中包含的记录型与一个记录型包含的数据项；用户的标识、口令；物理文件名称、物理位置及其文件组织方式等。数据字典在描述时赋给每个对象唯一的标识。

（2）描述数据库系统对象之间的各种交叉联系。如哪个用户使用哪个外模式，哪些模式或记录型分配在哪些区域及对应于哪些物理文件、存储在何种物理设备上。

（3）登记所有对象的完整性及安全性限制等。

（4）对数据字典本身的维护、保护、查询与输出。

数据字典的主要作用是：供数据库管理系统快速查找有关对象的信息。数据库管理系统在处理用户存取时，要经常查阅数据字典中的用户表、外模式表和模式表；供数据库管理员查询，以掌握整个系统的运行情况；支持数据库设计与系统分析。

上述是一般的 DBMS 所具备的功能。通常在大、中型计算机上实现的 DBMS 功能较强、较全，在微型计算机上实现的 DBMS 功能较弱。

还应指出，用宿主语言编写的应用程序并不属于 DBMS 的范围。应用程序是用宿主语言和 DML 编写的。程序中的 DML 语句是由 DBMS 解释执行的，而其余部分仍由宿主语言编译系统去编译。

1.2.2 DBMS 的组成

DBMS 通常由三部分组成：数据描述语言及其翻译程序、数据操纵语言及其处理程序和数据库管理的例行程序。

1. 数据描述语言

数据描述语言（DDL）对应数据库系统的三级模式（外模式、模式和内模式）分别由三种不同的 DDL 实现，分别是：外模式 DDL、模式 DDL 和内模式 DDL，它们是专门供 DBA 使用的，一般用户不必去关心。

（1）外模式 DDL 是专门定义某一用户的局部逻辑结构。

（2）模式 DDL 是用来描述数据库的全局逻辑结构。它包括数据库中所有元素的名称、特征及其相互关系的描述，并包括数据的安全保密性和完整性以及存储安排、存取路径等信息。

（3）内模式 DDL 是用来定义物理结构的数据描述语言。它有存储记录和块的概念，但它不受任何存储设备和设备规格（如柱面大小、磁道容量等）的限制。它包括对存储记录类型、索引方法等方面的描述。

2. 数据操纵语言

数据操纵语言（DML）是用户与 DBMS 之间的接口，是用户用于存储、控制、检索和更新数据库的工具。

DML 由一组命令组成，这些语句可分为 4 类。

（1）存储语句。用户使用存储语句向数据库中存放数据。系统给出新增数据库记录的数据库码，并分配相应的存储空间。

（2）控制语句。用户通过这类语句向 DBMS 发出使用数据库的命令，使数据库置于可用状态。操作结束后，必须使用关闭数据库的命令，以便对数据库的数据进行保护。

（3）检索语句。用户通过这类语句把需要检索的数据从数据库中选择出来传至内存，交给应用程序处理。

（4）更新语句。用户通过这组更新语句完成对数据库的插入、删除和修改数据的操作。

3. 数据库管理的例行程序

数据库管理的例行程序随系统而异。一般来说，它通常由下列三部分组成。

（1）语言翻译处理程序。包括 DDL 翻译程序、DML 处理程序、终端查询语言解释程序、数据库控制语言的翻译程序等。

（2）公用程序。定义公用程序和维护公用程序。定义公用程序包括信息格式定义、模式定义、外模式定义和保密定义公用程序等。维护公用程序包括数据装入、数据库更新、重组、重构、恢复、统计分析、工作日记、转储和打印公用程序等。

（3）系统运行控制程序。包括数据存取、更新、有效性检验、完整性保护程序、并发控制、数据库管理、通信控制程序等。

1.2.3 DBMS 的工作过程

通过应用程序 A 调用 DBMS 读取数据库中的一个记录的全过程，如图 1-1 所示。在应用程序 A 运行时，DBMS 首先开辟一个数据库的系统缓冲区，用于输入/输出数据。三级模式的定义存放在数据字典中。具体过程如下：

（1）应用程序 A 中有一条读记录的 DML 语句。该语句给出涉及的外模式中的记录类型名及欲读记录的键值。当计算机执行该 DML 语句时，立即启动 DBMS，并向 DBMS 发出读记录的命令。

（2）DBMS 接到命令后，先从数据字典中调出该程序对应的外模式，检查该操作是否在合法授权范围内，若不合法则拒绝执行，并向应用程序状态返回区发出不成功的状态信息；若合法则执行下一步。

（3）DBMS 调用相应的概念模式描述，并从外模式映像到概念模式，也就是把外模式的外部记录格式映像到概念模式记录格式，决定概念模式应读入哪些记录。

（4）DBMS 调用相应的内模式描述，并把概念模式映像到内模式，即把概念模式的概念记录格式映像到内模式的内部记录格式，确定应读入哪些物理记录及具体的地址信息。

（5）DBMS 向操作系统发出从指定地址读物理记录的命令。

（6）操作系统执行读命令，按指定地址从数据库中把记录读入数据库的系统缓冲区，并在操作结束后向 DBMS 做出回答。

（7）DBMS 收到操作系统读操作结束的回答后，参照模式，将读入系统缓冲区中的内容变换成概念记录，再参照外模式，变换成用户要求读取的外部记录。

（8）DBMS 所导出的外部记录从系统缓冲区送到应用程序 A 的“程序工作区”中。

（9）DBMS 向运行日志数据库发出读一条记录的信息，以备以后查询使用数据库的情况。

（10）DBMS 将操作执行成功与否的状态信息返回给用户。

（11）DBMS 应用程序根据返回的状态信息决定是否使用工作区中的数据。

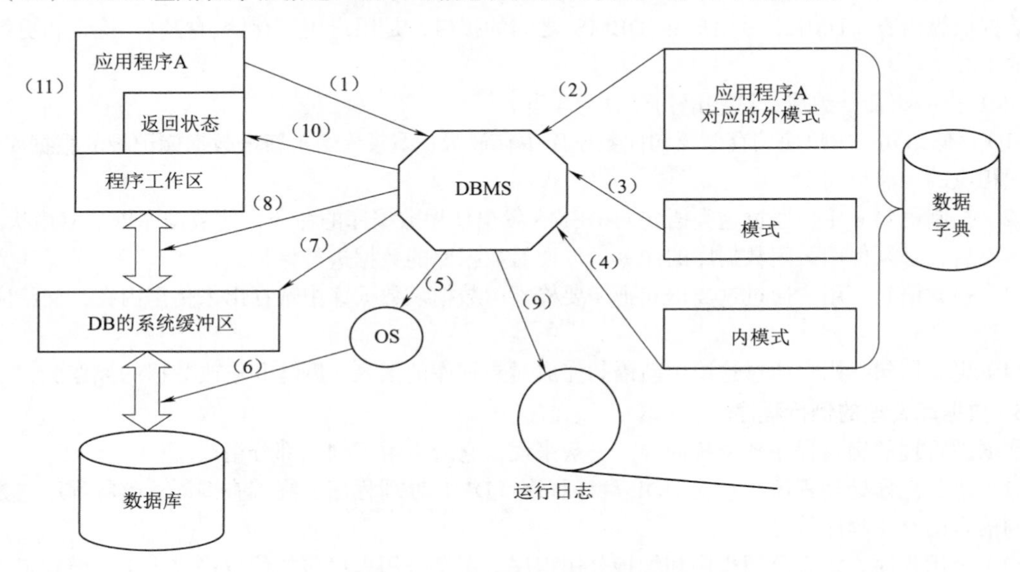

图 1-1　用户访问数据的过程

如果用户需要修改一个记录内容，其过程与此类似。这时首先读出目标记录，并在用户工作区中用主语言的语句进行修改，然后向 DBMS 发出写回修改记录的命令。DBMS 在系统缓冲区进行必要的转换（转换的过程与读数据时相反）后向操作系统发出写命令，即可达到修改数据的目的。

1.3　数据模型

DBMS 都是针对数据模型进行设计的，任何一个数据库都要组织成符合 DBMS 规定的数据模型。如何将反映现实世界中有意义的信息，转换为能在计算机中表示的数据，并能被数据库处理，是数据模型要解决的问题。数据模型不仅要能表示存储了哪些数据，更重要的是还要能以一定的结构形式表示出各种不同数据之间的联系。利用这些联系很快找到相关联的数据，完成相关数据的运算处理。因此，数据模型应具有描述数据和数据联系两方面的功能。

1.3.1 信息和数据

数据是数据库系统研究和处理的对象，而数据与信息是分不开的。信息是对现实世界各种事物的存在特征、运动形态以及不同事物间的相互联系等在人脑中的抽象反映，进而形成概念。数据是对信息的符号化表示，即用一定的符号表示信息。数据是信息的载体，而信息是数据的内涵。同一信息可以有不同的数据表示形式；而同一数据也可能有不同的解释。信息只有通过数据形式表示出来才能够被人们理解和接受。尽管数据和信息在概念上不尽相同，但是通常人们在数据库处理中并不严格区分它们，数据处理本质上就是信息处理。

1.3.2 数据模型的三个层次

数据模型是对客观事物及其联系的数据描述。从事物的特征到计算机中的数据表示，对现实世界问题的抽象经历了三个不同层次，即概念数据模型、逻辑数据模型、物理数据模型。

（1）概念数据模型又称概念模型，是现实世界到概念世界的抽象。它是一种与具体的计算机和数据库管理系统无关的，面向客观世界和用户的模型，侧重于对客观世界复杂事物的结构及它们内在联系的描述，而将与 DBMS、计算机有关的物理的、细节的描述留给其他模型描述。概念模型是整个数据模型的基础。目前较为著名的模型是实体-联系模型（entity-relationship model，简称 E-R 模型）。

（2）逻辑数据模型又称数据模型，是概念世界的抽象描述到信息世界的转换。它是一种面向数据库系统的模型，直接与 DBMS 有关。概念模型只有在转换成数据模型后才能在数据库中得以表示。目前最常用的数据模型有层次模型（hierarchical model）、网状模型（network model）、关系模型（relational model）。

这类模型有严格的定义，包含数据结构、数据操作和数据完整性约束三个要素：

①数据结构是指对实体类型和实体间联系的表达和实现。

②数据操作是指对数据库的检索和更新（包括插入、删除和修改）两类操作。

③数据完整性约束给出数据及其联系应具有的制约和依赖规则。

（3）物理数据模型又称物理模型，是信息世界模型在机器世界的实现。它是面向计算机物理表示的模型，此模型给出了数据模型在计算机上真正的物理结构的表示。

为了把现实世界中的具体事物抽象、组织为某一 DBMS 支持的数据模型，人们常常首先将现实世界抽象为信息世界的概念模型，然后将信息世界的概念模型转换为 DBMS 支持的逻辑数据模型，最后在计算机物理结构上描述，成为机器世界的物理模型。其抽象过程如图 1-2 所示。

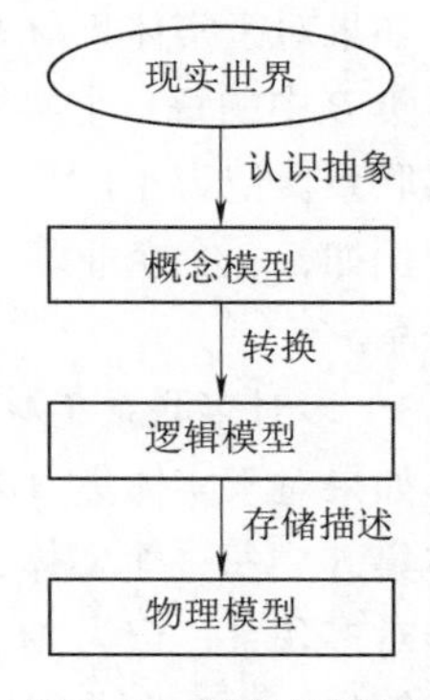

图 1-2　抽象的过程

1.3.3 信息世界中的基本概念

信息世界是现实世界的认识抽象。在信息世界中，数据库技术中用到的术语包括：

1. 实体（entity）

客观存在并可互相区别的事物称为实体。现实世界的事物可以抽象成实体，实体可以是具体的人、事、物，也可以是抽象的概念或联系，例如，一个职工、一个学生、一个部门、一门课、学生的一次选课、部门的一次订货、老师与系的工作关系（即某位老师在某系的工作）等都是实体。

2. 属性（attribute）

实体所具有的某一特性称为属性。一个实体可以由若干个属性来刻画。例如，学生实体可以由学号、姓名、性别、出生年份、系等属性组成，（20170819，韩东，男，1999，计算机科学技术）。这些属性组合起来表征了一个学生。

3. 码（key）

唯一标识实体的属性或属性集称为码，且不应有冗余属性。例如，学号是学生实体的码。

4. 域（domain）

属性的取值范围称为该属性的域。例如，学号的域为 8 位整数，姓名的域为字符串集合，年龄的域为小于 35 的整数，性别的域为（男，女）。

5. 实体型（entity type）

具有相同属性的实体必然具有共同的特征和性质。用实体名及其属性名集合来抽象和刻画同类实体，称为实体型。例如，学生（学号，姓名，性别，出生年份，系）就是一个实体型。

6. 实体集（entity set）

同型实体的集合称为实体集。例如，全体学生就是一个实体集。

7. 联系（relationship）

在现实世界中事物间的关联称为联系，这些联系在信息世界中反映为实体集内部的联系和实体集之间的联系。实体集内部的联系通常是指同一个实体集内有若干实体之间的联系。实体集间的联系是就实体集个数而言的，有两个实体集间的联系和多个实体集间的联系。两个实体集间的联系最为常见，可以分为三类：

1）一对一联系（1∶1）

如果对于实体集 A 中的每一个实体，实体集 B 中至多有一个实体与之联系，反之亦然，则称实体集 A 与实体集 B 具有一对一联系，记为 1∶1。

例如，一个企业只有一个厂长，而一个厂长只在一个企业中任职，则企业与厂长之间具有一对一联系。

2）一对多联系（$1:N$）

如果对于实体集 A 中的每一个实体，实体集 B 中有 N 个实体（$N \geqslant 0$）与之联系，反之，对于实体集 B 中的每一个实体，实体集 A 中至多只有一个实体与之联系，则称实体集 A 与实体集 B 有一对多联系。记为 $1:N$。

例如，一个企业聘用多名工人，而一名工人只在一个企业中工作，则企业与工人之间具有一对多联系。

3）多对多联系（$M:N$）

如果对于实体集 A 中的每一个实体，实体集 B 中有 N 个实体（$N \geqslant 0$）与之联系，反之，对于实体集 B 中每一个实体，实体集 A 中也有 M 个实体（$M \geqslant 0$）与之联系，则称实体集 A 与实体集 B 有多对多联系，记为 $M:N$。

例如，一个企业聘用多名工程师，而一个工程师在多个企业中兼职，则企业与工程师之间具有多对多联系。

实际上，一对一联系是一对多联系的特例，而一对多联系又是多对多联系的特例。实体集之间的这种一对一、一对多、多对多联系不仅存在于两个实体集之间，也存在于两个以上的实体集之间。

若实体集 E_1，E_2，…，E_n 存在联系，对于实体集 E_j（j=1，2，…，i–1，i+1，…，n）中的给定实体，最多只和 E_i 中的一个实体相联系，则我们说 E_i 与 E_1，E_2，…，E_i–1，E_i+1，…，E_n 之间的联系是一对多的。例如，对于课程、教师与参考书三个实体型，如果一门课程可以有若干教师讲授，使用若干本参考书，而每一个教师只讲授一门课程，每一本参考书只供一门课程使用，则课程与教师、参考书之间的联系是一对多的。

多实体集之间一对一、多对多联系的定义及其例子可以参照两个实体集自行推出。

同一个实体集内的各实体之间也可以存在一对一、一对多、多对多的联系。例如，学生实体集内部具有领导与被领导的联系，即某一学生（班干部）“领导”若干名学生，而一个学生仅被另外一个学生直接领导，因此这是一对多的联系。

1.3.4 概念模型的 E-R 模型表示方法

概念模型是对信息世界建模，所以概念模型应该能够方便、准确地表示出上述信息世界中的常用概念。概念模型的表示方法很多，其中最为常用的是 P.P.S.Chen 于 1976 年提出的实体-联系方法（entity-relationship approach）。该方法用 E-R 图来描述现实世界的概念模型。E-R 图提供了表示实体型、属性和联系的方法。

（1）实体型（集）：用矩形表示，矩形框内写明实体集名。

（2）属性：用椭圆形表示，并用无向边将其与相应的实体集连接起来。

（3）联系：用菱形表示，菱形框内写明联系名，并用无向边分别与有关实体连接起来，并且在无向边旁标上联系的类型（1∶1、1∶N 或 M∶N）。

需要注意的是，联系本身也是一种实体型，也可以有属性。如果一个联系具有属性，则这些属性也要用无向边与该联系连接起来。下面通过例子了解设计 E-R 图的过程。

【例 1.1】为某仓库的管理设计一个 E-R 模型。仓库主要管理零件的采购和供应等事项。仓库根据需要向外面的供应商订购零件，而许多工程项目需要仓库提供零件。E-R 图的建立过程如下：

（1）确定实体型。本问题有三个实体型：零件 PART，工程项目 PROJECT，零件供应商 SUPPLIER。

（2）确定实体集联系。PROJECT 和 PART 之间是 M∶N 联系，PART 和 SUPPLIER 之间也是 M∶N 联系，分别命名为 P_P 和 P_S。

（3）把实体型和联系组合成 E-R 图。

（4）确定实体型和联系的属性。实体型 PART 的属性有：零件编号 PNO，零件名称 PNAME，颜色 COLOR，重量 WEIGHT。实体型 PROJECT 的属性有项目 JNO，项目名称 JNAME，项目开工日期 DATE。实体型 SUPPLIER 的属性有：供应商编号 SNO，供应商名称 SNAME，地址 SADDR。

联系 P_P 的属性是某个项目需要某种零件的总数 TOTAL。联系 P_S 的属性是某供应商供应某种零件的数量 QUANTITY。联系的数据在数据库技术中称为“相交数据”。联系中的属性是实体发生联系时产生的属性，而不应该包括实体的属性或标识符。

（5）确定实体型的主码。在 E–R 图中属于码的属性名下画一条横线。最后绘制出的 E–R 图如图 1–3 所示。

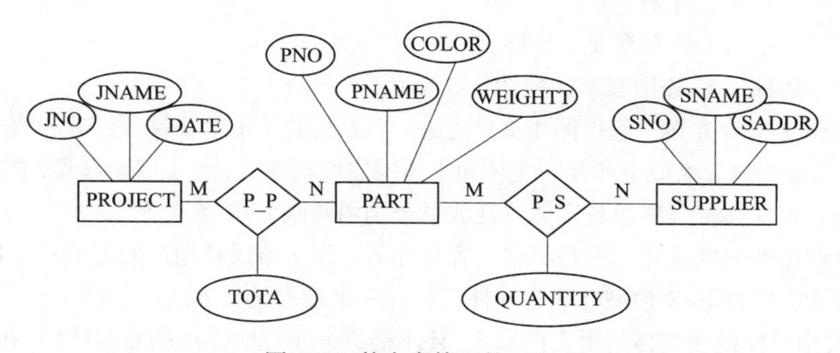

图 1–3 某仓库管理的 E–R 图

联系也可以发生在三个实体类型之间，也就是三元联系。例如上例中，如果规定某个工程项目指定需要某个供应商的零件，那么 E-R 图如图 1-4 所示。

同一个实体型的实体之间也可以发生联系，这种联系是一元联系，又称递归联系。例如零件之间有组合关系，一种零件可以是其他部件的子零件，也可以由其他零件组合而成。这个联系如图 1-5 所示。

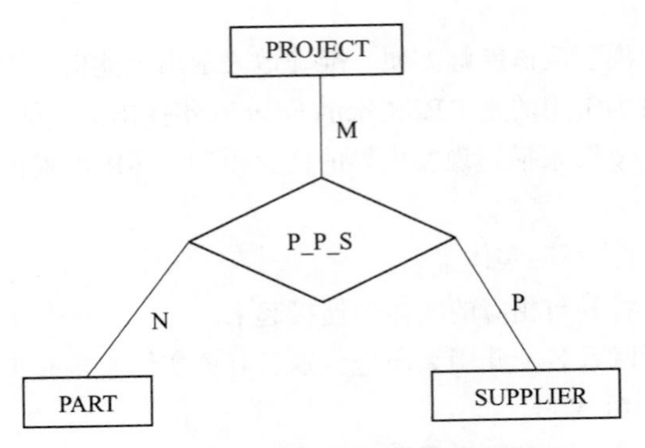

图 1-4　三个实体类型之间联系

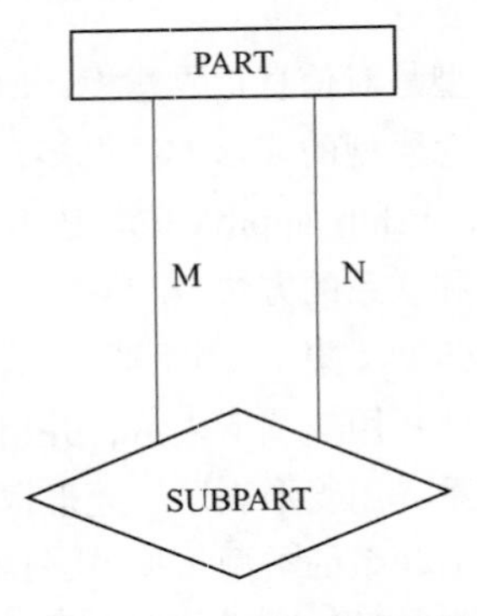

图 1-5　同一个实体类型间联系

如图 1-6 所示，用 E-R 图描述了上面有关两个实体型之间的三类联系、三个实体型之间的一对多联系和一个实体型内部的一对多联系的例子。

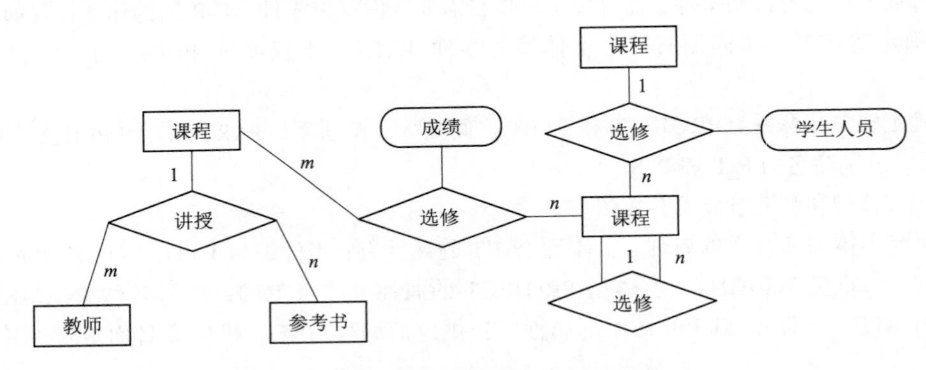

图 1-6　实体型之间及实体型的联系

假设上面的 5 个实体型即学生、班级、课程、教师、参考书，分别具有下列属性：

学生：学号、姓名、性别、年龄。

班级：班级编号、所属专业。

课程：课程号、课程名、学分。

教师：职工号、姓名、性别、年龄、职称。

参考书：书号、书名、内容提要、价格。

这 5 个实体的属性用 E-R 图表示，如图 1-7 所示。

将图 1-6 与图 1-7 合并在一起得图 1-8，就是一个完整的关于学校课程管理的概念模型了。但是在实际当中，在一个概念模型中涉及的实体和实体的属性较多时，为了清晰起见，往往采用图 1-6 和图 1-7 的方法，将实体及其属性与实体及其联系分别用两张 E-R 图表示。

E-R 模型有两个明显的优点：一是简单、容易理解，真实地反映用户的需求；二是与计算机无关，用户容易接受。因此 E-R 模型已成为软件工程的一个重要设计方法。

但是 E-R 模型只能说明实体间语义的联系，还不能进一步说明详细的数据结构。在数据设计时，遇到实际问题总是先设计一个 E–R 模型，然后再把 E–R 模型转换成计算机能实现的数据模型，例如关系模型。

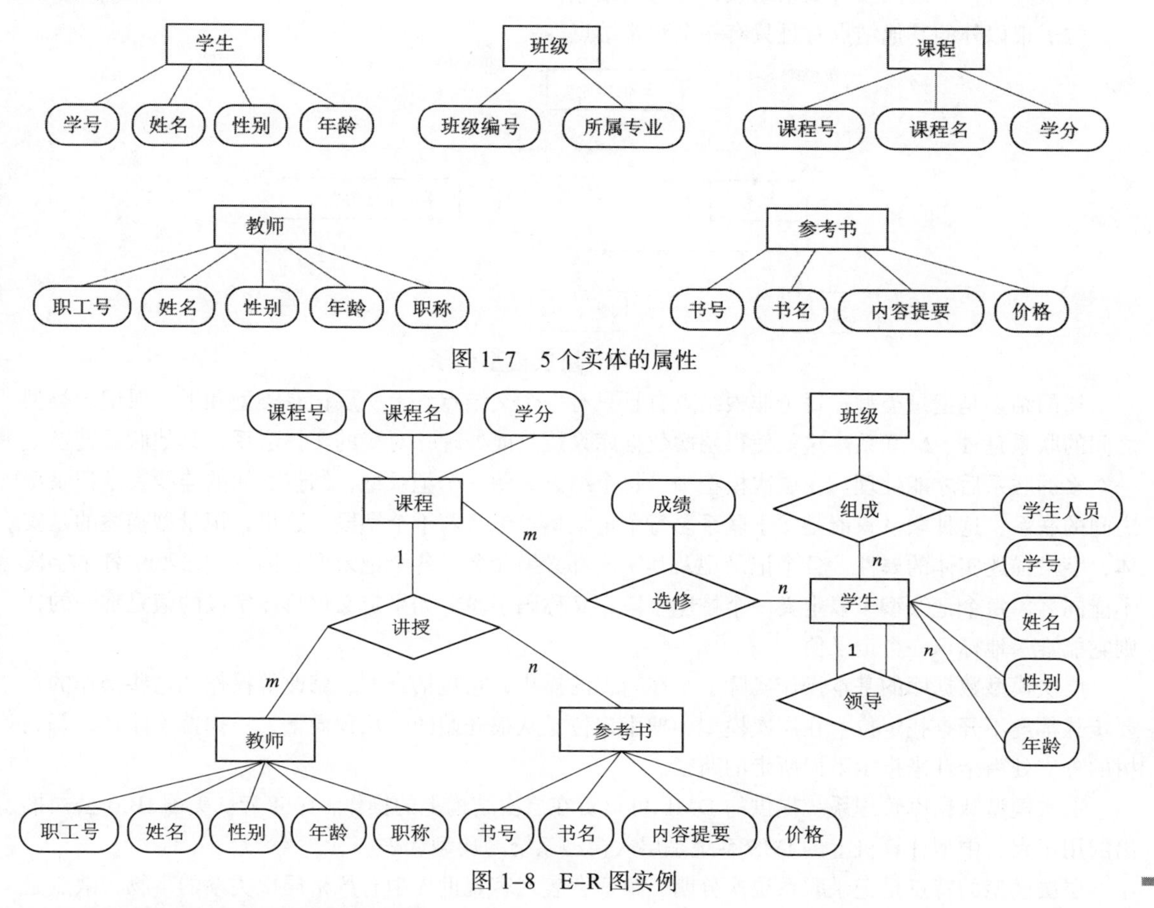

图 1–7　5 个实体的属性

图 1–8　E–R 图实例

1.3.5　数据库层次的数据模型

数据库是根据数据模型划分的，任何一个 DBMS 都是针对不同的数据模型设计出来的。因此信息世界的数据模型要依据所使用的 DBMS 的数据模型进行构造。目前常用的数据模型有层次模型、网状模型、关系模型和面向对象的数据模型。其中层次模型和网状模型统称为非关系模型。非关系模型的数据库系统在 20 世纪 70 年代与 80 年代初非常流行，在数据库系统产品中占据了主导地位，但在微型计算机环境中不多见。关系模型从 1970 年 E. F. Codd 先生的一系列文章就奠定了关系数据库的理论基础，但是由于在实现技术上的困难，直到 20 世纪 70 年代中期才出现了真正的系统，关系型 DBMS 是 20 世纪 80 和 90 年代数据库市场的主导产品。20 世纪 80 年代以来，面向对象的方法技术在计算机各个领域，包括程序设计语言、软件工程、信息系统设计、计算机硬件等方面都产生了深远的影响，也促进了数据库中面向对象数据模型的研究和发展，将会在未来起主导作用。本节只对数据模型做简单的介绍，由于关系数据模型的应用比较广泛，在后面的章节中将重点介绍。

1. 层次数据模型

层次数据模型是数据库系统中最早出现的数据模型，它是用树状（层次）结构表示实体类型及实体间联系的数据模型。现实世界中许多实体之间的联系本来就呈现出一种很自然的层次关系，如行政机构、家族关系等。图 1–9 所示为层次模型的例子。

层次数据模型的基本结构是树状结构，其定义为：

（1）只有一个结点没有双亲结点，称为根结点；

（2）根以外的其他结点有且只有一个双亲结点。

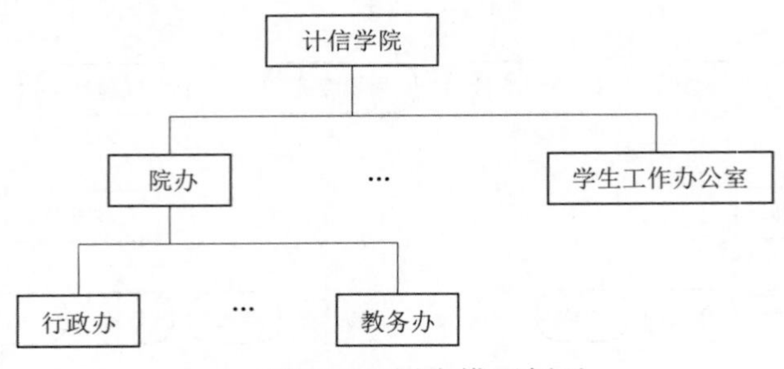

图 1-9　层次模型例子

树的结点是记录类型，每个非根结点有且只有一个父结点。上一层记录类型和下一层记录类型之间的联系是 1∶N 联系。这就使得层次数据库系统只能处理一对多的实体联系，其他联系转换成一对多的联系后才能处理。在层次模型中，每个结点表示一个记录型，结点之间的连线表示记录型之间的联系，这种联系只能是父子联系。每个记录型可包含若干个字段，这里，记录型描述的是实体，字段描述实体的属性。各个记录型及其字段都必须命名。各个记录型、同一记录型中各个字段不能同名。每个记录型可以定义一个排序字段，又称码字段，如果定义该排序字段的值是唯一的，则它能唯一地标识一个记录值。

层次模型数据库的基本操作实际上是在树上的操作，它包括查询、修改等操作，这些操作的首要步骤都离不开查找定位。在层次模型中搜索定位是从根开始的，从顶向下，根据搜索路径，每到树的分支处由指针来指示下面所走的路径。

层次模型数据库管理系统提供的 DML 可负责在层次结构上的操作，1968 年，美国 IBM 公司推出的用于大、中型计算机上的 IMS 系统是层次模型系统的典型代表。

层次模型的特点是记录联系层次分明，最适合表现客观世界中有严格层次关系的事物；缺点是不能直接表示事物间多对多联系。由于层次模型出现较早，受文件系统影响较大，模型受到的限制较多，物理成分复杂，操作使用不够理想，因此目前不太常用。

2. 网状数据模型

用有向图结构表示实体类型及实体间联系的数据模型称为网状模型。网状数据模型的典型代表是 DBTG 系统，也称 CO-DASYL 系统。这是 20 世纪 70 年代数据系统语言研究会 CODASYL（conference on data systems language）下属的数据库任务组（data base task group 简称 DBTG）提出的一个系统方案。

网状数据模型的基本结构是以记录为结点的网络结构，其的定义为：

（1）有一个以上的结点没有双亲结点。

（2）至少有一个结点有多于一个的双亲结点。

由此可见，网状数据模型是一种比层次模型更具普遍性的结构，它去掉了层次模型的两个限制，允许多个结点没有双亲结点，允许结点有多个双亲结点，此外它还允许两个结点之间有多种联系（称之为复合联系）。因此网状数据模型可以更直接地描述现实世界。图 1-10 所示为网状模型的例子。

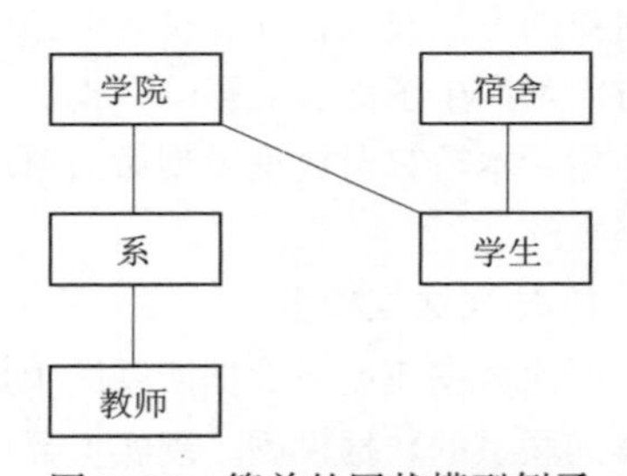

图 1-10　简单的网状模型例子

与层次模型一样，网状模型中也是每个结点表示一个记录型（实体），每个记录型可包含若干个字段（实体的属性），箭头表示从箭尾的记录类型到箭头的记录类型间联系是 1∶N 联系。结点间的连线表示记录型（实体）之间的父子联系。网状模型记录之间联系通过指针实现，M∶N 联系也容易实现（一个 M∶N 联系可拆成两个 1∶N 联系），查询效率较高。

网状数据模型数据库系统的操纵主要包括查询、插入、删除和更新数据，无论是数据表示还是数据操纵方面已明显优于层次模型。20 世纪 70 年代，网状模型有许多成功的 DBMS 产品，例如 Honeywell 公司的 IDS/II、HP 公司的 IMAGE/3000、Burroughs 公司的 DMSII、Univac 公司的 DMS1100、Cullinet 公司的 IDMS、CINCOM 公司的 TOTAL 等。

但是由于在使用时涉及内部物理因素较多，用户操作不太方便，数据模型的系统实现也不够理想，因此从 20 世纪 80 年代中期起其市场逐渐被关系模型产品所取代。

3. 关系数据模型

关系模型是目前最重要的一种模型。在用户看来，一个关系模型的逻辑结构是一张二维表，它由行和列组成。例如，学生信息记录就是一个关系模型，如表 1-1 所示，它涉及下列概念。

表 1-1　二维表

学号	姓名	性别	系别	年龄	籍贯
20190111	王强	男	计信学院	23	北京市
20190112	李明	男	软件学院	22	上海市
20190123	张芳	女	理学院	24	天津市

（1）关系：对应通常说的表，如表 1-1 所示的学生信息记录表。

（2）元组：表中的一行即为一个元组，如表 1-1 所示有 3 行，也就有 3 个元组。

（3）属性：表中的一列即为一个属性，如表 1-1 所示有 6 列，对应 6 个属性（学号、姓名、性别、学院、年龄和籍贯）。

（4）主键（key）：表中的某个属性组，它可以唯一确定一个元组，如表 1-1 所示的学号，按照学生学号的编排方法，每个学生的学号都不相同，所以它可以唯一确定一个学生，也就成为本关系的主键。

（5）域（domain）：属性的取值范围，如人的年龄一般在 1~100 岁之间。表 1-1 中学生年龄属性的域应是（1~100），性别的域是（男，女），学院的域是一个学校所有学院名称的集合。

（6）分量：元组中的一个属性值。

（7）关系模式：对关系的描述，一般表示为“关系名（属性 1，属性 2，…，属性 n）”。

例如，上面的关系可描述为：

学生（学号，姓名，性别，系别，年龄，籍贯）

在关系模型中，实体以及实体间的联系都是用关系来表示的。例如，学生、课程、学生与课程之间的多对多联系在关系模型中可以表示如下：

学生（学号，姓名，性别，系别，年龄，籍贯）

课程（课程号，学分）

选修（学号，课程号，成绩）

关系模型要求关系必须是规范化的，既要求关系模式必须满足一定的规范条件，这些规范条件中最基本的一条就是　“分量不可分”，也就是说关系中每一行的每一列（每一个分量）必须是一个不可分的数据项；换句话说，就是不允许表中还有表，否则就不是二维表了。表 1-2 就不符合要求，成绩被分为英语、数学、数据库等多项，这相当于大表中还有一张小表（关于成绩的表）；不难看出，这实际上是一个三维表。

关系模型（relational model）主要特征就是用二维表的结构表示实体集，用外码（外键）表示实体间的联系。关系模型是由若干个关系模式组成的集合。关系模式相当于前面提到的记录类型，它的实例称为关系，每个关系实际上是一张二维表格。

表 1-2 非二维表

学号	姓名	成绩		
		英语	数学	数据库
180001	李明	69	68	86
190007	张三	78	80	73
190008	王五	85	63	70

关系数据模型的操作主要包括查询、插入、删除和更新数据。这些操作必须满足关系的完整性约束条件。关系的完整性约束条件包括 3 大类：实体完整性、参照完整性和用户定义的完整性。

关系模型中的数据操作是集合操作，操作对象和操作结果都是关系，即若干元组的集合，而不像非关系模型中那样是单记录的操作方式。另一方面，关系模型把存取路径向用户隐蔽起来，用户只要提出“干什么”或者“找什么”，而不必详细说明“怎么干”或者“怎么找”，从而大大提高了数据的独立性，提高了用户的生产率。

关系模型最主要的特点是，无论实体还是联系统一用关系来表示，简单易懂，数据表现力强，还有严格的数学理论做基础，所以获得了广泛的应用。20 世纪 70 年代对关系数据库的研究主要是理论和实验系统开发阶段，80 年代形成产品，90 年代其产品占据了主导地位。现在市场上典型的关系数据库管理系统产品有 SQL Server、DB2、Oracle、Sybase、Informix 等产品。

4. 面向对象的数据模型

关系型 DBMS 目前最为流行。但是，现实世界中许多复杂问题涉及的数据结构，如人工智能、多媒体、分布式等领域，关系模型的表达已无能为力，需要新的数据库系统满足不同领域的要求。20 世纪 80 年代以来，面向对象的方法技术在计算机各个领域，包括程序设计语言、软件工程、信息系统设计、计算机硬件等各方面都产生了深远的影响，也促进了数据库中面向对象数据模型的研究和发展，面向对象数据库是面向对象的概念与数据库技术结合的产物。

面向对象的数据模型最基本的概念是对象和类，涉及下列概念。

（1）对象：对象是现实世界中实体的模型化，与记录概念相近，但比记录复杂。每个对象有唯一的标识符，把状态（属性）和行为（操作）封装在一起。其中，对象的状态是该对象的属性值的集合，对象的行为是在对象状态上的操作集合。

（2）类：同类对象的抽象，即将属性集和操作集相同的所有对象组合在一起构成一个类。类的属性值域可以是基本数据类型（整型、实型等），也可以是记录型或集合型。类可以有嵌套结构（类中定义类）。系统中的所有类组成一个有根的有向的无环图，称为类层次。

一个类可以从类层次中直接或间接祖先那里继承所有的属性和方法，实现了软件的重用性。面向对象的数据模型能完整地描述显示世界的数据结构，具有丰富的表达能力，但是模型比较复杂，涉及的知识面比较广，因此，面向对象的数据库尚未得到广泛应用。

1.3.6 物理模型

计算机世界是计算机硬件和操作系统的总称。信息世界表达的数据模型及其上的数据操纵最终要用计算机世界提供的手段和方法实现，计算机世界对应的是物理模型表示。

在计算机世界中计算机提供最底层服务，它有指令系统提供操作使用，有存储设备提供基础数据的存储。用户不必关心物理存储结构与逻辑数据结构之间的转换，其转换由 OS 和 DBMS 共同完成。这里只介绍存储数据时的数据描述术语：

（1）位（bit）：一个二进制数。

（2）字节（B，byte）：8bit 为一个字节，可以存放一个 ASCII 字符。

（3）字（word）：若干字节组成一个字。一个字所含的二进制位数称为字长。

（4）块（block）：是内外存交换数据的基本单位，它又称物理块或磁盘块，它的大小有 512 B、1 024 B、2 048 B 等。内外存数据交换由操作系统的文件系统管理。

（5）桶（bucket）：外存的逻辑单位，一个桶可以包含一个物理块或多个在空间上不一定连续的物理块。

（6）卷（volume）：一台输入/输出设备所能装载的全部有用的信息，称为“卷”。例如磁带机的一盘磁带就是一卷，磁盘的一个盘组也是一卷。

信息世界的各类模型均可以通过计算机世界而得到实现，我们将以关系数据模型为例，构造它在计算机世界中的物理存储结构，详细内容在数据库的物理设计中介绍。

1.4 数据库系统的模式结构

模式（schema）是数据库中全体数据的逻辑结构和特征的描述，它仅仅涉及型的描述，不涉及具体的值。模式的一个具体值称为模式的一个实例（instance）。同一个模式可以有很多实例。模式是相对稳定的，而实例是相对变动的。模式反映的是数据的结构及其关系，而实例反映的是数据库某一时刻的状态。

虽然实际的数据库系统软件产品种类很多，它们支持不同的数据模型，使用不同的数据库语言，建立在不同的操作系统之上，数据的存储结构也各有不同，但从数据库关系系统角度看，它们在体系结构上通常都具有相同的特征，即采用三级模式结构（微型计算机上的个别小型数据库系统除外），并提供两级映像功能。

1.4.1 三级模式结构

数据库系统的三级模式结构是指数据库系统是由外模式、模式和内模式三级构成，如图 1-11 所示。

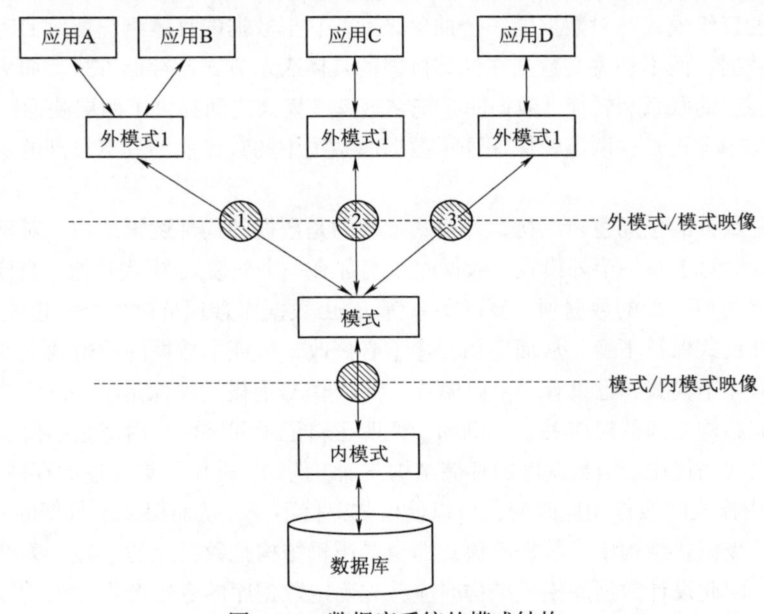

图 1-11 数据库系统的模式结构

1. 模式

模式又称逻辑模式，是数据库中全体数据的逻辑结构和特征的描述，是所有用户的公共数据视图。它是数据库系统模式结构的中间层，不涉及数据的物理存储细节和硬件环境，与具体的应用程序、所使用的应用开发工具及高级程序设计语言（如 C、COBOL、Fortran）无关。

实际上，模式是数据库数据在逻辑级上的视图。一个数据库只有一个模式。数据库模式是一个逻辑整体。数据库系统一般提供定义模式时不仅要定义数据的逻辑结构（例如，数据记录由哪些数据项构成，数据项的名字、类型、取值范围等），而且要定义与数据有关的安全性、完整性要求，定义这些数据之间的联系。

2. 外模式

外模式也称子模式或用户模式，它是数据库用户（包括应用程序员和最终用户）看见和使用的局部数据的逻辑结构和特性的描述，是数据库用户的数据视图，是与某一应用有关的数据逻辑表示。

外模式通常是模式的子集。一个数据库可以有多个外模式。由于它是各个用户的数据视图，如果不同的用户在应用需求、看待数据的方式、对数据保密的要求等方面存在差异，则他们的外模式描述就是不同的。即使对模式中同一数据，在外模式中的结构、类型、长度、保密级别等都可以不同。另一方面，同一外模式也可以为某一用户的多个应用系统所使用，但一个应用程序只能使用一个外模式。

外模式是保证数据库安全性的一个有力措施。每个用户只能看见和访问所对应的外模式中的数据，数据库中的其余数据对他们来说是不可见的。

3. 内模式

内模式也称存储模式，它是数据物理结构和存储结构的描述，是数据在数据库内部的表示方式。例如，记录的存储方式是顺序存储、按照 B 树结构存储还是按 Hash 方法存储；索引按照什么方式组织；数据是否压缩存储，是否加密；数据的存储记录结构有何规定等。一个数据库只有一个内模式。

1.4.2 二级映像功能与数据独立性

数据库系统的三级模式是对数据的三个抽象级别，它把数据的具体组织留给 DBMS，使用户能逻辑抽象地处理数据，而不必关心数据在计算机中的具体表示方式与存储方式。而为了能够在内部实现这三个抽象层次的联系和转换，数据库系统在这三级模式之间提供了两层映像：外模式/模式映像和模式/内模式映像。正是这两层映像保证了数据库系统中的数据能够具有较高的逻辑独立性和物理独立性。

模式描述的是数据的全局逻辑结构，外模式描述的是数据的局部逻辑结构。对于一个模式可以有任意多个外模式。对于每一个外模式，数据库系统都有一个外模式/模式映像，当模式改变时（例如，增加新的数据类型、新的数据项、新的关系等），由数据库管理员对各个外模式/模式映像作相应改变，可以使外模式保持不变，从而应用程序不必修改，保证了数据的逻辑独立性。

数据库中只有一个模式，也只有一个内模式，所以模式/内模式映像是唯一的，它定义了数据全局逻辑结构与存储结构之间的对应关系。例如，说明逻辑记录和字段在内部是如何表示的。该映像定义通常包含在模式描述中。当数据库的存储结构改变（例如，采用了更先进的存储结构），由数据库管理员对模式/内模式映像作相应改变，可以使模式保持不变，从而保证了数据的物理独立性。

在数据库的三级模式结构中，数据库模式即全局逻辑结构是数据库的中心与关键，它独立于数据库的其他层次。因此设计数据库模式结构时应首先确定数据库的逻辑模式。

数据库的外模式面向具体的应用程序，它定义在逻辑模式之上，但独立于存储模式和存储设备。

当应用需求发生较大变化，相应外模式不能满足其视图要求时，该外模式就得进行相应的改动，所以设计外模式时应充分考虑到应用的扩充性。

特定的应用程序是在外模式描述的数据结构上编制的，它依赖于特定的外模式，与数据库的模式和存储结构独立。不同的应用程序有时可以共用同一个模式。数据库的二级映像保证了数据库外模式的稳定性，从而从底层保证了应用程序的稳定性，除非应用需求本身发生变化，否则应用程序一般不需要修改。

1.5　数据库技术的产生与发展

数据库技术是一门研究数据管理的技术。它是随着计算机应用领域由科学计算发展到数据处理而诞生的一门技术。它的发展与计算机应用领域对数据处理的速度和规模要求，及计算机硬件和软件技术的发展是分不开的。用计算机实现数据管理经历了三个发展阶段：人工管理阶段、文件系统阶段、数据库系统阶段。

1.5.1　人工管理阶段

早期的计算机外存没有磁盘等直接存储设备，也缺少相应的软件支持，使用计算机进行数据处理时，要将原始数据和程序一起输入主存，运算处理后将结果数据输出，数据处理方式基本是批处理。

这个时期是人工管理阶段，其数据管理特点是：

（1）数据不保存。这个时期处理的数据量不大，不需要保存。

（2）数据的独立性差。程序员设计应用程序时面对的是裸机，不仅要设计处理数据的操作步骤，数据的组织方式也必须由程序员自行设计与安排，数据与程序不具有独立性，一旦数据发生改变，就必须由程序员修改程序。由于各应用程序处理的数据之间毫无联系，不同程序处理的数据之间会有相同数据的重复，编程效率低，处理过程人工干预比较多。

（3）只有程序（program）的概念、没有文件（file）的概念。即使有文件，也大多是顺序文件，由于没有数据管理软件，基本没有文件的概念。

（4）数据面向应用。一组数据对应于一个程序。

1.5.2　文件系统管理阶段

随着计算机软硬件的发展，外存已有磁盘、磁鼓等直接存储设备。软件方面有了高级语言和操作系统。操作系统中的文件管理系统提供了管理外存数据的功能。文件管理系统的方式就是把相关的数据组织成数据文件，以记录为单位，以文件名的方式存储在磁盘上。在程序中以文件名和数据记录方式存取数据，不必考虑数据的具体存储位置。

这一阶段为文件系统管理阶段，其数据管理特点是：

（1）数据可长期保存在磁盘上。用户随时通过程序对文件进行查询、修改和删除等处理。

（2）数据的物理结构与逻辑结构有了区别，功能较简单。程序与数据之间有物理的独立性，程序只需通过文件名存取数据，不必关心数据的物理位置，数据的物理位置变动不一定影响程序，数据的物理结构与逻辑结构的转换由操作系统的文件管理系统完成，程序员不必过多地考虑数据的存储地址，而把精力放在设计算法上。

（3）文件的形式多样化，有索引文件、链接文件和直接存取文件等，因而对文件的记录可顺序访问。但文件之间是独立的，联系要通过程序去构造，文件的共享性差。

（4）数据独立于程序。有了存储文件以后，数据不再属于某个特定的程序，一定程度上可以共享。但文件结构的设计仍然是基于特定用途的，程序仍然是基于特定的物理结构和存取方法编制的，因此，当数据的物理结构改变时，仍需要修改程序。

（5）对数据的存取以记录为单位。

文件系统阶段是数据管理技术发展的重要阶段，但由于数据管理规模的扩大，数据量的急剧增加，逐渐显露出很多缺陷，主要表现在：

（1）数据冗余性（redundancy），由于文件之间缺乏联系，造成每个应用程序都有对应的文件，就可能出现同样的数据在多个文件中重复存储。

（2）不一致性（inconsistency），这往往是由数据冗余造成的，在进行更新操作时，稍不谨慎，就可能使同样的数据在不同的文件中不一样。

（3）数据联系弱（poor data relationship），这是文件之间独立、缺乏联系造成的。

由于这些原因，促使人们研究一种新的数据管理技术，以克服文件系统的缺陷，这就是 20 世纪 60 年代末产生的数据库技术。

1.5.3 数据库管理阶段

从 20 世纪 60 年代后期开始，计算机用于信息处理的规模越来越大，对数据管理的技术提出了更高的要求，此时开始提出计算机网络系统和分布式系统，出现了大容量的磁盘，文件系统已不再能胜任多用户环境下的数据共享和处理。

这个时期为数据库管理阶段，其磁盘技术取得了重大进展，大容量（数百兆字节以上）和快速存取的磁盘陆续进入市场，成本有了很大的下降，为数据库技术的实现提供了物质条件。随之各种数据库系统也相继问世,首先是 1968 年美国 IBM 公司推出的层次模型的 IMS 数据库系统,再是 1969 年美国数据系统语言协会（CODASYL）的数据库任务组（DBTG）发表关于网状模型的 DBTG 报告，它们为统一管理与共享数据提供了有力的支撑。这两种数据库系统由于都是由文件系统发展而来的，数据结构比较简单，程序受数据库文件中物理结构的影响较大，用户在使用数据库时需要对数据的物理结构有详细的了解，这给使用数据库造成很多困难。同时，由于数据结构过于烦琐，影响了对复杂数据结构的实现。1970 年起，美国 IBM 公司的 E. F. Codd 连续发表一系列论文，奠定了关系数据库的理论基础，该理论在 20 世纪 70 年代中期至在 80 年代得到充分发展，它具有简单的结构方式与较少的物理表示，使用与操作符合人们日常的处理方式并且非常方便。因此在 20 世纪 80 年代初逐步取代层次与网状模型数据库系统成为数据库系统的主导，如 20 世纪 80 年代初出现的一批商品化的关系数据库系统，如 Oracle、SQL/DS、DS、DB2、IMGRES、Informix、UNIFY 和 dBase 等，被广泛用于数据库查询的 SQL，在 1986 年被美国 ANSI 和国际标准化组织（ISO）采纳为关系数据库语言的国际标准。

与文件系统相比，数据库系统克服了文件系统的缺陷，提供了对数据更高级、更有效的管理。概括起来，数据库技术的管理方式具有以下特点：

1. 数据的结构化

数据库是存放在磁盘等直接存储的外存上的数据集合，是按一定的数据结构（数据模型）组织起来的。与文件系统相比，文件系统中的文件内部数据间有联系，但文件之间不存在联系，从总体上看数据是没有结构的。而数据库中的文件数据是相互联系着的，从总体上遵循着一定的结构形式。数据库正是通过文件之间的联系反映现实世界事物间的自然联系。

2. 数据共享

数据库的数据面向整个应用系统中的全体用户，要考虑所有用户的数据要求，数据库中包含了所有用户的数据成分，不同用户可以使用其中部分数据，也可以使用同一部分数据。这样数据不再面向特定的某个或多个应用，而是面向整个应用系统。数据冗余明显减少，实现了数据共享。

3. 减少了数据的冗余和不一致性

由于数据库包含了整个系统所有用户的数据，用户操作的数据是通过数据库管理系统从数据库中映射出来的某个子集，不是独立的文件，实际上所有用户使用的是物理存储的一个文件，这就减少了数据冗余及不一致性。

4. 有较高的数据独立性

在数据库系统中，为保证数据独立性，系统提供映像的功能，确保数据存储方式的改变不会影响到应用程序。数据库结构分成用户的逻辑结构、整体逻辑结构和物理结构，如图 1-12 所示。数据独立性包括物理数据独立性和逻辑数据独立性。物理数据独立性是指数据库的物理结构（即数据的组织、存储、存取方式、外部存储设备等）发生变化时，不会影响到整体逻辑结构和用户的逻辑结构，由于应用程序是根据用户的逻辑结构编写的，因此应用程序不必改动，这样数据库就达到了物理数据独立性。逻辑数据独立性是指数据库的整体逻辑结构改变时，由数据库管理系统改变整体逻辑结构与用户的逻辑结构之间的映像，使用户的逻辑结构不变，从而应用程序不变，这样就实现了数据库的逻辑数据独立性。

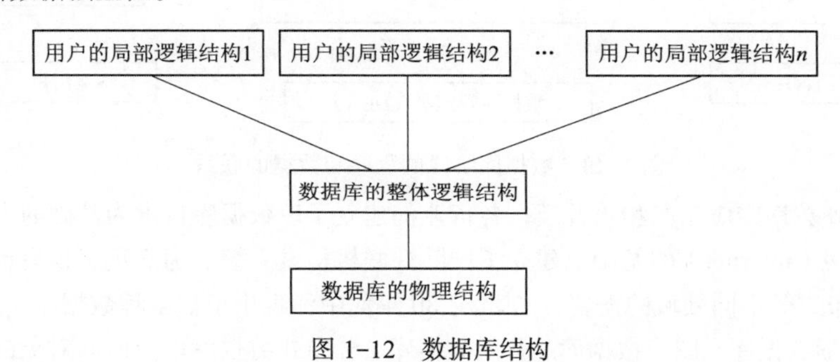

图 1-12 数据库结构

5. 方便的用户接口

数据库管理系统作为用户和数据库之间的接口，提供了数据库定义、数据库运行、数据库维护和数据控制等方面的功能；允许用户使用查询语言操作数据库，同时支持程序方式（用高级语言如 C、Fortran 等语言和数据库操纵语言编制的程序）操作数据库。

6. 数据控制功能

数据库管理系统提供了 4 方面的数据控制功能。

（1）数据完整性：指保证数据库始终存储正确的数据。用户可设计一些完整性规则以确保数据值的正确性。例如可把数据值限制在某个范围内，并对数据值之间的联系进行各种检验。

（2）数据安全性：保证数据的安全和机密，防止数据丢失或被窃取。

（3）数据库的并发控制：避免并发程序之间的相互干扰，防止数据库数据被破坏，杜绝提供给用户不正确的数据。

（4）数据的恢复：在数据库被破坏时或数据不可靠时，系统有能力把数据库恢复至最近某个时刻的正确状态。

对数据库的操作除了以记录为单位外，还可以数据项为单位，增加了系统的灵活性。

数据库阶段的程序和数据的联系如图 1-13 所示。

综上所述，数据库可以定义为：长期存储在计算机内有组织的、可共享的数据集合。数据库中的数据按一定的数据模型组织、描述和存储，具有较小的冗余度、较高的数据独立性和易扩展性，并可为各种用户共享。

从文件系统发展到数据库技术是信息处理领域的一个重大变化。在文件系统阶段，程序设计处于主导地位，数据只起着服从程序设计需要的作用；而在数据库方式下，数据开始占据了中心位置，数据的结构设计成为信息系统首先关心的问题，而利用这些数据的应用程序设计则退居到以既定的数据结构为基础的外围区域。

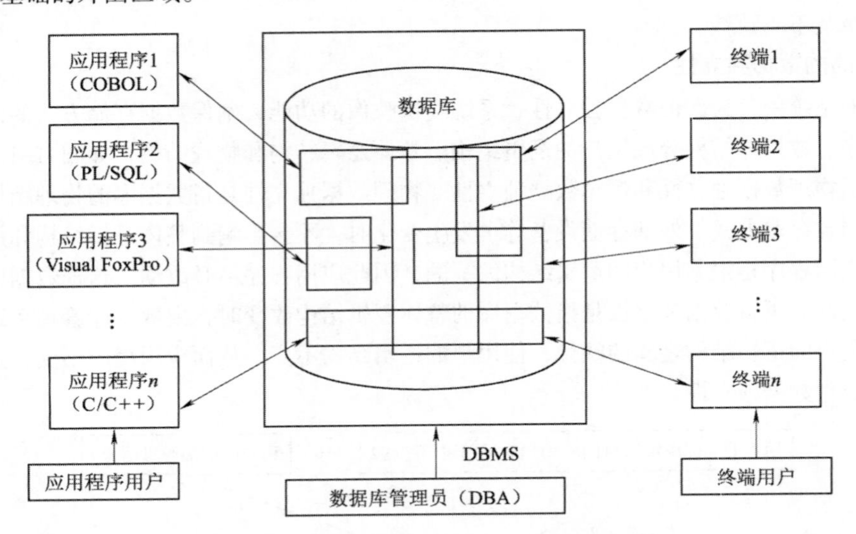

图 1-13　数据库阶段的程序和数据的联系

目前，国内外数据库应用已相当普及，各行业都建立了以数据库技术为基础的大型计算机网络系统，并在因特网（internet）的基础上建立了国际性联机检索系统。为满足工程设计统计、人工智能、多媒体、分布式等不同领域的需要，20 世纪 80 年代中涌现出了如工程数据库、多媒体数据库、CAD 数据库、图形数据库、图像数据库、智能数据库、分布式数据库以及面向对象的数据库等，其中特别是面向对象的数据库由于其通用性强，适应面广而受到青睐，将会起主导作用。

1.6　数据库系统的体系结构

从数据库管理系统角度来看，数据库系统是一个三级模式结构，但数据库的这种模式结构对最终用户和程序员是透明的，他们见到的仅是数据库的外模式和应用程序。从最终用户角度来看，数据库系统分为单用户结构、主从式结构、分布式结构和客户/服务器结构。

1.6.1　单用户数据库系统

单用户数据库系统如图 1-14 所示，是一种早期的最简单的数据库系统。在单用户系统中，整个数据库系统，包括应用程序、DBMS、数据，都被安装在一台计算机上，由一个用户独占，不同计算机之间不能共享数据。

例如，一个企业的各个部门都使用本部门的计算机来管理本部门的数据，各个部门的计算机是独立的。由于不同部门之间不能共享数据，因此企业内部存在大量的冗余数据。例如，领导部门、会计部门、技术部门必须重复存放每一名职工的一些基本信息（职工号、姓名等）。

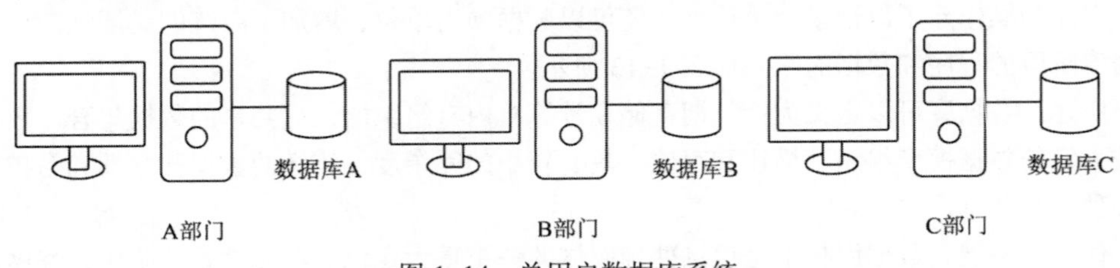

图 1-14　单用户数据库系统

1.6.2 主从式结构

主从式结构是指一个主机带多个终端的多用户结构。在这种结构中，数据库系统，包括应用程序、DBMS、数据，都集中存放在主机上，所有处理任务都由主机来完成，各个用户通过主机的终端并发地存储数据库，共享数据资源，如图 1-15 所示。

主从式结构的优点是简单，数据易于管理与维护，缺点是当终端用户数目增加到一定程度后，主机的任务会过分繁重，成为瓶颈，从而使系统性能大幅度下降。另外，当主机出现故障时，整个系统都不能使用，因此系统的可靠性降低。

1.6.3 分布式结构

分布式结构的数据库系统是指数据库中的数据在逻辑上是一个整体，但物理地分布在计算机网络的不同结点上。如图 1-16 所示。网络中的每个结点都可以处理本地数据库中的数据，执行局部应用；也可以同时存储和处理多个异地数据库中的数据，执行全局应用。

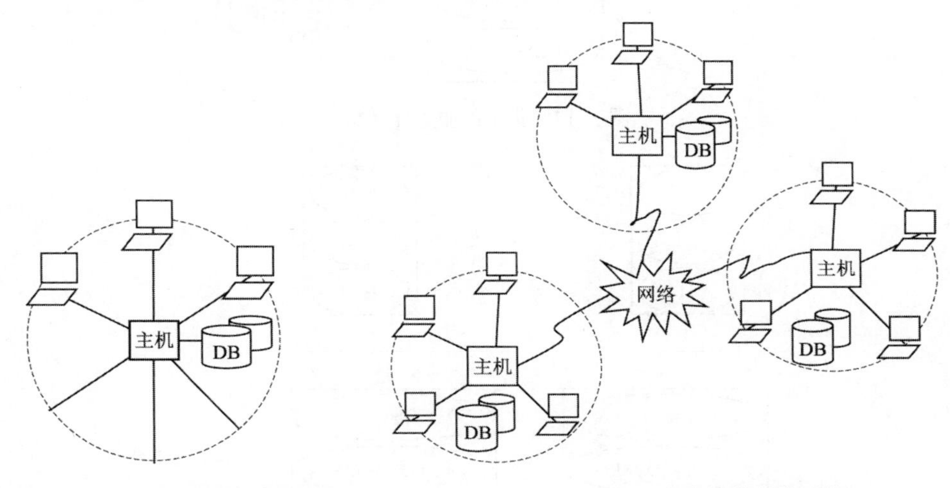

图 1-15 主从式结构的数据库系统　　图 1-16 分布式数据库系统

分布式结构的数据库系统是计算机网络发展规律的必然产物，它适应地理上分散的公司团体和组织对于数据库应用的需求。但数据的分布存放给数据的处理、管理与维护带来困难，此外，当用户需要经常访问远程数据时，系统效率会明显地受到网络交通的制约。

1.6.4 客户/服务器结构

主从式数据库系统中的主机和分布式数据库系统中的每个结点机是一个计算机，即执行 DBMS 功能又执行应用程序。随着工作站功能的增强和广泛使用，人们开始把 DBMS 功能和应用分开，网络中某个结点上的计算机专门用于执行 DBMS 功能，称为数据库服务器，简称服务器，其他结点上的计算机安装 DBMS 的外围应用开发工具，支持用户的应用，称为客户机，这就是客户/服务器结构的数据库系统。

在客户/服务器结构中，客户端的用户请求被传送到数据库服务器，数据库服务器进行处理后，只将结果返回给用户（而不是整个数据），从而显著减少了网络上的数据传输量，提高了系统的性能、吞吐量和负载能力。

另一方面，客户/服务器结构的数据库往往更加开放。客户与服务器一般都能在多种不同的硬件和软件平台上运行，可以使用不同厂商的数据库应用开发工具，应用程序具有更强的可移植性，同时也可以减少软件维护开支。

客户/服务器数据库系统可以分为集中的服务器结构（见图 1–17）和分布的服务器结构（见图 1–18）。前者在网络中仅有一台数据库服务器，而客户机是多台。后者在网络中有多台数据库服务器。分布的服务器结构是客户/服务器与分布式数据库的结合。与主从式结构相似，在集中的服务器结构中，一个数据库服务器要为众多的客户服务，往往容易成为瓶颈，制约系统的性能，但在分布的服务器结构中，数据分布在不同的服务器上，从而给数据的处理、管理与维护带来困难。

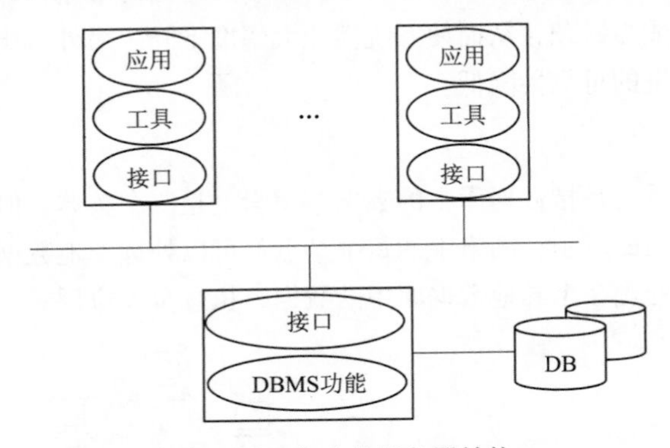

图 1–17　集中的服务器结构

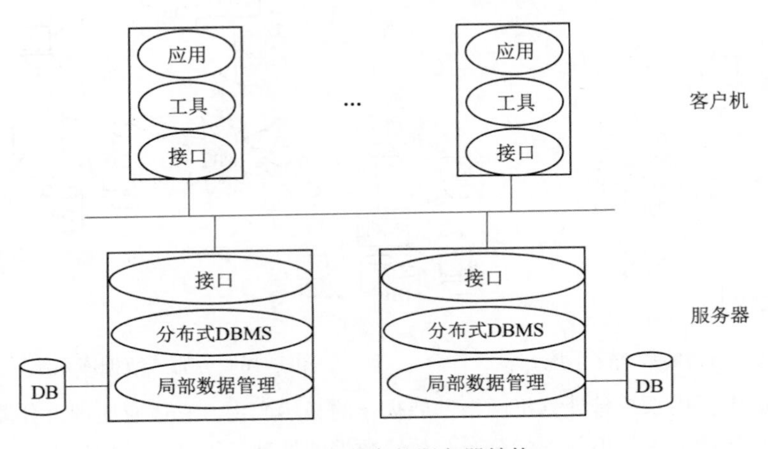

图 1–18　分布的服务器结构

本 章 小 结

本章从数据库的产生与发展出发，介绍了数据库发展经历的三个过程，然后详细分析了数据库、数据库管理系统、数据库系统的构成及相互关系，概括数据模型的分类以及特点，并从市场主流数据库应用的角度上归纳了目前数据库的几种体系结构。

本章重点：数据模型，特别是 E-R 模型的设计，这是数据库设计的基础，是联系数据库设计人员与用户的纽带，弄清 E-R 模型的对应关系即一对一、一对多、多对多三种对应关系，这是 E-R 模型的关键。

思考与练习

1. 简述数据库发展的过程。
2. 简述 DBMS 的主要功能。
3. 简述 DBA 的主要职责。
4. 简述 DBS 的特点。

5. 文件系统与数据库系统有什么区别与联系？
6. 数据库的模式结构分哪几级？分别代表的作用是什么？
7. DBMS 系统是如何实现访问数据的？
8. 简述数据模型的概念及组成部分。
9. 名词解释

DB	DBMS	DBS	数据模型
属性	域	元组	主码
概念数据模型	数据独立性	物理数据独立性	关系模式
逻辑数据独立性	外模式、概念模式和内模式		关系

10. 试给出三个实体对应关系的 E-R 图，要求实体型之间具有一对一、一对多、多对多各种不同的联系。
11. 学校有若干学院，每个学院有若干班级和教研室，每个教研室有若干教师，每个班有若干个学生，每个学生选修若干课程，每门课程可由若干学生选修，每个教师只教 1 门课程。用 E-R 图画出该学校的概念模型。
12. 某工厂生产若干产品，每种产品由不同零件组成，有的零件可用在不同的产品上。这些零件由不同的原材料制成，不同零件所用的材料可以相同。这些零件按所属的不同产品分别放在仓库中，原材料按照类别放在若干仓库中。请用 E-R 图画出此工厂产品、零件、材料、仓库的概念模型。
13. 简述层次模型的概念，举出一个层次模型的实例。
14. 简述网状模型的概念，举出一个网状模型的实例。
15. 试比较层次模型、网状模型、关系模型的优点与缺点。
16. 试比较说明主从式结构数据库系统与客户/服务器结构数据库系统有何区别。

第2章 关系数据库

关系数据理论是本书的难点，也是数据库技术的重要组成部分，其中涉及关系代数、关系演算、函数依赖、范式定理等内容，这是数据库设计以及数据库优化处理的理论基础，也为如何构建数据库体系提供了理论依据。

2.1 关系数据概述

关系数据理论是 E. F. Codd 首先提出的，1970 年他在美国计算机学会会刊发表了第一篇关系数据库的论文，随后，又连续发表了多篇论文，奠定了关系数据库的理论基础。

关系数据模型的主要特点是以数学理论和结构简单的二维表为基础。其理论主要有关系运算理论和关系模式设计理论。关系运算理论最著名的是关系代数和关系演算，关系代数用代数的方式表示关系模型，关系演算用逻辑方法表示关系模型，两者用不同的数学工具建立了关系模型的数学基础。关系模式设计理论主要包括数据依赖、范式、模式设计方法，其中数据依赖起着核心作用。学习其理论，能更好地利用关系描述现实世界，设计出合理的数据库模式并付诸于应用。

关系模型由三部分组成：数据结构、关系操作集合和关系的完整性约束条件集合。

1. 数据结构

关系模型的数据结构非常单一，只有关系，实体及实体之间的联系都用关系来表示。即关系模型中数据的逻辑结构是一张二维表。

2. 关系操作

关系操作是高度非过程化的，用户不必指出存取路径，也不必求助于循环、递归等来完成。关系操作是由数据库管理系统（DBMS）来完成的。

关系数据库的数据操纵语言（DML）的语句分成查询语句和更新语句两大类。查询语句用于描述用户的各类检索要求；更新语句用于描述用户的插入、修改和删除等操作。查询是最主要的部分。

关系查询语言根据其理论基础的不同分为两大类，一是关系代数语言（查询操作是以集合操作为基础的运算）；二是关系演算语言（查询操作是以谓词演算为基础的运算）。按谓词变元的基本对象是元组变量（tuple variable）还是域变量（domain variable）又分为元组关系演算和域关系演算两种。这两种方式的功能是等价的。

关系查询语言是一种比 Pascal、C 等程序设计语言更高级的语言。Pascal、C 一类语言属于过程性（procedural）语言，在编程时必须给出获得结果所需的操作步骤，即指出“干什么”及“怎么干”。而关系查询语言属于非过程（nonprocedural）语言，编程时只需指出需要什么信息，不必给出具体的操作步骤，即只要指出“干什么”，不必指出“怎么干”。

各类关系查询语言均属于“非过程性”语言，但其“非过程性”的强弱程度不一样。关系代数语言的非过程性较弱，在查询表达式中必须指出操作的先后顺序；关系演算语言的非过程性较强，操作顺序仅限于量词的顺序。

这两种语言在表达上是彼此等价的。它们都是抽象的查询语言，与具体的数据库管理系统中实现的实际语言并不完全一样。实际的查询语言还提供了许多附加的功能，如算术运算、库函数、关系赋值等功能。

关系操作方式的特点是集合操作，即操作的对象和结果都是集合。

3. 完整性

关系模型的完整性包括实体完整性（entity integrity）、参照完整性（referential integrity）和用户定义的完整性。

1）实体完整性规则

实体完整性规则是指若属性 A 是基本关系 R 的主属性，则属性 A 不能取空值；即关系中的主码不允许取空值。

一个关系数据库中实际存在的表通常对应现实世界的一个实体集。例如学生关系对应于学生的集合；实体是可区分的，所以具有某种唯一性标识；主码作为唯一性标识，不能是空值，因为如果主码为空值说明存在某个不可标识的实体。

例如，学生关系 Student（Sno，Sname，Sage，Ssex）中，各属性分别表示学号、姓名、年龄、性别，主码为 Sno，那么 Sno 的取值不能为空，这才能识别每个学生。

2）参照完整性规则

参照完整性规则是指任一时刻，关系 R_1 中外部码属性 A 的每个值，必须或者为空，或者等于另一关系 R_2（R_2 和 R_1 可以是相同的）中某一元组的主码值。R_1 中的属性 A 和 R_2 中的主码是定义在一个共同的基本域上的。即限制引用不存在的元组。

例如，雇员关系 EMP（Eno，Ename，Dno）表示雇员的编号、姓名及所在的部门号，部门关系 DEPT（Dno，Dname）表示部门号及部门名称。EMP 和 DEPT 是两个基本关系，EMP 的主码为 Eno，DEPT 的主码为 Dno。在 EMP 中，Dno 是外部码。EMP 中的每个元组在 Dno 上的值有两种可能：空值和非空值。若为空值，说明这个职工尚未分配到某个部门；若为非空值，则 Dno 的值必须为 DEPT 中某个元组中的 Dno 值。如果不是这样，则说明此职工被分配到了一个不存在的部门，那这样的数据就是无意义的。

3）用户定义的完整性规则

用户定义的完整性规则是针对某一具体应用环境给出的数据库的约束条件。它反映某一个具体的应用所处理的数据必须满足的语义要求。关系模型提供定义和处理这类完整性约束条件的机制，并用统一的系统方法来处理它们。

例如，某军事院校学生关系中规定学生的年龄为16~25岁，职工关系中规定工资最低为1 500元等。

2.2 关系数据结构

在关系数据模型中，现实世界的实体以及实体之间的各种联系都是关系。具体来说，在某个数据库管理系统实现之后，关系模型中的数据的逻辑结构则是二维表。

2.2.1 关系的定义及性质

在前面提到过关系是个二维表，关系模型是建立在集合代数的基础上的。因此，可以用集合代数作为二维表的关系，下面介绍一下有关概念。

1. 域（domain）

域是一组具有相同数据类型的值的集合，是关系中的一列取值的范围。

例如：整数的集合是一个域，实数的集合是一个域，{-1，0，1}、长度大于 10 B 的字符串集合也是一个域。

2. 笛卡儿积（cartesian product）

设 D_1，D_2，…，D_n（它们可以是相同的）为任意集合，定义 D_1，D_2，…，D_n 的笛卡儿积为：$D_1 \times D_2 \times \cdots \times D_n = \{(d_1, d_2, \cdots, d_n) \mid d_i \in D_i, i = 1, 2, \cdots, n\}$ 其中每个元素（d_1，d_2，…，d_n）称为一个 n 元组（tuple），d_i 称为一个分量（component）。

例如，D_1={0，1}，D_2={a，b，c}，则 D_1 和 D_2 的笛卡儿积为：

$D_1 \times D_2$={（0，a），（0，b），（0，c），（1，a），（1，b），（1，c）}

注意：笛卡儿积中元组分量是有序的。

3. 关系（relation）

$D_1 \times D_2 \times \cdots \times D_n$ 的子集称为域 D_1，D_2，…，D_n，其关系表示为：R（D_1，D_2，…，D_n）这里 R 表示关系的名称，n 是关系的目或度（degree）。例如：

R_1={（0，a），（0，b），（0，c）}

R_2={（1，a），（1，b），（1，c）}

都是上例中 D_1，D_2 上的一个关系。

关系是一个二维表，每行称为一个元组（tuple），每列对应一个域。如果关系是 n 度的，则其元组是 n 元组。每个元素是关系中的元组，通常用 t 表示。n=1 的关系称为一元关系，n=2 的关系称为二元关系。

由于域可以相同，为了加以区分，对每列取一个名称，称为属性（attribute）。因此，n 目关系必有 n 个属性。

例如，表 2-1 给出了余额表，有三个元组。设 t 为元组变量，指向关系的第一个元组，使用记号 t[分行名]表示元组 t 的分行名属性的值，t[分行名]="南昌"，类似地，t[账号]=101，表示账号属性的值为 101。

表 2-1　顾客账号余额表

顾客名	账号	余额	分行名
张三	101	1 000.00	南昌
李四	102	2 000.00	长沙
赵五	103	1 500.00	武汉

如表 2-1 所示，说明南昌分行有一个顾客名为张三，账号为 101，余额为 1 000.00。

在数据库中要求关系的每个分量必须是不可分的数据项，并把这样的关系称为规范化的关系，简称为范式（normal form）。也就是说，在一行中的一个属性只能允许有一个值。换句话说，在表中每一行和列的交叉位置上总是精确地存在一个值，而绝非值集（允许空值，即表示“未知的”或“不可使用”的一些特殊值。例如，顾客姓名必须是一个，但可以不提供，作为空值存在）。

4. 码、主码、外部码、主属性

码是关系中的某一属性或属性组（注：有的码是由几个属性共同决定的），若它的值唯一地标识了一个元组，则称该属性或属性组为候选码（candidate key）；若一个关系有多个候选码，则选定其中一个为主码（primary key）。包含在任意一个候选码中的属性都称为主属性；外部码（foreign key）是某个关系中的一个属性（可以是一个普通的属性，也可以是主码，也可以是主码的一部分），这个属性在另一个关系中是主码。

5. 关系的性质

关系是用集合代数的笛卡儿积定义的，关系是元组的集合，因此，关系有如下性质：

（1）列是同质的，即每一列中的分量是同类型的数据，来自同一个域。

（2）不同的列可以出自同一个域，每一列称为属性，需要给予不同的名称。

（3）列的顺序无所谓，即列的次序可以任意交换。

（4）关系中的各个元组是不同的，即不允许有重复的元组。

（5）行的顺序无所谓，即行的次序可以任意交换。

（6）每一分量必须是不可分的数据项。

2.2.2 关系模式与关系数据库

关系模型在理论上支持数据库的三级体系结构。在关系模型中，概念模式是关系模式的集合，外模式是关系子模式的集合，内模式是存储模式的集合。

1. 关系模式

对关系的描述称为关系模式，它包括关系名、组成该关系的各个属性、属性域的映像、属性间的数据依赖关系等。属性域的映像常常直接说明为属性的类型、长度。

2. 关系子模式

关系子模式是用户所用到的那部分数据的描述。它除了指出用户的数据外，还应指出模式与子模式之间的对应性。

3. 存储模式

关系存储时的基本组织方式是文件，由于关系模式有码，存储一个关系可以用散列方法或索引方法实现。如果关系中记录数目较少（100 以内），也可以用堆文件方式实现。另外，还可对任意的属性集建立辅助索引。

4. 关系数据库

对于关系数据库也有型和值的概念。关系数据库的型是对数据库描述，包括若干域的定义以及在这些域上定义的若干关系模式。关系数据库的值是这些关系模式在某一时刻对应的关系的集合。数据库的型又称数据库的内含（intention），数据库的值又称数据库的外延（extension）。数据库的型是稳定的，数据库的值是随时间不断变化的，因为数据库的数据在不断变化。

2.3 关系代数

关系代数是一种抽象的查询语言，是关系数据操纵语言的一种传统表达方式，它是用关系的运算来表示查询的。

任何一种运算都是将一定的运算符作用于一定的运算对象上，得到预期的运算结果。所以运算对象、运算符、运算结果是运算的三大要素。

关系代数的运算对象是关系，运算结果也为关系。关系代数用到的运算符号有 4 类：集合运算符、专门的关系运算符、算术比较符和逻辑运算符。

（1）集合运算符：∪（并）、∩（交）、－（差）、×（笛卡儿积）。

（2）专门的关系运算符：σ（选择）、π（投影）、⋈（连接）、÷（除）。

（3）算术比较符：<（小于）、≤（小于或等于）、>（大于）、≥（大于或等于）、≠（不等于）、=（等于）。

（4）逻辑运算符：∧（与）、∨（或）、¬（非）。

比较运算符和逻辑运算符是用来辅助专门的关系运算符进行操作的，所以关系代数的运算符主要分为传统的集合运算和专门的关系运算两类。其中传统的集合运算如并、交、差、广义笛卡儿积等，这类运算把关系看成元组的集合，其运算是从关系的“水平”方向上，即行的角度来进行的；而专门的关系运算如选择、投影、连接、除等，这类运算不仅涉及行而且涉及列。

为了叙述上的方便，先引入几个记号。

（1）设关系模式为 $R(A_1, A_2, \cdots, A_n)$ 它的一个关系设为 R。$t \in R$ 表示 t 是 R 的一个元组。$t[A_i]$ 则表示元组 t 中相应于属性 A_i 的一个分量。

（2）若 $A=\{A_{i_1}, A_{i_2}, \cdots, A_{i_k}\}$，其中 $A_{i_1}, A_{i_2}, \cdots, A_{i_k}$ 是 $A_1, A_2, \cdots, A_n$ 中的一部分，则 A 称为属性列或域列。

（3）R 为 n 目关系，S 为 m 目关系。$t_r \in R$，$t_s \in S$。$\langle t_r, t_s \rangle$ 称为元组的连接（concatenation）。它是一个（$n+m$）列的元组，前 n 个分量为 R 中的一个 n 元组，后 m 个分量为 S 中的一个 m 元组。

（4）给定一个关系 $R(X, Z)$，X 和 Z 为属性组。定义当 $t[X]=x$ 时，x 在 R 中的像集（images set）为：$Z_x=\{t[Z] | t \in R, t[X]=x\}$，它表示 R 中属性组 X 上值为 x 的诸元组在 Z 上分量的集合。

2.3.1 传统的集合运算

1. 并（union）

设关系 R 和关系 S 具有相同的目 n（即两个关系都有 n 个属性），且相应的属性取自同一个域，则关系 R 与关系 S 的并由属于 R 或属于 S 的元组组成，如图 2-1 所示。其结果关系仍为 n 目关系。记作：$R \cup S=\{t | t \in R \vee t \in S\}$。两个关系的并运算是将两个关系中的所有元组构成一个新关系。并运算要求两个关系属性的性质必须一致，且并运算的结果要消除重复的元组。

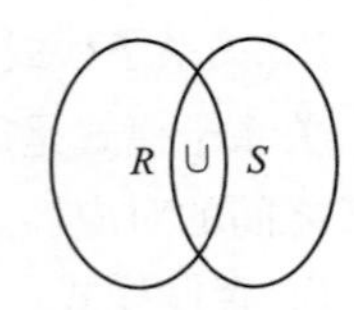

图 2-1 并运算

【例 2-1】有库存和进货两个表，对两个表进行并运算实现合并，如表 2-2 所示。

表 2-2 表的并运算

（a）库存表

商品编号	品名	数量
2018124	电熨斗	30
2018310	微波炉	18

（b）进货表

商品编号	品名	数量
2018230	冰箱	19
2018234	彩电	50
2017156	空调	20

（c）并运算结果

商品编号	品名	数量
2018230	冰箱	19
2018234	彩电	50
2017156	空调	20
2018124	电熨斗	30
2018310	微波炉	18

2. 差（difference）

设关系 R 和关系 S 具有相同的目 n，且相应的属性取自同一个域，则关系 R 和 S 差由属于 R 而不属于 S 的所有元组组成，如图 2-2 所示。其结果仍为 n 目的关系，记作：

$R-S=\{t | t \in R \wedge t \notin S\}$，$t$ 是元组变量，R 和 S 的目数相同。

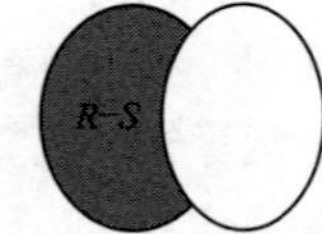

图 2-2 差运算

【例 2-2】有考生成绩合格者名单和身体不合格者名单两个关系，按录取条件将从成绩合格且身体健康的考生中产生录取名单关系。这个任务可以用差运算来完成，如表 2-3 所示。

3. 交（intersection）

设关系 R 和关系 S 具有相同的目 n，且相应的属性取自同一个域，则关系 R 与关系 S 的交由既属于 R 又属于 S 的元组组成，其结果关系仍为 n 目关系，如图 2-3 所示。记作：

$R \cap S=\{t | t \in R \wedge t \in S\}$；关系的交也可以由关系的差来表示，即 $R \cap S=R-(R-S)$。

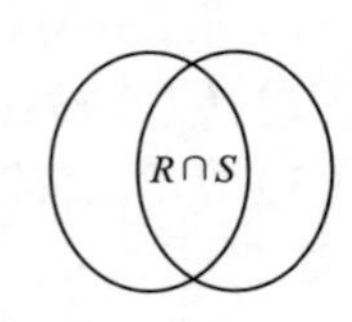

图 2-3 交运算

【例 2-3】有参加篮球队的学生名单和参加足球队的学生名单两个关系，要找出同时参加两个队的学生名单。这个任务可以用交运算来完成，如表 2-4 所示。

表 2-3　表的差运算

（a）成绩合格者

考生号
19000031
19000056
19000170
19000184
19000211

（b）身体不合格者

考生号
19000170
19000211

（c）录取名单

考生号
19000031
19000056
19000184

表 2-4　表的交运算

（a）篮球队

学生名单
刘莎莎
李利
赵宏彬
刘涛

（b）足球队

学生名单
刘莎莎
赵宏彬
陈晓春
姚民

（c）同时参加两个队

学生名单
刘莎莎
赵宏彬

4. 广义笛卡儿积（extended cartesian product）

设关系 R 为 n 目关系，关系 S 为 m 目关系，广义笛卡儿积 $R\times S$ 是一个（$n+m$）元组的集合。元组的前 n 个分量是 R 的一个元组，后 m 个分量是 S 的一个元组。若 R 有 k_1 个元组，S 有 k_2 个元组，则 $R\times S$ 有 $k_1\times k_2$ 个元组。记作：

$$R\times S=\{<t_r, t_s> | t_r\in R \wedge t_s\in S\}$$

【例 2-4】在学生和必修课程两个关系上，产生选修关系：要求每个学生必须选修所有选修课程。这个选修关系可以用两个关系的笛卡儿积运算来实现，如表 2-5 所示。

表 2-5　表的笛卡儿积运算

（a）学生

学号	姓名
1900001	汪宏伟
1900002	李兵
1900003	陈格格
1900004	牛利

（b）必修课程

课程号	课程名
C1	离散数学
C2	计算机原理
C3	高等数学

（c）笛卡儿积

学号	姓名	课程号	课程名
1900001	汪宏伟	C1	离散数学
1900001	汪宏伟	C2	计算机原理
1900001	汪宏伟	C3	高等数学
1900002	李兵	C1	离散数学
1900002	李兵	C2	计算机原理
1900002	李兵	C3	高等数学
1900003	陈格格	C1	离散数学
1900003	陈格格	C2	计算机原理
1900003	陈格格	C3	高等数学
1900004	牛利	C1	离散数学
1900004	牛利	C2	计算机原理
1900004	牛利	C3	高等数学

2.3.2 专门的关系运算

1. 选择（select）

选择又称限制（restriction），即根据某些条件对关系进行水平分解，选择符合条件的元组。条件可用命题公式 F 表示，F 取值为“真”或“假”。某运算对象是常量或元组分量（属性名或列的序号）。运算符有算术比较运算符（<、≤、>、≥、≠、=）和逻辑运算符（∧、∨、¬）。

逻辑运算符¬可定义为，如果逻辑表达式 P 为真，则¬ P 为假，如果 P 为假，则¬ P 为真，即俗称的逻辑非。

$P \wedge Q$ 定义为，当且仅当 P、Q 同时为真时，$P \wedge Q$ 为真，在其他情况下，$P \wedge Q$ 的值都为假，即俗称的逻辑与。

$P \vee Q$ 定义为，当且仅当 P、Q 同时为假时，$P \vee Q$ 的值为假，否则，$P \vee Q$ 的值为真，即俗称的逻辑或。

关系 R 关于公式 F 的选择运算用 $\sigma_F(R)$ 表示，定义如下：

$$\sigma_F(R)=\{t \mid t \in R \wedge F(t)='真'\}$$

其中，σ 为选择运算符，$\sigma_F(R)$ 表示从 R 中挑选满足公式 F 的元组所构成的关系。

【例 2-5】已知学生表 S 如表 2-6（a）所示，对学生表进行选择操作：列出所有女同学的基本情况。选择的条件是：SEX='女'。用关系代数表示为：

$\sigma_{SEX='女'}(S)$，也可以用属性序号表示属性名：$\sigma_{4='女'}(S)$，结果如表 2-6（b）所示。

表 2-6　关系代数的选择运算

（a）学生

SNO	SNAME	AG	SEX	DEPT
S3	刘莎莎	18	女	理学院
S9	王莉	21	女	计信院
S4	李志鸣	19	男	计信院
S5	吴康	20	男	理学院

（b）结果表

SNO	SNAME	AGE	SEX	DEPT
S3	刘莎莎	18	女	理学院
S9	王莉	21	女	计信院

2. 投影（projection）

投影操作是对一个关系进行垂直分解，消去关系中某些列，并重新排列次序，删去重复元组。

设关系 R 是 k 元关系，R 在其分量 $A_{i_1}, \ldots, A_{i_m}$（$m \leq k$，$i_1, \ldots, i_m$ 为 1~k 之间互不相同的整数）上的投影，用 $\pi_{i_1,\cdots,i_m}(R)$ 表示，它是从 R 中选择若干属性列组成的一个 m 元组的集合。形式定义如下：

$$\pi_{i_1,\cdots,i_m}(R)=\{\, t \mid t=<t_{i_1}, \ldots, t_{i_m}> \wedge <t_1, \ldots, t_k> \in R\}$$

投影之后不仅取消了某些列，而且还可能取消某些元组。因为取消了某些属性之后，就可能出现重复行，应该取消这些相同的行。投影操作是从列的角度进行的运算，可以用属性序号，也可以用属性名。

【例 2-6】对职工表如表 2-7（a）所示进行投影操作。列出职工表中的所有部门，关系代数表示为：π_3(职工)或 $\pi_{部门}$(职工)，结果如表 2-7（b）所示。

表 2-7　关系代数的投影运算实例

（a）职工表

职工编号	姓名	部门
2113	程晓清	销售部
2116	刘红英	财务部
2136	李小刚	管理部
2138	蒋民	采购部
2141	王国洋	销售部

（b）结果表

部门
销售部
财务部
管理部
采购部

注意：由于投影的结果消除了重复元组，因此结果只有 4 个元组。

3. 连接（join）

连接又称 θ 连接，是从两个关系的笛卡儿积中选取属性间满足一定条件的元组，形成一个新的关系。连接操作是笛卡儿积、选择和投影操作的组合。记作：$R\underset{I\theta J}{\bowtie}S$，这里 I 和 J 分别是关系 R 和 S 中的 I 和 J 属性组，θ 是算术比较运算符。连接的定义如下：

$$R\underset{I\theta J}{\bowtie}S=\{<t_r,\ t_s>|t_r\in R\wedge t_s\in S\wedge t_r[I]\ \theta\ t_s[J]\}$$

这里的 R 是 n 目关系，S 是 m 目关系，$t_r\in R$，$t_s\in S$，$<t_r,\ t_s>$称为元组的连接（concatenation）。这是一个（$n+m$）元组，前 n 个分量为 R 中的一个 n 元组，后 m 个分量是 S 中的一个 m 元组。

连接运算从 $R\underset{I\theta J}{\bowtie}S$ 的广义笛卡儿积中选取 R 关系在 I 属性组上的值与 S 关系在 J 属性组上满足比较关系 θ 的元组。当 θ 为“=”时称为等值连接。

自然连接（natural join）是一种特殊而常用的等值连接。它要求两个关系中进行比较的分量必须是相同的属性组，并且要在结果中把重复的属性去掉。两个关系的自然连接用 $R\bowtie S$ 表示，具体计算过程如下：

（1）计算 $R\times S$。

（2）设 R 和 S 的公共属性是 I_1，…，I_k，挑选 $R\times S$ 中满足 $R.I_1=S.I_1$，…，$R.I_k=S.I_k$ 的那些元组。

（3）去掉 $S.I_1$，…，$S.I_k$ 这些列（保留 $R.I_1$，…，$R.I_k$）。

若 R 和 S 具有相同的属性组 I，则自然连接定义如下：

$$R\bowtie S=\{<t_r,t_s>|t_r\in R\wedge t_s\in S\wedge t_r[I]=t_s[I]\}$$

自然连接要求两个关系中相等的分量必须是相同属性组，而等值连接不必如此。自然连接要在结果中把重复的属性去掉。自然连接是构造新关系的有效方法，是关系代数中常用的一种运算，在关系数据库理论中起着重要作用。利用投影、选择和自然连接操作可以任意地分解和构造关系。

【例 2-7】如表 2-8 所示，表 2-8（a）、表 2-8（b）、表 2-8（e）、表 2-8（f）为关系 R、S、SC、TC，表 2-8（c）为 $R\underset{B<E}{\bowtie}S$ 连接结果，表 2-8（d）为 $R\underset{B=E}{\bowtie}S$ 等值连接结果，表 2-8（g）为 SC⋈TC 自然连接结果。

表 2-8　连接举例

（a）关系 R

A	B
1	2
3	4
5	6
2	3

（b）关系 S

C	D	E
1	2	3
2	3	4
3	4	5

（c）关系 $R\underset{B<E}{\bowtie}S$

A	B	E	C	D
1	2	3	1	2
1	2	4	2	3
1	2	5	3	4
3	4	5	3	4
2	3	4	2	3
2	3	5	3	4

（d）关系 $R\underset{B=E}{\bowtie}S$

A	B	E	C	D
3	4	4	2	3
2	3	3	1	2

续表

（e） 关系 SC

SNum	CNum	GRADE
S3	C3	87
S1	C2	88
S4	C3	79
S9	C4	83

（f） 关系 TC

CNum	CNAME	CDEPT	TNAME
C2	离散数学	计算机	刘伟
C3	高等数学	通讯	陈红
C4	数据结构	计算机	马良兵
C1	计算机原理	计算机	李晓东

（g）SC$\bowtie$TC

SNum	CNum	GRADE	CNAME	CDEPT	TNAME
S3	C3	87	高等数学	通讯	陈红
S1	C2	88	离散数学	计算机	刘伟
S4	C3	79	高等数学	通讯	陈红
S9	C4	83	数据结构	计算机	马良兵

4. 除（Division）

给定关系 $R(X,Y)$和 $S(Y,Z)$，其中 X、Y、Z 为属性组。R 中的 Y 与 S 中的 Y 可以有不同的属性名，但必须出自相同的域集。R 与 S 的除运算得到一个新的关系 $P(X)$，P 是 R 中满足下列条件的元组在 X 的属性列上的投影，元组在 X 上分量值 x 的像集 Y_x 包含 S 在 Y 上投影的集合。记作：

$$R \div S=\{t_r[X] | t_r \in R \wedge \pi_y(S) \in Y_x\}$$

其中，Y_x 为 x 在 R 中的像集，$x=t_r[X]$。除操作是同时从行和列角度进行运算的。

【例 2-8】如表 2-9（a）所示，表示学生学习关系 SC；如表 2-9（b）所示，表示课程成绩条件关系 CG；如表 2-9（c）所示，表示满足课程成绩条件（离散数学为优和数据结构为优）的学生情况关系用（SC÷CG）表示。

表 2-9 除操作举例

（a）学生学习关系 SC

SNAME	SEX	CNAME	CDEPT	GRADE
李志鸣	男	离散数学	通讯	优
刘月莹	女	离散数学	计算机	良
吴康	男	离散数学	通讯	优
王文晴	女	数据结构	计算机	优
吴康	男	高等数学	通讯	良
王文晴	女	离散数学	计算机	优
刘月莹	女	数据结构	计算机	优
李志鸣	男	数据结构	通讯	优
李志鸣	男	高等数学	通讯	良

（b）课程成绩条件关系 CG

CNAME	GRADE
离散数学	优
数据结构	优

（c）SC÷CG

SNAME	SEX	CDEPT
李志鸣	男	通讯
王文晴	女	计算机

2.3.3 关系代数表达式及应用

在关系代数运算中，把 5 种基本代数运算经过有限次复合后形成的式子称为关系代数运算表达式（简称代数表达式）。这种表达式的运算结果仍是一个关系，可以用关系代数表达式表示所需要进行的各种数据库查询和更新处理的需求。

查询语句的关系代数表达式的一般形式是：

$$\pi_{\cdots}(\sigma_{\cdots}(R \times S))$$

或者 $\pi_{\cdots}(\sigma_{\cdots}(R \bowtie S))$

上面的式子表示：首先取得查询涉及的关系，再执行笛卡儿积或自然连接操作得到一张中间表格，然后对该中间表格执行水平分割（选择操作）和垂直分割（投影操作），当查询涉及否定或全部、包含值时，上述形式就不能表达了，就要用到差操作或除法操作。

【例 2-9】设教学数据库 EDCATION 中有三个关系：

学生关系 STUDENT(SNO,SNAME,AGE,SEX,SDEPT)；

学习关系 SC(SNO,CNO,GRADE)；

课程关系 COURSE(CNO,CNAME,CPNO,CDEPT,TNAME)。

试用关系代数表达式表示下面每个查询语句。

（1）查询信息系全体学生：

$\sigma_{SDEPT='信息'}$(STUDENT)或者 $\sigma_{5='信息'}$(STUDENT)其中 5 是 SDEPT 的属性序号。

（2）查询年龄小于 20 岁的元组：

$$\sigma_{AGE<20}(STUDENT)或\ \sigma_{3<20}(STUDENT)$$

（3）查询学生关系 STUDENT 在学生姓名和所在系两个属性上的投影：

$$\pi_{SNAME,SDEPT}(STUDENT)或者\ \pi_{2,5}(STUDENT)$$

（4）查询学生关系 STUDENT 中都有哪些系，即查询学生关系 STUDENT 在所在系属性上的投影：

$$\pi_{SDEPT}(STUDENT)$$

（5）检索计算机系全体学生的学号、姓名和性别：

$$\pi_{SNO,SNAME,SEX}(\sigma_{SDEPT='计算机'}(STUDENT))$$

该式表示先对关系 *S* 执行选择操作，然后执行投影操作。表达式中也可以不写属性名，而写属性的序号：$\pi_{1,2,4}(\sigma_{5='计算机'}(STUDENT))$。

（6）检索学习课程号为 C2 的学生学号与姓名：

$$\pi_{SNO,SNAME}(\sigma_{CNO='C2'}(STUDENT \bowtie SC))$$

这个查询涉及关系 STUDENT 和 SC，因此先要对这两个关系进行自然连接操作，然后再对其执行选择和投影操作。

（7）检索选修课程名为“数据结构”的学生学号与姓名：

$$\pi_{SNO,SNAME}(\sigma_{CNAME='数据结构'}(STUDENT \bowtie SC \bowtie COURSE))$$

（8）检索选修课程号为 C2 或 C4 的学生学号：

$$\pi_{SNO}(\sigma_{CNO='c2' \vee CNO='c4'}(SC))$$

（9）检索至少选修课程号为 C2 和 C4 的学生学号：

$$\pi_{SNO}(\sigma_{1=4 \wedge 2='c2' \wedge 5='c4'}(SC \times SC))$$

这里（SC×SC）表示关系 SC 自身相乘的笛卡儿积操作。这里的 σ 是对关系（SC×SC）进行选择操作，其中的条件（1=4∧2='c2'∧5='c4'）表示同一个学生既选修了 C2 课程又选修了 C4 课程。

（10）检索不学 C2 课的学生姓名与年龄：

$$\pi_{SNAME,AGE}(STUDENT) - \pi_{SNAME,AGE}(\sigma_{CNO='C2'}(STUDENT \bowtie SC))$$

这里要用到集合差操作。先求出全体学生的姓名和年龄，再求出学了 C2 课的学生姓名和年龄，最后执行两个集合的差操作。

（11）检索学习全部课程的学生姓名：

编写这个查询语句的关系倒数表达式的过程为，学生选课情况用操作 $\pi_{SNO,CNO}(SC)$表示；全部

课程用操作 π_{CNO}(COURSE)表示；学了全部课程的学生学号用除法操作表示，操作结果是学号 SNO 集($\pi_{SNO,CNO}$(SC ÷ π_{CNO}(COURSE))；从 student 求学生姓名 SNAME，可以用自然连接和投影操作组合而成：

$$\pi_{SNAME}(STUDENT \bowtie (\pi_{SNO,CNO}(SC \div \pi_{CNO}(COURSE)))$$

（12）检索所学课程包含计算机系所开设的全部课程的学生学号。

学生选课情况用操作 $\Pi_{sno,CNO}$(SC)表示；计算机系所开设的全部课程用操作 $\pi_{CNO}(\sigma_{CDEPT='计算机'}$(COURSE))表示；所学课程包含计算机系所开设的全部课程的学生学号，可以用除法操作表示：

$$\pi_{SNO,CNO}(SC) \div \pi_{CNO}(\sigma_{CDEPT='计算机'}(COURSE))$$

（13）查询至少选修 C2 和 C5 课程的学生学号：

首先建立一个临时关系 TEMP，如表 2-10 所示。

然后求：$\pi_{SNO,CNO}(SC) \div TEMP$

求解过程与例 2-6 类似，先对 SC 关系在 SNO 和 CNO 属性上投影，然后对其中每个元组逐一求出每一学生的像集，并依次检查这些像集是否包含 TEMP。

表 2-10　TEMP 关系

CNO
C2
C5

（14）查询至少选修了一门其直接先行课为 C2 课程的学生姓名：

$$\pi_{SNAME}(\sigma_{CPNO='C2'}(COURSE) \bowtie SC) \bowtie \pi_{SNO,SNAME}(STUDENT))$$

或者：

$$\pi_{SNAME}(\pi_{SNO}(\sigma_{CPNO='C2'}(COURSE) \bowtie SC) \bowtie \pi_{SNO,SNAME}(STUDENT))$$

本节介绍了 8 种关系代数运算，这些运算经有限次复合后形成的式子称为关系代数表达方式。在 8 种关系代数运算中，并、差、笛卡儿积、投影和选择 5 种运算为基本运算。其他 3 种运算，即交、连接和除，均可以用 5 种基本运算来表达。引进它们并不增加语言的能力但可以简化表达。

关系代数语言中比较典型的例子是查询语言 ISBL（information system base language）。ISBL 语言由 IBM United Kingdom 研究中心研制，用于 PRTV（peterlee relational test vehicle）实验系统。

2.4　关 系 演 算

关系演算运算以数理逻辑中的谓词演算为基础。关系演算按所用到的变量不同，可分为元组关系演算和域关系演算，前者以元组为变量，后者以域为变量，分别简称为元组演算和域演算。

2.4.1　元组关系演算

元组关系演算用表达式$\{t|P(t)\}$表示。其中 t 是元组变量，表示一个定长的元组；P 是公式，公式由原子公式和运算符组合而成。

1. 原子公式（Along）的三种形式

（1）$R(s)$。其中 R 是关系名，S 是元组变量。$R(s)$表示这样一个命题：s 是关系 R 的一个元组。所以，关系 R 可表示为$\{S|R(s)\}$。

（2）$S[i]\ \theta\ u[j]$。其中 S 和 u 是元组变量，θ 是算术比较运算符。$S[i]\ \theta\ u[j]$表示这样一个命题：元组 S 的第 i 个分量与元组 u 的第 j 个分量满足比较关系 θ。例如 $S[2] > u[1]$表示 S 的第 2 个分量必须大于元组 u 的第 1 个分量。

（3）$s[i]\ \theta\ c$ 或 $c\ \theta\ u[j]$。s 和 u 是元组变量，c 是常量。$s[i]\ \theta\ c$ 或 $c\ \theta\ u[j]$表示元组 s（或 u）的第 i 个（或第 j 个）分量与常量 c 满足比较关系 θ。例如 $s[3]$='5'表示 s 的第 3 个分量值为 5。

在定义关系演算操作时，要用到“自由”（free）和“约束”（bound）变量概念。在一个公式中，如果元组变量的前面没有用到存在量词 $\exists$ 或全称量词 $\forall$ 符号，那么称为自由元组变量，否则称为约束元组变量。约束变量类似于程序设计语言中过程内部定义的局部变量，自由变量类似于过程外部定义的外部变量或全局变量。

2. 公式（formulas）可以递归定义如下：

（1）每个原子公式是一个公式。其中的元组变量是自由变量。

（2）如果 P_1 和 P_2 是公式，则 $P_1 \wedge P_2$，$P_1 \vee P_2$，$\neg P_1$ 和 $P_1 => P_2$ 也是公式，分别表示如下命题："P_1 和 P_2 同时为真"；"P_1 和 P_2 中的一个为真或同时为真"；"P_1 为假"；"若 P_1 为真，则 P_2 为真"。公式中的变量是自由的还是约束的，和在 P_1 和 P_2 中一样。

（3）如果 P 是公式，那么 $(\exists t)(P)$ 也是公式。所表示命题为：存在一个元组 t 使得公式 P 为真。元组变量 t 在 P 中是自由的，在 $(\exists t)(P)$ 中是约束的。其他元组是自由的或约束的不发生变化。

（4）如果 P 是公式，则 $(\forall t)(P)$ 也是公式，所表示命题为：对于所有元组 t 使公式 P 为真。元组变量的自由约束性与（3）相同。

（5）在公式中，各种运算符的优先次序为：

①算术比较运算符最高；

②量词次之，其中 $\exists$ 高于 $\forall$；

③逻辑运算符最低，且 $\neg$ 的优先级高于 $\wedge$ 和 $\vee$ 的优先级；

加括号可以改变优先次序，括号中运算符优先，同一括号内的运算符仍遵循①、②、③的次序。

（6）元组关系演算公式只能由上述五种形式构成，其他公式都不是元组关系演算公式。

关系代数的所有操作均可以用元组关系演算表达式来表示，反之亦然。如用元组关系演算表示下列基本运算。

并 $R \cup U$ 可用 $\{t \mid R(t) \vee S(t)\}$ 表示；

差 $R-S$ 可用 $\{ t \mid R(t) \wedge \neg S(L)\}$ 表示；

笛卡儿积 $R \times S$ 可用 $\{t|(\exists u)(\exists v)(R(u) \wedge S(v) \wedge t[1]=u[1] \wedge \cdots \wedge t[r]=u[r] \wedge t[r+1]=v[1] \wedge \cdots \wedge t[r+s]=v[s])\}$ 表示。此处假设 R 是 r 元，S 是 s 元。

【例 2-10】 用例 2-9 中的关系，检索学习课程号为 C2 的学生学号与姓名。

表达式为写为：

$\{t|(\exists u)(\exists v)(\mathrm{STUDENT}(u) \wedge \mathrm{SC}(v) \wedge v[2]= \text{'C2'} \wedge u[1]=v[1] \wedge t[1]=u[1] \wedge t[2]=u[2])$

这里 $u[1]=v[1]$ 是 STUDENT 和 SC 进行自然连接操作的条件，在公式中不可缺少，$t[1]=u[1]$ 为元组 t 的第 1 列取元组 u 的第 1 列的值。

2.4.2 域关系演算

（1）原子公式有下列两种形式：

①$R(t_1 \cdots t_k)$：R 是 K 元关系，每个 t_i 是域变量或常量。

②$X \theta Y$，其中 X、Y 是域变量或常量，但至少有一个是域变量，θ 是算术比较运算符。

（2）域关系演算的公式中也可使用 $\wedge$、$\vee$ 和=> 等逻辑运算符。也可用 $\exists(X)$ 和 $(\forall X)$ 形成新的公式，但变量 X 是域变量，不是元组变量。自由域变量、约束域变量等概念和元组演算中一样，不再重复。

【例 2-11】 用例 2-9 中的关系，检索学习课程号为 C2 的学生学号与姓名，域表达式为：

$\{t_1 t_2|(\exists u_1)(\exists u_2)(\exists u_3)(\exists u_4)(\exists v_1)(\exists v_2)(\exists v_3)(\mathrm{STUDENT}(u_1 u_2 u_3 u_4) \wedge \mathrm{SC}(v_1 v_2 v_3) \wedge v_2=\text{'C2'} \wedge u_1=v_1 \wedge t_1=u_1 \wedge t_2=u_2)$

关系运算理论是关系数据库查询语言的理论基础，只有掌握了关系运算理论，才能深刻地理解查询语言本质并熟练使用查询语言。

2.4.3 安全性和等价性

1. 关系运算的安全性

从关系代数操作的定义可以看出，任何一个有限关系上的关系代数操作结果都不会导致无限关系和无穷验证。所以关系代数系统总是安全的。然而，元组关系演算系统和域关系演算系统可能产生无限关系和无穷验证。例如：$\{t|\neg R(t)\}$表示所有不在关系 R 中的元组的集合，是一个无限关系。无限关系的演算需要具有无限存储容量的计算机；另外若判断公式$(\forall u)(w(u))$的真和假，需要对所有的元组 u 验证，即要求进行无限次验证。显然这是毫无意义的。因此对元组关系演算要进行安全约束。安全约束是对关系演算表达式施加限制条件，对表达式中的变量取值规定一个范围，使之不产生无限关系和无穷次验证，这种表达式称为安全表达式。在关系演算中约定，运算只在表达式中所涉及的关系值范围内操作，这样就不会产生无限关系和无穷次验证问题，关系演算才是安全的。

2. 关系运算的等价性

并、差、笛卡儿积、投影和选择是关系代数最基本的操作，并构成了关系代数运算的最完备集。可以证明，在这个基础上，关系代数、安全的元组关系演算、安全的域关系演算在关系的表达和操作能力上是等价的。

关系运算主要有关系代数、元组演算和域演算三种。关系查询语言的典型的代表有 ISBL 语言、QUEL 语言、QBE 语言和 SQL 语言。

ISBL（information system base language）是 IBM 公司在 1976 年研制出来的，用在一个实验系统 PRTV（peterlee relational test vehicle）上。ISBL 语言与关系代数非常接近，每个查询语句都近似于一个关系代数表达式。

QUEL 语言（query language）是美国伯克利加州大学研制的关系数据库系统 INGRES 的查询语句，1975 年投入运行，并由美国关系技术公司制成商品推向市场。QUEL 语言是一种基于元组关系演算的并具有完整的数据定义、检索、更新等功能的数据语言。

QBE（query by example，按例查询）是一种特殊的屏幕编辑语言。QBE 是 M. M. Zloof 提出的，在约克镇 IBM 高级研究室为图形显示终端用户设计的一种域演算语言，1978 年在 IBM 370 上实现。QBE 使用起来很方便，属于人机交互语言，用户可以是缺乏计算机知识和数学基础的非程序人员。现在，QBE 的思想已渗入到许多 DBMS 中。

SQL 是介于关系代数和元组演算之间的一种关系查询语言，现已成为关系数据库的标准语言，将在后续章节详细介绍。

2.5 查询优化

如何以有效的方式处理用户查询是关系数据库管理系统有效实现的关键问题之一。本节对关系代数优化及其算法进行介绍，读者可以结合具体的关系数据库管理系统进行理解。

2.5.1 优化问题

在关系代数表达式中需要指出若干关系的操作步骤。那么，系统应该以什么样的操作顺序，才能做到既省时间，又省空间，而且效率也比较高呢？这个问题称为查询优化问题。

在关系代数运算中，笛卡儿积和连接运算是最费时间的。若关系 R 有 m 个元组，关系 S 有 n 个元组，那么 $R\times S$ 就有 $m\times n$ 个元组。当关系很大时，R 和 S 本身就要占较大的外存空间，由于内存的容量是有限的，只能把 R 和 S 的一部分元组读进内存，如何有效地执行笛卡儿积操作，花费较少的时间和空间，就有一个查询优化的策略问题。

【例 2-12】设关系 R 和 S 都是二元关系，属性名分别为 A、B 和 C、D。设有一个查询可用关系代数表达式表示：

$$E_1=\pi_{A}(\sigma_{B=C \wedge D='C2'}(R\times S))$$

也可以把选择条件 D='C2'移到笛卡儿积中的关系 S 前面：

$$E_2=\pi_{A}(\sigma_{B=C}(R\times \sigma_{D='C2'}(S)))$$

还可以把选择条件 B=C 与笛卡儿积结合成等值连接形式：

$$E_3=\pi_{A}(R \underset{B=C}{\bowtie} \sigma_{D='C2'}(S))$$

这三个关系代数表达式是等价的，但执行的效率不大一样。显然，求 E_1、E_2、E_3 的大部分时间花在连接操作上。

对于 E_1，先做笛卡儿积，把 R 的每个元组与 S 的每个元组连接起来。在外存储器中，每个关系以文件形式存储。设关系 R 和 S 的元组个数都是 10 000，外存的每个物理存储块可存放 5 个元组，那么关系 R 有 2 000 块，S 也有 2 000 块。而内存只给这个操作 100 块的内存空间。此时，执行笛卡儿积操作较好的方法是先让 R 的第一组 99 块数据装入内存，然后关系 S 逐块转入内存去做元组的连接；再把关系 R 的第二组 99 块数据装入内存，然后关系 S 逐块转入内存去做元组的连接……直到 R 的所有数据都完成连接。

这样关系 R 每块只进内存一次，装入块数是 2 000；而关系 S 的每块需要进内存（2 000/99）次，装入内存的块数是（2 000/99）×2 000，因而执行 $R\times S$ 的总装入块数是：2 000+（2 000/99）×2 000≈42 400（块），若每秒装入内存 20 块，则需要约 35 min，这里还没有考虑连接后产生的元组写入外存时间。

对于 E_2 和 E_3，由于先做选择，所以速度快。设 S 中 D='99'的元组只有几个，因此关系的每块只需进内存一次。则关系 R 和 S 的总装入块数为 4 000，约 3 min，相当于求 E_1 花费时间的 1/10。

如果对关系 R 和 S 在属性 B、C、D 上建立索引，那么花费时间还要少得多。

这种差别的原因是计算 E_1 时 S 的每个元组进内存多次，而计算 E_2 和 E_3 时，S 的每个元组只进内存一次。在计算 E_3 时把笛卡儿积和选择操作合并成等值连接操作。

从此例可以看出，如何安排选择、投影和连接的顺序是一个很重要的问题。

2.5.2 等价变换规则

两个关系代数表达式等价是指用同样的关系实例代替两个表达式中相应关系时所得到的结果是一样的。也就是得到相同的属性集和相同的元组集，但元组中属性的顺序可能不一致。两个关系代数表达式 E_1 和 E_2 的等价写成 $E_1=E_2$，涉及选择、连接和笛卡儿积的等价变换规则有：

1. 连接和笛卡儿积的交换律

设 E_1 和 E_2 是关系代数表达式，F 是连接的条件，那么下列式子成立（不考虑属性间顺序）：

$$E_1 \underset{F}{\bowtie} E_2 \equiv E_2 \underset{F}{\bowtie} E_1$$

$$E_1 \bowtie E_2 \equiv E_2 \bowtie E_1$$

$$E_1\times E_2 \equiv E_2\times E_1$$

2. 连接和笛卡儿积的结合律

设 E_1、E_2 和 E_3 是关系代数表达式，F_1 和 F_2 是连接条件，F_1 只涉及 E_1 和 E_2 的属性，F_2 只涉及 E_2 和 E_3 的属性，那么下列式子成立：

$$(E_1 \underset{F_1}{\bowtie} E_2) \underset{F_2}{\bowtie} E_3 \equiv E_1 \underset{F_1}{\bowtie} E(E_2 \underset{F_2}{\bowtie} E_3)$$

$$(E_1 \bowtie E_2) \bowtie E_3 \equiv E_1 \bowtie (E_2 \bowtie E_3)$$
$$(E_1 \times E_2) \times E_3 \equiv E_1 \times (E_2 \times E_3)$$

3. 投影的串接

设 L_1，L_2，…，L_n 为属性集，并且 $L_1 \in L_2 \in \cdots \in L_n$，那么下式成立：

$$\pi_{L_1}(\pi_{L_2}(\cdots(\pi_{L_n}(E))\cdots)) \equiv \pi_{L_1}(E)$$

4. 选择的串接

$$\sigma_{F_1}(\sigma_{F_2}(E)) \equiv \sigma_{F_1 \wedge F_2}(E)$$

由于 $F_1 \wedge F_2 = F_2 \wedge F_1$，因此选择的交换律也成立：

$$\sigma_{F_1}(\sigma_{F_2}(E)) \equiv \sigma_{F_2}(\sigma_{F_1}(\mathrm{E}))$$

5. 选择和投影操作的交换

$$\pi_L(\sigma_F(E)) \equiv \sigma_F(\pi_L(E))$$

这里要求 F 只涉及 L 中的属性，如果条件 F 还涉及不在 L 中的属性 L_1，那么就有下式成立：

$$\pi_L(\sigma_F(E)) \equiv \pi_L(\sigma_F(\pi_{L \cup L_1}(E)))$$

6. 选择与笛卡儿积的分配律

$$\sigma_F(E_1 \times E_2) \equiv \sigma_F(E_1) \times E_2$$

这里要求 F 只涉及 E_1 中的属性。

如果 F 形为 $F_1 \wedge F_2$，且 F_1 只涉及 E_1 的属性，F_2 只涉及 E_2 的属性，那么使用规则（4）和（6）可得到下列式子：

$$\sigma_F(E_1 \times E_2) \equiv \sigma_{F_1}(E_1) \times \sigma_{F_2}(E_2)$$

此外，如果 F 形为 $F_1 \wedge F_2$，且 F_1 只涉及 E_1 的属性，F_2 涉及 E_1 和 E_2 的属性，那么可得到下列式子：

$$\sigma_F(E_1 \times E_2) \equiv \sigma_{F_2}(\sigma_{F_1}(E_1) \times E_2)$$

也就是把一部分选择条件放到笛卡儿积中关系的前面。

7. 选择与并的分配律

$$\sigma_F(E_1 \cup E_2) \equiv \sigma_F(E_1) \cup \sigma_F(E_2)$$

这里要求 E_1 和 E_2 具有相同的属性名，或者 E_1 和 E_2 表达的关系的属性有对应性。

8. 选择与集合差的分配律

$$\sigma_F(E_1 . E_2) \equiv \sigma_F(E_1) - \sigma_F(E_2)$$

9. 选择与自然连接的分配律

如果 F 只涉及 E_1 和 E_2 的公共属性，那么选择对自然连接的分配律成立：

$$\sigma_F(E_1 \bowtie E_2) \equiv \sigma_F(E_1) \bowtie \sigma_F(E_2)$$

10. 投影与笛卡儿积的分配律

对两个关系的笛卡儿积进行投影时，可以根据投影属性的所属关系先投影：

$$\pi_{L_1 \cup L_2}(E_1 \times E_2) \equiv \pi_{L_1}(E_1) \times \pi_{L_2}(E_2)$$

这里要求 L_1 是 E_1 中的属性集，L_2 是 E_2 中的属性集。

11. 投影与并的分配律

对两个关系的并集进行投影时，可以根据投影属性的所属关系先投影：

$$\pi_L(E_1 \cup E_2) \equiv \pi_L(E_1) \cup \pi_L(E_2)$$

这里要求 E_1 和 E_2 的属性有对应性。

12. 选择与连接操作的结合

对两个关系的笛卡儿积进行选择时，根据 F 连接的定义可得：

$$\sigma_F(E_1 \times E_2) \equiv E_1 \underset{F}{\bowtie} E_2$$

13. 并和交的交换律

对两个关系的并运算或交运算，可以交换位置：

$$E_1 \cup E_2 \equiv E_2 \cup E_1$$
$$E_1 \cap E_2 \equiv E_2 \cap E_1$$

14. 并和交的结合律

对三个关系的并运算（或交运算），哪个并运算（或交运算）先进行也不影响最终结果：

$$(E_1 \cup E_2) \cup E_3 \equiv E_1 \cap (E_2 \cup E_3)$$
$$(E_1 \cup E_2) \cap E_3 \equiv E_1 \cap (E_2 \cap E_3)$$

2.5.3 优化的一般策略

优化策略主要考虑如何安排操作的顺序与关系的存储技术无关。经过优化后的表达式不一定是所有等价表达式中执行时间最少的，此处不讨论执行时间最少的“最优问题”，只是介绍优化的一般技术，主要有以下一些策略：

（1）将选择操作尽可能提前执行。有选择运算的表达式，尽量提前执行选择操作，以便得到较小的中间结果，减少运算量和读外存块的次数。

（2）把笛卡儿积和其后的选择操作合并成 F 连接运算。因为两个关系的笛卡儿积是一个元组数较大的关系（中间结果），而做了选择操作后，可能会获得很小的关系。两个操作一起做，可立即对每个连接后的元组检查是否满足选择条件，决定其取舍，将会减少时间和空间的开销。

（3）将一连串的选择和投影操作合并进行，以免分开运算造成多次扫描文件，从而能节省操作时间。

因为选择和投影都是一元操作符，它们把关系中的元组看作独立单位，所以可以对每个元组连续做一串操作（当然顺序不能随意改动）。如果在一个二元运算后面跟着一串一元运算，那么也可以结合起来同时操作。

（4）找出公共子表达式，将该子表达式计算结果预先保存起来，以免重复计算。

（5）适当地对关系文件进行预处理。

关系以文件形式存储，根据实际需要对文件进行排序或建立索引文件，这样能使两个关系在进行连接时，能很快有效地对应起来。但建立永久的排序或索引文件需要占据大量空间，可临时产生文件，这样只花费些时间，以节省空间。

（6）计算表达式前先估算，确定怎样计算合算。

例如，计算 $R \times S$，应先查看一下 R 和 S 的物理块数，然后再决定哪个关系可以只进内存一次，而另一关系进内存多次，这样才合算。

【例 2-13】对于例 2-9 中的关系代数表达式：

$$\pi_{\text{SNO,SNAME}}(\sigma_{\text{CNAME='数据结构'}}(\text{STUDENT} \bowtie \text{SC} \bowtie \text{COURSE}))$$

写出比较优化的关系代数表达式。

（1）把 σ 操作移到关系 C 的前面，得到

$$\pi_{\text{SNO,SNAME}}(\text{STUDENT} \bowtie (\text{SC} \bowtie \sigma_{\text{CNAME='数据结构'}}(\text{COURSE})) \qquad \text{（式 1）}$$

（2）在每个操作后，应做个投影操作，挑选往后操作中需要的属性。例如，$\sigma_{\text{CNAME='数据结构'}}(\text{COURSE})$ 后应加一个投影操作，以减少中间数据量：

$$\pi_{\text{CNO}}(\sigma_{\text{CNAME='数据结构'}}(\text{COURSE}))$$

这样，（式 1）可写成下列形式：

$$\pi_{SNO,\ SNAME}(STUDENT \bowtie \pi_{SNO}(SC \bowtie \pi_{CNO}(\sigma_{CNAME='数据结构'}(COURSE))) \quad （式 2）$$

（3）在（式 2）中，由于关系 S 和关系 SC 直接参与连接操作，因此应先做投影操作，去掉不用的属性值，得到下式：

$$\pi_{SNO,SNAME}(\pi_{SNO,SNAME}(STUDENT) \bowtie \pi_{SNO}(\pi_{SNO,CNO}(SC) \bowtie \pi_{CNO}(\sigma_{CNAME='数据结构'}(COURSE)))$$

这是一个比较优化的关系代数表达式，系统执行起来时间和空间开销较小。

2.5.4 优化算法

关系代数表达式的优化是由 DBMS 的 DML 编译器完成的。对一个关系代数表达式进行语法分析，可以得到一棵语法树，叶子是关系，非叶子结点是关系代数操作。利用前面的等价变换规则和优化策略来对关系代数表达式进行优化。

算法 2.1 关系代数表达式的优化。

输入：一个关系代数表达式的语法树。

输出：计算表达式的一个优化序列。

方法：依次执行下面每一步。

（1）使用等价变换规则（4）把每个形为 $\sigma_{F_1 \cdots F_n}(E)$ 的子表达式转换成选择串接式：

$$\sigma_{F_1}(\cdots \sigma_{F_n}(E))$$

（2）对每个选择操作，使用规则（4）~（9），尽可能把选择操作移近树的叶端点。

（3）对每个投影操作，使用规则（3）、（10）、（11）和（5），尽可能把投影操作移近树的叶端。规则（3）可能使某些投影操作消失，而规则（5）可能会把一个投影分成两个投影操作，其中一个将靠近叶端。如果一个投影是针对被投影的表达式的全部属性，则可消去该投影操作。

（4）使用规则（3）~（5），把选择和投影合并成单个选择、单个投影或一个选择后跟一个投影。使多个选择、投影能同时执行或在一次扫描中同时完成。

（5）将上述步骤得到的语法树的内结点分组。每个二元运算（×、∪、－）结点与其直接祖先（不超过别的二元运算结点）的一元运算结点（σ 或 π）分为一组。如果它的子孙结点一直到叶都是一元运算符（σ 或 π），则也并入该组。但是，如果二元运算是笛卡儿积，而且后面不是与它组合成等值连接的选择时，则不能将选择与这个二元运算组成同一组。

（6）生成一个程序，每一组结点的计算是程序中的一步，各步的顺序是任意的，只要保证任何一组不会在它的子孙之间计算。

【例 2-14】假设关系数据库有以下关系：学生关系 S（SNO，SNAME，AGE，SEX，SDEPT），学习关系 SC（SNO，CNO，GRADE）和课程关系 C（CNO，CNAME，CDEPT，TNAME）。

检索学习“LIT”老师课程的“女”学生的学号和姓名，该查询语句的关系代数表达式为：

$$\pi_{SNO,SNAME}(\sigma_{TNAME='LIT' \wedge SEX='女'}(SC \bowtie C \bowtie S)$$

对于上述式子中的 $\bowtie$ 符号用 π、σ、× 操作表示，可得下式：

$$\pi_{SNO,SNAME}(\sigma_{TNAME='LIT' \wedge SEX='女'}(\pi_L(\sigma_{SC.CNO=C.CNO \wedge SC.SNO=S.SNO}(SC \times C \times S))))$$

此处 L 是 SNO，SNAME，AGE，SEX，SDEPT，CNO，CNAME，CDEPT，TNAME，GRADE。该表达式构成的语法树如图 2-4 所示，下面使用优化算法对语法树进行优化。

（1）将每个选择运算分裂成两个选择运算，共得到 4 个选择操作：

$$\sigma_{TNAME='LIT'}$$

$$\sigma_{SEX='女'}$$

$$\sigma_{SC.CNO=C.CNO}$$

$$\sigma_{SC.SNO=S.SNO}$$

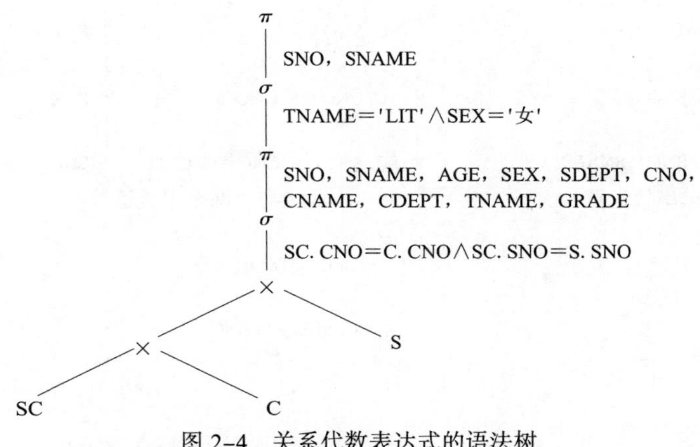

图 2-4　关系代数表达式的语法树

（2）使用等价变换规则（4）～（8）把 4 个选择运算尽量向树的叶端靠拢。据规则（4）和（5）可以把 $\sigma_{TNAME='LIT'}$和 $\sigma_{SEX='女'}$移到投影和另两个选择操作下面，直接放在笛卡儿积外面得到子表达式：

$$\sigma_{SEX='女'}(\sigma_{TNAME='LIT'}(SC\times C)\times S)$$

其中，内层选择仅涉及关系 C，外层选择仅涉及关系 S，所以上式又可变换成：

$$\sigma_{TNAME='LIT'}(SC\times C)\times\sigma_{SEX='女'}(S)$$

即：

$$(SC\times\sigma_{TNAME='LIT'}(C))\times\sigma_{SEX='女'}(S)$$

$\sigma_{SC.SNO=S.SNO}$不能再往叶端移动了，因为它的属性涉及两个关系 SC 和 S，但 $\sigma_{SC.CNO=C.CNO}$还可向下移，与笛卡儿积交换位置。

然后根据规则（3），再把两个投影合并成一个投影 $\pi_{SNO,SNAME}$。这样，原来的语法树从如图 2-4 所示变成了如图 2-5 所示的形式。

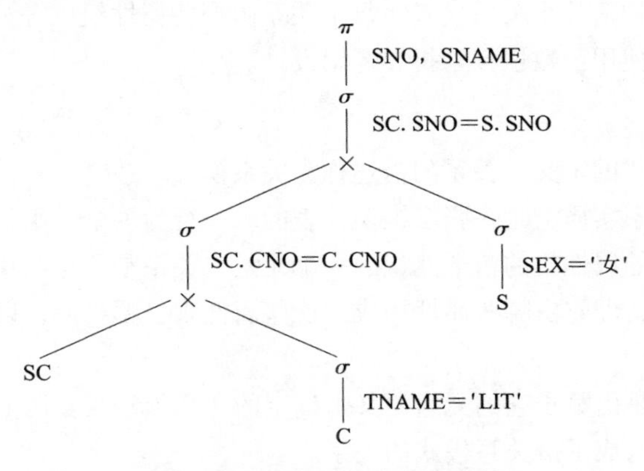

图 2-5　优化过程中的语法树

（3）根据规则（5），把投影和选择进行交换，在 σ 前面增加一个 π 操作。如图 2-6 所示，用 $\pi_{SC.SNO,S.SNO,SName}$ 代替 $\pi_{SNO,SNAME}$ 和 $\sigma_{SC.SNO=S.SNO}$。再把 $\pi_{SC,SNO,S.SNO,SNAME}$ 分成 $\pi_{SC,SNO}$ 和 $\pi_{S.SNO,SNAME}$，使它们分别对 $\sigma_{SC.SNO=S.SNO}$（…）和 $\sigma_{SEX='女'}$（…）做投影操作。再据规则（5），将投影 $\pi_{SC,SNO}$ 和 $\pi_{S.SNO,SNAME}$ 分别与前面的选择运算形成两个串接运算，如图 2-7 所示。再把 SC.SNO、SC.CNO、C.CNO 往叶端移，形成如图 2-8 所示的语法树。

（4）执行时从叶端依次向上进行，每组运算只对关系进行一次扫描。

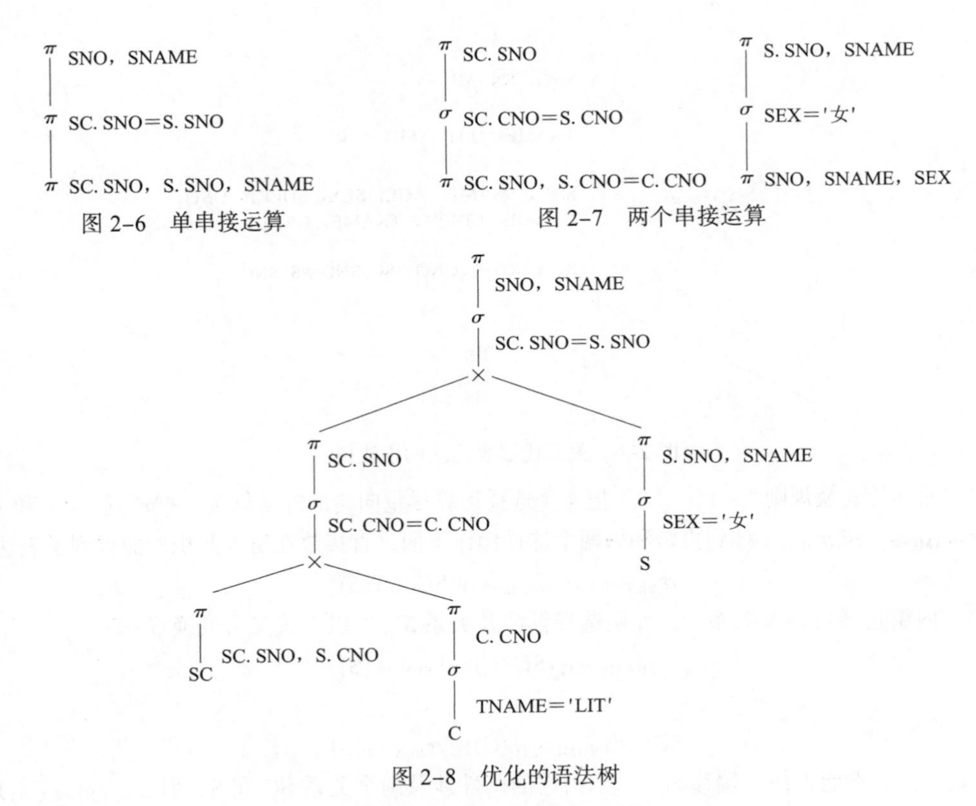

图 2-6　单串接运算

图 2-7　两个串接运算

图 2-8　优化的语法树

2.6　函数依赖

前面介绍了数据模型和数据库的一般知识，但针对一个具体问题，应该如何构造一个适合于数据库的数据模式，即应该构造几个关系模式，每个关系由哪些属性组成等，就是关系数据库逻辑设计问题，本节将介绍如何使用函数依赖来指导逻辑设计。

2.6.1　问题的提出

先来讨论一下关系模式的定义，关系的描述称为关系模式。

首先，应该知道，关系实质上是一张二维表，表的每一行为一个元组，每一列为一个属性。一个元组就是该关系所涉及的属性集的笛卡儿积的一个元素。关系是元组的集合，因此关系模式必须指出这个元组集合的结构，即它由哪些属性构成，这些属性来自哪些域，以及属性与域之间的映像关系。

其次，一个关系通常是由赋予它的元组语义来确定的。元组语义实质上是一组条件，凡使该条件组为真的元素的全体就构成了该关系模式的关系。

现实世界随着时间在不断地变化，因而在不同时刻，关系模式的关系也会有所变化。但是，现实世界的许多事实限定了关系模式所有可能的关系必须满足一定的完整性约束条件。这些约束条件或者通过对域的限定，或者通过属性间的相互关联反映出来。关系模式应当刻画出这些完整性约束条件。

因此，一个关系模式应当是一个 5 元组，它可以形式化地表示为：R(U,D,dom,F)，其中 R 为关系名，U 为组成该关系的属性名集合，D 为属性组 U 中属性所来自的域，dom 为属性向域的映像集合，F 为属性间数据的依赖关系集合。

属性间数据的依赖关系普遍地存在于现实生活中，例如：学号只对应一个学生，学号值确定后，学生姓名也就唯一确定了，称姓名函数依赖于学号。记为：学号—>姓名。

要建立一个数据库来描述学生参加团体的一些情况，面临的对象有：学生（用学号 SNO 描述）、系（用系名 SDEPT 描述）、学生住址（用地址 ADDR 描述）、团体（用团体名 GROUP 描述）、负责人（用 LEAD 描述）、入会时间（用 DATE 描述），于是得到一组属性。

U={SNO，SDEPT,ADDR,GROUP,LEAD,DATE}

由现实世界中的事实可知：

一个系有多个学生，但一个学生只属于一个系；

一个系的学生只住一个地方；

一个学生可参加多个团体，一个团体有多名学生参加；

一个团体只有一个负责人，一个团体只有一个地址；

每个学生参加每个团体有一个入会时间；

于是得到属性组 U 上的一组函数依赖：

F={SNO—>SDEPT,SNO—>ADDR,SDEPT—>ADDR,GROUP—>LEAD,（SNO,GROUP）—>DATE}

则学生团体关系模式可表示为：SG(U,D,dom,F)，U 和 F 如上所示，D 和 dom 对模式设计关系不大，暂不讨论。该关系模式的码为(SNO,GROUP)。

这个模式存在以下问题：

1. 插入异常

根据实体完整性，主码的取值不能为空，就是说 SNO 和 GROUP 这两列不能没有属性值。如果一个团体刚成立还没有学生，那么就无法把这个团体的地址和负责人的信息存入数据库。

2. 删除异常

如果一个团体的学生全部毕业了，在删除该学生团体元组的同时，把这个团体的地址和负责人的信息也丢掉了。

3. 数据冗余

一个团体有多少个学生，那么该团体的负责人的信息就会重复多少次。一个学生参加了几个团体，该学生的系名和住址就会重复几次。

4. 更新异常

由于数据冗余，在数据修改时会出现问题。例如，一个团体修改了地址，那么该团体的所有元组的地址都要修改，若有一个元组中的地址没有修改，就会产生错误的信息。

如若把这个单一的模式改造分解为 4 个模式：

S(SNO,SDEPT)；

SD(SDEPT,ADDR)；

SG(SNO,GROUP,DATE)；

G(GROUP,LEAD)；

则这四个模式都不会发生三种异常，数据冗余也得到了控制。由前面的讨论可知，同一个研究对象，不同人可能会设计出不同的数据模式，那么一个模式到底是否为一个好的模式，如何改造成为一个好的模式，这就是关系规范化要解决的问题。

人们对关系规范化的认识是有一个过程的，在 1970 年发现了属性间的函数依赖关系，从而定义了与函数依赖有关的第一、第二、第三及 BCNF 范式。在 1976—1978 年间，Fagin 等人发现多值依赖关系，从而定义了与多值依赖有关的第四范式。因此，范式的定义与函数依赖有着密切的关系。

2.6.2 函数依赖定义

1. 函数依赖定义

设有关系模式 $R(A_1, A_2, \cdots, A_N)$ 或简记为 $R(U)$，X、Y 是 U 的子集，r 是 R 的任一具体关系，如果在当前值 r 的任意两个元组 t_1、t_2 中，若 $t_1[X]= t_2[X]$，必然有 $t_1[Y]= t_2[Y]$，则称 X 函数确定 Y，或 Y 函数依赖于 X，记为 X—>Y。X 称为决定因素，X—>Y 为模式 R 的一个函数依赖。或者说，对于 X 的每一个具体值，都有 Y 唯一的具体值与之对应，即 Y 值由 X 值决定，因而这种数据依赖称为函数依赖。

需要强调的是，函数依赖不是指关系模式 R 的某个或某些关系满足的约束条件，而是指 R 的一切关系均要满足的条件。不能只看到关系模式 R 的一个特定关系，就推断哪些函数依赖对 R 成立。

函数依赖是语义范畴的概念。我们只能根据语义来确定一个函数依赖。例如，“姓名—>年龄”这个函数依赖成立的前提条件是姓名没有相同的。若姓名有同名的，则该函数依赖不成立。

2. 完全函数依赖和部分函数依赖定义

在 $R(U)$中，如果 Y 函数依赖于 X，但对于 X 的任何一个真子集 X'，都有 Y 不函数依赖于 X'，则称 Y 对 X 完全函数依赖，记为 X—>Y。如果 X—>Y，但 Y 不完全函数依赖于 X，称 Y 对 X 部分函数依赖，记为 $X \xrightarrow{p} Y$。

【例 2-15】 关系 SG(SNO,SDEPT,GROUP,ADDR,LEAD,DATE)中，(SNO,GROUP)—>DATE，学生参加团体的时间 DATE 要由学号 SNO 和组织名称 GROUP 同时确定；(SNO,GROUP)$\xrightarrow{p}$LEAD，因为组织的领导者 LEAD 只由组织名称 GROUP 确定，不由学生学号 SNO 确定，所以 LEAD 部分依赖于(SNO,GROUP)。

3. 传递函数依赖定义

在 $R(U)$中，如果 X—>Y，Y—>Z，Z 不是 Y 的子集，Y 不是 X 的子集，且 Y 不函数决定 X，则称 Z 对 X 传递函数依赖。

【例 2-16】 关系 SG(SNO,SDEPT,GROUP,ADDR,LEAD,DATE)中，SNO—>SDEPT，SDEPT—>ADDR，则 ADDR 对 SNO 这种函数依赖就是传递函数依赖。

2.6.3 码

1. 主码定义

设 K 为关系 $R(U,F)$中的属性或属性组合，若 K—> U，则 K 为 R 的候选码，若候选码有多个，则选定其中的一个为主码。

包含在任意一个候选码中的属性，称为主属性。不包含在任意一个候选码中的属性，称为非主属性。若整个属性组是码，称为全码。

2. 外码定义

关系 R 中的属性或属性组 X，并不是 R 的码，但 X 是另一关系模式的码，则称 X 是 R 的外部码，又称外码。

【例 2-17】 在关系 SG(SNO,SDEPT,GROUP,ADDR,LEAD,DATE)中，(SNO,GROUP)是码，并且是主码，SNO 和 GROUP 是主属性，其他属性都是非主属性。

【例 2-18】 关系模式 SJP(S,J,P)中，S 是学生，J 是课程，P 表示名次。每个学生选修每门课程的成绩有一定的名次，每门课程中的每一名次只有一个学生（没有并列名次）。由语义可得到下面的函数依赖：(S,J)—>P；(J,P)—>S；所以(S,J)和(J,P)都是候选码，S、J、P 都是主属性。

【例 2-19】 关系模式 STJ(S,T,J)中，S 是学生，T 是教师，J 表示课程。每一教师只教一门课，每门课有多位教师来教，某一学生选定某门课，就对应一个固定的教师。由语义可得到下面的函数依赖：(S,J)—>T；(S,T)—>J；T—>J；(S,J)和(S,T)都是候选码，S、T、J 都是主属性。

2.7 关系的规范化

范式最早是由 E. F. Codd 提出来的，满足特定要求的模式称为范式（normal form，NF）。所谓第几范式，就是满足特定要求的模式的集合。若某关系模式 R 满足第一范式的要求，就称该关系为第一范式，记为 $R\in$ 1NF；若某关系模式 R 满足第二范式的要求，就称该关系为第二范式，记为 $R\in$ 2NF；依此类推。范式共有 6 个级别，从低到高依次是 1NF、2NF、3NF、BCNF、4NF、5NF、各级范式之间的联系是 5NF $\subset$ 4NF $\subset$ BCNF $\subset$ 3NF $\subset$ 2NF $\subset$ 1NF，从中可以看出，若某关系模式 R 为第三范式，那么它一定是一个第二范式，但反之不然。

一个低一级范式的关系模式往往存在插入异常等缺点，通过模式分解可以将其转为若干个高一级范式的关系模式的集合，这种过程称为规范化。

2.7.1 第一范式

若关系模式 R 的所有属性的值都是不可再分解的，则称 R 属于第一范式。关系至少是第一范式。

第一范式是规范化的最低要求，第一范式要求数据表不能存在重复记录，即存在一个主码，主码是码的最小子集。每个字段对应的值都是不可分割的数据项。

【例 2-20】 关系 SG(SNO,SDEPT,GROUP,ADDR,LEAD,DATE)，各字段含义(学号,系,社团,住址,社长,入社日期)中满足下列函数依赖：F={SNO—>SDEPT,SNO—>ADDR,SDEPT—>ADDR,GROUP—>LEAD,(SNO,GROUP)—>DATE}，(SNO,GROUP)为码。

【例 2-21】 在学生选课库中，关系模式：

STUDENT(snum,sname,sex,sage,deptnum,deptname,cnum,cname,credit,grade)

各字段含义(学号,姓名,性别,系号,系名,课程号,课程名,学分,成绩)

根据语义得出该关系模式满足下列函数依赖：

F={snum—>sname,snum—>sex,snum—>sage,snum—>deptnum,deptnum—>deptname,cnum—>cname,cnum—>credit,(snum,cnum)—>grade}，根据函数依赖推出该关系的码为(snum,cnum)。

上述两例关系模式中的每一个属性对应的都是简单值，符合第一范式定义，都是第一范式。

如表 2-11、表 2-12 所示，R_1 表和 R_2 表是不是第一范式，由学生自己分析。

表 2-11 R_1 表

学号	姓名	英语	数学	数据库
09000001	李明	69	68	86
09000002	张三	78	80	73
10000008	王五	85	63	70

表 2-12 R_2 表

学号	姓名	成绩		
		英语	数学	数据库
09000001	李明	69	68	86
09000002	张三	78	80	73
10000008	王五	85	63	70

2.7.2 第二范式

若关系模式 R 是第一范式，且 R 中的每一个非主属性完全函数依赖于 R 的某个候选码，则称 R 属于第二范式。

【例 2-22】 在例 2-20 关系 SG 中(SNO,GROUP)是码，所以 SNO 和 GROUP 是主属性，其他属性都是非主属性。由于存在非主属性 LEAD 对码(SNO,GROUP)的部分函数依赖，因此 SG 不是第二范式，只是第一范式，前面已经指出它存在的几种异常，为了取消几种异常，要对其进行规范化。

具体做法是：将码和完全函数依赖于码的非主属性放入一个关系中，将其他非主属性和它所依赖的主属性放入另外一个关系中。

本例中的完全函数依赖于码的非主属性只有DATE,将其与码放入一个关系中;非主属性SDEPT和ADDR函数依赖于主属性SNO，应把这三个属性放入一个关系中；非主属性LEAD函数依赖于主属性GROUP，应把这两个属性放入一个关系中。关系SG分解为：

```
SG(SNO,GROUP,DATE)
S(SNO,SDEPT,ADDR)
G(GROUP,LEAD)
```

【例2-23】 分析例2-21中的STUDENT关系模式得知，snum、cnum为主属性，其他属性为非主属性。在这些非主属性中只有grade完全依赖于(snum,cnum)，其他非主属性存在着对码的部分依赖。例如由码的特性得知,(snum, cnum)—>sname,由STUDENT的函数依赖集得知snum—>sname,由此可知sname对码(snum,cnum)是部分依赖。所以STUDENT关系模式不是2NF。

将关系STUDENT分解为3个关系：

```
STUDENT1(snum,sname,sex,sage,deptnum,deptname)
COURSE(cnum,cname,credit)
SC(snum,cnum,grade)
```

在分解后的每个关系中，非主属性对码是完全函数依赖，所以都是2NF。

2.7.3 第三范式

若关系模式*R*是第二范式，且*R*中的每个非主属性都不传递函数依赖于*R*的某个候选码，则称*R*属于第三范式。

【例2-24】 在例2-22分解关系S(SNO, SDEPT, ADDR)中，F={SNO—>SDEPT, SNO—>ADDR, SDEPT—>ADDR}，SNO是码，由于存在非主属性ADDR对码SNO的传递函数依赖，所以S不是第三范式，只是第二范式，它仍然存在数据冗余，一个系有多少学生参加了团体，该系学生的住址就会重复多少次，仍需要对其进行规范化。

具体做法是：若关系*R*中存在*X*—>*Y*且*Y*—>*Z*，其中*X*是码，*Y*和*Z*是非主属性，可将其分解为$R_1(X,Y)$和$R_2(Y,Z)$。

本例中，把S分解为SS(SNO,SDEPT)和SA(SDEPT,ADDR)。

对于例2-23中的分解关系STUDENT1(snum,sname,sex,sage,deptnum,deptname)，同学们可自己分析解决。

2.7.4 BC范式

BCNF是3NF的改进，其定义是：若关系模式*R*是第一范式，且*R*中的每一个决定因素都包含码，则称*R*属于BC范式。

【例2-25】 在例2-18中的关系模式SJP(*S*,*J*,*P*)中，*F*={(*S*,*J*)—>*P*,(*J*,*P*)—>*S*}；所以(*S*,*J*)和(*J*,*P*)都是码，*S*、*J*、*P*都是主属性。由于SJP中的每一个决定因素都包含码，所以它是BC范式。

【例2-26】 在例2-19的关系模式STJ(*S*,*T*,*J*)中，*F*={(*S*,*J*)—>*T*,(*S*,*T*)—>*J*,*T*—>*J*}；(*S*,*J*)和(*S*,*T*)都是码，由于决定因素*T*不包含码，所以它不是BC范式，只是第三范式。它仍然存在插入异常等现象。仍需要对其进行规范化。

具体做法是：削去主属性对码的传递依赖。将不是码的决定因素与它所决定的属性取出来放到一个关系中，原关系中削去这个决定因素。

关系模式STJ(*S*,*T*,*J*)可分解为TJ(*T*,*J*)和SJ(*S*,*J*)。

注意：这种分解不是唯一的，要使分解有意义，原则是分解后新的关系不能丢失原关系中的信息，即分解后形成的关系集与原关系集等价，保持函数依赖性。在属性函数依赖范围内，上述规范化方法都能解决。

随着属性间约束概念的扩充，如多值依赖和连接依赖，关系模式的设计可遵循第四范式和第五范式。由于一般情况下，1NF 和 2NF 的关系会有操作异常，关系数据库通常使用 3NF 以上的关系。但不是范式越高越好，比如，如果应用对象重点是查询操作，很少做插入、更新、删除操作时，可采用较低的范式提高查询速度，因为关系的规范化程度越高，表的连接运算也越多，势必会影响数据库的执行速度。实际设计中，需要综合各种因素，权衡利弊，最后构造出一个较为合适的数据库模式。一个完全规范化的数据库不一定是性能效益最好的。常用的规范化主要是上述 4 种，第四范式和第五范式在本书中不再作讨论。

2.7.5　模式分解

要想设计好的关系，就要将一个较低的关系进行规范化，关系规范化过程实质是对关系不断分解的过程，通过分解使关系逐步达到较高范式。范式分解的方案不是唯一的，应遵循下列基本原则：

（1）分解必须是无损的。利用关系投影运算分解，每次分解都要使范式由低一级向高一级变换，但分解后必须仍能表达原来的语义（即围绕函数依赖进行），也就是说能通过自然连接恢复原来关系的信息。

（2）分解后的关系必须是相互独立的。分解后的关系集合中，不会因为对一个关系的内容修改波及分解出的别的关系的内容。

关系规范化理论是关系数据库设计的理论依据，其基本要点是：

（1）规范化的过程可以按照图 2-9 进行。

（2）规范化的过程要注意的问题：

①确定关系中的主属性和非主属性；

②确定关系中的候选码；

③确定关系中的主码；

④找出属性间的函数依赖；

⑤根据实际应用，确定规范到第几范式；

⑥分解必须是无损的，不能丢失信息；

⑦分解后的关系必须是独立的。

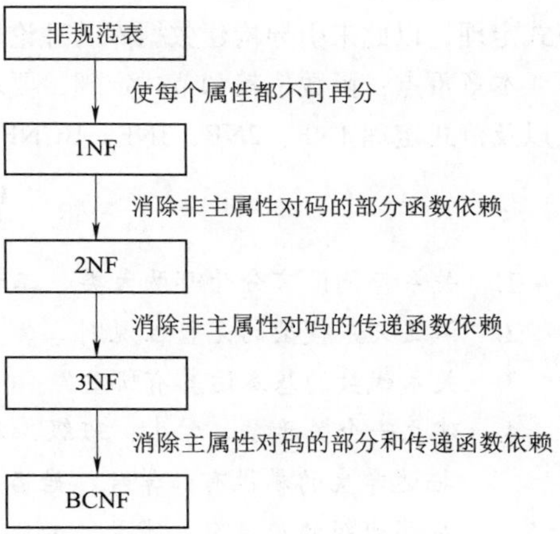

非规范表
↓ 使每个属性都不可再分
1NF
↓ 消除非主属性对码的部分函数依赖
2NF
↓ 消除非主属性对码的传递函数依赖
3NF
↓ 消除主属性对码的部分和传递函数依赖
BCNF

图 2-9　规范化的过程

【例 2-27】 设有关系模式 $R(X,Y,Z)$，$F=(X\text{—>}Y, Y\text{—>}Z)$，在关系模式 R 中存在有 Z 对 X 的传递依赖。所以，$R \in$ 2NF。如表 2-13 所示为关系 R 的具体值。

将 R 分解为 R_1 和 R_2 两个模式，但如果将 R_1 和 R_2 连接起来，结果不等于 R，比原来多了两个元组，这是有损连接分解，如表 2-13 所示。

表 2-13　有损连接分解

（a）关系 R

X	Y	Z
A_1	C_2	B_1
A_2	C_4	B_2
A_3	C_6	B_3
A_4	C_4	B_4

分解 ⇒

（b）R_1

X	Y
A_1	C_2
A_2	C_4
A_3	C_6
A_4	C_4

\+

（c）R_2

Y	Z
C_2	B_1
C_4	B_2
C_6	B_3
C_4	B_4

连接 ⇒

（d）$R_1 \bowtie R_2$

X	Y	Z
A_1	C_2	B_1
A_2	C_4	B_2
A_3	C_6	B_3
A_4	C_4	B_4
A_2	C_4	B_4
A_4	C_4	B_2

将 R 分解为 R_3 和 R_4 两个模式，将 R_3 和 R_4 连接起来，这是无损连接分解，重新得到 R 值，如表 2-14 所示。

表 2-14　无损连接分解

（a）关系 R

X	Y	Z
A_1	C_2	B_1
A_2	C_4	B_2
A_3	C_6	B_3
A_4	C_4	B_2

分解 ⇒

（b）R_3

X	Y
A_1	C_2
A_2	C_4
A_3	C_6
A_4	C_4

+

（c）R_4

Y	Z
C_2	B_1
C_4	B_2
C_6	B_3

连接 ⇒

（d）$R_3 \bowtie R_4$

X	Y	Z
A_1	C_2	B_1
A_2	C_4	B_2
A_3	C_6	B_3
A_4	C_4	B_2

本 章 小 结

掌握关系运算理论，是学好 SQL 的基础，而范式定理又是设计数据库的理论依据，这两部分知识是学习数据库技术过程中不可缺少的两个组成部分，本章介绍了关系数据库的结构，归纳了关系代数的 8 种运算模式，并以实际案例说明各种运算方法以及优化策略，最后着重介绍了函数依赖和范式定理，以此来引导构建数据库的理论模型。

本章重点：函数依赖和范式定理，要求掌握完全函数依赖、部分函数依赖、传递函数依赖的定义以及范式定理 1NF、2NF、3NF、BCNF 的定义与区别。

思考与练习

1. 关系查询语言分为哪两大类，二者有何区别？
2. 试述关系模型的完整性规则。
3. 关系代数的基本运算有哪些？
4. 建立一个关于系、学生、班级、学会等诸信息的关系数据库。

   描述学生的属性有：学号、姓名、出生年月、系名、班号、宿舍区。

   描述班级的属性有：班号、专业名、系名、人数、入校年份。

   描述系的属性有：系名、系号、系办公室地点、人数。

   描述学会的属性有：学会名、成立年份、地点、人数。

   有关语义如下：一个系有若干专业，每个专业每年只招一个班，每个班有若干学生。一个系的学生住在同一宿舍区。每个学生可参加若干学会，每个学会有若干学生。学生参加某学会有一个入会年份。

   请给出关系模式，指出各关系的候选码、外部码，并指出是否存在传递函数依赖，试将各个关系分解成 3NF。
5. 理解并给出下列术语的定义：函数依赖、部分函数依赖、完全函数依赖、传递依赖、候选码、主码、全码、1NF、2NF、3NF、BCNF。
6. 请按要求分析下面的关系模型属于第几范式，如果将其化为第三范式应该怎样分解？并指出各关系的主码及可能存在的外码。

（1）图书(学号,姓名,性别,系部,书号,书名,作者,出版社,借书日期,还书日期)，请分析这属于第几范式，如果将其化为第三范式应该怎样分解？并指出各关系的主码及可能存在的外码。

（2）医疗(患者编号,患者姓名,患者性别,医生编号,医生姓名,诊断日期,诊断结果,恢复情况,科室编号,科室名称)，请分析这属于第几范式，如果将其化为第三范式应该怎样分解？并指出各关系的主码及可能存在的外码。

（3）教学(学号,姓名,性别,年龄,系部,系主任,任课教师,课程号,课程名,成绩,学分)，请分析这属于第几范式，如果将其化为第三范式应该怎样分解？并指出各关系的主码及可能存在的外码。

（4）仓库(管理员号,管理员姓名,性别,年龄,商品号,商品名,类别,购入日期,库存量,单位,数量,库房编号,库房名称)请分析这属于第几范式，如果将其化为第三范式应该怎样分解？并指出各关系的主码及可能存在的外码。

7. 下面结论哪些是正确的？哪些是错误的？对于错误的请给出一个反例说明。

（1）任何一个二目关系是属于 3NF 的。

（2）任何一个二目关系是属于 BCNF 的。

（3）若 $R.A \rightarrow R.B$，$R.B \rightarrow R.C$，则 $R.A \rightarrow R.C$。

（4）若 $R.A \rightarrow R.B$，$R.A \rightarrow R.C$，则 $R.A \rightarrow R.(B,C)$。

（5）若 $R.B \rightarrow R.A$，$R.C \rightarrow R.A$，则 $R.(B,C) \rightarrow R.A$。

（6）若 $R.(B,C) \rightarrow R.A$，则 $R.B \rightarrow R.A$，$R.C \rightarrow R.A$。

8. 设有三个关系：

Student(snum,sname,sex,age);

sc(snum,cnum,grade);

course(cnum,cname,teacher);

分别用关系代数和关系演算的元组表达式表示下列查询。

（1）查询“李”老师所教授课程的课程号和课程名。

（2）查询学号为“20181112”学生学习课程的课程号、课程名、任课教师和成绩。

（3）查询至少选了两门课的学生姓名。

（4）查询选了“李”老师所教授课程的学生姓名。

（5）查询女生选修课程的课程号、课程名和任课教师。

（6）查询选了全部课程的学生学号和姓名。

第 3 章 数据库的设计

数据库设计是建立本课程领域的核心技术，也是信息系统开发和建设的关键环节，具体来说，数据库设计是指对于一个给定的应用环境，构造最优的数据库模式，建立数据库及其应用系统，使之能够有效地存储数据，满足各种用户的应用需求（信息要求和处理要求）。这个问题是数据库在应用领域的主要研究课题。在数据库领域内，常常把使用数据库的各类系统统称为数据库应用系统。本章主要以培训类学校学生信息管理系统为案例，详细介绍数据库设计的步骤以及各步骤之间的关系，从而指导学生从实际应用程序的角度理解数据库设计的全过程并能够更深入地掌握数据库设计技术。

案例分析

下面以某培训类学校学生信息管理系统为例，来分析一下数据库设计的过程，该培训类学校主要涉及了学生信息管理、学生选课、收费以及一些维护处理等功能，详见图 3-1 所示。

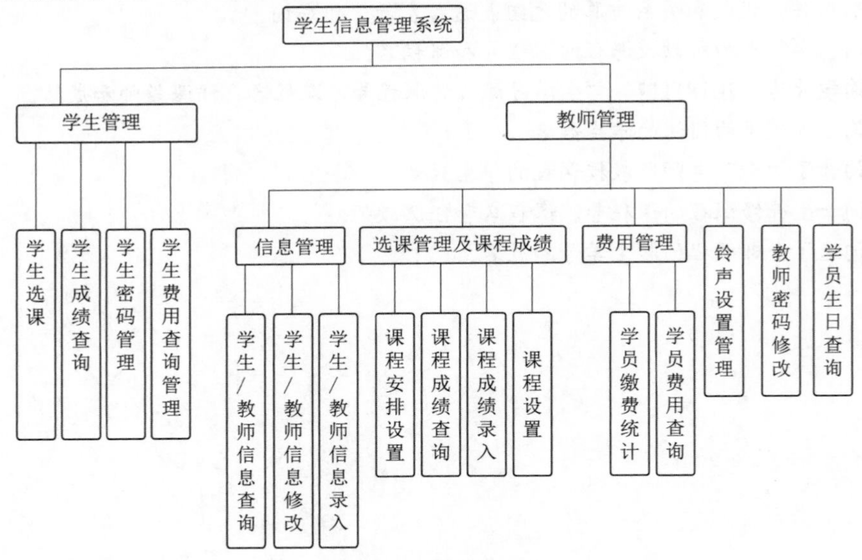

图 3-1　系统总功能

针对该软件各模块功能，应该如何设计相应的数据库呢？下面按照数据库的设计步骤来完成该软件系统的数据库设计。

3.1　数据库设计的基本步骤

数据库设计过程具有一定的规律和标准。在设计过程中，通常采用“分阶段法”，即“自顶向下，逐步求精”的设计原则，将数据库设计过程分解为若干相互依存的阶段，称为步骤。每一阶段采用不同的技术、工具解决不同的问题，从而将一个大的问题局部化，减少局部问题对整体设计的影响及依赖，并利于多人合作。

目前数据库设计主要采用以逻辑数据库设计和物理数据库设计为核心的规范化设计方法。即将数据库设计分为：需求分析、概念结构设计、逻辑结构设计、数据库物理设计、数据库实施、数据库运行和维护 6 个阶段，如图 3-2 所示。

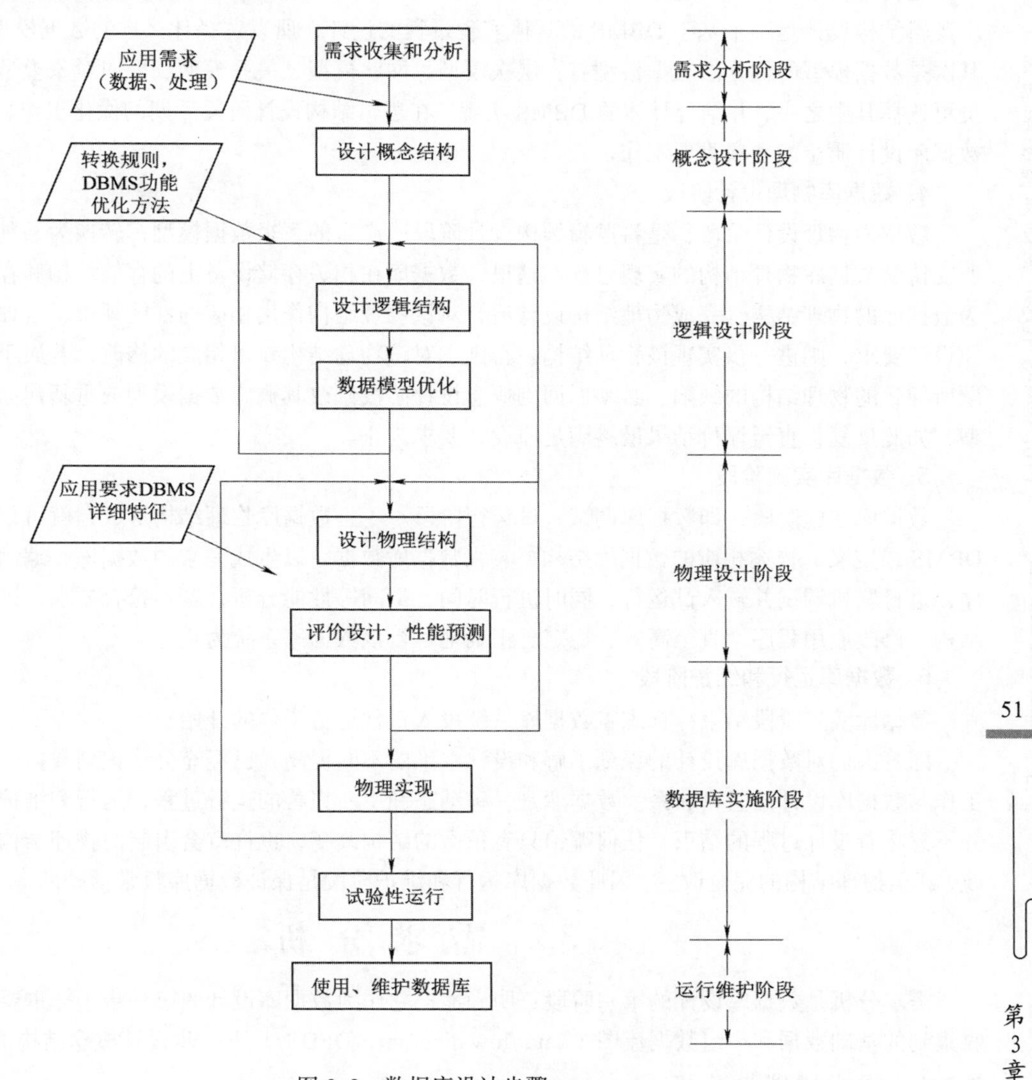

图 3-2　数据库设计步骤

1. 需求分析阶段

需求分析是对用户提出的各种要求加以分析，对各种原始数据加以综合、整理，是形成最终设计目标的首要阶段，也是整个数据库设计过程中最困难阶段，是以后各阶段任务的基础。因此，对用户的各种需求及数据，能否作出准确无误、充分完备的分析，并在此基础上形成最终目标，是整个数据库设计成败的关键。

2. 概念结构设计阶段

概念结构设计是对用户需求进行进一步抽象、归纳，并形成独立于 DBMS 和有关软、硬件的概念数据模型的设计过程，这是对现实世界中具体数据的首次抽象，完成从现实世界到信息世界的转换过程。数据库的逻辑结构设计和物理结构设计，都是以概念设计阶段所形成的抽象结构为基础进行的。因此，概念结构设计是数据库设计的一个重要环节。数据库的概念结构通常用E-R模型等来刻画。

3. 逻辑结构设计阶段

逻辑结构设计是将概念结构转换为某个DBMS所支持的数据模型，并进行优化的设计过程。由于逻辑结构设计是一个基于DBMS的具体实现过程的设计，所以选择什么样的数据模型尤为重要，其次是数据模型的优化。数据模型有：层次模型、网状模型、关系模型、面向对象模型等，设计人员可选择其中之一，并结合具体的DBMS实现。在逻辑结构设计阶段后期的优化工作，已成为影响数据库设计质量的一项重要工作。

4. 数据库物理设计阶段

数据库物理设计阶段，是将逻辑结构设计阶段所产生的逻辑数据模型，转换为某种计算机系统所支持的数据库物理结构的实现过程。这里，数据库在相关存储设备上的存储结构和存取方法，称为数据库的物理结构。完成物理结构设计后，对该物理结构作出相应的性能评价，若评价结果符合原设计要求，则进一步实现该物理结构。否则，对该物理结构作出相应的修改，若属于最初设计问题所导致的物理结构的缺陷，必须返回到概念设计阶段修改其概念数据模型或重新建立概念数据模型，如此反复，直至评价结果最终满足原设计要求为止。

5. 数据库实施阶段

数据库实施阶段，即数据库调试、试运行阶段。一旦数据库物理结构形成，就可以用已选定的DBMS来定义、描述相应的数据库结构，装入数据库数据，以生成完整的数据库，编制有关应用程序，进行联机调试并转入试运行，同时进行时间、空间等性能分析，若不符合要求，则需调整物理结构、修改应用程序，直至高效、稳定、正确地运行该数据库系统为止。

6. 数据库运行和维护阶段

数据库实施阶段结束，标志着数据库系统投入正常运行工作的开始。

随着人们对数据库设计的深刻了解和设计水平的不断提高，已经充分认识到数据库运行和维护工作与数据库设计的紧密联系。数据库是一种动态和不断完善的运行过程，运行和维护阶段开始，并不意味着设计过程的结束，任何哪怕只有稍微的结构改变，也许就会引起对物理结构的调整、修改，甚至物理结构的完全改变，因此数据库运行和维护阶段是保证数据库日常活动的一个重要阶段。

3.2 需求分析

需求分析是数据库设计的第一阶段，明确地把它作为数据库设计的第一步十分重要，这一阶段收集到的基础数据和一组数据流图（data flow diagram，DFD）是下一步设计概念结构的基础。

3.2.1 需求描述与分析

原始数据库由于都比较简单，数据量小，所以设计人员主要将重点放到对数据库物理参数（如物理块大小、访问方法）的优化上。这种情况下，设计一个数据库所需要的信息常由一些简单的统计数据组成（如使用频率、数据量等）。目前，数据库应用越来越普及，而且结构也越来越复杂，整个企业可以在同一个数据库上运行。此时，为了支持所有用户的运行，数据库设计就变得异常复杂。要是没有对信息进行充分的事先分析，这种设计就很难取得成功。因此，需求分析工作就被置于数据库设计过程的前沿。

从数据库设计的角度考虑，要求分析阶段的目标是：对现实世界要处理的对象（组织、部门、企业等）进行全面的详细调查，确定企业的组织目标，收集支持系统总的设计目标的基础数据和对这些数据的要求，确定用户的需求，确定新系统功能，并把这些要求写成用户和数据库设计者都能够接受的文档。

需求分析阶段应该对系统的整个应用情况进行详细调查，需求分析中调查分析的方法很多，通常的办法是对不同层次的企业管理人员进行个人访问，内容包括业务处理和企业组织中的各个数据。访问的结果应该包括数据的流程、过程之间的接口以及访问者和职员两方面对流程和接口语义上的核对说明和结论。某些特殊的目标和数据库的要求，应该从企业组织中的最高层机构得到。

需求分析阶段必须强调用户的参与，本阶段一个重要而困难的任务是设计人员还应该了解系统将来要发生的变化，收集未来应用所涉及的数据，充分考虑到系统可能的扩充和变动，使系统设计更符合未来发展的趋势，并且易于改动，以减少系统维护的代价。

3.2.2 需求分析分类

需求分析总体包括两类，即信息需求和处理需求，如图 3-3 所示。

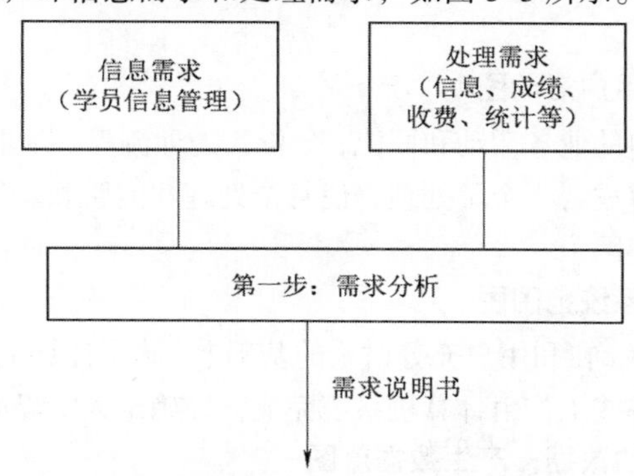

图 3-3 需求分析阶段的输入/输出

信息需求定义了未来系统用到的所有信息，描述了数据之间本质上和概念上的联系，描述了实体、属性、组合及联系的性质。

在“学生信息管理系统”开发过程中，首先要做的是了解该系统所涉及的各类实体、属性以及它们之间的关系，诸如学生、教师、课程等关系。

处理需求中定义了未来系统的数据处理的操作，描述了操作的优先次序、操作执行的频率和场合、操作与数据之间的联系。

在信息需求和处理需求的定义说明的同时还应定义安全性和完整性约束。

这一阶段的输出是“需求说明书”，其主要内容是系统的数据流图和数据字典。需求说明书应是一份既切合实际，又具有远见的文档，是一个描述新系统的轮廓图。

3.2.3 需求分析的内容与方法

1. 需求分析的内容

（1）调查组织机构情况。包括了解该组织的部门组成情况、各部门的职责等，为分析信息流程做准备。

（2）调查各部门的业务活动情况。包括了解各个部门输入和使用什么数据，如何加工处理这些数据，输出什么数据，输出到什么部门，输出结果的格式等。这是调查的重点。

（3）熟悉业务活动，并协助用户明确对新系统的各种要求，包括信息要求、处理要求、安全性与完整性要求，这是调查的另一重点。

（4）确定新系统的边界。对前面的调查结果进行初步分析，确定哪些功能由计算机完成，哪些功能由人工完成。由计算机完成的功能就是新系统应完成的功能。

2. 需求分析的方法

需求分析的方法有多种，下面归纳了 6 种主要方法：

（1）跟班作业。

（2）开调查会。

（3）请专人介绍。

（4）找人询问。

（5）设计调查表请用户填写。

（6）查阅记录。

在本案例中，首先是去一所相关的学校做实地调查，咨询了校长、教师、学生的一些实际情况，并对学生的场地、上课时间、课程设置、费用等进行了详尽的调查，并依此做了记录，供下一阶段分析使用。

3.2.4 需求分析的步骤

1. 分析用户活动，产生用户活动图

这一步主要了解用户当前的业务活动和职能，分析其处理流程（即业务流程）。如果一个业务流程比较复杂，就要把处理分解成若干个子处理，使每个处理功能明确、界面清楚，分析之后画出用户活动图（即用户的业务流程图）。

2. 确定系统范围，产生系统范围图

这一步是确定系统的边界。在和用户充分讨论的基础上，确定计算机所能进行数据处理的范围，确定哪些工作由人工完成，哪些工作由计算机系统完成，即确定人机界面。

3. 分析用户活动所涉及的数据，产生数据流图

在这一过程中，要深入分析用户的业务处理过程，以数据流图形式表示出数据的流向和对数据所进行的加工。

数据流图（Data Flow Diagram，DFD）是从“数据”和“对数据的加工”两方面表达数据处理系统工作过程的一种图形表达法，具有直观、易于被用户和软件人员双方共同理解的一种表达系统功能的描述方式。

DFD 有 4 个基本成分：数据流（用箭头表示），加工或处理（用圆圈表示），文件（用双线段表示）和外部实体（数据流的源点或终点，用方框表示）。图 3-4 所示为一个简单的 DFD。

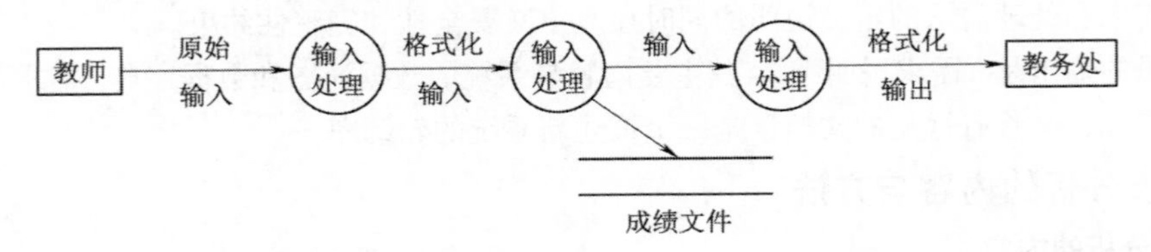

图 3-4 一个简单的 DFD

在众多分析和表达用户需求的方法中，自顶向下逐步细化是一种简单实用的方法。为了将系统的复杂度降低到人们可以掌握的程度，通常把大问题分割成若干个小问题，然后分别解决，这就是“分解”。分解也可以分层进行，即先考虑问题最本质的属性，暂把细节略去，以后再逐层添加细节，直到涉及最详细的内容，这称之为“抽象”。

DFD 可作为自顶向下逐步细化时描述对象的工具。顶层的每一个圆圈（加工处理）都可以进一步细化为第二层；第二层的每一个圆圈都可以进一步细化为第三层……直到最底层的每一个圆圈已表示一个最基本的处理动作为止。DFD 可以形象地表示数据流与各业务活动的关系，它是需求分析

的工具和分析结果的描述手段。

如图 3-5 所示，给出了某学校学生课程管理子系统的数据流图。该子系统要处理的工作是学生根据开设课程提交选课单，并送教务部门审批，对已批准的选课单进行上课安排，教师对学生上课情况进行考核，给予平时成绩和允许参加考试资格，对允许参加考试的学生根据考试情况给予考试成绩和总评成绩。

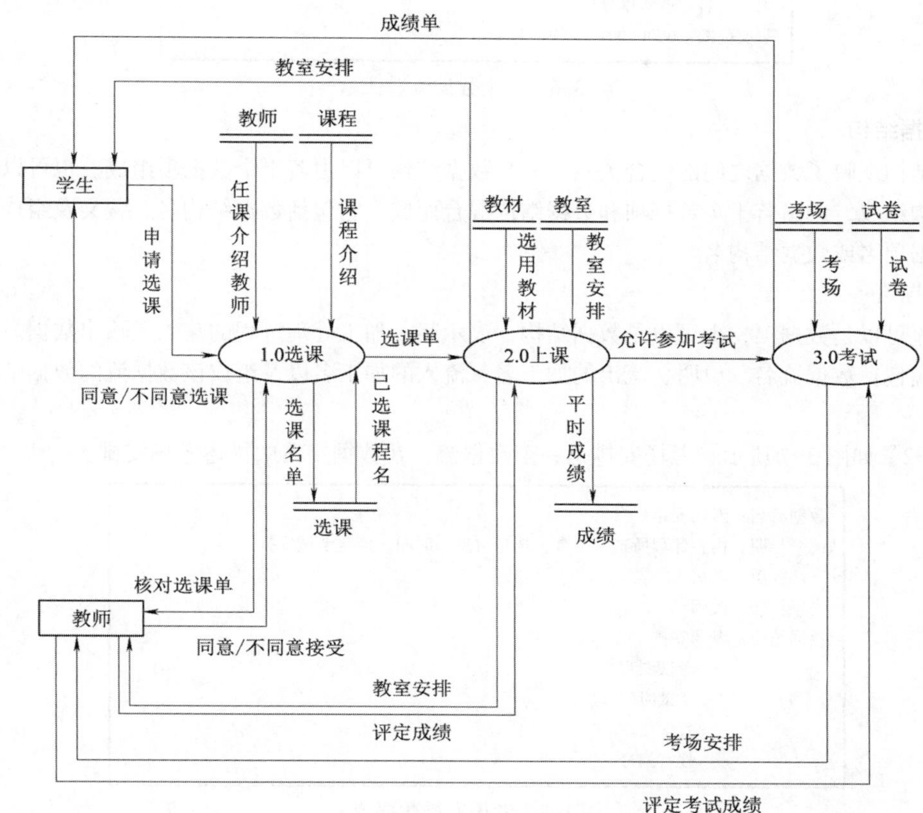

图 3-5　某学校学生课程管理子系统的数据流图

4. 分析系统数据，产生数据字典

仅仅有 DFD 并不能构成需求说明书，因为 DFD 只表示出系统由哪几部分组成和各部分之间的关系，并没有说明各个成分的含义。只有对每个成分都给出确切定义后，才能较完整地描述系统。

3.2.5　数据字典

数据字典提供对数据库描述的集中管理，它的功能是存储和检索各种数据描述（称为元数据，metadata），如叙述性的数据定义等，并且为 DBA 提供有关的报告。对数据库设计来说，数据字典是进行详细的数据收集和数据分析所获得的主要成果。因此在数据库设计中占有很重要的地位。

数据字典中通常包括数据项、数据结构、数据流、数据存储和处理过程 5 个部分。其中数据项是数据的最小组成单位，若干个数据项可以组成一个数据结构，数据字典通过对数据项和数据结构的定义来描述数据流以及数据存储的逻辑内容。

1. 数据项

数据项是数据的最小单位，对数据项的描述，通常包括数据项名、含义、别名、类型、长度、取值范围以及其他数据项的逻辑关系等。

【**例 3-1**】某数据项选课单号如图 3-6 所示，每张选课单有一个数据项为选课单号。在数据字典中可对此数据项作如图所示描述。

数据项名：选课单号
说　　明：标识每张选课单
类　　型：CHAR（8）
长　　度：8
别　　名：选课单号
取值范围：00000001 ~ 99999999

图 3-6　一个数据流选课单

2. 数据结构

数据结构反映了数据之间的组合关系。一个数据结构可以由若干个数据项组成，也可以由若干个数据结构组成，或由若干个数据项和数据结构混合而成。它包括数据结构名、含义及组成该数据结构的数据项名或数据结构名。

3. 数据流

数据流可以是数据项，也可以是数据结构，表示某一加工处理过程的输入或输出数据。对数据流的描述应包括数据流名、说明、流出的加工名、流入的加工名以及组成该数据流的数据结构或数据项。

【例 3-2】如图 3-7 所示，考场安排是一个数据流，在数据字典中描述考场安排。

数据流名：考场安排
说　　明：由各课程所选学生数，选定教室、时间，确定考试安排
来　　源：考试
去　　向：教师
数据结构：考场安排
　　　　——考试课程
　　　　——考试时间
　　　　——教学楼
　　　　——教室编号

图 3-7　考场安排数据流

【例 3-3】在例 3-2 中描述了数据流“考场安排”的细节，在数据字典中，对于数据结构“考试课程”还有如图 3-8 所示的详细说明。

数据结构名：考试课程
说　　　明：作为考试安排的组成部分，说明某门课程由哪位老师任教，以及所选学生人数。
组　　　成：课程号、教师号、选课人数

图 3-8　考试课程的详细说明

4. 数据存储

数据存储是处理过程中要存储的数据，可以是手工凭证、手工文档或计算机文档。对数据存储的描述应包括：数据存储名、说明、输入数据流、输出数据流、数据量（每次存取多少数据）、存取频率（单位时间内存取次数）和存取方法（是批处理，还是联机处理；是检索，还是更新；是顺序存取，还是随机存取）等。

【例 3-4】图 3-9 中课程是一个数据存储，在数据字典中可对其作如图 3-9 所示描述。

5. 加工过程

对加工处理的描述包括加工过程名、说明、输入数据流，并简要说明处理工作、频度要求、数据量及响应时间等。

```
数据存储名：课程
说　　　明：对每门课程的名称、学分、先行课程号和摘要的描述。
输出数据流：课程介绍
数 据 描 述：课程号
　　　　　　课程名
　　　　　　学分数
　　　　　　先行课程号
　　　　　　摘要
数　　　量：每年 500 种
存 取 方 式：随机存取
```

图 3-9　课程数据字典的描述信息

【例 3-5】对图 3-4 中的“选课”，在数据字典中可对其作如下描述，如图 3-10 所示。

```
处理过程：确定选课名单
说　　明：对要选某门课程的每一个学生，根据已选修课程确定其是否可选该课程。再根据学生
　　　　　选课的人数选择适当的教室，制定选课单。
输　　入：学生选课
　　　　　可选课程
　　　　　已选课程
输　　出：选课单
程序提要：a. 对所选课程在选课表中查找其是否已选此课程
　　　　　b. 若未选过此课程，则在选课表中查找是否已选此课程的先行课程
　　　　　c. 若 a、b 都满足，则在选课表中增加一条选课记录
　　　　　d. 处理完全部学生的选课处理后，形成选课单
```

图 3-10　选课数据字典的描述信息

数据字典在需求分析阶段建立，并在数据库设计过程中不断改进、充实和完善。

3.3 概 念 设 计

概念设计的目标是产生反映企业组织信息需求的数据库概念结构，即概念模式。概念模式独立于计算机硬件结构，独立于支持数据库的 DBMS。

3.3.1　概念设计的必要性及要求

在进行数据库设计时，如果将现实世界中的客观对象直接转换为计算机世界中的对象，就会感到非常不方便，注意力往往被转移到更多的细节限制方面，而不能集中在最重要的信息的组织结构和处理模式上。因此，通常是将现实世界中的客观对象首先抽象为不依赖任何具体计算机的信息结构，这种信息结构不是 DBMS 支持的数据模型，而是概念模型。然后再把概念模型转换成具体计算机上 DBMS 支持的数据模型，设计概念模式的过程称为概念设计。

1. 将概念设计从数据库设计过程中独立开来的优点

（1）各阶段的任务相对单一化，设计复杂程度大大降低，便于组织管理。

（2）不受特定的 DBMS 的限制，也独立于存储安排和效率方面的考虑，因而比逻辑模式更为稳定。

（3）概念模式不含具体的 DBMS 所附加的技术细节，更容易为用户所理解，因而才有可能准确地反映用户的信息需求。

2. 概念模型的要求

（1）概念模型是对现实世界的抽象和概括，应真实、充分地反映现实世界中事物和事物之间的联系，有丰富的语义表达能力，能表达用户的各种需求，包括描述现实世界中各种对象及其复杂的

联系、用户对数据对象的处理要求的手段。

（2）概念模型应简洁、清晰、独立于计算机、容易理解，方便数据库设计人员与应用人员交换意见，使用户能积极参与数据库的设计工作。

（3）概念模型应易于变动。当应用环境和应用要求改变时，容易对概念模型进行适当的修改和补充。

（4）概念模型应很容易向关系、层次或网状等各种数据模型转换。易于从概念模式导出与 DBMS 有关的逻辑模式。

选用何种模型完成概念结构设计任务，是进行概念数据库设计前应考虑的首要问题。用于概念设计的模型既要有足够的表达能力，使之可以表示各种类型的数据及其相互间的联系和语义，又要简明易懂，能够为非专业数据库设计人员所接受。这种模型有很多种，如 20 世纪 70 年代提出的 E-R 模型，以及后来提出的语义数据模型、函数数据模型等。其中，E-R 模型提供了人们对数据模型描述既标准、规范，又具体、直观的构造手法，从而使得 E-R 模型成为应用最广泛的数据库概念结构设计工具之一。

3.3.2 概念设计的方法与步骤

1. 概念设计的方法

（1）自顶向下方法。根据用户要求，先定义全局概念结构的框架，然后分层展开，逐步细化。

（2）自底向上方法。根据用户的每一具体需求，先定义各局部应用的概念结构，然后将它们集成，逐步抽象化，最终产生全局概念结构。

（3）逐步扩张方法。先定义最重要的核心概念结构，然后向外扩充，以滚雪球的方式逐步生成其他概念结构，直至全局概念结构。

（4）混合方式方法。将自顶向下和自底向上相结合，先用自顶向下方式设计一个全局概念结构框架，再以它为基础，采用自底向上法集成各局部概念结构。

在上一节介绍的需求分析的实现方法中，较为普遍的是采用自顶向下法描述数据的层次结构化联系。但在概念结构的设计过程中却截然相反，自底向上法是普遍采用的一种设计策略。因此，在对数据库的具体设计过程中，通常先采用自顶向下法进行需求分析，得到每一集体的应用需求，然后反过来根据每一子需求，采用自底向上法分步设计产生每一局部的 E-R 模型，综合各局部 E-R 模型，逐层向上回到顶端，最终产生全局 E-R 模型。

2. 概念设计的步骤

（1）进行数据抽象，设计局部概念模式。局部用户的信息需求，是构造全局概念模式的基础。因此，需要先从个别用户的需求出发，为每个用户建立一个相应的局部概念结构。在建立局部概念结构时，常常要对需求分析的结果进行细化、补充和修改，如有的数据项要分为若干子项，有的数据定义要重新核实等。

（2）将局部概念模式综合成全局概念模式。综合各局部概念结构就可得到反映所有用户需求的全局概念结构。在综合过程中，主要处理各局部模式对各种对象定义的不一致问题，包括同名异义、异名同义和同一事物在不同模式中被抽象为不同类型的对象（例如，有的作为实体，有的又作为属性）等问题。把各个局部结构连接、合并，还会产生冗余问题，有可能导致对信息需求的再调整与分析，以确定准确的含义。

（3）评审。消除了所有冲突后，就可把全局结构提交评审。评审分为用户评审与 DBA 及应用开发人员评审两部分。用户评审的重点放在确认全局概念模式是否准确完整地反映了用户的信息需求和现实世界事物的属性间的固有联系；DBA 和应用开发人员评审则侧重于确认全局结构是否完整，各种成分划分是否合理，是否存在不一致性，以及各种文档是否齐全等。文档应包括局部概念结构描述、全局概念结构描述、修改后的数据清单和业务活动清单等。

3.3.3 E–R 模型的操作

在利用 E–R 模型进行数据库概念设计的过程中，常常需要对 E–R 图进行种种变换。这些变换又称对 E–R 模型的操作，包括实体类型、联系类型和实体属性的分割、合并、增加和删除等。

1. 实体类型的分割

一个实体类型可以根据需要分割成若干个实体类型。分割方式有垂直分割和水平分割两种形式。

1）垂直分割

垂直分割是指把一个实体类型的属性分成若干组，然后按组形成若干实体类型。例如图 3–11 中，可以把教师实体类型中经常变动的一些属性组成一个新的实体类型，而把固定不变的属性组成另一个实体类型。但应注意，在垂直分割中，码必须在分割后的各实体类型中都出现。

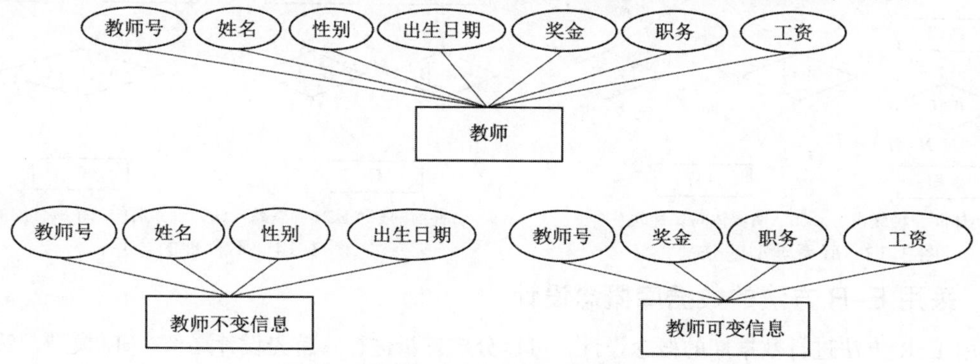

图 3–11 实体类型的垂直分割

2）水平分割

水平分割是指把一个实体类型分裂为互不相交的子类（即得到原实体类型的一个分割）。如对于有些数据库，不同的应用关心不同的内容，则可以将记录型水平分割成两个记录型。

这样可减少应用存取的逻辑记录数。例如，可把教师实体类型水平分割为男教师与女教师两个实体类型，如图 3–12 所示。

2. 实体类型的合并

实体类型合并是实体类型分割的逆过程，相应地，也有水平合并和垂直合并两种（一般要求被合并者应具有相同的码）。

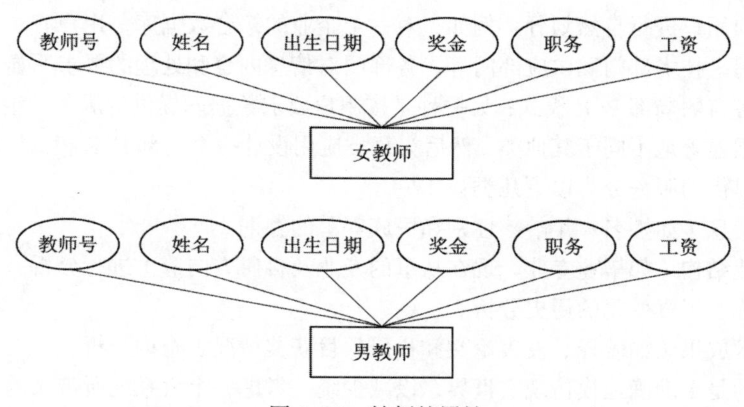

图 3–12 教师的属性

在实体类型水平分割时，原有的联系类型也要相应分割；反之，在水平合并时，联系类型是否改变或合并要视合并实际情况而定。

相应地，垂直合并时，也可能导致新联系类型的产生。

3. 联系类型的分割

一个联系类型可分割成几个新联系类型。新联系类型可能和原联系类型不同。例如，图 3-13（a）所示为教师担任某门课程教学任务的 E-R 图，而“担任”联系类型可以分割为“主讲”和“辅导”两个新的类型，如图 3-13（b）所示。

4. 联系类型的合并

联系类型的合并是分割操作的逆过程。必须注意，合并的联系类型必须是定义在相同的实体类型组合中，否则是不合理的合并，如图 3-14 所示的合并就是不合理的合并。

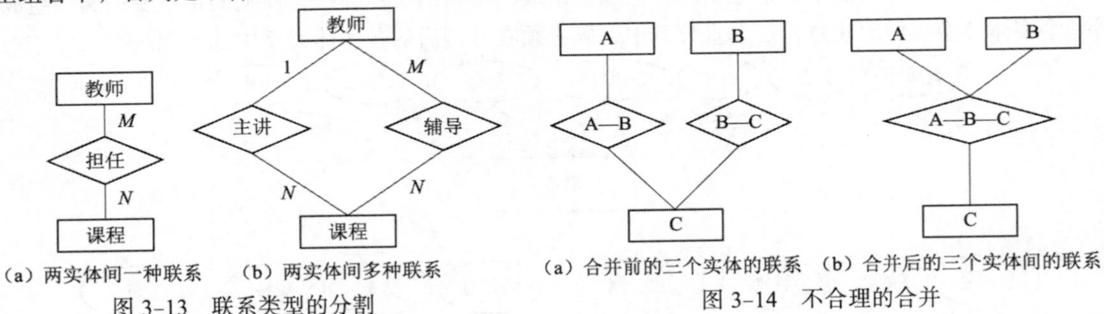

（a）两实体间一种联系　（b）两实体间多种联系

图 3-13　联系类型的分割

（a）合并前的三个实体的联系　（b）合并后的三个实体间的联系

图 3-14　不合理的合并

3.3.4　采用 E-R 方法的数据库概念设计

利用 E-R 方法进行数据库的概念设计，可以分成三步进行：首先设计局部 E-R 模型，然后把各局部 E-R 模式综合成一个全局 E-R 模式，最后对全局 E-R 模式进行优化，得到最终的 E-R 模式，即概念模式。

1. 设计局部 E-R 模式

通常，一个数据库系统都是为多个不同用户服务的。各用户对数据的观点可能不一样，信息处理需求也可能不同。在设计数据库概念结构时，为了更好地模拟现实世界，一个有效的策略是“分而治之”，即先分别考虑各个用户的信息需求，形成局部概念结构，然后再综合成全局结构。在 E-R 方法中，局部概念结构又称局部 E-R 模式。设计局部 E-R 模式的步骤如下：

1）确定局部结构范围

设计各个局部 E-R 模式的第一步，是确定局部结构的范围划分。划分的方式一般有两种：一种是依据系统的当前用户进行自然划分，例如，对一个企业的综合数据库，用户有企业决策集团、销售部门、生产部门、技术部门和供应部门等，各部门对信息内容和处理的要求明显不同，因此，应为它们分别设计各自的局部 E-R 模式；另一种是按用户要求数据库提供的服务归纳成几类，使每一类应用访问的数据显著地不同于其他类，然后为每类应用设计一个局部 E-R 模式，例如，学校的教师数据库可以按提供的服务分为以下几类：

教师的档案信息（如姓名、年龄、性别和民族等）的查询。

对教师的专业结构（如毕业专业、现在从事的专业及科研方向等）进行分析。

对教师的职称、工资变化的历史分析。

对教师的学术成果（如著译、发表论文和科研项目获奖情况）查询分析。

这样做的目的是更准确地模仿现实世界，以减少统一考虑一个大系统所带来的复杂性，局部结构范围的确定要考虑下述因素：

①范围的划分要自然，易于管理。

②范围之间的界面要清晰，互相影响要小。

③范围的大小要适度。太小了，会造成局部结构过多，设计过程烦琐，综合困难；太大了，则容易造成内部结构复杂，不便分析。

2）实体定义

每个局部结构都包括一些实体类型，实体定义的任务就是从信息需求和局部范围定义出发，确定每一个实体类型的属性和码。

事实上，实体、属性和联系之间并无形式上可以截然区分的界限，划分为属性的条件是：作为属性，不能再具有需要描述的性质，属性必须是不可分的数据项，不能包含其他属性，属性也不能与其他实体具有联系。如果满足该条件，一般均可作为属性对待。

实体类型确定之后，它的属性也随之确定。为一个实体类型命名并确定其码也是很重要的工作。命名应反映实体的语义性质，在一个局部结构中应是唯一的。码可以是单个属性，也可以是属性的组合。

3）联系定义

E-R 模型的“联系”用于刻画实体之间的关联。一种完整的方式是对局部结构中任意两个实体类型，依据需求分析的结果，考虑局部结构中任意两个实体类型之间是否存在联系。

若有联系，进一步确定是 $1:N$、$M:N$、还是 $1:1$ 等。还要考察一个实体类型内部是否存在联系，两个实体类型之间是否存在联系，多个实体类型之间是否存在联系，等等。

在确定联系类型时，应注意防止出现冗余的联系（即可从其他联系导出的联系），如果存在，要尽可能地识别并消除这些冗余联系，以免将这些问题遗留给综合全局的 E-R 模式阶段。如图 3-15 所示，“教师与学生之间的授课联系”就是一个冗余联系的例子。

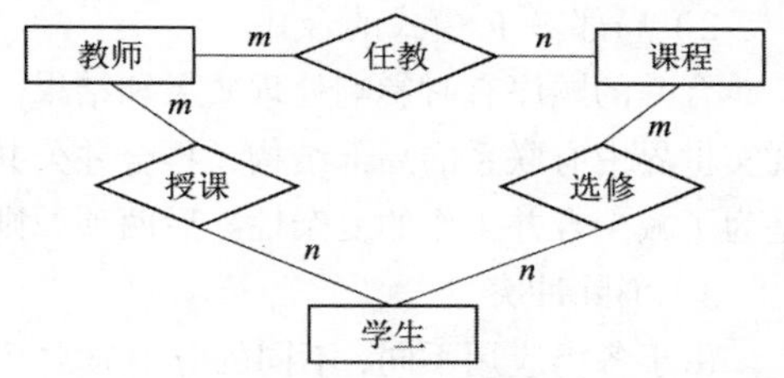

图 3-15 冗余联系的例子

联系类型确定后，也需要命名和确认码。命名应反映联系的语义性质，通常采用某个动词名，如“选修”“讲授”“辅导”等。联系类型的码通常是它涉及的各实体类型的码的并集或某个子集。

4）属性分配

实体与联系都确定下来后，局部结构中的其他语义信息大部分可用属性描述。这一步的工作有两类：一确定属性，二是把属性分配到有关实体和联系中去。

确定属性的原则是：属性应该是不可再分解的语义单位；实体与属性之间的关系只能是 $1:N$ 的；不同实体类型的属性之间应无直接关联关系。

属性不可分解的要求是为了使模型结构简单化，不出现嵌套结构。例如，在教师管理系统中，教师工资和职务作为表示当前工资和职务的属性，都是不可分解的，符合我们的要求。但若用户关心的是教师工资和职务变动的历史，则不能再把它们处理为属性，而可能抽象为实体了。

当多个实体类型用到同一属性时，将导致数据冗余，从而可能影响存储效率和完整性约束，因而需要确定把它分配给哪个实体类型。一般把属性分配给那些使用频率最高的实体类型，或分配给实体值少的实体类型。

有些属性不宜归属于任一实体类型，只说明实体之间联系的特性。例如，某个学生选修某门课的成绩，既不能归为学生实体类型的属性，也不能归为课程实体类型的属性，应作为“选修”联系类型的属性。

2. 设计全局 E-R 模式

所有局部 E-R 模式都设计好后，接下来就是把它们综合成单一的全局概念结构。全局概念结构不仅要支持所有局部 E-R 模式，而且必须合理地表示一个完整、一致的数据库概念结构（有的书上称此步工作为“视图集成”，这里的“视图”特指本书所说的局部概念结构）。全局 E-R 模式的设计过程如图 3-16 所示。

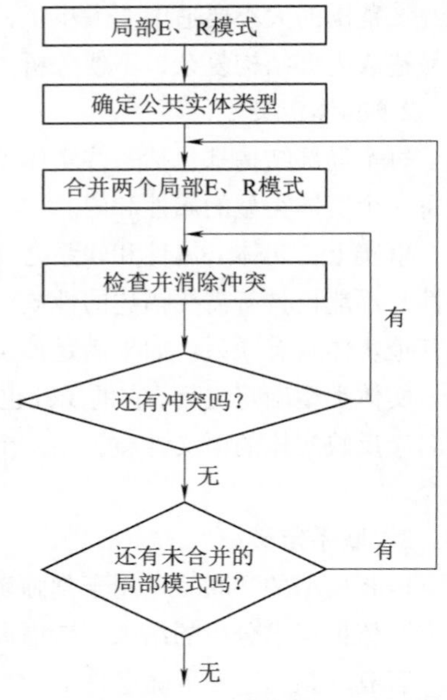

图 3-16　全局 E-R 模式设计

1）确定公共实体类型

为了实现多个局部 E-R 模式的合并，首先要确定各局部结构中的公共实体类型。公共实体类型的确定并非一目了然。特别是当系统较大时，可能有很多局部模式，这些局部 E-R 模式是由不同的设计人员确定的，因而对同一现实世界的对象可能给予不同的描述。有的作为实体类型，有的又作为联系类型或属性。即使都表示成实体类型，实体类型名和码也可能不同。在这一步中，仅根据实体类型、实体类型名和码来认定公共实体类型。一般把同名实体类型作为公共实体类型的一类候选，把具有相同码的实体类型作为公共实体类型的另一类候选。

2）局部 E-R 模式的合并

合并的顺序有时影响处理效果和结果。建议的合并原则是：首先进行两两合并；其次合并那些现实世界中有联系的局部结构；再合并公共实体类型，最后再加入独立的局部结构。进行二元合并是为了减少合并工作的复杂性。后两项原则是为了使合并结果的规模尽可能小。

3）消除冲突

由于各类应用不同，不同的应用通常又由不同的设计人员设计成局部 E-R 模式，因此局部 E-R 模式之间不可避免地会有不一致的地方，称为冲突。通常，可将冲突分成三种类型：

（1）属性冲突，包括属性域的冲突，即属性值的类型、取值范围或取值集合不同。例如，某些部门用出生日期表示职工的年龄，而另一部门用整数表示职工的年龄；还包括属性取值单位冲突，例如，重量单位有的用千克，有的用克。

（2）结构冲突，包括：同一对象在不同应用中的不同抽象。如性别，在某个应用中为实体，而在另一应用中为属性。同一实体在不同局部 E-R 图中属性组成不同，包括属性个数、次序。实体之间的联系在不同的局部 E-R 图中呈现不同的类型。如 E1、E2 在某一应用中是多对多联系，而在另一应用中是一对多联系；在某一应用中 E1 和 E2 发生联系，而在另一应用中，E1、E2、E3 三者之间有联系。

（3）命名冲突，包括属性名、实体名、联系名之间的冲突：同名异义，即不同意义的对象具有相同的名称；异名同义，即同一意义的对象具有不同的名称。

设计全局 E-R 模式的目的不在于把若干局部 E-R 模式在形式上合并为一个 E-R 模式，而在于消除冲突，使之成为能够被全系统中所有用户共同理解和接受的统一的概念模型。

3. 全局 E-R 模式的优化

在得到全局 E-R 模式后，为了提高数据库系统的效率，还应进一步依据处理需求对 E-R 模式进行优化。一个好的全局 E-R 模式，除能准确、全面地反映用户功能需求外，还应满足下列条件：实体类型的个数尽可能少；实体类型所含属性个数尽可能少；实体类型间的联系无冗余。但是，这些条件不是绝对的，要视具体的信息需求与处理需求而定，全局 E-R 模式的优化原则主要有：

1）实体类型的合并

这里的合并不是前面的“公共实体类型”的合并，而是相关实体类型的合并。在公共模型中，实体类型最终转换成关系模式，涉及多个实体类型的信息要通过连接操作获得。因而减少实体类型个数，可减少连接的开销，提高处理效率。一般可以把 1∶1 联系的两个类型合并。具有相同码的实体类型常常是从不同角度刻画现实世界的，如果经常需要同时处理这些实体类型，那么也有必要合并成一个实体类型。但这时可能产生大量空值，因此，要对存储代价、查询效率进行权衡。

2）冗余属性的消除

通常在各个局部结构中是不允许冗余属性存在的。但在综合成全局 E-R 模式后，可能产生全局范围内的冗余属性。例如，在教育统计数据库的设计中，一个局部结构含有高校毕业生数、招生数、在校学生数和预计毕业生数，另一局部结构中含有高校毕业生数、招生数、分年级在校学生数和预计毕业生数。各局部结构自身都无冗余，但综合成一个全局 E-R 模式时，在校学生数即成为冗余属性，应予消除。

一般同一非码的属性出现在几个实体模型中，或者一个属性值可从其他属性的值导出，此时应把冗余的属性从全局模式中去掉。

冗余属性消除与否，也取决于它对存储空间、访问效率和维护代价的影响。有时为了兼顾访问效率，有意保留冗余属性。这当然会造成存储空间的浪费和维护代价的提高。如果人为地保留了一些冗余数据，应把数据字典中数据关联的说明作为完整性约束条件。

3）冗余联系的消除

在全局模式中可能存在有冗余的联系，通常利用规范化理论中函数依赖的概念消除冗余联系。下面通过具体例子来看看如何消除冗余。

【例 3-6】某大学学籍管理局部应用的分 E-R 图如图 3-17 所示，课程管理局部应用分 E-R 图如图 3-18 所示，教师管理子系统局部应用分 E-R 图如图 3-19 所示，要求将几个局部 E-R 图综合成基本 E-R 图。

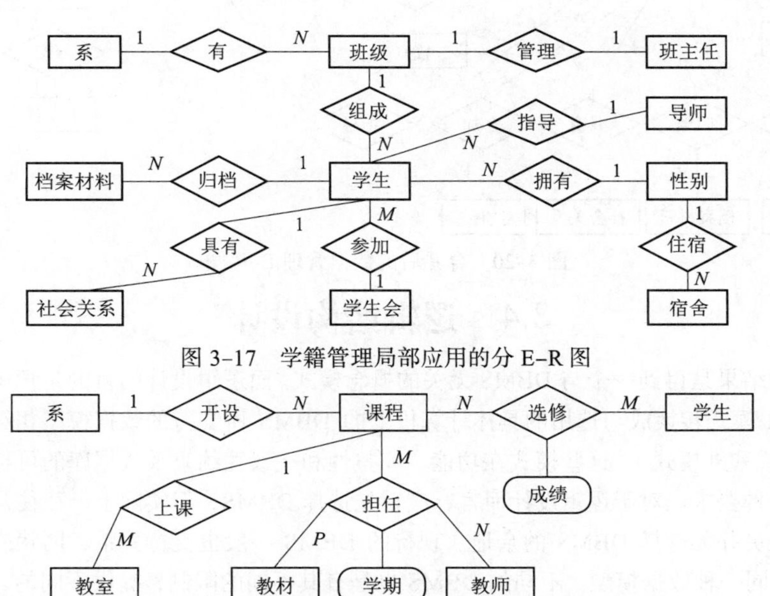

图 3-17 学籍管理局部应用的分 E-R 图

图 3-18 课程管理局部应用分 E-R 图

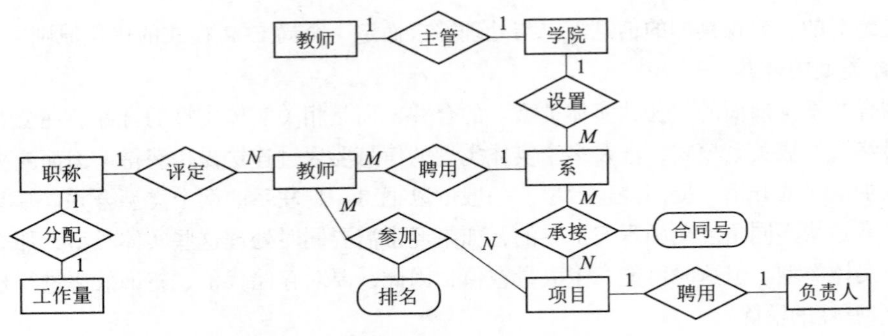

图 3-19　教师管理局部应用分 E-R 图

在综合过程中，学籍管理中的实体“性别”，在课程管理中为“学生”实体的属性，在合并后的 E-R 图中“性别”只能为实体；学籍管理中的班主任和导师实际上也属于教师，可以将其与课程管理中的“教师”实体合并；教师管理子系统中的实体项目“负责人”也属于“教师”，所以也可以合并。这里实体可以合并，但联系依然存在。合并后的 E-R 图如图 3-20 所示。本例题因为篇幅原因省略各个实体的属性，读者在数据库设计的文档中，应该将图 3-20 和如图 7-1 所示的实体的属性图一并给出。

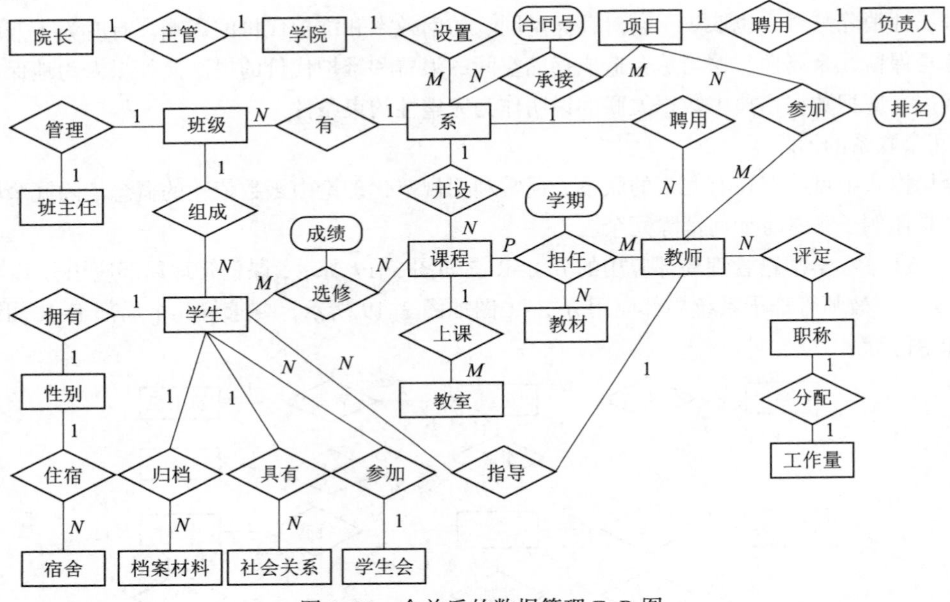

图 3-20　合并后的数据管理 E-R 图

3.4　逻辑结构设计

概念设计的结果是得到一个与 DBMS 无关的概念模式。而逻辑设计的目的是把概念设计阶段设计好的全局 E-R 模式转换成与选用的具体计算机上的 DBMS 所支持的数据模型相符合的逻辑结构（包括数据库模式和外模式）。这些模式在功能、完整性和一致性约束及数据库的可扩充性等方面均应满足用户的各种要求。对于逻辑设计而言，应首先选择 DBMS，但实际上，往往是先给定了某台计算机，设计人员并无选择 DBMS 的余地。现行的 DBMS 一般也支持关系、网状或层次模型中的某一种，即使是同一种数据模型，不同的 DBMS 也是有其不同的限制，提供不同的环境和工具，因此，通常把转换过程分为两步进行。首先，把概念模型转换成一般的数据模型，然后转换成特定的 DBMS 所支持的模型。

3.4.1 逻辑设计环境

逻辑设计的输入/输出如图 3-21 所示。

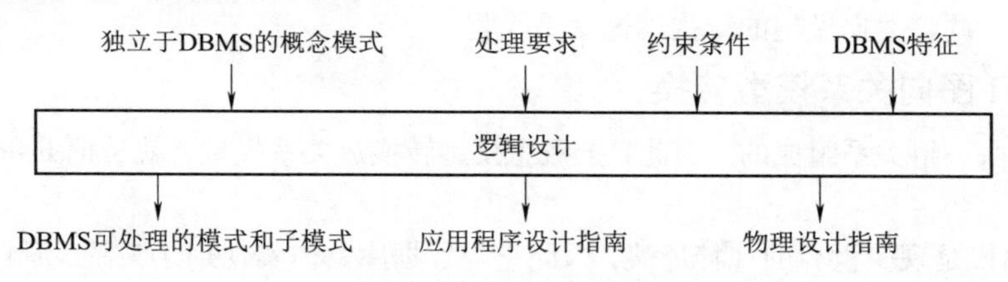

图 3-21 逻辑设计环境

（1）在逻辑设计阶段主要输入下列信息：

①独立于 DBMS 的概念模式。这是概念设计阶段产生的所有局部和全局概念模式。

②处理需求。需求分析阶段产生的业务活动分析结果，这里包括数据库的规模和应用频率以及用户或用户集团的需求。

③约束条件。即完整性、一致性、安全性要求及响应时间要求等。

④DBMS 特性。即特定的 DBMS 所支持的模式、子模式和程序语法的形式规则。

（2）在逻辑设计阶段主要输出如下信息：

①DBMS 可处理的模式。一个能用特定 DBMS 实现的数据库结构的说明，但是不包括记录的集合、块的大小等物理参数的说明，但要对某些访问路径参数（如顺序、指针检索的类型）加以说明。

②子模式。与单个用户观点和完整性约束一致的 DBMS 所支持的数据结构。

③应用程序设计指南。根据设计的数据库结构为应用程序员提供访问路径选择。

④物理设计指南。完全文档化的模式和子模式。在模式和子模式中应包括容量、使用频率、软/硬件等信息。这些信息将要在物理设计阶段使用。

3.4.2 逻辑设计的步骤

逻辑设计主要是把概念模式转换成 DBMS 能处理的模式。转换过程中要对模式进行评价和优化，以便获得较好的模式设计。

1. 将 E-R 模型转换成一般的关系、网状、层次模型

根据概念模式以及 DBMS 的记录类型特点，将 E-R 模式的实体类型或联系类型转换成记录类型，在比较复杂的情况下，实体可能分裂或合并成新的记录类型。

2. 设计用户子模式

子模式是模式的逻辑子集。子模式是应用程序和数据库系统的接口，它能允许应用程序有效地访问数据库中的数据，而不破坏数据库的安全性。

3. 应用程序设计梗概

在设计完整的应用程序之前，先设计出应用程序的草图，对每个应用程序应设计出数据存取功能的梗概，提供程序上的逻辑接口。

4. 模式评价

这一步的工作就是对数据库模式进行评价。评价数据库结构的方法通常有定量分析和性能测量等方法。

定量分析有两个参数：处理频率和数据容量。处理频率是在数据库运行期间应用程序的使用次数；数据容量是数据库中记录的个数。数据库增长过程的具体表现就是这两个参数值的增加。

性能测试是指逻辑记录的访问数目、一个应用程序传输的总字节数、数据库的总字节数，这些参数应该尽可能预先知道，它能预测物理数据库的性能。

5. 数据模型的优化

数据库逻辑设计的结果不是唯一的。为了进一步提高数据库应用系统的性能，还应该根据应用需要适当地修改、调整数据模型的结构，这就是优化。

3.4.3 从 E-R 图向关系模型转换

关系模型是由一组关系组成的。因此，把概念模型转换成关系模型，就是把 E-R 图转换成一组关系模型。

由于 E-R 图仅是现实世界的纯粹反映，因此它与数据库具体实现毫无关系，但它却是建立数据模型的基础，从 E-R 图出发导出具体 DBMS 所能接收数据模型是数据库设计的重要步骤。这部分工作是把 E-R 图转换为一个个关系框架，使之相互联系构成一个整体结构化的数据模型，这里的关键问题是如何实现不同关系之间的联系，具体原则和方法如下。

1. 从 E-R 图向关系模型转换的原则

（1）E-R 图中的每一个实体，都相应地转换为一个关系，该关系应包括对应实体的全部属性，并应根据该关系表达的语义确定码，因为关系中的码属性是实现不同关系联系的主要手段。

（2）对于 E-R 图中的联系，要根据联系方式的不同，采用不同手段以使被它联系的实体所对应的关系彼此之间实现某种联系。

2. 从 E-R 图向关系模型转换的具体方法

（1）如果两个实体之间是 1∶1 联系，分别将它们转换为关系，并在一个关系中加入另一关系的码及联系的属性。

（2）如果两个实体之间是 1∶n 联系，就将“1”的一方码纳入“n”方实体对应的关系中作为外部码，同时把联系的属性也一并纳入“n”方对应的关系中，例如班级与学生之间是 1∶n 联系。班级和学生两实体应分别转换为关系，而为了实现两者之间的联系，可把“1”方（班级）码“班号”纳入“n”方（学生）作为外部码，对应的关系数据模型为：

学生（学号，姓名，性别，班号）

班级（班号，班级名，地址，人数）

（3）如果同一实体内部存在 1∶n 联系，可在这个实体所对应的关系中多设置一个属性，用来表示与该个体相联系的上级个体的码。如图 3-22 所示的 E-R 图，它表示该实体内部个体间存在着级别关系，其逻辑关系是：作为领导者的职工，可以领导多个被领导者；而作为被领导的职工，只能由一个领导者领导。对于一个具体职工而言，既可能是其他职工的领导者，又可能被别的职工所领导，于是就在逻辑上形成级别关系。这样的 E-R 图转换的关系数据模型为：

职工（职工号，姓名，年龄，性别，职称，工资，领导者工号，民意测验）

（4）如果两实体间是 m∶n 联系，则需要为联系单独建立一个关系，用来联系双方实体，该关系的属性中至少要包括被它所联系的双方实体的码，并且应该联系上有属性，也要并入这个关系中。例如“学生”与“课程”两实体之间是 m∶n 联系，根据上述转换原则，对应的关系数据模型为：

学生（学号，姓名，年龄，性别，助学金）

课程（课程号，课程名，学时数）

选修（学号，课程名，成绩）

【例 3-7】本案例中的实体“教师”（超类）的成员实体也可以分为教授、副教授，讲师和助教四个子实体集合（子类），如图 3-23 所示。转换成的关系模型如下：

教师关系模式（教师编号，姓名，年龄，性别）

教授关系模式（教师编号，是否博导）

副教授关系模式（教师编号，是否硕导）

讲师关系模式（教师编号，学历，是否班导师）

助教关系模式（教师编号，导师姓名）

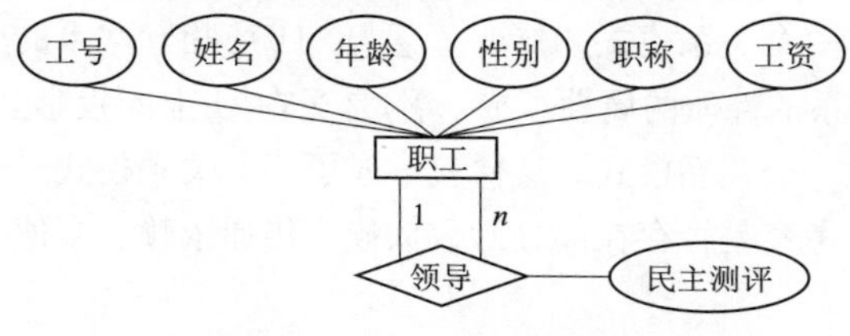

图 3-22　实体内部个体间级别关系

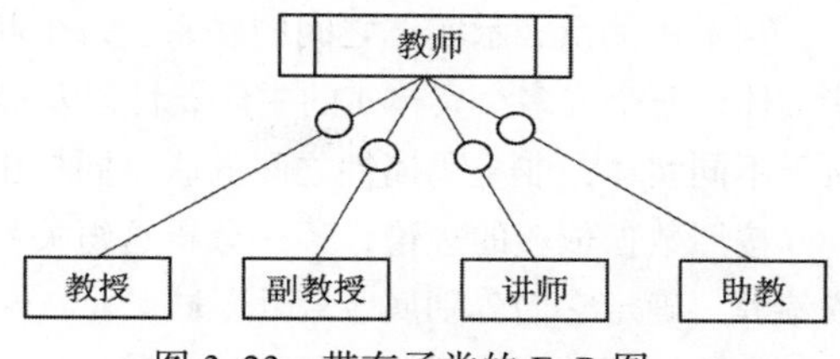

图 3-23　带有子类的 E-R 图

3.4.4　设计用户子模式

由于用户子模式与模式是相对独立的，因此在定义用户子模式时可以注重考虑用户的习惯与方便。包括：

（1）使用更符合用户习惯的别名。用视图机制可以在设计用户视图时重新定义某些属性名，使其与用户习惯一致，以方便使用。

（2）可以对不同级别的用户定义不同的视图，以保证系统的安全性。

假设有关系模式图书（书号，书名，作者，单价，进价，负责人，库存量，折扣），可以在图书关系上建立两个视图：

为一般顾客建立视图：图书 1（书号，书名，作者，单价）。

为销售部门建立视图：图书 2（书号，书名，作者，单价，进价，负责人，库存量）。

顾客视图中只包含允许顾客查询的属性；销售部门视图中只包含允许销售部门查询的属性；领导部门可查询全部数据。这样就可以防止用户非法访问本来不允许他们查询的数据，保证了系统的安全性。

（3）简化用户对系统的使用。如果某些局部应用中经常要使用某些很复杂的查询，为了方便用户，可以将这些复杂的查询定义为视图，用户每次只对定义好的视图进行查询，大大简化了用户的使用。

3.4.5　对数据模型进行优化

前面已讲到，规范化理论是数据库逻辑设计的指南和工具，具体来说可应用在下面几个具体的方面：

在数据分析阶段用数据依赖的概念分析和表示各数据项之间的联系。

在设计概念结构阶段，用规范化理论为工具消除初步 E-R 图中冗余的联系。

由 E-R 图向数据模型转换的过程中用模式分解的概念和算法指导设计。

应用规范化理论进行数据库设计，不管选用的 DBMS 支持哪种数据模型，均先把概念结构向关系模型转换，然后，若选用的 DBMS 是支持格式化模型的，再把关系模型向格式化模型映像，这种设计过程可以充分运用规范化理论的成果优化关系数据库模式的设计，设计办法是：

（1）确定数据依赖，把 E-R 图中每个实体内的各个属性按数据分析阶段所得到的语义写出其数据依赖，实体之间的联系用实体主码之间的联系来表示。例如学生与班级实体的联系可以表示为学号→班级号。学生与课程之间 $n:m$ 的联系可以表示为（学号，课程号）→成绩。另外还应仔细考虑不同实体的属性之间是否还存在某种数据依赖，把它们一一列出，于是得到了一组数据依赖，记作 Σ，这组数据依赖 Σ 和诸实体所包含的全部属性 U 就是关系模式设计的输入。

（2）用关系来表示 E-R 图中的每一个实体。每个实体对应一个关系模式 $R_j(U_i, \Sigma_j)$，其中 U_i 就是该实体所包含的属性，Σ_j 就是 Σ 在 U_i 上的投影。

（3）对应实体之间的那些数据依赖进行极小化处理。例如，对函数依赖集可借助 3.3 中的方法求得最小覆盖。设函数依赖集为F，求F的最小覆盖G，差集D=F-G，逐一考察D中的函数依赖，确定是否应该去掉。

（4）用关系表示实体之间的联系。每个联系对应一个关系模式 R_j（U_j，Σ_j）。U_j 由相互联系的诸实体（两个或多个实体）的主码属性以及描述该联系的性质的属性组成。Σ_j 是 Σ 在 U_j 上的投影。对于不同实体，非主码属性之间的联系同样也要形成一个关系模式。这样就形成了一个关系模式。

按照数据依赖的理论，逐一分析这组关系模式，考察是否存在部分函数依赖、传递依赖、多值依赖等，确定它们分别属于第几范式。

然后按照数据分析阶段得到的各种应用对数据处理的要求，分析对于这样的应用环境这些模式是否适合，确定是否要对它们进行合并或分解。例如对两个关系模式，若主码相同则可以合并。又对非BCNF的关系模式虽然从理论上分析存在不同程度的更新异常或冗余，但实际应用中这些问题不一定产生实际影响，如对此关系模式只是查询，不执行更新操作。有时，分解带来的消除更新异常的好处与经常查询需要频繁进行自然连接所带来的效率的降低相比是得不偿失的，对于这些情况就不必进行分解。并不是规范化程度越高的关系模式越好。

（5）关系模式的分解。对于需要进行分解的关系模式进行分解，对产生的各种模式进行评价，选出较合适的模式。

规范化理论给出了判断关系模式优劣的理论标准，对于预测模式可能出现的问题，提供了自动生成各种模式的算法工具，因此是设计人员的有力工具，也使数据库设计工作有了严格的理论基础。

必须指出的是，在进行数据模型的改进时，决不能修改数据库的信息内容。如果不修改信息内容，数据模型就没法改进，则终止数据模型的设计，而回到概念模型的设计。

3.5 数据库的物理设计

数据库在物理设备上的存储结构与存取方法称为物理数据库。所以数据库物理设计通常包括两方面的内容：一是为一个给定的逻辑结构模型选取一个最适合应用环境的物理结构；二是对选取的数据库物理结构进行性能评价，评价的主要指标是时间和空间效率。如果性能评价满足要求，则可进入下一个数据库设计阶段——数据库实施阶段；否则就要重新修改物理结构，有时甚至要返回到逻辑结构设计阶段进行修改。

3.5.1 数据库设计人员需要掌握的物理设计知识

数据库物理设计不仅依赖于用户的应用要求，而且与DBMS的功能、计算机系统所支持的存储结构、存取方法和数据库的具体运行环境都有密切关系。因此，为了设计一个较好的物理存储结构，设计人员必须对特定的设备和DBMS有充分的了解，掌握相关物理设计知识。有关具体DBMS的知识，包括DBMS的功能，所提供的物理环境、存储结构、存取方法和可利用手段等。由此可见，数据库物理设计比逻辑设计更加依赖于DBMS。数据库设计人员需掌握如下知识：

1. 有关存放数据的物理设备（外存）的特征

数据库是存放在物理存储设备上的，因此，必须了解物理存储区划分的原则、物理块的大小等有关规定以及I/O特性等。

2. 有关表的静态及动态特性

一个关系数据库包含若干个关系表，表的静态特性主要指表的容量（元组数和元组的长度）及组成表的各个属性的特性，如属性的类型、长度、是否为码、属性值的约束范围、不同值的数量以及分布特点等。表的动态特性主要指表中元组的易挥发程度，若易挥发程度高，则表明表上存在频繁的更新操作，不宜在该表上建立索引结构。

3. 有关应用需求信息

掌握各种应用对信息的使用情况，例如各种应用的处理频率及响应时间等。

3.5.2 数据库物理设计的主要内容

物理设计的主要内容是确定数据库在物理设备上的存储结构和存取方法。由于不同的系统其DBMS所支持的物理环境、存储结构和存取方法是不相同的，不同DBMS提供的设计变量、参数的取值范围也各不相同，因此没有通用的物理设计方法可遵循，设计人员只能根据具体的DMBS确定适合特定环境的物理设计方案。这里给出的是关系数据库系统物理设计的基本设计内容和设计原则。

1. 确定数据库的存储结构

确定数据库存储结构主要指确定数据的存放位置和存储结构，包括确定关系、索引、聚簇、日志、备份等的存储安排及存储结构以及确定系统存储参数的配置。确定数据的存放位置和存储结构时要综合考虑存取时间、空间利用率和维护代价三方面的因素，而这三个方面常常是相互矛盾的。例如，消除一切冗余数据虽然能够节约存储空间，但往往会导致检索代价的增加，因此需要进行权衡，从而选择一个适宜的存储结构。

1）确定数据的存放位置

按照数据应用的不同将数据库的数据划分为若干类，并确定各类数据的大小和存放位置。数据的分类可依据数据的稳定性、存取响应速度、存取频度、数据共享程度、数据保密程度、数据生命周期长短、数据使用的频度等因素加以区别。例如，数据库数据备份、日志文件备份等，由于只在故障恢复时才使用，而且数据量很大，可以考虑存放在磁带上。目前许多计算机都有多个磁盘，因此进行物理设计时可以考虑将表和索引分别放在不同的磁盘上，在查询时，由于两个磁盘驱动器分别在工作，因而可以保证物理读/写速度比较快；也可以将比较大的表分别放在两个磁盘上，以加快存取速度，这在多用户环境下特别有效。此外，还可以将日志文件与数据库对象（表、索引等）放在不同的磁盘中以改进系统的性能。

2）数据库的分区设计

目前大型数据库系统一般有多个磁盘驱动器或磁盘阵列，数据如何分别存储在多个磁盘组上也是数据库物理设计的内容之一，这就是数据库的分区设计。分区设计的原则包括：

（1）减少访问磁盘冲突操作，提高I/O的并行性。

（2）分散访问频度高的数据，均衡I/O负荷。

（3）保证主码数据的快速访问，提高系统的处理能力。

3）确定系统存储参数的配置

DBMS产品为适应不同的运行环境和应用需求，一般都提供一些系统配置变量和存储配置参数，供设计人员和DBA对数据库物理设计进行优化。初始情况下，系统设置为默认值，在进行物理设计时需要对这些变量和参数加以确认或赋新值，以改善系统性能。这些变量和参数通常包括：

最大的数据空间、最大的目录空间、缓冲区的长度和个数、同时使用数据库的用户数、最多允许并发操作事务的个数、同时允许打开数据库文件的个数、最多允许建立临时关系的个数、数据库的大小、物理块的大小、物理装载因子、时间片大小、锁的数目等。这些参数值将影响物理设计的性能，可以通过数据库的运行加以调整，以使系统性能最佳。

2. 确定数据库的存取方法

确定数据库的存取方法，就是确定建立那些存取路径以实现快速存取数据库中的数据。DBMS一般都提供多种存取方法，常用的存取方法有索引、聚簇、HASH法等。

1）索引存取方法的选择

根据应用需求确定对关系的哪些属性列建立索引、对哪些属性列建立组合索引、将哪些索引定义为唯一索引等。通常在下列情况下可考虑在有关属性列上建立索引：

（1）如果一个属性（或属性组）为主码和外码属性，则考虑在该属性（或属性组）上建立索引。

（2）如果一个属性（或属性组）经常出现在查询条件中，则考虑在该属性（或属性组）上建立索引。

（3）有些查询可以从索引直接得到结果，不必访问数据块。这种查询可在有关属性上建立索引以提高查询效率。如查询某属性的 MIN、MAX、AVG、SUM、COUNT 等聚集函数值（无 GROUP BY 子句）可沿该属性索引的顺序集扫描，直接求得结果。

索引是在节省空间的情况下，用以提高查询速度所普遍采用的一种方法，建立索引通常是通过 DBMS 提供的有关命令来实现的。设计人员只要给出索引关键字、索引表的名称以及与主文件的联系等参数，具体的建立过程将由系统自动完成。建立索引的方式通常有静态方式和动态方式两种。静态建立索引是指设计人员预先建立索引，一旦建立好，后续的程序或用户均可直接使用该索引存取数据。该方式多适合于用户较多且使用周期较长、使用方式相对较稳定的数据。动态建立索引是指设计人员在程序内临时建立索引，一旦脱离该程序或运行结束，该索引关系将不存在，多适合于单独用户或临时性使用要求的情况。

2）聚簇（Cluster）存取方法的选择

聚簇就是把在某个属性（或属性组）上有相同值的元组集中存放在一个物理块内或物理上相邻的区域，借以提高 I/O 的数据命中率，从而提高有关数据的查询速度。

现代的 DBMS 一般允许按某一聚簇关键字集中存放数据，这种聚簇关键字可以是复合的，聚簇以元组的存放作为最小数据单位，具有相同聚簇关键字的元组，尽可能地放在物理块中。如果放不下，可以向预留的空白区发展，或链接多个物理块，聚簇后的元组好像葡萄一样按串存放，聚簇之名由此而来。

聚簇是提高查询速度、节省存取时间的一种有效的物理设计途径。例如，有一教师关系已按出生年月建立了索引，现若要查询 1967 年出生的教师，而 1967 年出生的教师共有 120 人，在极端的情况下，这 120 人所对应的元组分布在 120 个不同的物理块上，由于每访问一个物理块需要执行一次 I/O 操作，因此该查询即使不考虑访问索引的 I/O 次数，也要执行 120 次 I/O 操作，如果按照出生年月集中存放，则每读一个物理块可得到多个满足条件的元组，从而显著地减少了访问磁盘的次数。

聚簇以后，聚簇关键字相同的元组集中在一起，因而聚簇关键字不必在每个元组中重复存储，只要在一组中存一次就行了，因此可以节省空间。

聚簇功能不仅适合于单个关系，也适合于多个关系。如对学生和课程两个关系的查询操作中，经常需要按学生姓名查找该学生所学课程情况，这一查询操作涉及学生关系和课程关系的连接操作，即需要按学号将这两个关系连接。为提高连接操作的效率，可以把具有相同学号值的学生元组和课程元组在物理上聚簇在一起。

但必须注意的是，聚簇只能提高某些特定应用性能，而且建立与维护聚簇的开销是相当大的，对于已建立聚簇的关系，将会导致关系中的元组移动其物理存储位置，并使此关系上原有的索引无效，必须重建。当一个元组聚簇关键字改变时，该元组存储位置也要进行相应的移动。因此，当用户应用要求满足下列条件时，可考虑建立聚簇：

（1）通过聚簇关键字进行访问或执行连接操作是该关系的主要操作，而与该聚簇关键字无关的其他访问则很少或处于次要地位。

（2）对应每个聚簇关键字的平均元组既不能太少，也不能太多。太少了，聚簇效益不明显，甚至浪费物理块的空间；太多了，就要采用多个链接块，同样对提高性能不利。

（3）聚簇关键字值应相对稳定，以减少修改聚簇关键字值所引起的维护开销。

3）HASH 存取方法的选择

有些 DBMS（如 INGRES）提供了 HASH 存取方法。当 DBMS 提供动态 HASH 存取方法时，如果一个关系的属性主要出现在等值连接条件或相等比较连接条件中，则此关系可以选择 HASH 存取方法：

（1）如果一个关系的大小可预知，而且不变。

（2）如果关系的大小动态可变，而且数据管理系统提供了动态 HASH 存取方法。

3.5.3 物理设计的性能评价

在数据库物理设计中，代价的估算是为了选择方案，而不是追求其本身的精确度。一个代价模型只要能比较出各种不同方案的相对优劣就达到目的了。就目前的计算机技术即使耗时较多的排序操作，在数据库中主要采用外排序，I/O 仍然是主要矛盾。因此，在代价的估算中，以 I/O 次数作为衡量方案优劣的尺度。建立索引后的数据库访问的代价可从以下三方面估算。

1. 索引访问代价估算

索引访问代价可以分为两部分估算：一部分是从根到叶的访问代价，即索引树的搜索代价；另一部分是沿顺序集扫描的代价，对动态索引还应考虑结点合并或分裂的代价。如果一般的访问中，结点合并或分裂的概率不大，也可不予考虑。

2. 数据访问代价的估算

如果顺序访问整个关系数据库，则所需的 I/O 次数是关系的记录数除以每块中含记录数所得的商。对于随机访问的情况，如果一次随机存取若干元组，即批量访问，当批量很大时，几乎要访问数据库中每一块，这时则以访问整个库的 I/O 次数估算。若批量极少时，则访问的 I/O 次数最大为该批中记录的个数。如果数据不是成批访问，而是给一个索引关键字访问一次，这样访问数据的 I/O 次数应为访问的元组数。

3. 排序归并连接代价的估算

因为数据库的数据都存在外存储器上，且数据量一般都较大，所以通常都采用外排序，外排序通常采用归并排序算法，归并排序时所用的 I/O 时间与内存缓冲区的大小有关。在估算排序归并连接代价时，应考虑建初始顺串的时间，并考虑在归并过程中该数据归并处理以及把数据写回磁盘的时间，另外还要考虑排序后进行连接的时间。

3.5.4 系统数据库的部分表物理设计

学生信息管理系统涉及了多张数据表，这些数据表最终都要实现由逻辑到物理的设计过程，下面介绍其中几张主要数据表的物理设计结构表述，如图 3-24 所示。

系统数据库（mange.mdb）
- 课程表（course）
- 管理员信息表（mm）
- 流水线表（nol）
- 选课缴费表（sc）
- 学生信息表（student）
- 退学表（tuixue）

图 3-24 物理设计结构

3.5.5 数据表结构

学生信息管理系统，涉及的多张数据表的表结构如表 3-1~表 3-6 所示。

表 3-1 课程表：course

字段名	字段中文名	数据类型	字段大小	能否为空	格式
class_id	课程编号	文本	5	是	
class_name	课程名称	文本	30	是	
class_date	课日期	日期/时间			

续表

字段名	字段中文名	数据类型	字段大小	能否为空	格式
class_fee	课程费	货币	1		货币
book_fee	教材费	货币	1		货币
book_name	教材名称	文本	30	是	
classshu		文本	2	是	

表 3-2　管理员信息表：mm

字段名	字段中文名	数据类型	字段大小	能否为空
class_name	用户名	文本	20	是
user_pass	密码	文本	20	是
user_grade	级别	文本	1	是
user_bz	备注	文本	20	是

表 3-3　流水线表：nol

字段名	字段中文名	数据类型	字段大小	小数位数	默认值
nono	水线号	数字	长整型	自动	0

表 3-4　选课交费表：sc

字段名	字段中文名	数据类型	字段大小	格式	小数位数
student_no	编号	文本	8		
class_id	课程编号	文本	5		
class_grade	班级	文本	2		
server	备注	文本	20		
student_fee	学费	货币		货币	1
book_fee	书费	货币		货币	1
jiaofeidate	缴费时间	文本	10		
cdazhe	学费折扣率	数字	整型		自动
zdazhe	资料折扣率	数字	长整型		自动
xh	学号	文本	8		

表 3-5　学生信息表：student

字段名	字段中文名	数据类型	字段大小	格式
student_no	文本	学号	8	
student_name	文本	姓名	8	
student_sex	文本	性别	2	
student_xl	文本	学历	6	
student_nl	文本	年龄	3	
student_sfz	文本	身份证号	18	
student_sj	文本	联系电话手机	11	
student_dj	文本	联系电话单位	8	
student_jj	文本	联系电话家庭	8	
student_ls	文本	是否老生	2	
student_date	日期/时间	录入时间		短日期
flag2	文本	备用	8	

表 3-6 退学表：tuixue

字段名	字段中文名	数据类型	字段大小	格式	小数位数
student_no	学号	文本	8		
class_id	退学课程	文本	5		
student_refee	退学金额	货币		货币	1
redate	退学日期	日期/时间			
sdate	交费日期	日期/时间			
server	退款人	文本	20		
class_grade	班级	文本	2		
student_fee	实际已交费用	货币		货币	1
book_fee	实际已交资料费	货币		货币	1

本 章 小 结

本章以一个应用案例——学生信息管理系统来阐述了数据库设计的 6 个步骤，即：需求分析阶段、概念结构设计阶段、逻辑结构设计阶段、数据库物理设计阶段、数据库实施阶段、数据库运行和维护阶段。对各个阶段均给出了详尽的分析和说明。本章是本教材的核心部分，也是整个数据库技术的核心部分，给出了数据库设计的完整过程。

本章重点：概念结构设计，即 E-R 模型的构建。要求掌握局部 E-R 模型的构建与整体 E-R 模型的集成，这为逻辑模型设计打下了基础。

思考与练习

1. 什么是数据库设计？数据库设计过程的输入/输出有哪些内容？
2. 评审在数据库设计中有什么重要作用？为什么允许设计过程中有多次的回溯与反复？
3. 数据字典的内容和作用是什么？
4. 什么是 E–R 图？构成 E–R 图的基本要素是什么？
5. 简述概念设计的具体步骤。
6. 试述采用 E–R 方法的数据库概念设计过程。
7. 简述逻辑设计阶段的主要步骤和内容。
8. 什么是数据库的物理设计？其具体步骤怎样？
9. 某企业的物资采购部门的工作流程为：由生产部门提交生产计划书，写明所需材料、数量和价格，送交审批部门核准，然后制订采购计划，下达订货单给供应商。

   （1）画出系统数据流程图。

   （2）写出订货单的数据项在数据字典中的描述。

第 4 章 认识 SQL Server 2014

SQL Server 系列软件是 Microsoft 公司推出的关系型数据库管理系统。2014 年 4 月 16 日于旧金山召开的一场发布会上，微软宣布正式推出 SQL Server 2014。从 SQL Server 2008 到 SQL Server 2014，中间还跨越了 SQL Server 2008 R2 和 SQL Server 2012 两个版本。本章主要介绍 SQL Server 2014 的发展历程、安装与配置以及各个组件工具的功能，为读者了解和掌握一种大型主流数据库的应用提供了方便。

4.1 SQL Server 2014 简介

4.1.1 SQL Server 发展史

SQL Server 从 20 世纪 80 年代后期开始开发，SQL Server 6.0 是第一个完全由 Microsoft 公司开发的版本，1996 年发布了 SQL Server 6.5，该版本提供了廉价的可以满足众多小型商业应用的数据库方案。1997 年发布的 SQL Server 7.0 在数据存储和数据库引擎方面发生了根本性的变化，提供了面向中、小型商业应用的数据库功能支持。2000 年发布 SQL Server 8.0，也就是 SQL Server 2000，以后发布的版本都以发布年份命名，下面重点介绍 SQL Server 2000 及以后版本的特点。

SQL Server 2000 版本继承了 SQL Server 7.0 版本的优点，同时又比它增加了许多更先进的功能，具有使用方便、可伸缩性好、与相关软件集成度高等优点，可跨越从运行 Microsoft Windows 98 的普通微型计算机到运行 Microsoft Windows 2000 的大型多处理器的服务器等多种平台使用。

SQL Server 2005 是一个全面的数据库平台，使用集成的商业智能（BI）工具提供了企业级的数据管理。SQL Server 2005 数据库引擎为关系型数据和结构化数据提供了更安全可靠的存储功能，使得可以构建和管理用于业务的高可用和高性能的数据的应用程序，SQL Server 2005 不仅可以有效地执行大规模联机事务处理，而且可以完成数据仓库和电子商务应用等许多具有挑战性的工作，SQL Server 2005 结合了分析、报表、集成和通知功能，可以为企业构建和部署经济有效的商业智能解决方案。

SQL Server 2008 在原有 SQL Server 2005 的架构上作出进一步的更改，除了继承 SQL Server 2005 的优点以外，还提供了许多的新特性、新功能，如新添了数据集成功能、改进了分析服务、报表服务以及 Office 集成等，使得 SQL Server 上升到新的高度。

SQL Server 2012 在原有的 SQL Server 2008 的基础上又进行了更大的改进，除了保留 SQL Server 2008 的风格外，还在管理、安全以及多维数据分析、报表分析等方面有了进一步的提升。它是一个能用于大型联机事务处理、数据仓库和电子商务等方面的数据库平台，也是一个能用于数据集成、数据分析和报表解决方案的商业智能平台。

2014 年 4 月 16 日，在洛杉矶召开的一场发布会上，微软宣布正式推出 SQL Server 2014。SQL Server 2014 版本提供了企业驾驭海量资料的关键技术——In-Memory 增强技术，内建的 In-Memory 技术能够整合云端各种资料结构，其快速运算效能及高度资料压缩技术，可以帮助客户加速业务和向全新的应用环境进行切换。同时提供与 Microsoft Office 连接的分析工具，通过与 Excel 和 Power BI for Office 365 的集成，SQL Server 2014 提供让业务人员可以自主对资料进行即时的决策分析的商业智能功能，轻松帮助企业员工运用熟悉的工具，把周围的信息转换成环境智慧，将资源发挥更大的营运价值，进而提升企业产能和灵活度。

4.1.2 SQL Server 2014 的优势

SQL Server 2014 基于 SQL Server 2012，其提供了一个全面、灵活和可扩展的数据仓库管理平台，可以满足成千上万用户的海量数据管理需求，能够快速构建相应的解决方案，实现私有云与公有云之间数据的扩展与应用的迁移。作为微软的信息平台解决方案，SQL Server 2014 的发布，可以帮助数以千计的企业用户突破性地快速实现各种数据体验，完全释放对企业的洞察力。

和 SQL Server 2012 相比，SQL Server 2014 具有以下优势：

（1）安全性和高可用性。提高服务器正常运行的时间并加强数据保护，无须浪费时间和金钱即可实现服务器到云端的扩展。

（2）超快的性能。在优秀的基准测试程序的支持下，用户可获得突破性的、可预测的性能。

（3）企业安全性。内置的安全性功能及 IT 管理功能，能够在很大程度上帮助企业提高安全性能级别。

（4）快速的数据发现。通过快速的数据探索和数据可视化对成堆的数据进行细致深入的研究，从而能够引导企业提出更为深刻的商业洞见。

（5）方便易用。与某些数据库相比，SQL Server 2014 系列数据库提供图形化的管理工具，这极大地降低了数据库设计的难度，对于不熟悉编写代码的人员而言，只要使用鼠标点击几下，就可以创建完整的数据库对象，也减少了编写代码可能造成的错误。

（6）高效的数据压缩功能。在数据容量快速持续增长的时期，SQL Server 2014 可以对存储的数据进行有效的压缩以降低 I/O 要求，提高系统的性能。

（7）集成化的开发环境。SQL Server 2014 可以同 Visual Studio 团队协同工作，提供集成化的开发环境，并让开发人员在统一的环境中跨越客户端、中间层以及数据层进行开发。

4.1.3 SQL Server 2014 的功能

SQL Server 2014 具有以下的强大功能：

1. 内置内存技术

通过集成的内存 OLTP 技术，改善数据库内存存储技术。有的企业通过内置存储技术，将每秒请求量大幅度提高，不仅改善了用户体验，而且还获得了压倒对手的竞争力。

2. 扩展性能强

其中计算扩展方面，可以支持高达 640 颗逻辑处理器，每虚拟机 64 颗 CPU，设置虚拟机为 1TB 内存，设置集群为 64 个节点；网络扩展方面，通过网络虚拟化技术提升数据库的灵活性与隔离性。

3. 混合云方面

跨越客户端和云端，SQL Server 2014 为企业提供了云备份以及云灾难恢复等混合云应用场景，无缝迁移关键数据至 Microsoft Azure。企业可以通过一套熟悉的工具，跨越整个应用的生命周期，扩建、部署并管理混合云解决方案，实现企业内部系统与云端的自由切换。

4. 支持与闪存卡搭配

与闪存卡相结合使用，则可满足云中最苛刻的工作负载对性能的要求，消除企业 I/O 瓶颈，加速交易，充分挖掘数据价值，使客户受益。

5. 企业智能化分析

用户可以通过熟悉的工具，如 Office 中的 Excel 以及 Office 365 中的 Power BI，加速实现智能化分析，以快速获取数据规律和趋势，并提供基于移动设备的访问。

6. 对物理 I/O 资源的控制

这个功能在私有云的数据库服务器上的作用体现得尤为重要，它能够为私有云用户提供有效的控制、分配，并隔离物理 I/O 资源。

4.1.4 SQL Server 2014 的组成

SQL Server 2014 由 4 部分组成，分别是：数据库引擎、分析服务、集成服务和报表服务。本节将详细介绍这些内容。

1. SQL Server 2014 数据库引擎

SQL Server 2014 数据库引擎是 SQL Server 2014 系统的核心服务，负责完成数据的存储、处理和安全管理。包括数据库引擎（用于存储、处理和保护数据的核心服务）、复制、全文搜索以及用于管理关系数据和 XML 数据的工具。例如，创建数据库、创建表、创建视图、数据查询和访问数据库等操作，都是由数据库引擎完成的。

通常情况下，使用数据库系统实际上就是在使用数据库引擎。数据库引擎是一个复杂的系统，它本身就包含了许多功能组件，如复制、全文搜索等。使用它可以完成 CRUD 和安全控制等操作。

2. 分析服务（analysis services）

分析服务的主要作用是通过服务器和客户端技术的组合提供联机分析处理（on-line analytical processing，OLAP）和数据挖掘功能。

通过分析服务，用户可以设计、创建和管理包含来自于其他数据源的多维结构，通过对多维数据进行多角度分析，可以使管理人员对业务数据有更全面的理解。另外，使用分析服务，用户可以完成数据挖掘模型的构造和应用，实现知识的发现、表示和管理。

3. 集成服务（integration services）

SQL Server 2014 是一个用于生成高性能数据集成和工作流解决方案的平台，负责完成数据的提取、转换和加载等操作。其他的三种服务就是通过 Integration Services 来进行联系的。除此之外，使用数据集成服务可以高效地处理各种各样的数据源，例如：SQL Server、Oracle、Excel、XML 文档、文本文件等。

4. 报表服务（reporting services）

报表服务主要用于创建和发布报表及报表模型的图形工具和向导、管理 Reporting Services 的报表服务器管理工具，以及对 Reporting Services 对象模型进行编程和扩展的应用程序编程接口。

SQL Server 2014 的报表服务是一种基于服务器的解决方案，用于生成从多种关系数据源和多维数据源提取内容的企业报表，发布能以各种格式查看的报表，并集中管理安全性和订阅。创建的报表可以通过基于 Web 的连接进行查看，也可以作为 Microsoft Windows 应用程序的一部分进行查看。

4.1.5 如何选择 SQL Server 2014 的版本

根据应用程序的需要，安装要求会有所不同。不同版本的 SQL Server 能够满足单位和个人独特的性能、运行时间以及价格要求。安装哪些 SQL Server 组件还取决于用户的具体需要。

SQL Server 2014 主要有 6 个版本，分别是 Enterprise、Business Intelligence、Standard、Web、Developer 和 Express，其中每个版本又都有 64 位和 32 位两种版本。不同版本的 SQL Server 能够满足单位和个人独特的性能及价格需求，用户可以根据需求选择不同的版本。下面主要介绍不同版本的特点。

1. Enterprise 版本

作为高级版本，SQL Server 2014 Enterprise 版本提供了全面的高端数据中心功能，性能极为快捷，虚拟化不受限制，还具有端到端的商业智能，可为关键任务工作负荷提供较高服务级别，支持最终用户访问深层数据。

2. Business Intelligence 版本

SQL Server 2014 Business Intelligence 版本提供了综合性平台，可支持组织构建和部署安全、可扩展且易于管理的 BI 解决方案。它提供基于浏览器的数据浏览与可见性等卓越功能、功能强大的数据集成功能，以及增强的集成管理。

3. Standard 版本

SQL Server 2014 Standard 版本提供了基本数据管理和商业智能数据库，使部门和小型组织能够顺利运行其应用程序并支持将常用开发工具用于内部部署和云部署，有助于以最少的 IT 资源获得高效的数据库管理。

4. Web 版本

对于为从小规模至大规模 Web 资源提供可伸缩性、经济性和可管理性功能的 Web 宿主和 Web VAP 来说，SQL Server 2014 Web 版本是一项总拥有成本较低的选择。

5. Developer 版本

SQL Server 2014 Developer 版本支持开发人员基于 SQL Server 构建任意类型的应用程序。它包括 Enterprise 版本的所有功能，但有许可限制，只能用作开发和测试系统，而不能用作生产服务器。SQL Server Developer 是构建和测试应用程序人员的理想之选。

6. Express 版本

SQL Server 2014 Express 是入门级的免费数据库，是学习和构建桌面及小型服务器数据驱动应用程序的理想选择。它是独立软件供应商、开发人员和热衷于构建客户端应用程序的人员的最佳选择。

4.2 SQL Server 2014 的安装

4.2.1 SQL Server 2014 运行环境

在安装 SQL Server 2014 之前，用户需要了解其安装环境的具体要求。不同版本的 SQL Server 2014 对系统的要求略有差异，下面以 SQL Server 2014 企业版为例，具体安装环境需求如下：

1. 硬件需求

内存至少 1 GB 以上，所有其他版本：至少 4 GB 并且应该随着数据库大小的增加而增加，以便确保最佳的性能。处理器速度：建议 2.0 GHz 或更快。处理器类型为 64 位以上处理器，最低为 AMD Opteron、AMD Athlon 64、支持 Intel EM64T 的 Intel Xeon、支持 EM64T 的 Intel Pentium IV；x86 处理器，最低为 Pentium III 兼容处理器。

2. 软件需求

操作系统可以是 Windows Server 2008、Windows Server 2012、Windows 7、Windows 8、Windows 10 及以上的操作系统。

4.2.2 SQL Server 2014 安装过程

本节以 SQL Server 2014 企业版（Enterprise Edition）的安装过程为例进行讲解。通过对 Enterprise Edition 的安装过程的学习，读者也就掌握了其他各个版本的安装过程。不同版本的 SQL Server 在安装时对软件和硬件的要求是不同的，其安装数据库中的组件内容也不同，但是安装过程是大同小异的。

（1）开始安装后，会打开“SQL Server 安装中心”，进入“计划”选项，如图 4-1 所示。

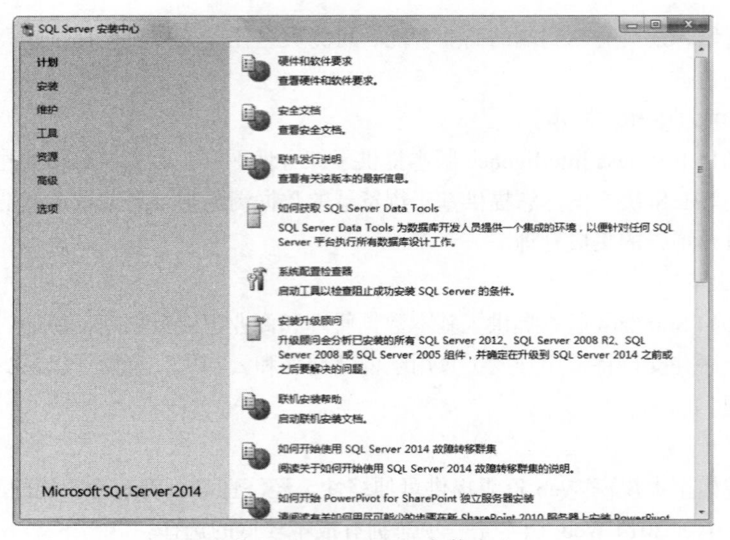

图 4-1　SQL Server 安装中心

（2）当计算机的前期准备工作已经做好时，跳过“计划”选项，直接选择“安装”选项，进入如图 4-2 所示“安装”选项卡。这里有四个选项，可以根据需要选择，选择第一项“全新 SQL Server 独立安装或向现有安装添加功能”选项。

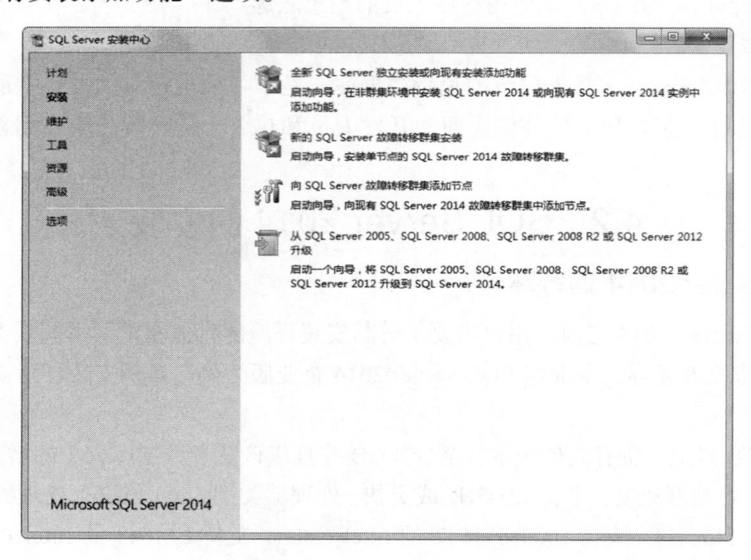

图 4-2　“安装”选项卡

（3）弹出如图 4-3 所示的“产品密钥”页面。默认选择第二项“输入产品密钥”单选按钮。

（4）单击“下一步”按钮，进入“许可条款”页面，选中“我接受许可条款”复选框，如图 4-4 所示。

（5）单击“下一步”按钮，安装程序会检查“全局规则”，如果没有问题，则直接进入“Microsoft Update”页面，可以选择是否检查更新，如图 4-5 所示。

（6）单击“下一步”按钮，安装程序会进行“安装规则”检查，如果系统没有问题，则直接进入“设置角色”页面，此时，单击“上一步”按钮，可以看到如图 4-6 所示的“安装规则”页面。

（7）单击“下一步”按钮，弹出“设置角色”页面，如图 4-7 所示，选择第一项“SQL Server 功能安装”单选按钮，安装 SQL Server 数据库引擎服务以及其他功能，然后单击“下一步”选项。

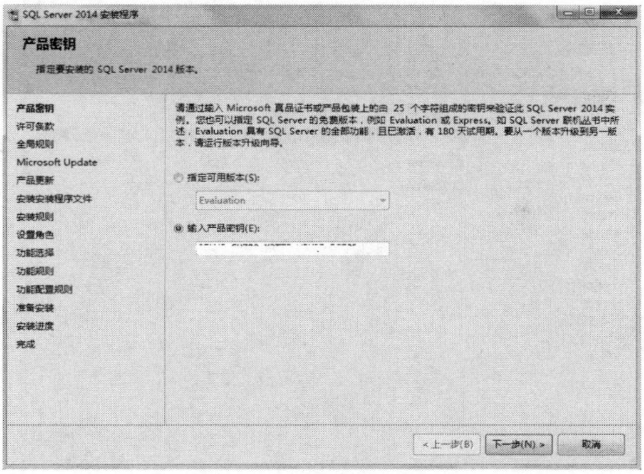

图 4-3　“产品密钥”页面

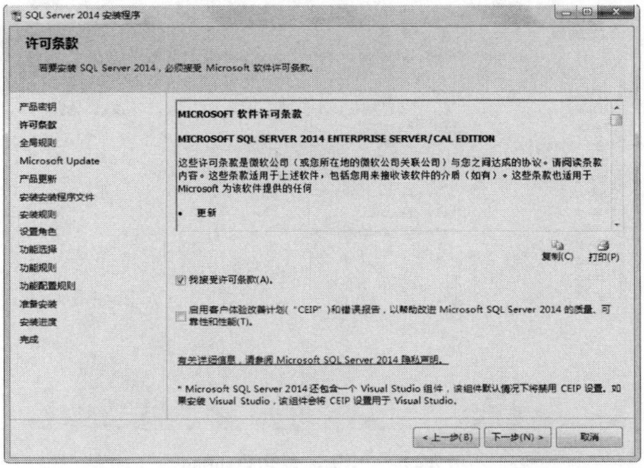

图 4-4　“许可条款”页面

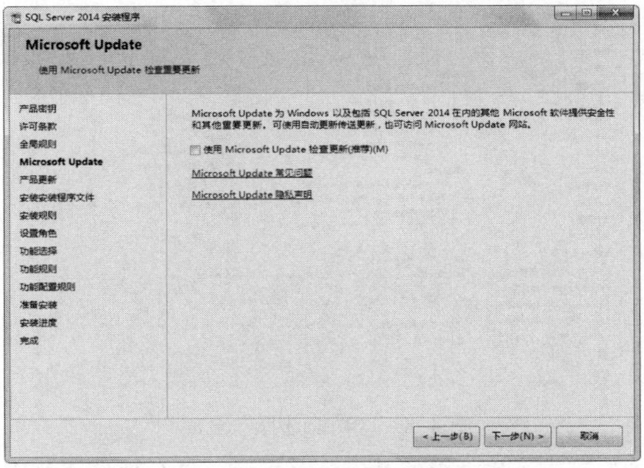

图 4-5　“Microsoft Update”页面

（8）弹出“功能选择”页面，在页面左侧根据需要选择要安装的功能，可以单击“全选”按钮。页面右侧列出“功能说明”、“所选功能的必备组件”以及“磁盘空间要求”文本框中的各项内容，在页面下端的“实例根目录”文本框中设置根目录位置，单击“下一步”按钮，如图 4-8 所示。

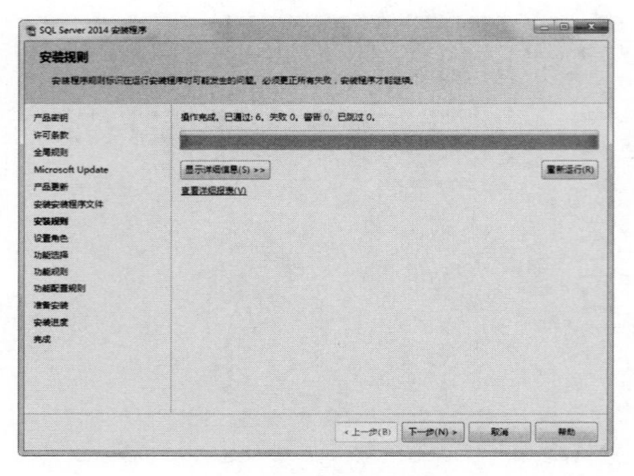

图 4-6　“安装规则”页面

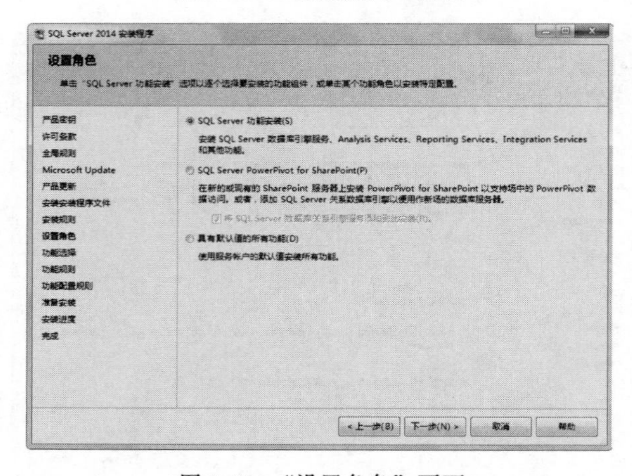

图 4-7　“设置角色”页面

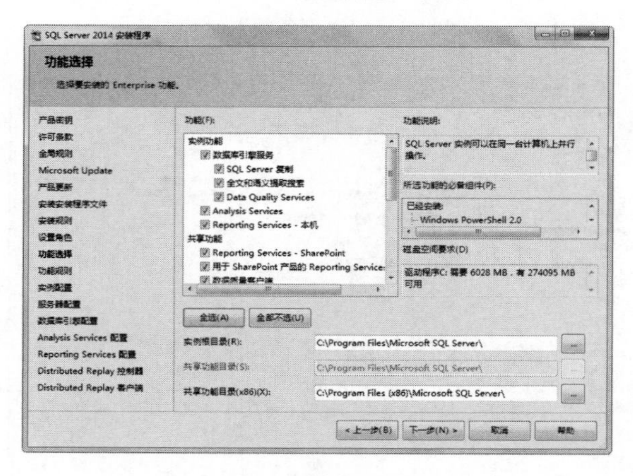

图 4-8　“功能选择”页面

（9）进入“实例配置”页面，指定实例名称和实例 ID，此处选择“默认实例”单选按钮即可，如图 4-9 所示。

（10）单击“下一步”按钮，弹出“服务器配置”页面，如图 4-10 所示。在“服务账户”选项卡中为每个 SQL Server 服务配置用户名和密码及启动类型，可以选择系统默认选项，直接单击“下一步”按钮。

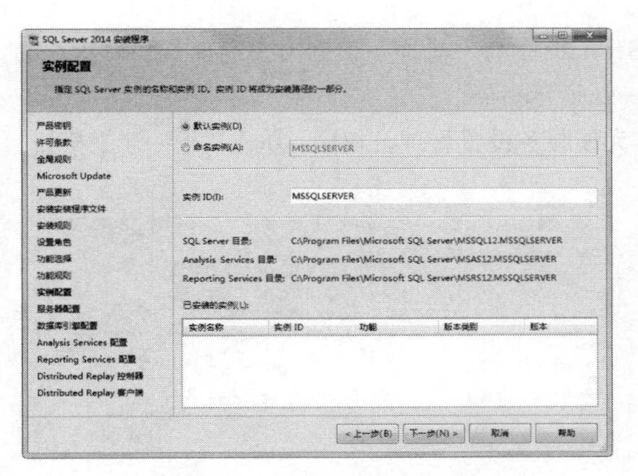

图 4-9　“实例配置”页面

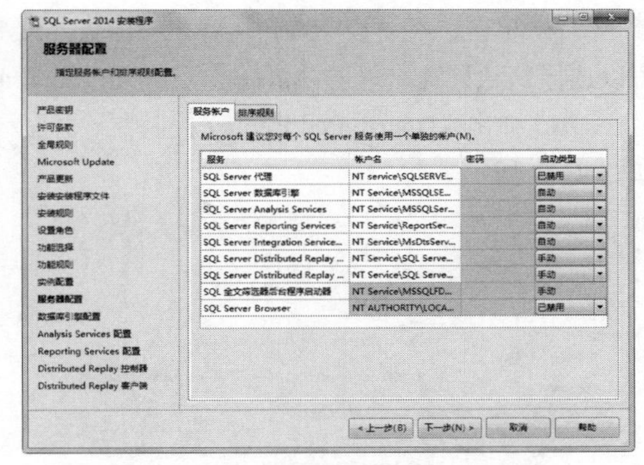

图 4-10　“服务器配置”页面

（11）进入“数据库引擎配置”页面，根据需要选择身份验证模式，单击“添加当前用户”按钮，为 SQL Server 指定管理员，也可单击“添加”按钮，选择其他用户，如图 4-11 所示。

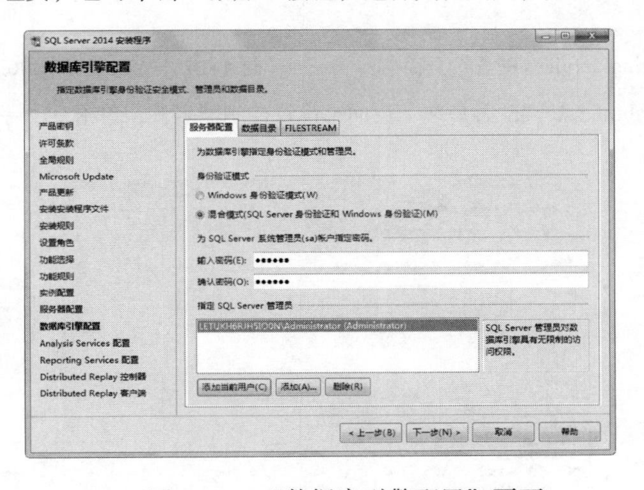

图 4-11　“数据库引擎配置”页面

（12）单击“下一步”按钮，弹出“Analysis Services 配置”页面，单击“添加当前用户”按钮，可以为 Analysis Services 设置管理员，也可以单击“添加”按钮，选择其他用户，如图 4-12 所示。

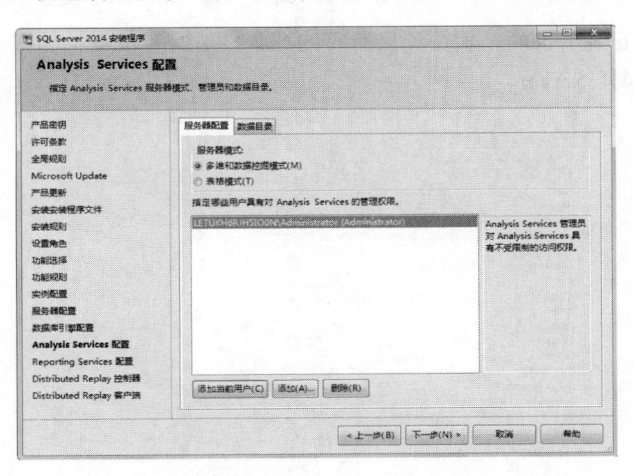

图 4-12　“Analysis Services 配置”页面

（13）单击“下一步”按钮，弹出“Reporting Services 配置”页面，根据需要选择安装模式，也可以选择默认设置，单击“下一步”按钮，如图 4-13 所示。

（14）弹出“Distributed Replay 控制器”页面，为该服务设置管理员权限，单击“下一步”按钮，如图 4-14 所示。

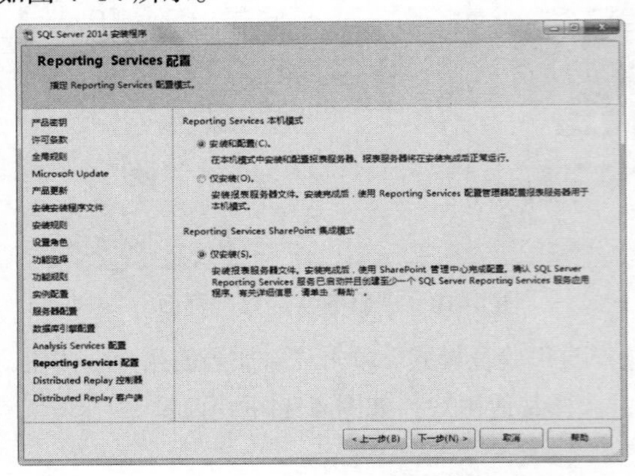

图 4-13 “Reporting Services 配置”页面

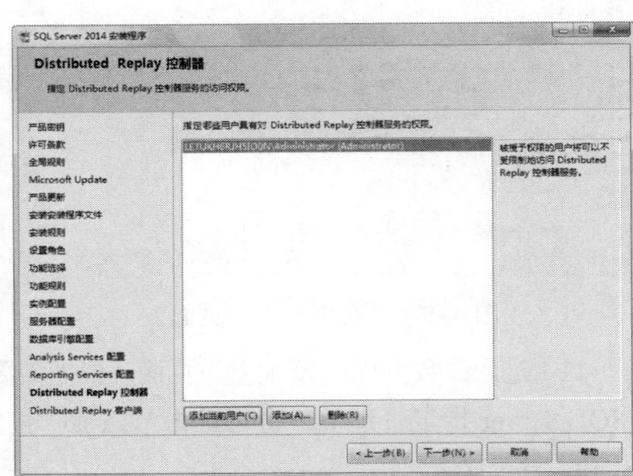

图 4-14 “Distributed Replay 控制器”页面

（15）弹出“Distributed Replay 客户端”页面，设置控制器名称，单击“下一步”按钮，如图 4-15 所示。

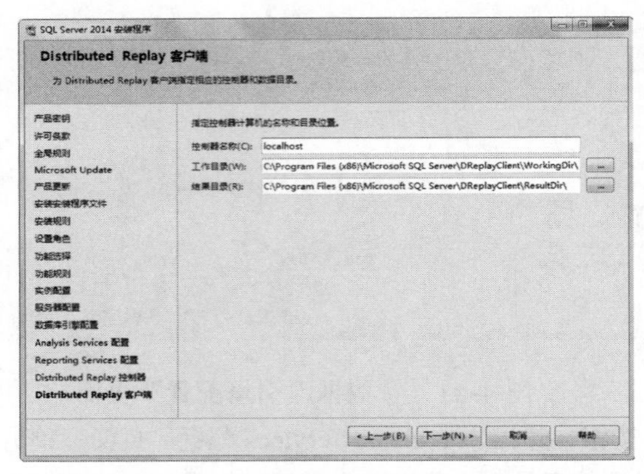

图 4-15 “Distributed Replay 客户端”页面

（16）弹出“准备安装”页面，软件列出所有的准备好的配置信息，如图 4-16 所示，单击“安装”按钮，开始安装 SQL Server。

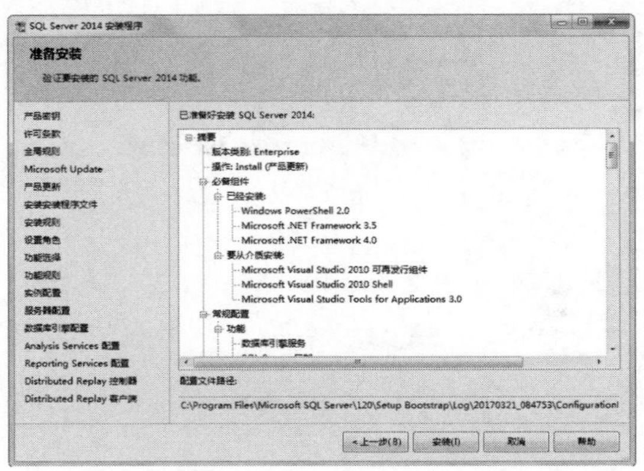

图 4-16 “准备安装”页面

（17）弹出“安装进度”页面，如图 4-17 所示。根据硬件环境的差异，安装过程可能需要 10~30 分钟。

（18）安装完成之后，弹出“完成”页面，其中会列出成功安装的各功能，单击“关闭”按钮，即可结束整个安装过程，如图 4-18 所示。

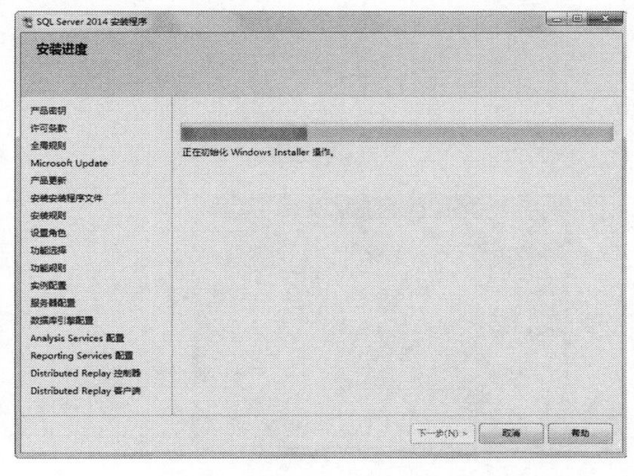

图 4-17 “安装进度”页面

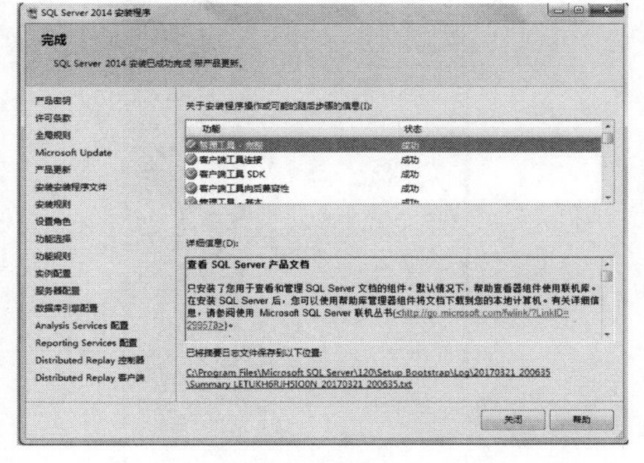

图 4-18 “完成”页面

4.3 SQL Server Management Studio

SQL Server Management Studio（SSMS）是 SQL Server 提供的一种集成化开发环境。SSMS 工具简易直观，可以使用该工具访问、配置、控制、管理和开发 SQL Server 的所有组件。SQL Server Management Studio 将早期版本的 SQL Server 中所包含的企业管理器、查询分析器和 Analysis Manager 功能整合到单一的环境中，使得 SQL Server 中所有组件协同工作。同时它还对多样化的图形工具与多种功能齐全的脚本编辑器进行了整合，极大地方便了各种开发人员和管理人员对 SQL Server 的访问。

熟练使用 SSMS 是身为一个 SQL Server 开发者的必备技能，本节将从以下几个方面介绍 SSMS，分别是：SSMS 的启动与连接，使用模板资源管理器、解决方案与项目脚本，配置 SQL Server 服务器的属性和查询编辑器。

4.3.1 SSMS 的启动与连接

SQL Server 2014 安装到系统中之后，将作为一个服务由操作系统监控，而 SSMS 是作为一个单独的进程运行的，安装好 SQL Server 2014 之后，可以打开 SQL Server Management Studio 并且连接到 SQL Server 服务器，具体操作步骤如下：

（1）单击”开始”按钮，在弹出的菜单中选择“所有程序”→“Microsoft SQL Server 2014”→“SQL Server 2014 Management Studio”菜单命令，如图 4-19 所示。打开 SQL Server 的“连接到服务器”对话框，设置完相关信息之后，单击“连接”按钮，如图 4-20 所示。

在“连接到服务器”对话框中有如下几项内容：

● “服务器类型”下拉列表框：根据安装的 SQL Server 的版本，这里可选择多种不同的服务器类型，对于本书，将主要讲解数据库服务，所以这里选择“数据库引擎”选项。

●“服务器名称”下拉列表框：其中列出了所有可以连接的服务器的名称，这里的 CN-20190801JZSA\SQLSERVER2019 为实例中主机和数据库实例的名称，表示连接到一个本地主机；如果要连接到远程数据服务器，则需要输入服务器的 IP 地址。

● “身份验证”下拉列表框：指定连接类型，如果设置了混合验证模式，可以在下拉列表框中使用 SQL Server 身份登录，此时，将需要输入用户名和密码；在前面安装过程中指定使用 Windows 身份验证，因此这里选择“Windows 身份验证”选项。

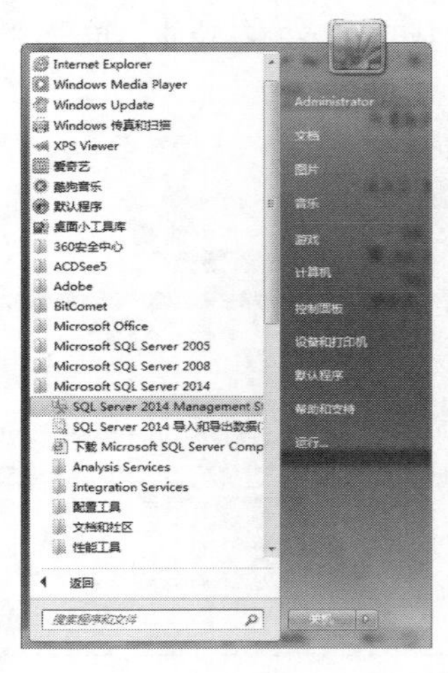

图 4-19　“开始”菜单　　　　图 4-20　“连接到服务器”对话框

（2）连接成功则进入 SSMS 的主界面，该界面左侧显示了“对象资源管理器”窗口，如图 4-21 所示。

（3）查看一下 SSMS 中的“已注册的服务器”窗口，选择“视图”→“已注册的服务器”菜单命令，弹出“已注册的服务器”窗体，如图 4-22 所示。该窗口中显示了所有已经注册的 SQL Server 服务器。

（4）如果用户需要注册一个其他的服务器，可以右击“本地服务器组”结点，在弹出的快捷菜单中选择“新建服务器注册”菜单命令，如图 4-23 所示。

4.3.2　使用模板资源管理器、解决方案与项目脚本

模板资源管理器、解决方案与项目脚本是 SSMS 中的两个组件，可以方便用户在开发时对数据进行操作与管理。

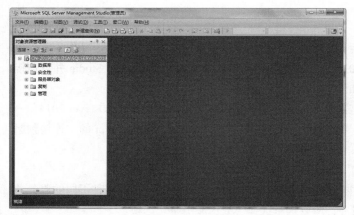

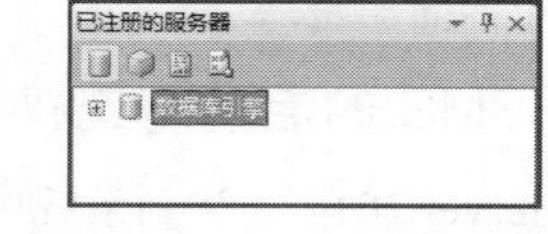

图 4-22　“已注册的服务器”窗口

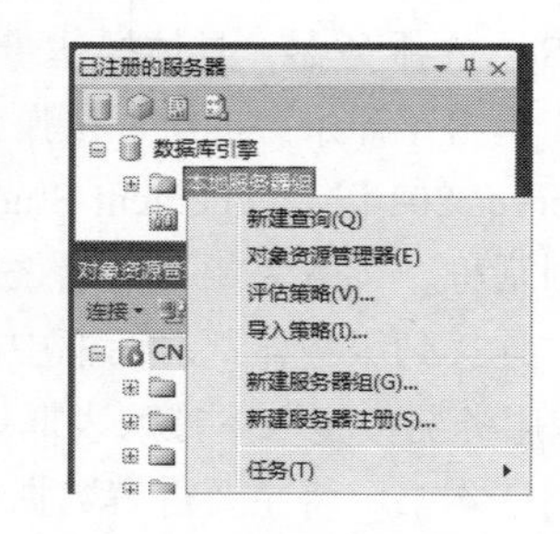

图 4-21　SSMS 主界面　　　　图 4-23　“新建服务器注册”菜单命令

1. 模板资源管理器

模板资源管理器可以用来访问 SQL 代码模板，使用模板提供的代码，省去了用户在开发时每次都要输入基本代码的工作，使用模板资源管理器的方法如下：

（1）进入 SSMS 主界面之后，选择“视图”→“模板资源管理器”菜单命令，打开“模板浏览器”窗口，如图 4-24 所示。

（2）模板资源管理器按代码类型进行分组，例如有关对数据库（Database）的操作都存放在 Database 目录下，用户可以双击 Database 目录展开模板选项，如图 4-25 所示。

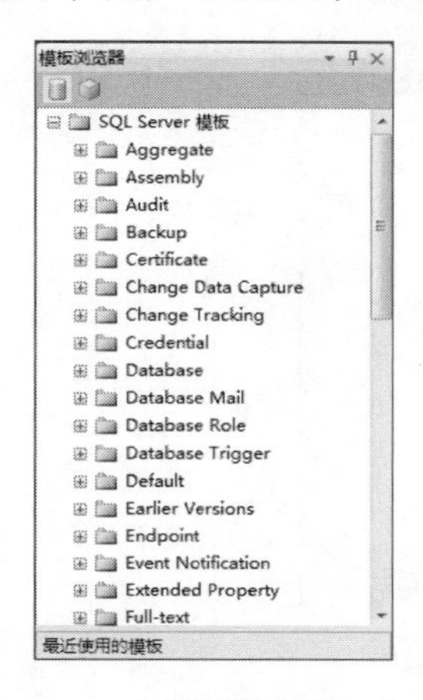

图 4-24　“模板浏览器”窗口

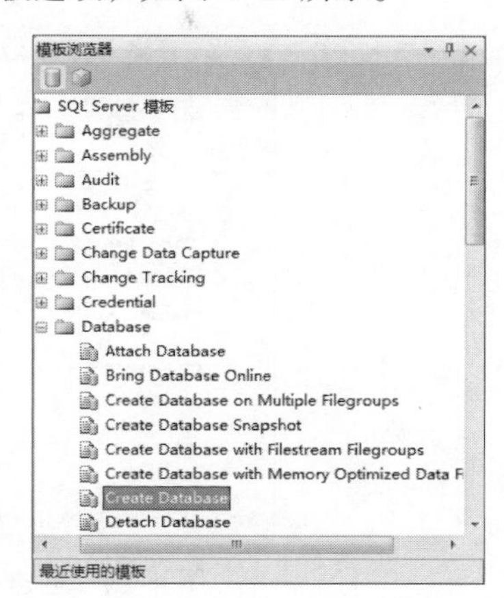

图 4-25　展开“Datebase”目录下的模板选项

（3）双击 Database 目录中的 Create Database 模板选项，在窗口正中，新建一个查询窗口，其中有 SQL 代码，如图 4-26 所示。

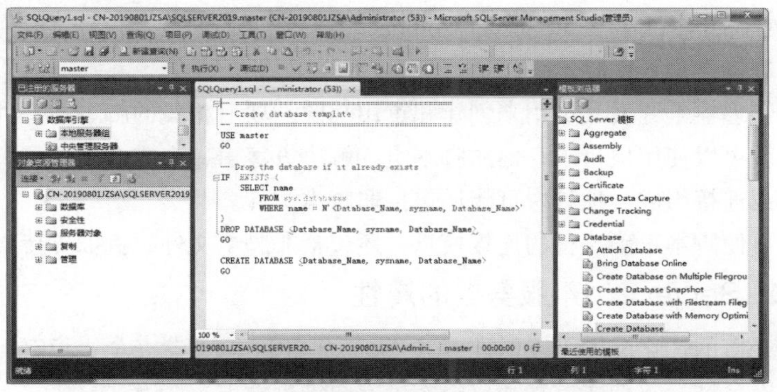

图 4-26　查询窗口

（4）单击正中的查询窗口，此时 SSMS 的菜单中将会多出一个“查询”菜单，选择“查询”→“指定模板参数的值”菜单命令，如图 4-27 所示。打开“指定模板参数的值”对话框，在“值”文本框中输入值，如图 4-28 所示。

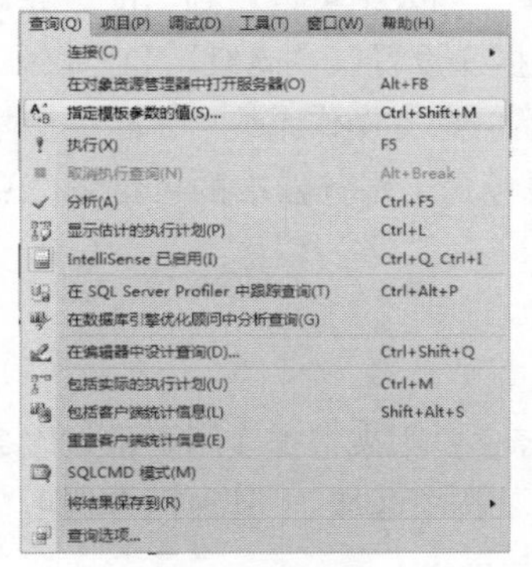

图 4-27　“指定模板参数的值”菜单命令

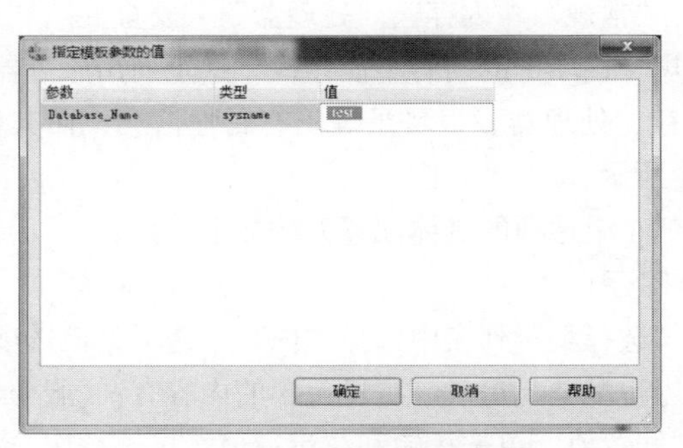

图 4-28　“指定模板参数的值”对话框

（5）输入完成之后，单击“确定”按钮，返回代码模板的查询编辑窗口，此时模板中的代码发生了变化，以前的代码中的 Database_Name 的值都被 test 值所取代。然后选择“查询”→“执行”菜单命令，SSMS 将根据刚才修改过的代码，创建一个新的名称为 test 的数据库。如图 4-29 所示。

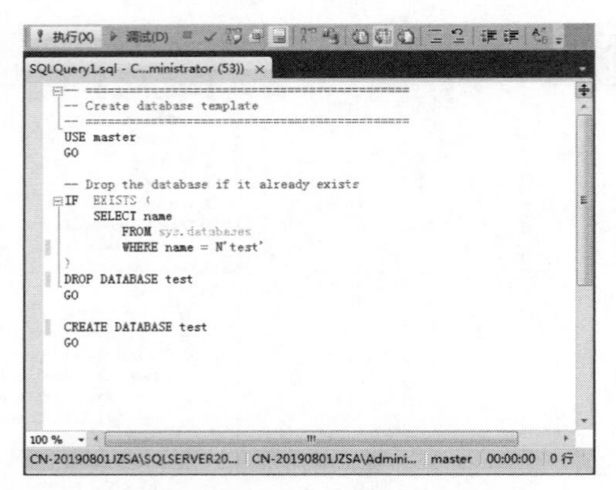

图 4-29　创建一个名为 test 的数据库

2. 解决方案和项目脚本

解决方案和项目脚本是开发人员在 SQL Server Management Studio 中组织相关文件的容器。在 SSMS 中需要使用解决方案资源管理器来管理解决方案和项目脚本。Management Studio 可以作为 SQL Server、Analysis Services 和 SQL Server Compact 的脚本开发平台，并且可以为关系数据库和多维数据库以及所有查询类型开发脚本。

解决方案资源管理器是开发人员用来创建和重用与同一项目相关的脚本的一种工具。如果以后需要类似的任务，就可以使用项目中存储的脚本组。解决方案由一个或多个项目脚本组成。项目则由一个或多个脚本或连接组成。项目中可能还包括非脚本文件。

项目脚本包括可使脚本正确执行的连接信息，还包括非脚本文件，例如支持文本文件。

4.3.3　配置 SQL Server 2014 服务器的属性

对服务器进行必需的优化配置可以保证 SQL Server 2014 服务器安全、稳定、高效地运行。配置时主要从内存、安全性、数据库设置和权限 4 个方面进行考虑。

配置 SQL Server 2014 服务器的具体操作步骤如下：

（1）首先启动 SSMS，在“对象资源管理器”窗口中右击当前登录的服务器，在弹出的快捷菜单中选择“属性”菜单命令，如图 4-30 所示。

（2）打开“服务器属性”对话框，在对话框左侧的“选择页”列表中可以看到当前服务器的所有选项：“常规”、“内存”、“处理器”、“安全性”、“连接”、“数据库设置”、“高级”和“权限”。其中“常规”选项中的内容不能修改，这里列出服务器名称、产品信息、操作系统、平台、版本、语言、内存、处理器、根目录等固有属性信息，而其他 7 个选项包含了服务器端的可配置信息，如图 4-31 所示。

其他 7 个选项的具体配置方法如下：

1. 内存

在“选择页”列表中选择“内存”选项，该选项卡中的内容主要用来根据实际要求对服务器内存大小进行配置与更改，这里包含的内容有：“服务器内存选项”选项区域、“其他内存选项”选项区域、“配置值”单选按钮和“运行值”单选按钮，如图 4-32 所示。

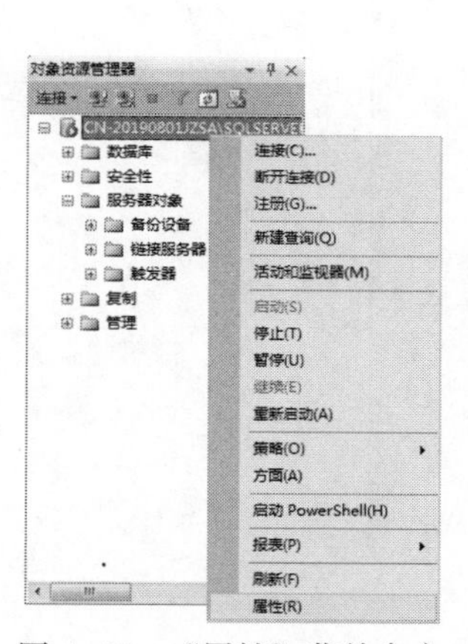

图 4-30 “属性”菜单命令

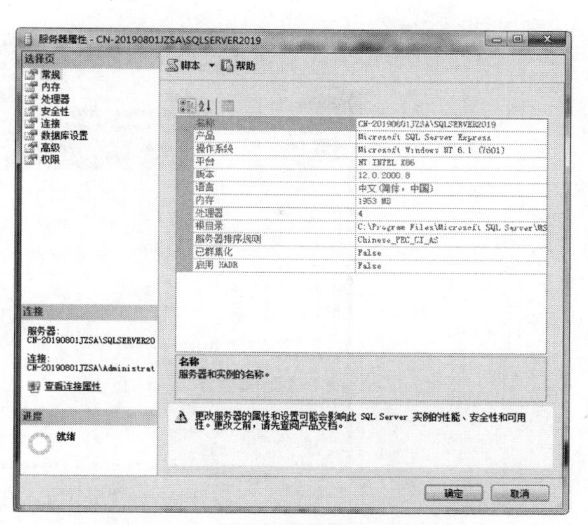

图 4-31 “服务器属性”对话框

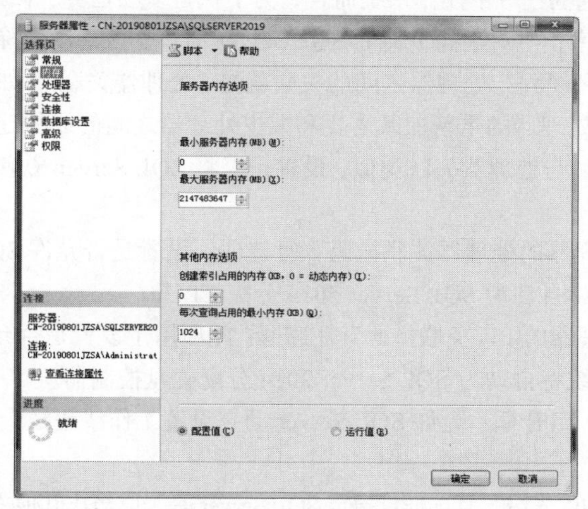

图 4-32 “内存”选项

（1）“服务器内存选项”选项区域：

● “最小服务器内存”组合框，用于设置分配给 SQL Server 的最小内存，低于该值的内存不会被释放。

● “最大服务器内存”组合框，用于设置分配给 SQL Server 的最大内存。

（2）“其他内存选项”选项区域：

“创建索引占用的内存”组合框，用于设置在创建索引排序过程中要使用的内存量，数值 0 表示由操作系统动态分配。

“每次查询占用的最小内存”组合框，用于设置为执行查询操作分配的内存量，默认值为 1 024 KB。

“配置值”单选按钮：显示并运行更改选项卡中的配置内容。

“运行值”单选按钮：查看本对话框中选项的当前运行的值。

2. 处理器

在“选择页”列表中选择“处理器”选项，在服务器属性的“处理器”选项卡里可以查看或修改 CPU 选项，一般来说，只有安装了多个处理器才需要配置此项。选项卡里有以下选项：处理器关联、I/O 关联、自动设置所有处理器的处理器关联掩码、自动设置所有处理器的 I/O 关联掩码、最大工作线程数和提升 SQL Server 的优先级，如图 4-33 所示。

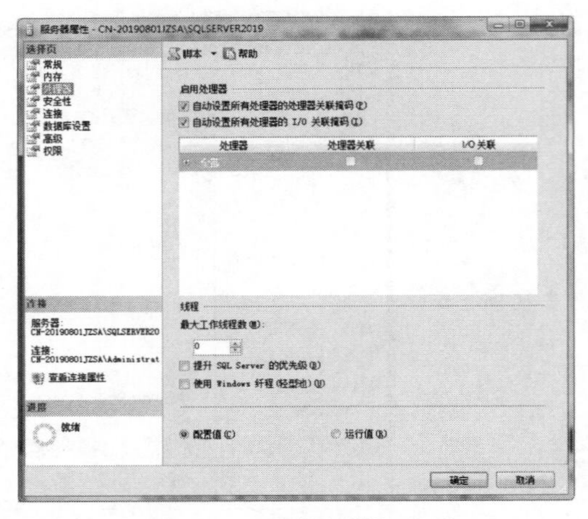

图 4-33 “处理器”选项

● “处理器关联”复选框：对于操作系统而言，为了执行多项任务，同进程可以在多个 CPU 之间移动，提高处理器的效率；但对于高负荷的 SQL Server 而言，该活动会降低其性能，因为会导致数据的不断重新加载。这种线程与处理器之间的关联就是“处理器关联”。如果将每个处理器分配给特定线程，那么就会消除处理器的重新加载需要和减少处理器之间的线程迁移。

● “I/O 关联”复选框：与处理器关联类似，设置是否将 SQL Server 磁盘 I/O 绑定到指定的 CPU 子集。

● “自动设置所有处理器的处理器关联掩码”复选框：设置是否允许 SQL Server 设置处理器关联。如果启用，操作系统将自动为 SQL Server 2014 分配 CPU。

● “自动设置所有处理器的 I/O 关联掩码”复选框：此项用于设置是否允许 SQL Server 设置 I/O 关联。如果启用，操作系统将自动为 SQL Server 2014 分配磁盘控制器。

● “最大工作线程数”组合框：允许 SQL Server 动态设置工作线程数，默认值为 0。一般来说，不用修改该值。

● “提升 SQL Server 的优先级”复选框：指定 SQL Server 是否应当比其他进程具有优先处理的级别。

3. 安全性

在“选择页”列表中选择“安全性”选项，此选项卡中的内容主要为了确保服务器的安全运行，可以配置的内容有：服务器身份验证、登录审核、服务器代理账户和选项，如图 4-34 所示。

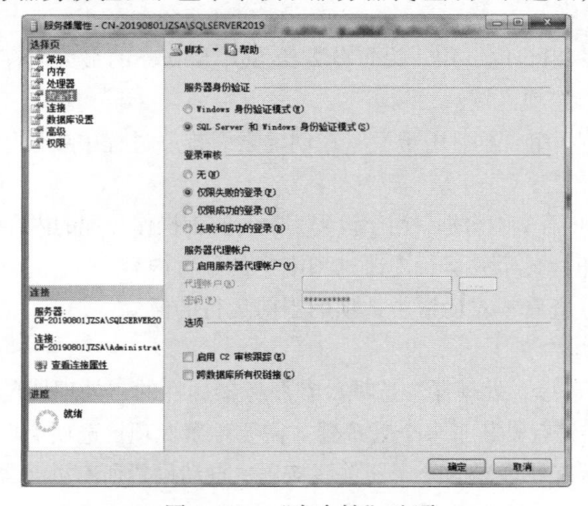

图 4-34 “安全性”选项

（1）“服务器身份验证”选项区域：表示在连接服务器时采用的验证方式，默认在安装过程中设定为“Windows 身份验证模式”，也可以采用“SQL Server 和 Windows 身份验证模式”的混合模式。

（2）“登录审核”选项区域：对用户是否登录 SQL Server 2014 服务器的情况进行审核。如果要进行审核，审核的结果可以在操作系统中选择“开始”→“管理工具”→“事件查看器”菜单命令，在弹出的“事件查看器”窗口中，选择“Windows 日志”→“应用程序”菜单命令，如图 4-35 所示。更改审核级别后需要重新启动服务。

（3）“服务器代理账户”选项区域：设置是否启用供 xp_cmdshell 使用的账户。

（4）“选项”选项区域：

- 符合启用通用条件，启用通用条件需要三个元素，分别是残留保护信息（RIP）、查看登录统计信息的能力和字段 GRANT 不能覆盖表 DENY。
- “启用 C2 审核跟踪”复选框：保证系统能够保护资源并具有足够的审核能力，运行监视所有数据库实体的所有访问企图。
- “跨数据库所有权链接”复选框：允许数据库成为跨数据库所有权限的源或目标。

更改安全性配置之后需要重新启动服务。

4. 连接

在“选择页”列表中选择“连接”选项，此选项卡中可以设置最大并发连接数、使用查询调控器防止查询长时间运行、默认连接选项、允许远程连接到此服务器和需要将分布式事务用于服务器到服务器的通信，如图 4-35 所示。

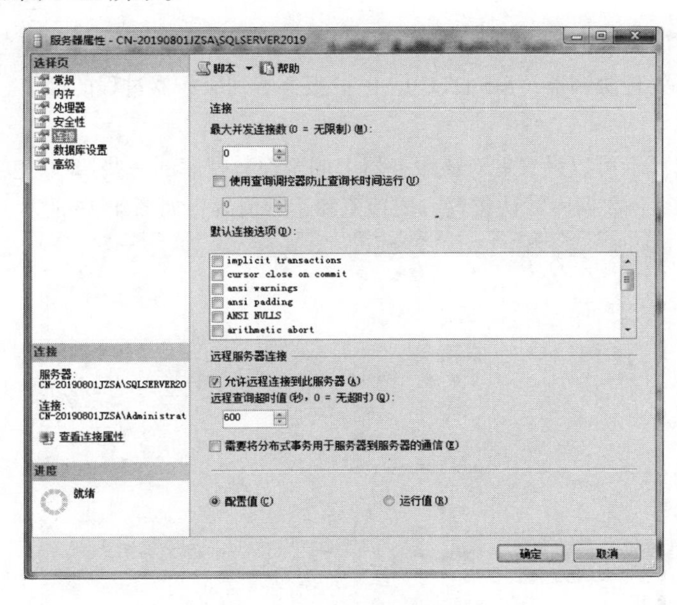

图 4-35　“连接”选项

（1）“最大并发连接数”组合框：默认值为 0，表示无限制。也可以输入数字来限制 SQL Server 2014 允许的连接数。需要注意的是，如果将此值设置过小，可能会阻止管理员进行连接，但是“专用管理员连接”始终可以连接。

（2）“使用查询调控器防止查询长时间运行”复选框：为了避免使用 SQL 查询语句执行过长时间，导致 SQL Server 服务器的资源被长时间占用，可以选择此复选框。选择此复选框后输入最长的查询运行时间，超过这个时间后，会自动中止查询，以释放更多的资源。

（3）“默认连接选项”列表框：默认连接的选项内容比较多，各个选项的作用如表 4-1 所示。

表 4-1　默认连接配置选项作用表

配置选项	作　用
implicit transactions	控制在运行一条语句时，是否隐式启动一项事务
cursor close on commit	控制执行提交操作后游标的行为
ansi warnings	控制集合警告中的截断和 NULL
ansi padding	控制固定长度的变量的填充
ansi nulls	在使用相等运算符时控制 NULL 的处理
arithmetic abort	在查询执行过程中发生溢出或被零除错误时终止查询
arithmetic ignore	在查询执行过程中发生溢出或被零除错误时返回 NULL
quted identifier	计算表达式时区分单引号和双引号
no count	关闭在每个语句执行后所返回的说明有多少行受影响的消息
ansi null default on	更改会话的行为，使用 ANSI 兼容为空性。未显示定义为空性的新列定义为允许使用空值
concat null yields null	当将 NULL 值与字符串连接时返回 NULL
numeric round abort	当表达式中出现失去精度的情况时生成错误
xact abort	如果 Transcat-SQL 语句引发运行时错误，则回滚事务

（4）“允许远程连接到此服务器”复选框：选中此项则允许从运行的 SQL Server 实例的远程服务器控制存储过程的执行。远程查询超时值是指定在 SQL Server 超时之前远程操作可执行的时间，默认为 600 s。

（5）“需要将分布式事务用于服务器到服务器的通信”复选框：选中此复选框则允许通过 Microsoft 分布式事务处理协调器（MS DTC），保护服务器到服务器过程的操作。

5. 数据库设置

“数据库设置”选项卡可以设置针对该服务器上的全部数据库的一些选项，包含默认索引填充因子、备份和还原、恢复和数据库默认位置、配置值和运行值等，如图 4-36 所示。

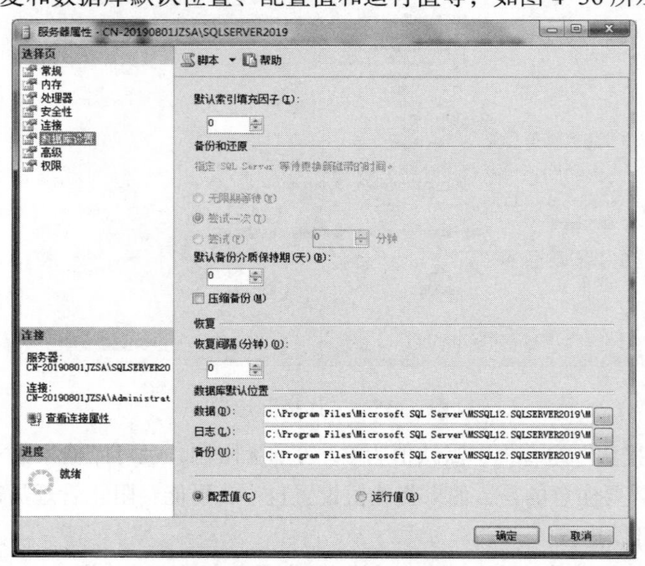

图 4-36　“数据库设置”选项卡

（1）“默认索引填充因子”选项区域：指定在 SQL Server 使用目前数据创建新索引时对每一页的填充程度。索引的填充因子就是规定向索引页中插入索引数据最多可以占用的页面空间。例如填充因子为 70%，那么在向索引页面中插入索引数据时最多可以占用页面空间的 70%，剩下的 30%的空间保留给索引的数据更新时使用。默认值是 0，有效值是 0 ~ 100。

（2）“备份和还原”选项区域：指定 SQL Server 等待更换新磁带的时间。

- 无限期等待：SQL Server 在等待新备份磁带时永不超时。
- 尝试一次：是指如果需要备份磁带时，但它却不可用，则 SQL Server 将超时。
- 尝试：它的分钟数是指如果备份磁带在指定的时间内不可用，SQL Server 将超时。

（3）“默认备份介质保持期（天）”组合框：指示在用于数据库备份或事务日志备份后每一个备份媒体的保留时间。此选项可以防止在指定的日期前覆盖备份。

（4）“恢复”选项区域：设置每个数据库恢复时所需的最大分钟数。数值 0 表示让 SQL Server 自动配置。

（5）“数据库默认位置”选项区域：指定数据文件和日志文件的默认位置。

6. 高级

“高级”选项卡中包含 FILESTREAM、包含、并行、网络和杂项 5 类多个子选项，如图 4-37 所示。

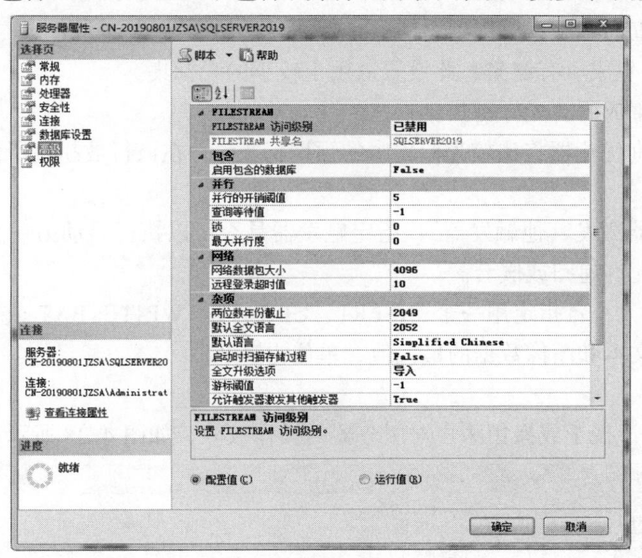

图 4-37 “高级”选项卡

（1）“并行的开销阈值”选项：指定数值，单位为秒，如果一个 SQL 查询语句的开销超过这个数值，那么就会启用多个 CPU 来并行执行高于这个数值的查询，以优化性能。

（2）“查询等待值”选项：指定在超时之前查询等待资源的秒数，有效值是 0~2 147 483 647。默认值是-1，其意义是按估计查询开销的 25 倍计算超时值。

（3）“锁”选项：设置可用锁的最大数目，以限制 SQL Server 为锁分配的内存量。默认值为 0，表示允许 SQL Server 根据系统要求来动态分配和释放锁。

（4）“最大并行度”选项：设置执行并行计划时能使用的 CPU 的数量，最大值为 64。0 值表示使用所有可用的处理器，1 值表示不生成并行计划，默认值为 0。

（5）“网络数据包大小”选项：设置整个网络使用的数据包的大小，单位为字节。默认值是 4096 字节。

技巧：

如果应用程序经常执行大容量复制操作或者是发送、接收大量的文本和图像数据的话，可以将此值设置得大一点。如果应用程序接收和发送的信息量都很小，那么可以将其设为 512 B。

（6）“远程登录超时值”选项：指定从远程登录尝试失败返回之前等待的秒数。默认值为 20 s，如果设为 0 的话，则允许无限期等待。此项设置影响为执行异类查询所创建的与 OLE DB 访问接口的连接。

（7）“两位数年份截止”选项：指定从 1753~9999 的整数，该整数表示将两位数年份解释为四位数年份的截止年份。

（8）“默认全文语言”选项：指定全文索引列的默认语言。全文索引数据的语言分析取决于数据的语言。默认值为服务器的语言。

（9）“默认语言”选项：指定默认情况下所有新创建的登录名使用的语言。

（10）“启动时扫描存储过程”选项：指定 SQL Server 将在启动时是否扫描并自动执行存储过程。如果设为 TRUE，则 SQL Server 在启动时将扫描并自动运行服务器上定义的所有存储过程。

（11）“游标阈值”选项：指定光标集中的行数，如果超过此行数，将异步生成光标键集。当光标为结果集生成键集时，查询优化器会估算将为该结果集返回的行数。如果查询优化器估算出的返回行数大于此阈值，则将异步生成光标，使用户能够在继续填充光标的同时从该光标中提取行。否则，同步生成光标，查询将一直等待到返回所有行。

- -1 表示将同步生成所有键集，此设置适用于较小的光标集。
- 0 表示将异步生成所有光标键集。
- 其他值表示查询优化器将比较光标集中的预期行数，并在该行数超过所设置的数量时异步生成键集。

（12）“允许触发器激发其他触发器”：指定触发器是否可以执行启动另一个触发器的操作，也就是指定触发器是否允许递归或嵌套。

（13）大文本复制大小：指定用一个 INSERT、UPDATE、WRITETEXT 或 UPDATETEXT 语句可以向复制列添加的文本和图像数据的最大值，单位为字节。

7. 权限

“权限”选项卡用于授予或撤销账户对服务器的操作权限，如图 4-38 所示。

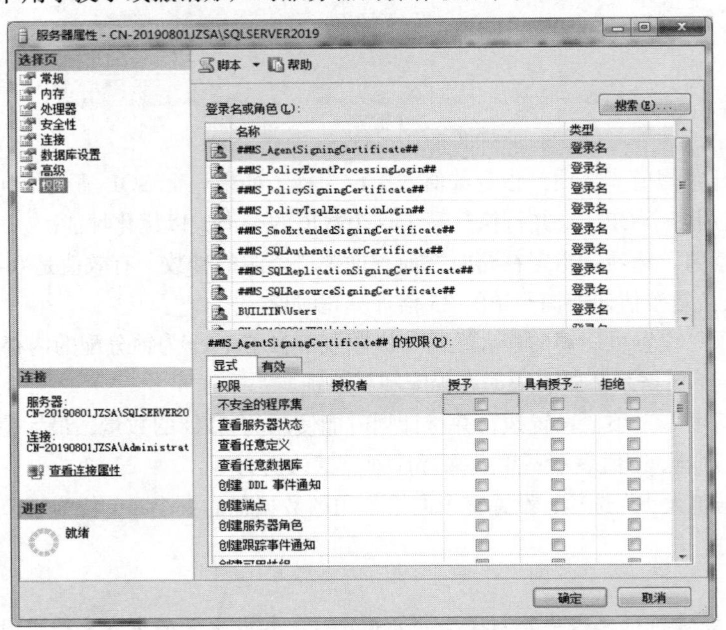

图 4-38 “权限”选项卡

“登录名或角色”列表框里显示的是多个可以设置权限的对象。单击“添加”按钮，可以添加更多的登录名和服务器角色到这个列表框里。单击“删除”按钮也可以将列表框中已有的登录名或角色删除。

在“显式”列表框里，可以看到“登录名或角色”列表框里的对象的权限。在“登录名或角色”列表框里选择不同的对象，在“显式”列表框里会有不同的权限显示。在这里也可以为“登录名或角色”列表框里的对象设置权限。

4.4 SQL Server 2014 的其他管理工具

1. SQL Server 配置管理器

SQL Server 配置管理器是一种管理工具，用于管理与 SQL Server 相关联的服务、配置 SQL Server 使用的网络协议以及从 SQL Server 客户端计算机管理网络连接配置。

SQL Server 配置管理器是一种可以通过“开始”菜单访问的 Microsoft 管理控制台管理单元，也可以将其添加到任何其他 Microsoft 管理控制台的显示界面中。

单击“开始”按钮，在弹出的菜单中选择“所有程序”→“Microsoft SQL Server 2014”→“配置工具”→“SQL Server 2014 配置管理器”菜单命令，如图 4-39 所示。

弹出“Sql Server Configuration Manager”窗口，可以看到与 SQL Server 服务、SQL Server 网络配置和 SQL Native Client 配置相关的信息，如图 4-40 所示。

1）管理 SQL Server 2014 服务

在“Sql Server Configuration Manager”界面中左侧配置管理器中单击“SQL Server 服务”选项，此时在界面右侧可以看到已安装的所有服务，如图 4-41 所示。可以选中某个服务，然后单击上部工具栏中的相应按钮，或右击某个服务名称，在弹出的快捷菜单中选择相应的命令来启动或停止服务。

2）管理 SQL Server 2014 网络配置

“SQL Server 网络配置”选项卡用来配置本地计算机作为服务器时允许使用的连接协议，可以启用或禁用某个协议。在界面左侧的配置管理器中单击“SQL Server 网络配置”选项，可以在右侧看到相关网络协议，双击其中某项协议，在右侧会展开该协议项中所包含的协议，如图 4-42 所示。右击其中某个协议名称，在弹出的快捷菜单中选择相应的菜单命令来启用或禁用该协议。

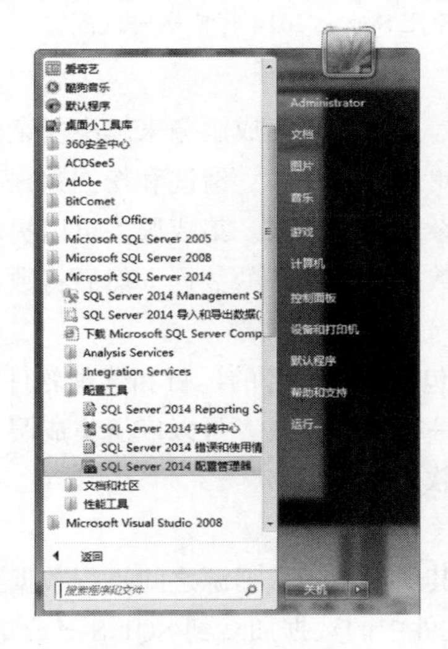

图 4-39 “SQL Server 2014 配置管理器”菜单命令

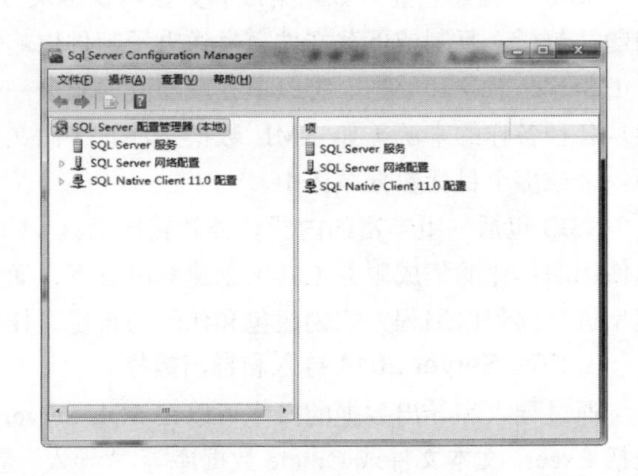

图 4-40 “Sql Server Configuration Manager”窗口

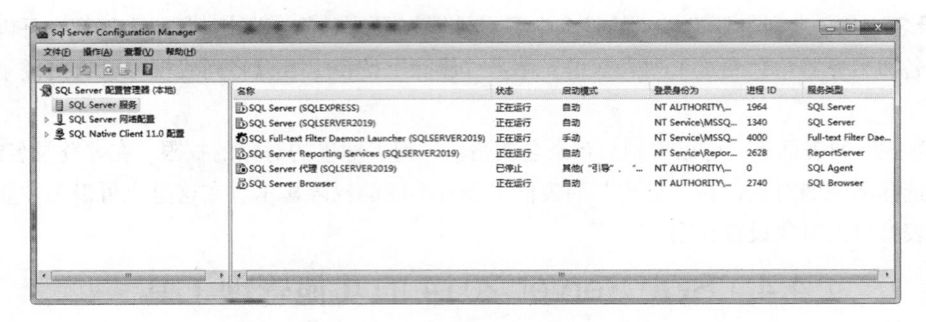

图 4-41 已安装的 SQL Server 服务

需要注意的是，在修改协议的状态后，还需要停止并重启 SQL Server 服务，这样所进行的更改才会生效。

3）管理 SQL Server 2014 客户端配置

“SQL Native Client 11.0 配置”选项卡用来配置客户端与 SQL Server 2014 服务器通信时所使用的网络协议，通过 SQL Server 2014 客户端配置工具可以实现对客户端网络设置协议的启用或禁用，调整网络协议的启用顺序，并可以设置服务器别名等。

在界面中左侧配置管理器中选择“SQL Native Client 11.0 配置”选项，可以在下方看到“客户端协议”和“别名”两个选项，双击其中某选项，在右侧会展开所包含的内容，如图 4-43 所示。可以右击其中某个协议名称，在弹出的快捷菜单中选择相应的菜单命令来启用或禁用该协议。

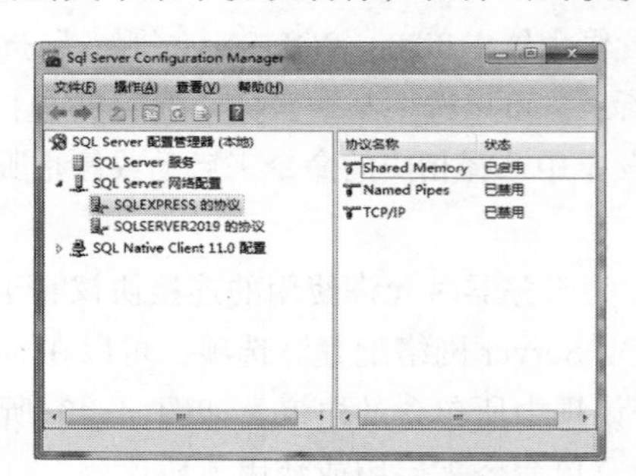

图 4-42 “SQL Server 网络配置”选项卡

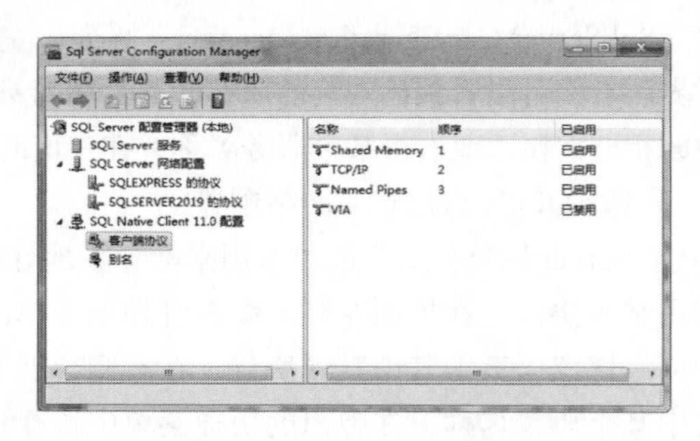

图 4-43 SQL Server 2014 客户端协议配置

2. SQL Server Integration Services（SSIS）

SSIS 是构建企业级数据集成和数据转换解决方案的平台。可以使用集成服务来解决复杂的业务问题，包括：复制或下载文件，发送电子邮件以响应事件，更新数据仓库、清洗和挖掘数据和管理 SQL Server 对象和数据。可以单独或与其他服务一起实现复杂的业务需求。集成服务可以提取和转换从各种各样的来源（如 XML 数据文件、平面文件和关系数据源）而来的数据，然后将数据加载到一个或多个目标数据载体中。

SSIS 包括一组丰富的内置任务和转换工具，即构建软件包和集成服务的运行和管理软件包。可以使用图形化的集成服务工具来创建解决方案，而无须编写一行代码；或者可以广泛集成服务对象模型进行编程以编程方式创建包和代码的自定义任务和其他软件包对象。

3. SQL Server 2014 导入和导出数据

通过导入和导出数据的操作可以在 SQL Server 2014 和其他类型的数据源之间进行数据交换，包括 Excel、文本文件或 Oracle 数据库等。“导入”是将外部文件中的数据加载到 SQL Server 表，“导出”则正好相反，是将 SQL Server 表中的数据输出到指定的外部文件。

单击“开始”按钮，在弹出的菜单中选择“所有程序”→“Microsoft SQL Server 2014”→“SQL

Server 2014 导入和导出数据”菜单命令，弹出“SQL Server 导入和导出向导”对话框，如图 4-44 所示。可以自行根据向导提示，一步步进行数据的导入或者导出操作。

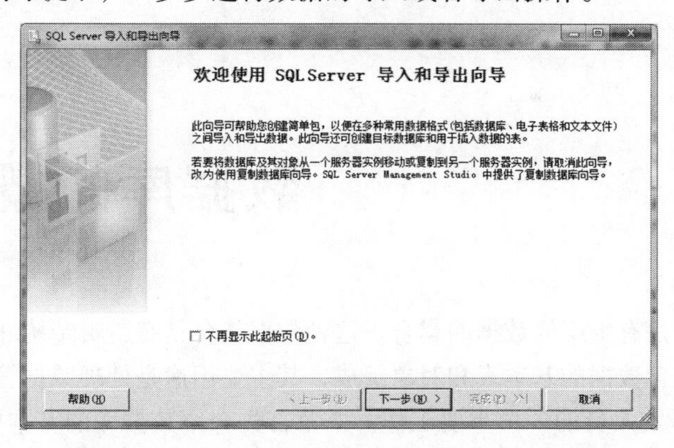

图 4-44 “SQL Server 导入和导出向导”对话框

4. SQL Server 2014 Analysis Services

SQL Server 2014 Analysis Services 是在决策支持和商业智能（BI）解决方案中使用的分析数据引擎，提供业务报表和客户端应用程序（如 Excel、Reporting Services 报表和其他）的分析数据第三方 BI 工具。

本 章 小 结

本章首先介绍了 SQL Server 的发展历史，并介绍了 2014 的优势、功能和组成，SQL Server 2014 数据管理平台包括数据库引擎、分析服务、集成服务和报表服务等。SQL Server 2014 有多个不同的版本，只有了解了各版本对硬件和软件的要求之后，才能选择正确的安装版本，读者通过对本章的学习，将了解安装 SQL Server 2014 需要经历的步骤，以及如何设置每个步骤中的各个参数。最后向读者介绍了 SQL Server 2014 中强大的图形化管理工具 SSMS，该工具是 SQL Server 2014 中用得最多的工具，该工具也极大地降低了数据库学习的难度，有利于读者快速地掌握数据库管理系统。

思考与练习

1. 简述 Microsoft SQL Server 发展历史。
2. 简述 Microsoft SQL Server 2014 的主要版本。
3. 简述 Microsoft SQL Server 2014 的新功能。
4. 简述 SSMS 的使用方法。
5. 简述如何启动、暂停、重启或停止 SQL Server 服务。
6. 在微型计算机上安装所需版本的 Microsoft SQL Server 2014。

第5章 数据库的概念和操作

SQL Server 数据库是有组织的数据的集合。这种数据集合具有逻辑结构并得到数据库系统的管理和维护。数据库由包含数据的基本表和对象组成，其主要用途是处理数据管理活动产生的信息。对数据库进行操作是开发人员的一项重要工作。本章首先介绍数据库的基本概念和如何使用 SQL Server 2014 设计创建具体的数据库，将前面章节学习的数据库设计理论运用到具体的实践中，本章还将阐述数据库的创建、修改和删除操作。

5.1 数据库的基本概念

数据库是 SQL Server 2014 存放表和索引等数据库对象的逻辑实体。数据库的存储结构分为逻辑存储结构和物理存储结构两种。

5.1.1 物理数据库

数据库的物理存储结构指的是保存数据库各种逻辑对象的物理文件是如何在磁盘上存储的，数据库在磁盘上是以文件为单位存储的，SQL Server 2014 将数据库映射为一组操作系统文件。数据库中所有的数据和对象都存储在操作系统文件中。

1. SQL Server 2014 中文件的类型

SQL Server 2014 的数据库具有三种类型的文件。

1）主数据文件

主数据文件是数据库的起点，指向数据库中的其他文件。每个数据库有且只有一个主数据文件。主数据文件的推荐扩展名是.mdf。主数据文件包含数据库的启动信息，并指向数据库中的其他文件。用户数据和对象可存储在此文件中，也可以存储在辅助数据文件中。

2）辅助数据文件

又称次数据文件，除主数据文件外，其他所有的数据文件都是辅助数据文件。某些数据库可能不含有任何辅助数据文件，而有些数据库则含有多个辅助数据文件。辅助数据文件的推荐扩展名是.ndf。当主数据库文件超过了单个 Windows 文件的最大容量时，可以使用辅助数据文件，这样数据库就能继续增长。

3）事务日志文件

日志文件包含了用于恢复数据库的所有日志信息。每个数据库必须至少有一个日志文件，当然也可以有多个。SQL Server 2014 事务日志采用提前写入的方式，即将对数据库的修改先写入事务日志文件中，然后再写入数据库。日志文件的推荐扩展名是.ldf。

SQL Server 2014 不强制使用.mdf、.ndf 或者.ldf 作为文件的扩展名，但建议使用这些扩展名帮助标识文件的用途。SQL Server 2014 中某个数据库中的所有文件的位置都记录在 master 数据库和该数据库的主数据文件中。

2. 数据库文件组

文件组是数据库组织文件的一种管理机制，是文件的集合，用于简化数据存放和管理。文件组分为主文件组和用户定义文件组。

1）主文件组

每个数据库有一个主文件组。主文件组包含主数据文件和未放入其他文件组的所有次数据文件。

2）用户定义文件组

用户可以创建文件组，可以将次数据文件集合起来，以便于管理、数据分配和放置。

例如，可以将 data1.ndf、data2.ndf 和 data3.ndf 三个文件分配给文件组 fgroup1 和 fgroup2，保存在同一个文件夹 C:\DATA 中，也可以分别保存在三个磁盘上。

文件和文件组使我们能够轻松地在新磁盘上添加新文件。

5.1.2　逻辑数据库

数据库是存储数据的容器，是一个存放数据的表和支持这些数据的存储、检索、安全性和完整性的逻辑成分所组成的集合。

组成数据库的逻辑成分称为数据库对象，SQL Server 2014 中的逻辑对象主要包括数据表、视图、同义词、存储过程、函数、触发器以及用户、角色、架构等。

每个 SQL Server 都包含两种类型的数据库，即系统数据库和用户数据库。

SQL Server 2014 服务器安装完成之后，打开 SSMS 工具，在“对象资源管理器”窗口中的“数据库”节点下面的“系统数据库”节点下，可以看到几个已经存在的数据库，如图 5-1 所示。这些数据库在 SQL Server 安装到系统中之后就创建好了，下面介绍这几个系统数据库的作用。

图 5-1　系统数据库

1. master 数据库

master 是 SQL Server 2014 中最重要的数据库，是整个数据库服务器的核心。用户不能直接修改该数据库，如果损坏了 master 数据库，那么整个 SQL Server 服务器将不能工作。该数据库中包含下面一些内容：所有用户的登录信息、用户所在的组、所有系统的配置选项、服务器中本地数据库的名称和信息、SQL Server 的初始化方式等。作为一个数据库管理员，应该定期备份 master 数据库。

2. model 数据库

model 数据库是 SQL Server 2014 中创建数据库的模板，如果用户希望创建的数据库有相同的初始化文件大小，则可以在 model 数据库中保存文件大小的信息；希望所有的数据库中都有一个相同的数据表，同样也可以将该数据表保存在 model 数据库中。因为将来创建的数据库以 model 数据库中的数据为模板，因此在修改 model 数据库之前要考虑到，任何对 model 数据库中数据的修改都将影响所有使用模板创建的数据库。

3. msdb 数据库

msdb 提供运行 SQL Server Agent 任务的信息。SQL Server Agent 是 SQL Server 中的一个 Windows 服务，该服务用来运行制定的计划任务。计划任务是在 SQL Server 中定义的一个程序，该程序不需要干预即可自动开始执行。与 tempdb 和 model 数据库一样，在使用 SQL Server 时也不要直接修改 msdb 数据库，SQL Server 中的其他一些程序会自动使用该数据库。例如，当用户对数据进行存储或者备份的时候，msdb 数据库会记录与执行这些任务相关的一些信息。

4. tempdb 数据库

tempdb 是 SQL Server 中的一个临时数据库，用于存放临时对象或中间结果，SQL Server 关闭后，该数据库中的内容被清空，每次重新启动服务器之后，tempdb 数据库将被重建。

master、model、msdb、tempdb 这 4 个系统数据库都是在 SQL Server 系统安装时生成的。

5.2 数据库的操作

在 SQL Server 2014 中，系统管理员可以创建新的数据库，并且可以对数据库进行修改、删除等操作。

5.2.1 创建数据库

数据库的创建过程实际上就是从数据库的逻辑设计到物理实现的过程。在 SQL Server 中创建数据库有两种方法：在 SQL Server 管理器（SSMS）中使用对象资源管理器创建和使用 T-SQL 代码创建。这两种方法在创建数据库的时候，有各自的优缺点，可以根据自己的喜好，灵活选择使用不同的方法，对于不熟悉 T-SQL 语句命令的用户来说，可以使用 SQL Server 管理器提供的生成向导来创建。

创建数据库时，需要确定数据库名、数据库文件名和存储位置、数据库初始大小、数据库最大大小、数据库是否允许增长及增长方式等参数。

1. 使用 SSMS 工具创建数据库

启动 SSMS，然后使用账户登录到数据库服务器。SQL Server 安装成功之后，默认情况下数据库服务器会随着系统自动启动；如果没有启动，则用户在连接时，服务器也会自动启动。

数据库连接成功之后，在左侧的“对象资源管理器”窗口中选择“数据库”节点，可以看到服务器中的所有数据库。

【例 5-1】 创建 teaching 数据库。

（1）右击“数据库”节点，在弹出的快捷菜单中选择“新建数据库”菜单命令，如图 5-2 所示。

（2）打开“新建数据库”对话框，在该对话框中左侧的“选择页”目录中有 3 个选项，默认选择的是“常规”选项，右侧列出了“常规”选项卡中数据库的创建参数，输入数据库的名称和初始大小等参数，如图 5-3 所示。

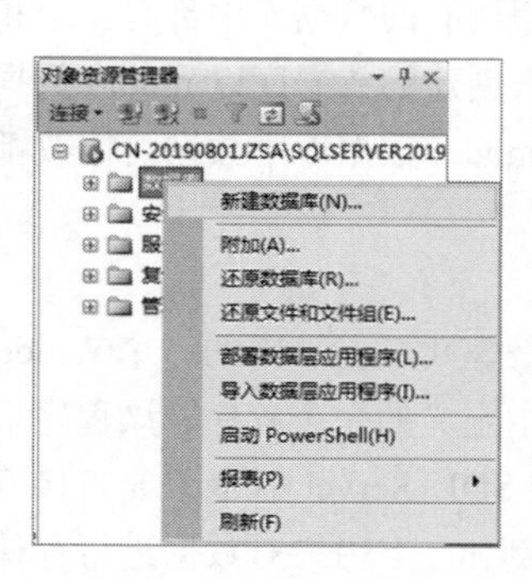

图 5-2 “新建数据库”菜单命令

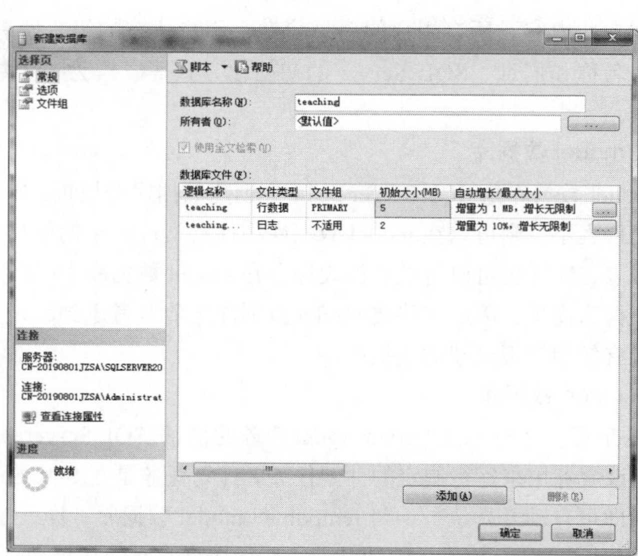

图 5-3 “新建数据库”对话框

①数据库名称：输入数据库名称 teaching。

②所有者：这里可以指定任何一个拥有创建数据库权限的账户。此处为默认账户，即当前登录到 SQL Server 的账户。用户也可以修改此处的值，如果使用 Windows 系统身份验证登录，这里的值将会是系统用户 ID；如果使用 SQL Server 身份验证登录，这里的值将会是连接到服务器的 ID。

③使用全文索引：如果想让数据库具有搜索特定内容字段的功能，需要选择此复选框。

④逻辑名称：是在 T-SQL 语句中引用物理文件时所使用的名称。

⑤文件类型：表示该文件存放的内容，行数据表示这是一个数据库文件，其中存储了数据库中的数据；日志文件中记录的是用户对数据进行操作。

⑥文件组：为数据库中的文件指定文件组，可以指定的值有：PRIMARY 和 SECOND，数据库中必须有一个主文件组（PRIMARY）。

⑦初始大小：该列下的两个值分别表示数据库文件的初始大小为 5 MB，日志文件的初始大小为 2 MB。

⑧自动增长/最大大小：当数据库文件超过初始大小时，文件大小增加的速度，这里数据文件是每次增加 1 MB，日志文件每次增加的大小为初始大小的 10%；默认情况下，在增长时不限制文件的增长极限，即不限制文件增长，这样可以不必担心数据库的维护，但在数据库出现问题时磁盘空间可能会被完全占满。因此在应用时，要根据需要设置一个合理的文件增长的最大值。如图 5-3 所示，单击“自动增长/最大大小”的浏览按钮，弹出“更改 teaching 的自动增长设置”对话框，可以设置合理增长值，如图 5-4 所示。

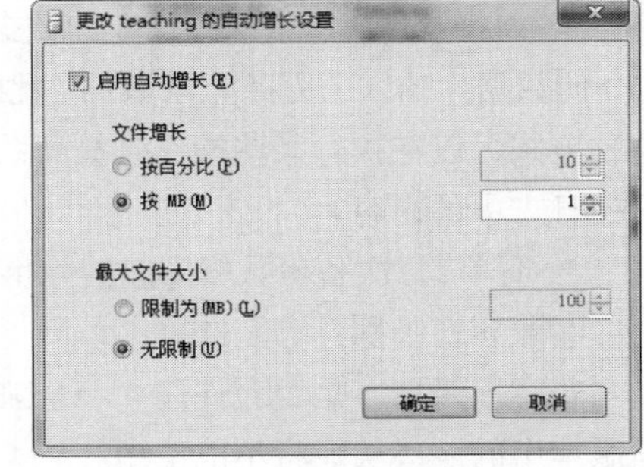

图 5-4　“更改 teaching 的自动增长设置”对话框

⑨路径：数据库文件和日志文件的保存位置，默认的路径值为 C:\Program Files\Microsoft SQL Server\MSSQL12.MSSQLSERVER\MSSQL\DATA。如果要修改路径，单击路径右边的浏览按钮，打开“定位文件夹”的对话框，选择想要保存数据的路径之后，单击“确认”按钮返回。

⑩文件名：将滚动条向右拖动到最后，该值用来存储数据库中数据的物理文件名称，默认情况下，SQL Server 使用数据库名称加上_Data 后缀来创建物理文件名，例如这里是 test_Data。

⑪ 添加按钮：添加多个数据文件或者日志文件，在单击“添加”按钮之后，将新增一行，在新增行的“文件类型”列的下拉列表框中可以选择文件类型，分别是“行数据”或者“日志”。

⑫ 删除按钮：删除指定的数据文件和日志文件。用鼠标选定想要删除的行，然后单击“删除”按钮，注意主数据文件不能被删除。

需要注意的是，文件类型为“日志”的行与“行数据”的行所包含的信息基本相同，对于日志文件，“文件名”列的值是通过在数据库名称后面加_log 后缀而得到的，并且不能修改“文件组”列的值。

数据库名称中不能包含以下 Windows 不允许使用的非法字符：“"” “'” “*” “/” “?” “:” “\” “<” “>” “-”。

（3）在“选择页”列表中选择“选项”选项，“选项”选项卡可以设置的内容如图 5-5 所示。

①恢复模式：

● 完整：允许发生错误时恢复数据库，在发生错误时，可以及时地使用事务日志恢复数据库。

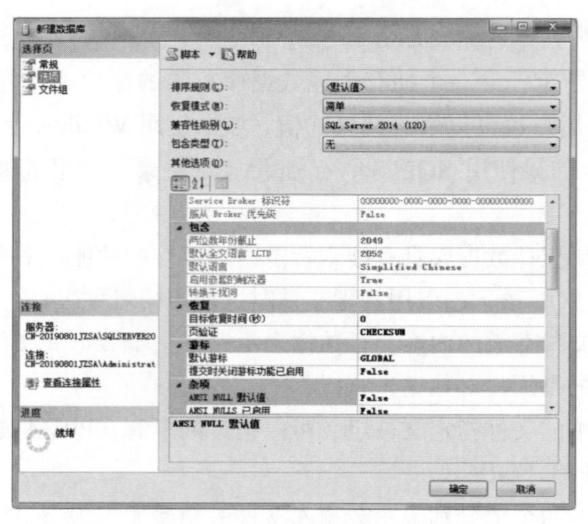

图 5-5　“选项”选项卡

● 大容量日志：当执行操作的数据量比较大时，只记录该操作事件，并不记录插入的细节。例如，向数据库插入上万条记录数据，此时只记录了该插入操作，而对于每一行插入的内容并不记录。这种方式可以在执行某些操作时提高系统性能，但是当服务器出现问题时，只能恢复到最后一次备份的日志中的内容。

● 简单：每次备份数据库时清除事务日志，该选项表示根据最后一次对数据库的备份进行恢复。

②兼容性级别：

兼容性级别：是否允许建立一个兼容早期版本的数据库，如要兼容早期版本的 SQL Server，则新版本中的一些功能将不能使用。

下面的“其他选项”中还有许多其他可设置参数，这里直接使用默认值即可，在对 SQL Server 的学习过程中，读者会逐步理解这些值的作用。

（4）在“文件组”选项卡中，可以设置或添加数据库文件和文件组的属性，例如是否为只读、是否有默认值，如图 5-6 所示。

设置完上面的参数，单击“确定”按钮，开始创建数据库的工作，SQL Server 2014 在执行创建过程中将对数据库进行检验，如果存在一个相同名称的数据库，则创建操作失败，并提示错误信息，创建成功之后，回到 SSMS 窗口中，在“对象资源管理器”窗口中看到新建立的名称为 teaching 的数据库，如图 5-7 所示。

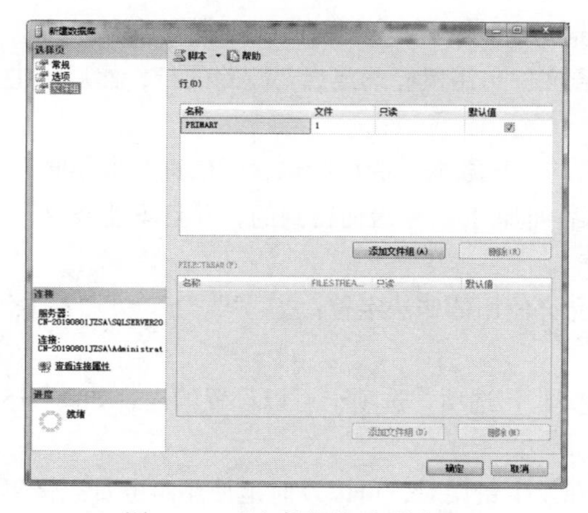

图 5-6　“文件组”选项卡

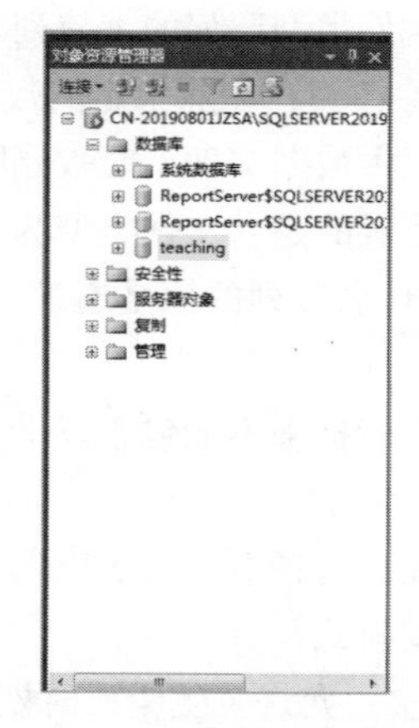

图 5-7　“对象资源管理器”窗口

2. 使用 T-SQL 创建数据库

SQL Server 管理器（SSMS）是一个非常实用、方便的图形化（GUI）管理工具，实际上前面进行的创建数据库的操作中，SSMS 执行的就是 T-SQL 语言脚本，根据设定的各个选项的值在脚本中执行创建操作的过程。接下来将向读者介绍创建数据库对象的 T-SQL 语句。SQL Server 中创建一个新数据库，以及存储该数据库文件的基本 T-SQL 语法格式如下：

```
CREATE DATABASE database_name
[ON [PRIMARY] <filespec>[,...n] [<filegroup> <filespec>[,...n]][,...n]
[LOG ON <filespec>[,...n]]]
<filespec>::={(NAME=logical_file_name,
FILENAME='os_file_name'
[,SIZE=size[KB|MB|GB|TB]]
[,MAXSIZE={max_size[KB|MB|GB|TB]|UNLIMITED}]
[,FILEGROWTH=growth_increment[KB|MB|GB|TB|%]])}
```

其中各参数含义如下：

database_name：指定所创建的数据库的逻辑名称。

ON 子句：指定数据库的数据文件和文件组。

PRIMARY：指定关联的<filespec>列表定义的主文件，在主文件组<filespec>项中指定的第一个文件将生成主文件，一个数据库只能有一个主文件。如果没有指定 PRIMARY，那么 CREATE DATABASE 语句中列出的第一个文件将成为主文件。

LOG ON：指定用来存储数据库日志的日志文件。LOG ON 后跟以逗号分隔的用以定义日志文件的<filespec>项列表。如果没有指定 LOG ON，将自动创建一个日志文件，其大小为该数据库的所有数据文件大小总和的 25%或 512 KB，取两者之中的较大者。

NAME：指定文件的逻辑名称。指定 FILENAME 时，需要使用 NAME，除非指定 FOR ATTACH 子句之一。无法将 FILESTREAM 文件组命名为 PRIMARY。

FILENAME：指定创建文件时由操作系统使用的路径和文件名，执行 CREATE DATABASE 语句前，指定路径必须存在。

SIZE：指定数据库文件的初始大小，如果没有为主文件提供 size，数据库引擎将使用 model 数据库中的主文件的大小。

MAXSIZE max_size：指定文件可增大到的最大大小。可以使用 KB、MB、GB 和 TB 作为单位，默认值为 MB。max_size 是整数值。如果不指定 max_size，则文件将不断增长直至磁盘被占满。UNLIMITED 表示文件一直增长到磁盘装满。

FILEGROWTH：指定文件的自动增量。文件的 FILEGROWTH 设置不能超过 MAXSIZE 设置。该值可以 MB、KB、GB、TB 或百分比（%）为单位，默认值为 MB。如果设置为%，则增量大小为发生增长时文件大小的指定百分比。值为 0 时表明自动增长被设置为关闭，不允许增加空间。

【例 5-2】使用 T-SQL 语句创建“STUDENT1”数据库，其他所有参数均取默认值。

（1）启动 SSMS，选择“文件”→“新建”→“使用当前连接的查询”菜单命令，如图 5-8 所示。

（2）在查询编辑器窗口中打开一个空的.sql 文件，将下面的 T-SQL 语句输入到空白文档中。

（3）单击工具栏的“执行”按钮。命令成功执行后，在下方“消息”文本框中显示“命令已成功完成。”同时，在窗口最下方，弹出“查询已成功执行。”提示信息和相关服务器、登录用户、数据库等相关信息，如图 5-9 所示。若命令有错，则在此“消息”文本框中会显示相应错误信息。

【例 5-3】使用 T-SQL 语句创建名为“STUDENT2”的数据库，包含一个主数据文件和一个事务日志文件。主数据文件的逻辑名称为“STUDENT2_DATA”，操作系统文件名为“STUDENT2_DATA.

MDF”，初始容量大小为 5 MB，最大容量为 20 MB，文件的增长量为 20%。事务日志文件的逻辑名称为“STUDENT2_LOG”，操作系统文件名为“STUDENT2_DATA.LDF”，初始容量大小为 3 MB，最大容量为 10 MB，文件的增长量为 1 MB。数据文件与事务日志文件都存储在 F 盘的 DATA 目录下。

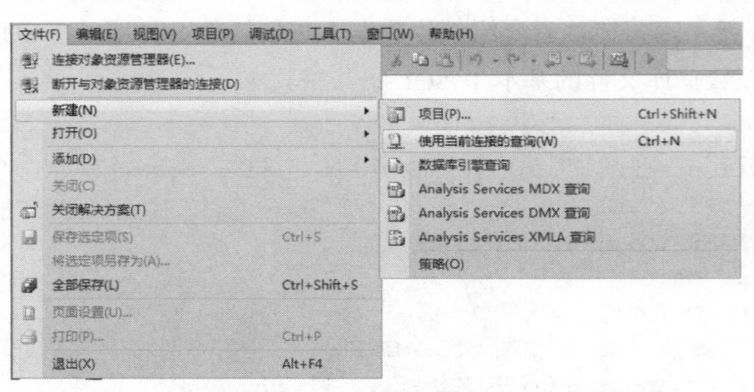

图 5-8 “使用当前连接的查询”菜单命令

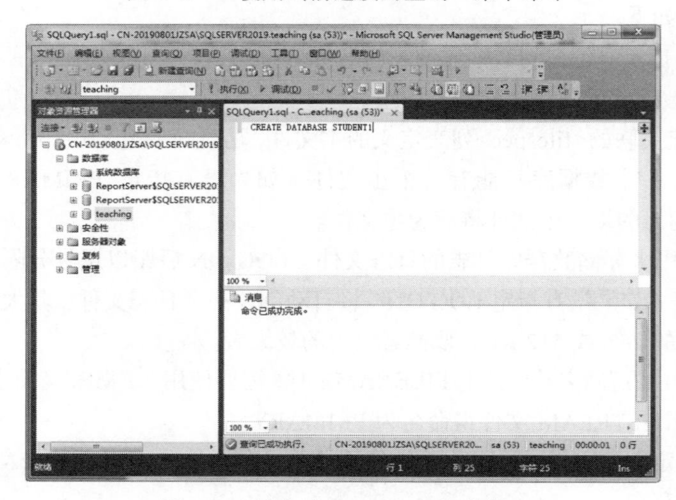

图 5-9 创建“STUDENT1”数据库

（1）首先在 F 盘要确保存在 DATA 目录，如果没有，则创建一个名为“DATA”的文件夹。

（2）启动 SSMS，在工具栏中单击“新建查询”按钮，在打开的查询窗口中输入以下 T-SQL 语句。

```
CREATE DATABASE STUDENT2
ON PRIMARY(
NAME='STUDENT2_DATA',FILENAME='F:\DATA\STUDENT2_DATA.MDF',
SIZE=5MB,
MAXSIZE=20MB,
FILEGROWTH=20%)
LOG ON(
NAME='STUDENT2_LOG',FILENAME='F:\DATA\STUDENT2_LOG.LDF',
SIZE=3MB,
MAXSIZE=10MB,
FILEGROWTH=1MB)
```

（3）单击工具栏的“执行”按钮，结果如图 5-10 所示。

【例 5-4】使用 T-SQL 语句创建名为“STUDENT3”的数据库，包含一个主数据文件、一个辅助数据文件和一个事务日志文件。主数据文件的逻辑名称为“STUDENT3_DATA”，操作系统文件名为“STUDENT3_DATA.MDF”，初始容量大小为 5 MB，无最大容量限制，文件的增长量为 5%；

辅助数据文件的逻辑名称为“STUDENT3_1_DATA”，操作系统文件名为“STUDENT3_1_DATA.NDF”，初始容量大小为 2 MB，最大容量为 20 MB，文件的增长量为 1 MB。事务日志文件的逻辑名称为“STUDENT3_LOG”和“STUDENT3_1_LOG.LDF”，操作系统文件名为“STUDENT3_DATA.LDF”和“STUDENT3_1_DATA.LDF”，初始容量大小分别为 4 MB、3 MB，最大容量分别为 15 MB、12 MB，文件的增长量都为 1 MB。数据文件与事务日志文件都存储在 F 盘的 DATA 目录下。

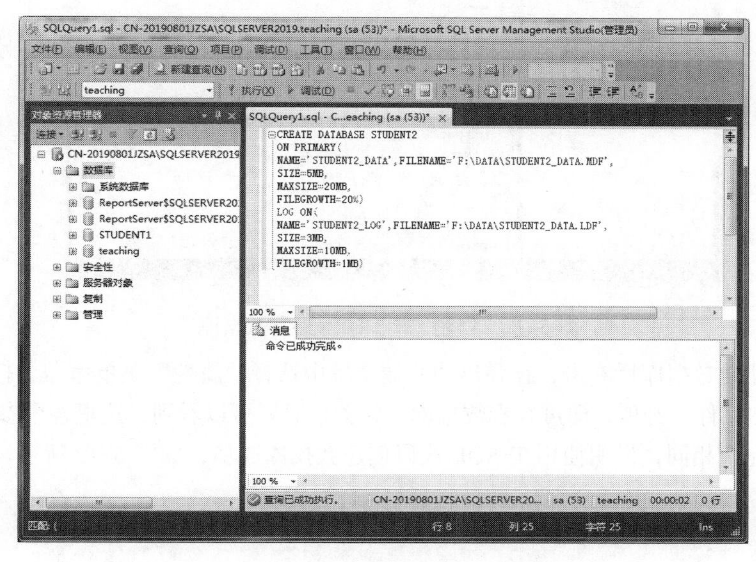

图 5-10　创建“STUDENT2”数据库

（1）启动 SSMS，在工具栏中单击“新建查询”按钮，在打开的查询窗口中输入以下 T-SQL 语句。在 T-SQL 语句中可以将 MB 省略。

```
CREATE DATABASE STUDENT3
ON (
NAME='STUDENT3_DATA',FILENAME='F:\DATA\STUDENT3_DATA.MDF',
SIZE=5,
MAXSIZE=unlimited,
FILEGROWTH=5%),
filegroup fg1(
name=student3_1,filename='F:\DATA\STUDENT3_1_DATA.NDF',
size=2,
maxsize=20,
filegrowth=1)
LOG ON(
NAME='STUDENT3_LOG',FILENAME='F:\DATA\STUDENT3_DATA.LDF',
SIZE=4,
MAXSIZE=15,
FILEGROWTH=1),
(NAME='STUDENT3_1_LOG',FILENAME='F:\DATA\STUDENT3_1_DATA.LDF',
SIZE=3,
MAXSIZE=12,
FILEGROWTH=1)
```

（2）单击工具栏的“执行”按钮，结果如图 5-11 所示。

（3）刷新 SQL Server 2014 中的数据库节点后，可以看到新建的数据库。如果没有显示，可以重新连接对象资源管理器，即可看到新建的数据库。

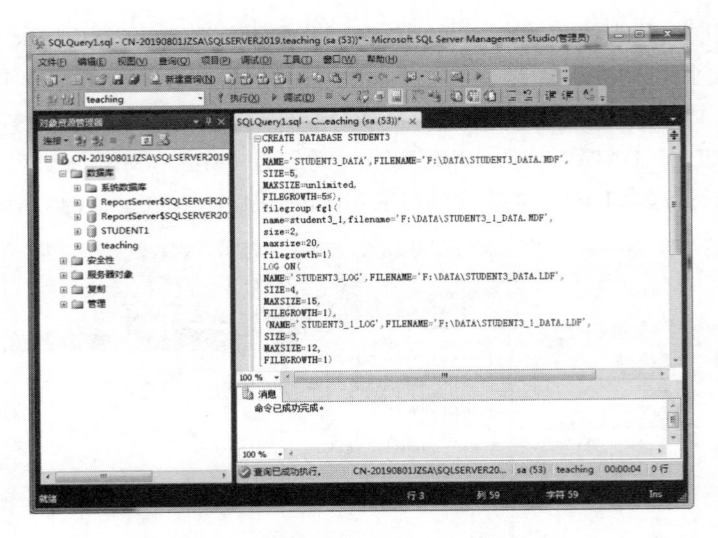

图 5-11　创建“STUDENT3”数据库

（4）选择新建的数据库后右击，在弹出的快捷菜单中选择“属性”菜单命令，打开“数据库属性”窗口，选择“文件”选项，即可查看数据库的相关信息。可以看到，这里各个参数值与 T-SQL 代码中指定的值完全相同，说明使用 T-SQL 代码创建数据库成功，如图 5-12 所示。

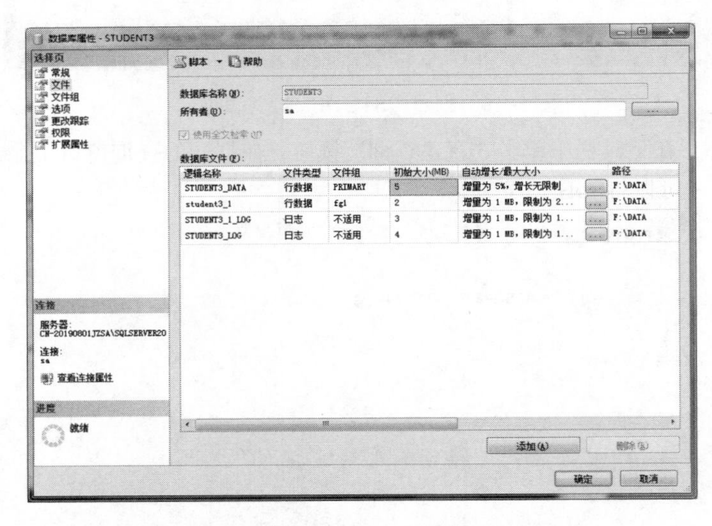

图 5-12　“数据库属性-STUDENT3”窗口

5.2.2　修改数据库

数据库创建以后，可能会发现有些属性不符合实际的要求，这就需要对数据库的某些属性进行修改，当然，可以重新建立一个数据库，但是这样的操作比较烦琐。可以在 SSMS 的对象资源管理器中对数据库的属性进行修改，来更改创建时的某些设置和创建时无法设置的属性。也可以使用 ALTER DATABASE 语句来修改数据库。

1. 使用 SSMS 工具修改数据库

打开“数据库”节点，右击需要修改的数据库名称，在弹出的快捷菜单中选择“属性”命令，打开指定数据库的“数据库属性”窗口，该窗口与在 SSMS 中创建数据库时打开的窗口相似，不过这里多了几个选项，分别是：“更改跟踪”、“权限”、“扩展属性”、镜像和事务日志传送，读者可以根据需要，分别对不同的选项卡中的内容进行设置。

利用 SSMS 工具可以对数据库进行文件大小修改、添加文件、收缩数据库、收缩数据文件、删除数据文件和重命名数据库的修改操作，具体过程通过以下例题为读者讲解。

【例 5-5】将例 5-1 中创建的“teaching”数据库的文件大小修改为 10 MB。

（1）启动 SSMS，在左侧的对象资源管理器中，找到“teaching”数据库。

（2）右击“teaching”数据库，在弹出的快捷菜单中选择“属性”命令。

（3）弹出“teaching”数据库的属性窗口，选择“文件”选项，如图 5-13 所示。

（4）在右侧“数据库文件”栏中，选择主数据文件的初始大小属性。

（5）此时出现调节按钮，可以单击向上的调节按钮，将设置值调节到 10，也可以直接输入数据“10”。

【例 5-6】为例 5-3 中创建的“STUDENT2”数据库增加数据文件“STUDENT2_DATA1”，初始大小为 10 MB，最大为 50 MB，文件增长量为 5%，文件存储在 F:\DATA 目录。

（1）启动 SSMS，在左侧的对象资源管理器中，找到“STUDENT2”数据库。

（2）右击该数据库名称，在弹出的快捷菜单中选择“属性”命令，弹出“数据库属性-STUDENT2”窗口，选择“文件”选项，如图 5-14 所示。

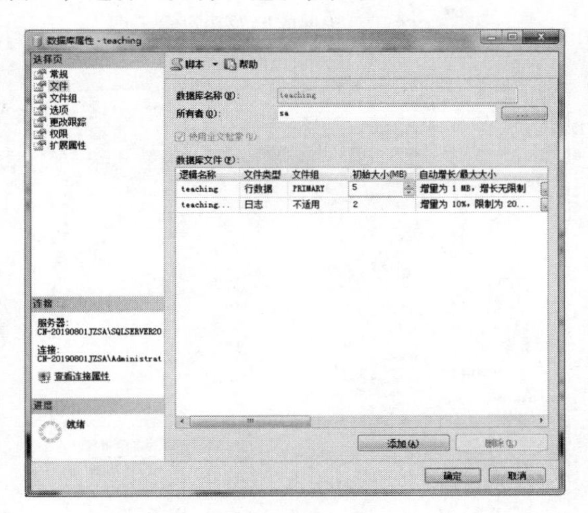

图 5-13 “数据库属性-teaching”窗口

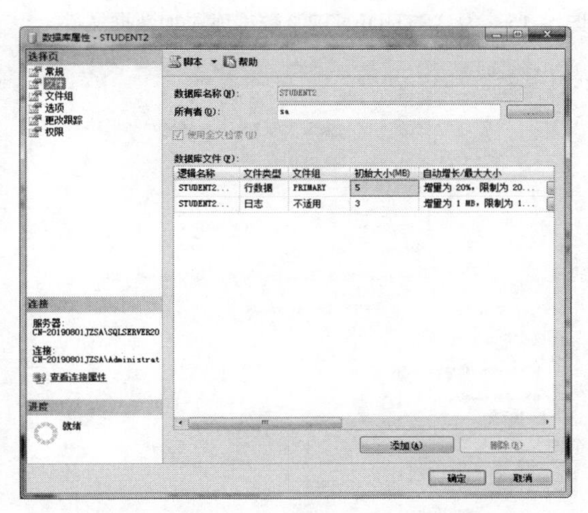

图 5-14 “数据库属性-STUDENT2”窗口

（3）单击右下方的“添加”按钮，在“数据库文件”栏中，将出现新的一行，在“逻辑名称”属性中，输入“STUDENT2_DATA1”，分别设置“初始大小”、“自动增长/最大大小”和“路径”属性后，单击“确定”按钮，如图 5-15 所示。

【例 5-7】对“STUDENT2”数据库执行收缩数据库，并将其设置为“自动收缩”。

（1）启动 SSMS，在左侧的对象资源管理器中，找到“STUDENT2”数据库。

（2）右击该数据库名称，在弹出的快捷菜单中选择“任务”→“收缩”→“数据库”命令，如图 5-16 所示。

（3）弹出“收缩数据库-STUDENT2”对话框，在该对话框中保持默认设置，单击“确定”按钮，如图 5-17 所示，从而完成数据库收缩工作。读者可以比较一下收缩前后数据库空间的情况，不难发现，无论怎么收缩，数据库的大小不会小于其初始大小，所以在创建数据库时对初始大小的选择应尽可能合理。

（4）右击“STUDENT2”数据库名称，在弹出的快捷菜单中选择“属性”命令。

（5）在“数据库属性”对话框的左侧的“选择页”栏中选择“选项”选项，在右侧拖动滚动条，找到“自动”分类中的“自动收缩”选项。单击右侧的下拉按钮，从中选择“True”选项，并单击“确定”按钮，如图 5-18 所示。

图 5-15　为“STUDENT2”数据库添加数据文件

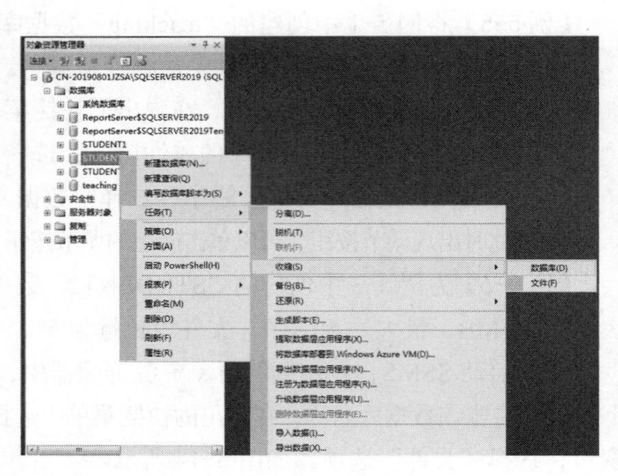

图 5-16　“数据库”菜单命令

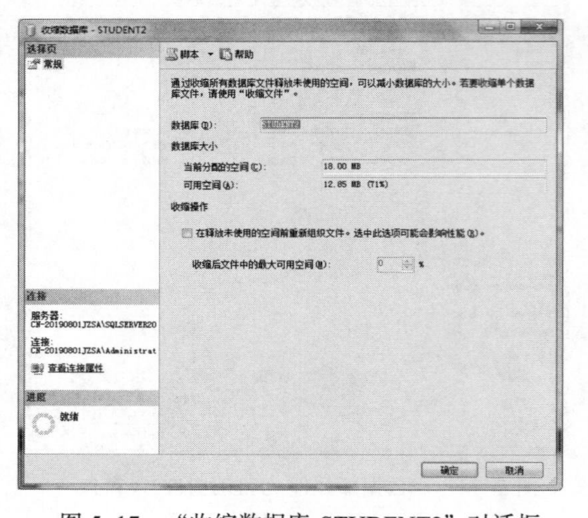

图 5-17　“收缩数据库-STUDENT2”对话框

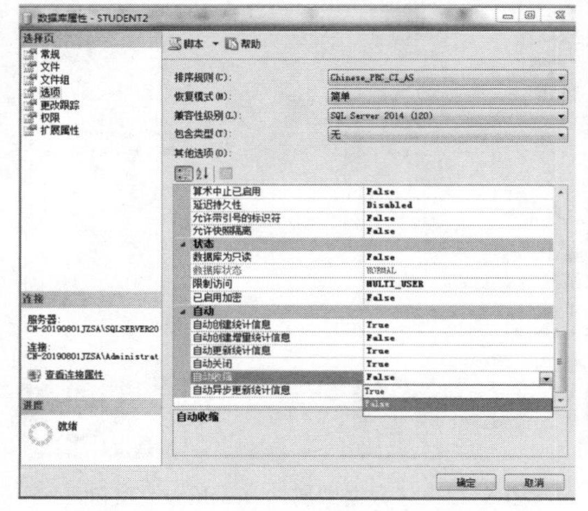

图 5-18　设置“自动收缩”选项

【例 5-8】将“STUDENT2”数据库的数据文件“STUDENT2_DATA1”手动收缩到 3 MB。

（1）启动 SSMS，在左侧的对象资源管理器中，找到“STUDENT2”数据库。

（2）右击该数据库名称，在弹出的快捷菜单中选择“任务”→“收缩”→“文件”命令。

（3）在弹出的“收缩文件”对话框的右下方，找到“收缩操作”选项区域，选择“在释放未使用的空间前重新组织页”单选按钮，设置“将文件收缩到”组合框中的值为“3”，如图 5-19 所示，单击“确定”按钮。

【例 5-9】将“STUDENT2”数据库中的数据文件“STUDENT2_DATA1”删除。

（1）启动 SSMS，在左侧的对象资源管理器中，找到“STUDENT2”数据库。

（2）右击该数据库名称，在弹出的快捷菜单中选择“属性”命令，弹出“数据库属性-STUDENT2”窗口，选择“文件”选项，可以看到该数据库中的文件，如图 5-20 所示。

（3）在“数据库文件”栏中选择“STUDENT2_DATA1”选项，单击“删除”按钮。此时，该文件被从此数据库中删除，单击“确定”按钮。

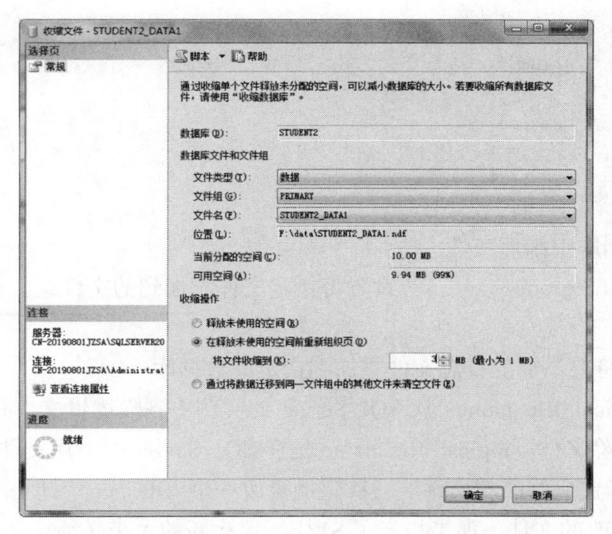

图 5-19　“收缩文件-STUDENT2_DATA1”对话框

【例 5-10】将“STUDENT3”数据库重命名为“S3”。

（1）启动 SSMS，在左侧的对象资源管理器中找到“STUDENT3”数据库。

（2）右击该数据库名称，在弹出的快捷菜单中选择“重命名”命令，如图 5-21 所示。此时数据库名为可编辑状态，输入新的数据库名称即可。

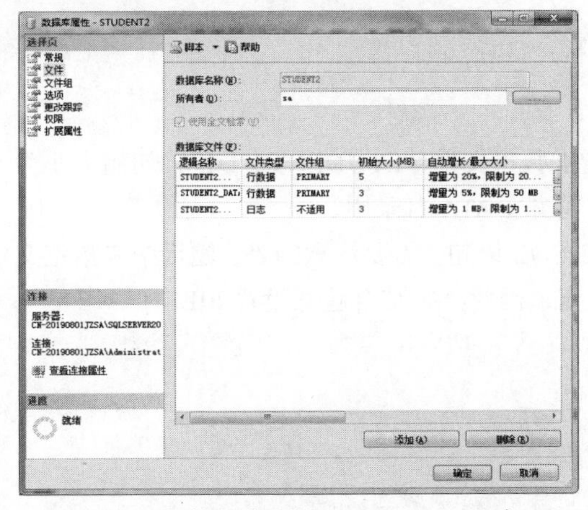

图 5-20　“数据库属性-STUDENT2”窗口

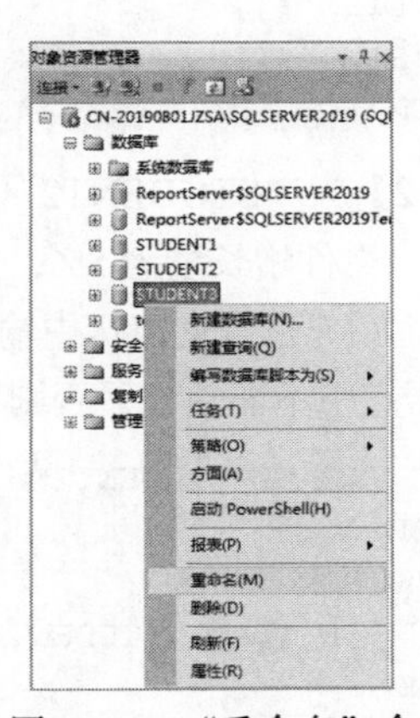

图 5-21　“重命名”命令

2. 使用 T-SQL 语句进行修改

ALTER DATABASE 语句可以进行以下的修改：增加或删除数据文件、改变数据文件或日志文件的大小和增长方式，增加或者删除日志文件和文件组。ALTER DATABASE 语句的基本语法格式如下：

```
ALTER DATABASE DATABASE_name
{ADD FILE<FILESPEC>[,...N][TO FILEGROUP filegroup_name]
|ADD LOG FILE<filespec>[,...n>
|REMOVE FILE logic_file_name
|ADD FILEGROUP filegroup_name
|MODIFY FILE<filespec>
|REMOVE FILEGROUP filegroup_name
|MODIFY NAME=new dbname
```

```
|MODIFY FILEGROUP filegroup_name
{filegroup_property|NAME=new_filegroup_name}
|SET <optionspec>[,...n][WITH <termination>]
|COLLTEA<collation_name>}
DATABASE_name: 要修改的数据库的名称。
```

MODIFY NAME：指定新的数据库名称。

ADD FILE：向数据库中添加文件。

TO FILEGROUP { filegroup_name }：设置将指定文件添加到的文件组。filegroup_name 为文件组名称。

ADD LOG FILE：将要添加的日志文件添加到指定的数据库。

REMOVE FILE logical_file_name：从 SQL Server 的实例中删除逻辑文件并删除物理文件。除非文件为空，否则无法删除文件。logical_file_name 是在 SQL Server 中引用文件时所用的逻辑名称。

MODIFY FILE：指定应修改的文件。一次只能更改一个<filespec>属性。必须在<filespec>中指定 NAME，以标识要修改的文件。如果指定了 SIZE，那么新的大小必须比文件当前大小要大。

【例 5-11】为“STUDENT2”数据库增加容量，其主数据文件为“STUDENT2_DATA”，初始大小为 5 MB，将其修改为 10 MB。

新建查询后，在查询窗口中输入以下 T-SQL 语句。需要注意的是，修改文件大小时，新大小必须比文件当前大小要大，否则系统报错。

```
ALTER DATABASE STUDENT2
MODIFY FILE
(NAME='STUDENT2_DATA',
SIZE=10MB)
```

【例 5-12】为“STUDENT2”数据库增加数据文件“STUDENT2_D1”，初始大小为 5 MB，最大为 20 MB，文件增长量为 5%，文件存储在 F:\DATA 目录中。

新建查询后，在查询窗口中输入以下 T-SQL 语句。需要注意的是，题目中未指定文件名，但是在 ALTER 语句中不能缺省，否则系统将报错，因此必须结合题意设置 FILENAME。

```
ALTER DATABASE STUDENT2
ADD FILE
(NAME='STUDENT2_D1',
FILENAME='F:\DATA\STUDENT2_D1.NDF',
SIZE=5MB,
MAXSIZE=20MB,
FILEGROWTH=5%)
```

【例 5-13】将“STUDENT2”数据库中的数据文件“STUDENT2_D1”删除。

在查询窗口中输入以下 T-SQL 语句。

```
ALTER DATABASE STUDENT2
REMOVE FILE STUDENT2_D1
```

在查询窗口中执行系统存储过程 sp_renamedb 更改数据库的名称。系统存储过程 sp_renamedb 的语法如下：

```
sp_renamedb [@dbname=]'old_name', [@newname=]'new_name'
```

【例 5-14】将“STUDENT2”数据库重命名为“ST2”。

```
sp_renamedb 'STUDENT2', 'ST2'
```

5.2.3 查看数据库信息

SQL Server 2014 中可以使用多种方式查看数据库信息，例如使用目录视图、函数、存储过程等。

1. 使用目录视图

可以使用如下的目录视图查看数据库基本信息。

- 使用 sys.database_files 查看有关数据库文件的信息。
- 使用 sys.filegroups 查看有关数据库组的信息。
- 使用 sys.master_files 查看数据库文件的基本信息和状态信息。
- 使用 sys.databases 数据库和文件目录视图查看有关数据库的基本信息。

2. 使用函数

如果要查看指定数据库中的指定选项信息时，可以使用 DATABASEPROPERTYEX()函数，该函数每次只返回一个选项的信息。

【例 5-15】查看“teaching”数据库的状态信息。

在查询窗口中输入以下 T-SQL 语句。

```
USE TEACHING
GO
SELECT DATABASEPROPERTYEX('TEACHING','STATUS')
AS 'TEACHING 数据库状态'
```

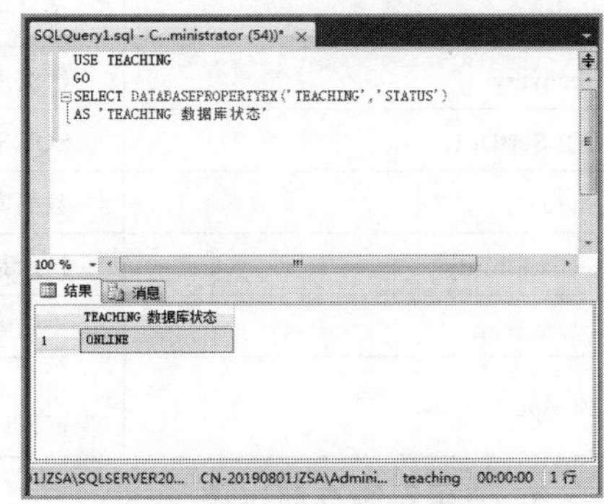

图 5-22 “TEACHING”数据库状态信息

执行语句之后的结果如图 5-22 所示。上述代码中，DATABASEPROPERTYEX 语句中的第一个参数表示要返回信息的数据库，第二个参数则表示要返回数据库的属性表达式，其他的可查看的属性参数值如表 5-1 所示。

表 5-1 属性参数值表

属　性	说　明
Collation	数据库的默认排序规则名称
ComparisonStyle	排序规则的 Windows 比较样式
IsAnsiNullDefault	数据库遵循 ISO 规则，允许 NULL 值
IsAnsiNullEnabled	所有与 NULL 的比较将取值为未知
IsAnsiPaddingEnabled	在比较或插入前，字符串将被填充到相同长度
IsAnsiWarningsEnabled	如果发生了标准错误条件，则将发出错误消息或警告消息
IsArithmeticAbortEnabled	如果执行查询时发生溢出或被零除错误，则将结束查询
IsAutoClose	数据库在最后一位用户退出后完全关闭并释放资源
IsAutoCreateStatistics	在查询优化期间自动生成优化查询所需的缺失统计信息
IsAutoShrink	数据库文件可以自动定期收缩
IsAutoUpdateStatistics	如果表中数据更改造成统计信息过期，则自动更新现有统计信息
IsCloseCursorsOnCommitEnabled	提交事务时打开的游标已关闭
IsFulltextEnabled	数据库已启用全文功能
IsInStandBy	数据库以制度方式联机，并允许还原日志
IsLocalCursorsDefault	游标声明默认为 LOCAL
IsMergePublished	如果安装了复制，则可以发布数据库表供合并复制
IsNullConcat	NULL 串联操作数产生 NULL

属　性	说　明
IsNumericRoundAbortEnabled	表达式中缺少精度时将产生错错误
IsParameterizationForced	Parameterization 数据库 SET 选项为 FORCED
IsQuotedIndentifiersEnabled	可对标识符使用英文双引号
IsPublished	如果安装了复制，则可以发布数据库表供快照复制或事务复制
IsRecursiveTriggersEnabled	已启用触发器递归触发
IsSubscribed	数据库已订阅发布
IsSyncWithBackup	数据库为发布数据库或分发数据库，并且在还原时不用中断事务复制
IsTomPageDetectionEnabled	SQL Server 数据库引擎检测到因电力故障或其他系统故障造成的不完全 I/O 操作
LCID	排序规则的 Windows 区域设置标识符
Recovery	数据库的恢复模式
SQLSortOrder	SQL Server 早期版本中支持的 SQL Server 排序顺序 ID
Status	数据库状态
Updateability	指示是否可修改数据
UserAccess	指示哪些用户可以访问数据库
Version	用于创建数据库的 SQL Server 代码的内部版本号。标识为仅供参考不提供支持。不保证以后的兼容性

3. 使用系统存储过程

除了上述的目录视图和函数外，还可以使用存储过程 sp_spaceused 显示数据库使用和保留的空间，执行代码后的效果如图 5-23 所示。

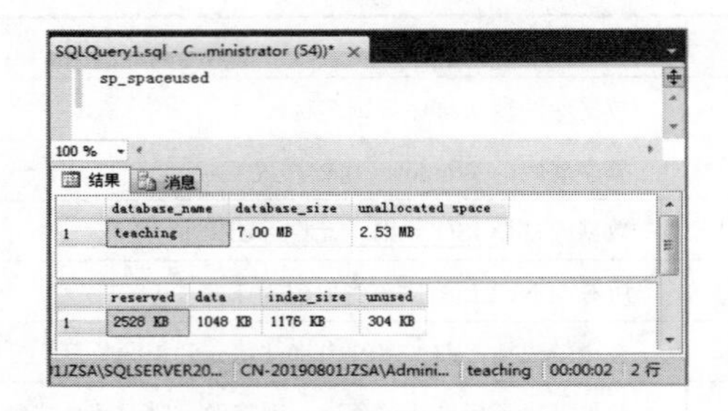

图 5-23　sp_spaceused 执行效果

sp_helpdb 存储过程查看所有数据库的基本信息，执行代码后的效果如图 5-24 所示。

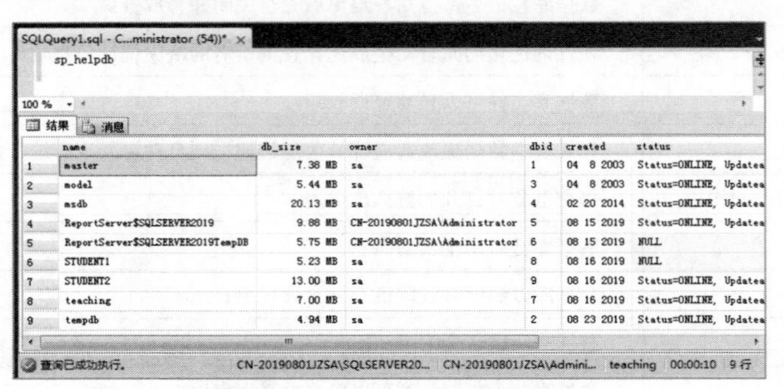

图 5-24　sp_helpdb 执行效果

5.2.4 删除数据库

当不再需要数据库时，为了节省磁盘空间，可以将它们从系统中删除，这里有两种方法。

1. 使用对象资源管理器删除数据库

在对象资源管理器中，右击需要删除的数据库，从弹出的快捷菜单中选择“删除”命令，或直接按键盘上的【Delete】键。

弹出“删除对象”窗口，用来确认删除的目标数据库对象，在该窗口中也可以选择“删除数据库备份和还原历史记录信息”和“关闭现有连接”复选框，单击“确定”按钮，之后将执行数据库的删除操作，如图 5-25 所示。

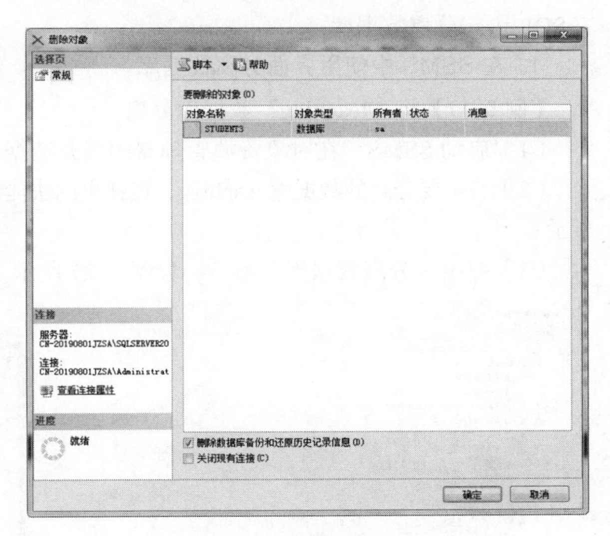

图 5-25 “删除对象”窗口

删除数据库时一定要慎重，因为系统无法轻易恢复被删除的数据，除非进行过数据库的备份。每次删除时，只能删除一个数据库。

2. 使用 T-SQL 语句删除数据库

在 T-SQL 中使用 DROP 语句删除数据库，DROP 语句可以从 SQL Server 中一次删除一个或多个数据库。该语句的用法比较简单，基本语法格式如下：

```
DROP DATABASE database_name[,…n];
```

并不是所有的数据库在任何时候都可以被删除，只有处于正常状态下的数据库，才能使用 DROP 语句删除。当数据库处于以下状态时不能被删除：数据库正在使用；数据库正在恢复；数据库包含用于复制的对象。

【例 5-16】删除数据库“ST3”。

在查询窗口中输入以下 T-SQL 语句，并执行。

```
DROP DATABASE ST3
```

5.3 数据库的附加与分离

SQL Server 2014 允许分离数据库的数据和事务日志文件，然后将其重新附加到同一台或另一台服务器上。分离数据库将从 SQL Server 中删除数据库，但是保证在组成该数据库的数据和事务日志文件中的数据库完好无损。然后这些数据和事务日志文件可以用来将数据库附加到任何 SQL Server 实例上，这使数据库的使用状态与它分离时的状态完全相同。

数据库的附加与分离常常用于数据库的备份或者迁移操作，例如，如果数据库系统安装在系统盘（如 C 盘）中，由于 C 盘容易受病毒侵害，用户也许希望将数据存放在非系统盘（如 D 盘）中。要做到这点很简单，并不需要重装数据库，只要把数据库“分离”，然后将相关文件移动到 D 盘的某个目录中，接着“附加”数据库即可。

需要注意的是，在已安装好 SQL Server 2014 的计算机上也无法通过双击某个数据库文件的方式打开数据库，那么只能通过附加功能来实现。例如，教材或者老师提供了数据库文件，应该选择附加，才可以到 SQL Server 2014 中打开。同理，如果要把在 SQL Server 2014 中创建的数据库复制一份给同学，也无法通过直接复制/粘贴数据库文件的方式做到。应该先将该数据库从 SSMS 中分离，然后才可以复制粘贴。

5.3.1 分离数据库

在 Microsoft SQL Server 2014 中，数据库分离操作有两种方式：在 SSMS 中使用界面和使用 T-SQL 语句分离数据库。

1. 在 SSMS 中使用界面分离数据库

【例 5-17】将“teaching”数据库分离。

（1）启动 SSMS，在对象资源管理器中展开数据库。

（2）右击要分离的数据库 teaching，在弹出的快捷菜单中选择“任务”→“分离”命令，如图 5-26 所示。

（3）弹出“分离数据库”窗口，如图 5-27 所示。单击“确定”按钮即可完成数据库的分离。

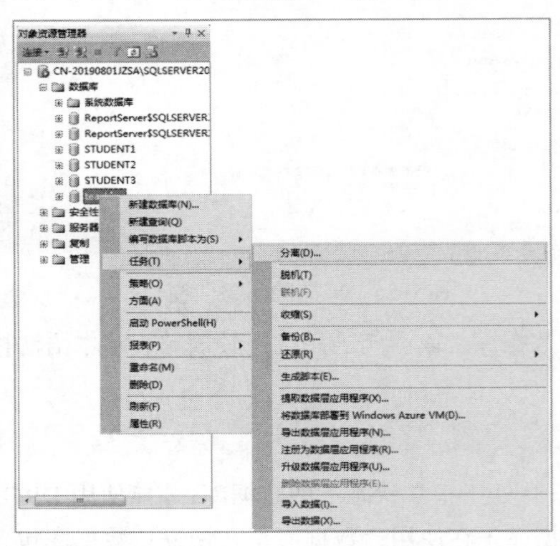

图 5-26 “分离”命令

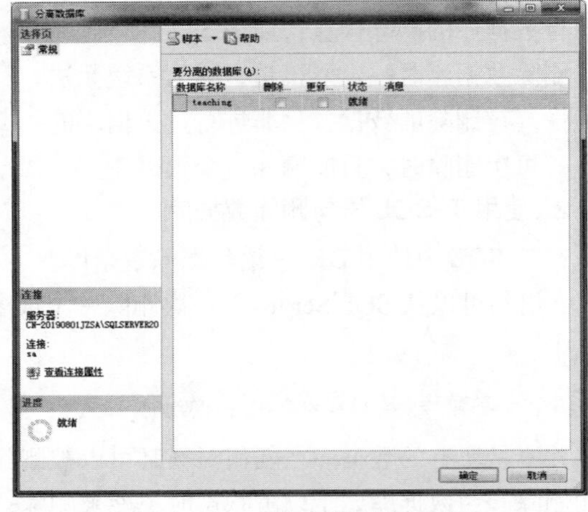

图 5-27 “分离数据库”窗口

再次打开对象资源管理器，被分离的数据库就不存在了。但是，在存储此数据库的物理位置（即某磁盘目录下），其数据文件和日志文件仍然存在，可以任意复制。

需要注意的是，只有“使用本数据库的连接”数值为 0 时，该数据库才能分离。所以分离数据库时应尽量断开所有对要分离数据库操作的连接，如果还有连接数据库的程序，会弹出分离数据库失败提示对话框。可以选中“删除连接”复选框，从服务器强制断开现有的连接。

2. 使用 T-SQL 语句分离数据库

可以使用系统存储过程 sp_detach_db 分离该数据库。sp_detach_db 存储过程从服务器分离数据库，并可以选择在分离前在所有的表上运行 UPDATE STATISTICS。

其语法格式如下：

```
sp_detach_db [@dbname=]'dbname'
    [,[@skipchecks=]'skipchecks']
```

【例 5-18】分离“STUDENT1”数据库，并将 skipchecks 设为 true。

在查询窗口中输入以下 T-SQL 语句，并执行。

```
EXEC sp_detach_db 'STUDENT1', 'true'
```

执行结果如图 5-28 所示。

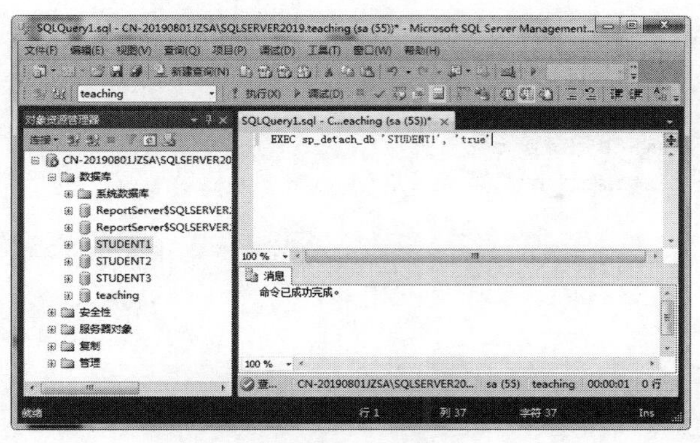

图 5-28　执行结果

5.3.2　附加数据库

与分离对应的是附加数据库操作。附加数据库可以很方便地在 SQL Server 2014 服务器之间利用分离后的数据文件和日志文件组织成新的数据库。数据库的附加好比是将衣服（数据库）重新挂上衣架（SQL Server 2014 服务器）。

在 Microsoft SQL Server 2014 中，数据库附加操作有两种方式：在 SSMS 中使用界面附加数据库和使用 T-SQL 语句附加数据库。

1. 在 SSMS 中使用界面附加数据库

【例 5-19】将“STUDENT1”数据库附加到 SSMS。

（1）启动 SSMS，在对象资源管理器中右击数据库，在弹出的快捷菜单中选择“附加”命令，如图 5-29 所示。

（2）在弹出的“附加数据库”窗口中，单击“添加”按钮，如图 5-30 所示。

图 5-29　“附加”命令

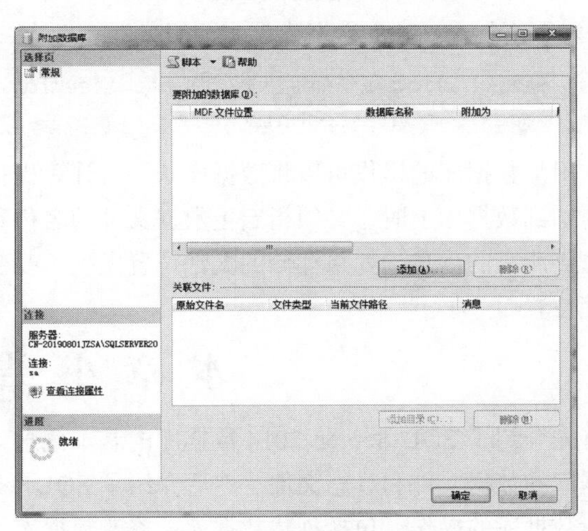

图 5-30　“附加数据库”窗口

（3）在弹出的“定位数据库文件”窗口中，选择要附加的磁盘上的数据库文件，再单击“确定”按钮，如图 5-31 所示。

（4）如图 5-32 所示，可以看到添加进来的数据库的数据文件和日志文件，单击“确定”按钮，左下角显示进度，完成后，数据库已经附加。可以到对象资源管理器中查看。

2. 使用 T-SQL 语句附加数据库

可以使用系统存储过程 sp_attach_db 将数据库附加到当前服务器或使用系统存储过程

sp_attach_single_file_db 将只有一个数据文件的数据库附加到当前服务器。

系统存储过程 sp_attach_db 附加数据库语法格式：

```
sp_attach_db [@dbname=] 'dbname'
  , [@filename1=] 'filename_n' [ ,...16 ]
```

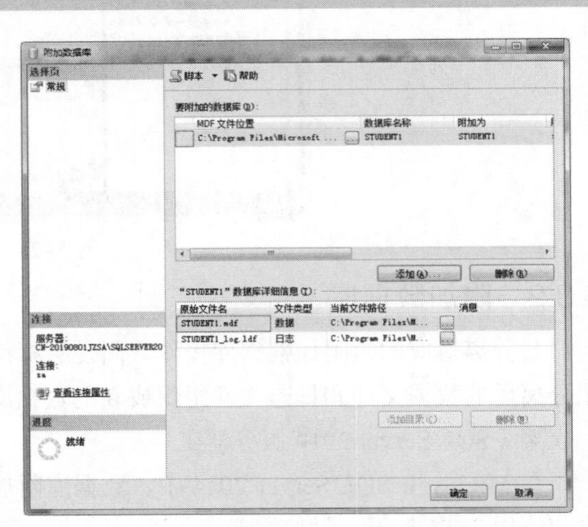

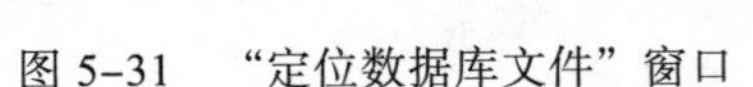

图 5-31　“定位数据库文件”窗口　　　　图 5-32　“附加数据库”窗口

系统存储过程 sp_attach_single_file_db 附加只有一个数据文件的数据库的语法格式：

```
sp_attach_single_file_db [ @dbname=] 'dbname',[ @physname=] 'physical_name'
```

其中，[@physname =] 'phsyical_name'为据库文件的物理名称，包括路径。physical_name 的数据类型为 nvarchar(260)，默认值为 NULL。

【例 5-20】附加 teaching 数据库到当前服务器。

```
EXEC sp_attach_single_file_db @dbname='teaching',
   @physname='F:\DATA\teaching.mdf'
```


分离和附加数据库的操作可以将数据库从一台计算机移动到另一台计算机，而不必重新创建数据库，当附加到数据库上时，必须指定主数据文件的名称和物理位置。主文件包含查找由数据库组成的其他文件所需的信息。如果存储的文件位置发生了改变，就需要手动指定次要数据文件和日志文件的存储位置。

本 章 小 结

本章首先介绍了 SQL Server 2014 数据库的基本概念，并介绍了物理数据库和逻辑数据库两种结构、数据库的数据文件和日志文件。然后介绍了 SQL Server 2014 中利用 SSMS 和 T-SQL 语言两种方式进行数据库的操作，包括创建数据库、修改数据库、查看数据库信息和删除数据库等。最后向读者介绍了 SQL Server 2014 如何附加与分离数据库。

思考与练习

1. 简述数据库的两种存储结构。
2. 数据库由哪几种文件组成？其扩展名分别是什么？
3. Microsoft SQL Server 2014 中文件组的作用及其分类。
4. 设有一学籍管理系统，使用 SSMS 创建名为“学生”的数据库，初始大小为 10 MB，最大为 50 MB，数据库自动增长，增长方式是按 5 % 比例增长；日志文件初始为 2 MB，最大可增长到 5 MB，按 1 MB 增长。数据库的逻辑文件名为“student”，存放路径为“E:\sql_data”（可自己选择存放路径），物理文件名为“student.mdf（自动生成，无须设置），创建完成后可在存放路径下查看物理文件。日志文件的逻辑文件名为“student_log”，存放路径为“E:\sql_data”（可自行选择存放路径），物理文件名为“student_log.ldf”，（自动生成，无须设置），创建完成后可在存放路径下查看物理文件。

（1）分别使用向导和 T-SQL 语句两种方式创建上述描述的数据库。

（2）删除上面建立的数据库。

5. 创建一个指定多个数据文件和日志文件的数据库。该数据库名称为 stu，有 1 个 5 MB 和 1 个 10 MB 的数据文件和 2 个 3 MB 的事务日志文件。两个数据文件的逻辑名称分别为 STU1 和学生的姓名，物理文件名分别为 STU1.mdf 和学生的姓名.ndf。主数据文件 STU1 属于 PRIMARY 文件组，辅助数据文件学生的姓名属于新建文件组 FG1，两个数据文件的最大大小分别为无限大和 100 MB，增长速度分别为 10%和 2 MB。事务日志文件的逻辑名称分别为 stu1_log 和学生的姓名，物理文件名称为 stu1_log.ldf 和学生的姓名_log.ldf，最大大小均为 40 MB，文件增长速度为 1 MB。要求数据库文件和日志文件的物理文件都存放在 E 盘的以学生的学号为文件夹名称的文件夹中。

6. 使用 SSMS 创建名为“供货管理”的数据库，并设置数据库主文件名为“供货管理_data”，初始大小为 10 MB；日志文件名为“仓库库存_log”，初始大小为 2 MB。所有文件都存放在目录“E:\data”中。

第 6 章 表

在数据库中，数据表是数据库中最重要、最基本的操作对象，是数据存储的基本单位。数据表被定义为列的集合，数据在表中是按照行和列的格式来存储的。每一行代表一条唯一的记录，每一列代表记录中的一个域。

本章将介绍 SQL Server 2014 中的数据库对象，并详细介绍数据表的基本操作，主要内容包括：创建数据表、修改表字段，修改表约束、查看表结构、删除表以及如何向数据表中插入记录、删除记录和修改记录。用户通过对本章的学习，能够熟练掌握数据表的基本概念，理解约束、默认和规则的含义并且学会运用;能够在图形界面模式下使用图形化管理工具或使用 T-SQL 熟练地完成有关数据表的常用操作。

6.1 创建表

创建好数据库之后，数据库其实是空的，正如建造好了房子，但是还没有存放任何东西一样。数据库中用于存储数据的对象是表，所以创建好了数据库之后必须创建表。在创建表之前，我们要先学习相关的基础知识。

6.1.1 数据类型

数据类型是一种属性，用于指定对象可保存的数据的类型，SQL Server 2014 中支持多种数据类型，包括字符类型、数值类型以及日期时间类型等。数据类型相当于一个容器，容器的大小决定了装的东西的多少，将数据分为不同的类型可以节省磁盘空间和资源。

SQL Server 还能自动限制每个数据类型的取值范围，例如定义了一个数据类型为 int 的字段，如果插入数据时插入的值的大小在 smallint 或者 tinyint 范围之内，SQL Server 会自动将类型转换为 smallint 或 tinyint，这样一来，在存储数据时，占用的存储空间只有 int 数据类型的 1/2 或者 1/4。

SQL Server 数据库管理系统中的数据类型可以分为两类，分别是：系统默认的数据类型和用户自定义的数据类型，下面分别介绍这两大类数据类型的内容。

1. 系统数据类型

SQL Server 2014 提供的系统数据类型有以下几大类，共 25 种。SQL Server 会自动限制每个系统数据类型的值的范围，当插入数据库中的值超过了数据类型允许的范围时，SQL Server 就会报错。

1）整数数据类型

整数数据类型是常用的数据类型之一，主要用于存储数值，可以直接进行数据运算而不必使用函数转换。

bigint：每个 bigint 存储在 8 字节中，其中 1 个二进制位表示符号，其他 63 个二进制位表示长度和大小，可以表示 $-2^{63} \sim 2^{63}-1$ 范围内的所有整数。

int：int 或者 integer，每个 int 存储在 4 字节中，其中 1 个二进制位表示符号，其他 31 个二进制位表示长度和大小，可以表示$-2^{31} \sim 2^{31}-1$范围内的所有整数。

smallint：每个 smallint 类型的数据占用 2 字节的存储空间，其中 1 个二进制位表示整数值的正负号，其他 15 个二进制位表示长度和大小，可以表示$-2^{15} \sim 2^{15}-1$范围内的所有整数。

tinyint：每个 tinyint 类型的数据占用了 1 字节的存储空间，可以表示 0 ~ 255 范围内的所有整数。

2）浮点数据类型

浮点数据类型存储十进制小数，用于表示浮点数值数据的大致数值数据类型。浮点数据为近似值；浮点数值的数据在 SQL Server 中采用只入不舍的方式进行存储，即当且仅当要舍入的数是一个非零数时，对其保留数字部分的最低有效位上的数值加 1，并进行必要的进位。

real：可以存储正的或者负的十进制数值，它的存储范围为$-3.40 \times 10^{38} \sim -1.18 \times 10^{-38}$、0 以及$1.18 \times 10^{-38} \sim 3.40 \times 10^{38}$。每个 real 类型的数据占用 4 字节的存储空间。

float [(n)]：其中 n 为用于存储 float 数值尾数的位数（以科学记数法表示），因此可以确定精度和存储大小。如果指定了 n，则它必须是介于 1 和 53 之间的某个值。n 的默认值为 53。其范围为$-1.79 \times 10^{308} \sim -2.23 \times 10^{-308}$、0 以及$2.23 \times 10^{-308} \sim 1.79 \times 10^{308}$。如果不指定数据类型 float 的长度，它占用 8 字节的存储空间。float 数据类型可以写成 float(n)的形式，n 指定 float 数据的精度，n 是取值范围为 1 ~ 53 的整数值。当 n 取 1 ~ 24 时，实际上是定义了一个 real 类型的数据，系统用 4 字节存储；当 n 取 25 ~ 53 时，系统认为其是 float 类型，用 8 字节存储。

decimal[（p[,s]）]和 numeric[（p[,s]）]：带固定精度和小数位数的数值数据类型。使用最大精度时，有效值为$-10^{38}+1 \sim 10^{38}-1$。numeric 在功能上等价于 decimal。

p（精度）指定了最多可以存储的十进制数字的总位数，包括小数点左边和右边的位数。该精度必须是从 1 到最大精度 38 之间的值。默认精度为 18。

s（小数位数）指定小数点右边可以存储的十进制数字的最大位数。小数位数必须是从 0 到 p 之间的值。仅在指定精度后才可以指定小数位数。默认的小数位数为 0；因此，$0 \leqslant s \leqslant p$。最大存储大小基于精度而变化。例如：decimal(10,5)表示共有 10 位数，其中整数 5 位、小数 5 位。

3）字符数据类型

字符数据类型也是 SQL Server 中最常用的数据类型之一，用来存储各种字母、数字符号和特殊符号。在使用字符数据类型时，需要在其前后加上英文单引号或者双引号。

char(n)：当用 char 数据类型存储数据时，每个字符和符号占用 1 字节的存储空间。n 表示所有字符所占的存储空间，n 的取值为 1 ~ 8 000。若不指定 n 值，系统默认 n 的值为 1。若输入数据的字符串长度小于 n，则系统自动在其后添加空格来填满设定好的空间；若输入的数据过长，将会截掉其超出部分。

varchar(n|max)：n 为存储字符的最大长度，取值范围为 1 ~ 8 000，但可根据实际存储的字符数改变存储空间，max 表示最大存储大小是$2^{31}-1$字节。存储大小是输入数据的实际长度加 2 字节。所输入数据的长度可以为 0 字符。如 varchar（20），则对应的变量最多只能存储 20 字符，不够 20 字符时按实际存储。

nchar(n)：n 个字符的固定长度的 Unicode 字符数据。n 值必须在 1 ~ 4 000 之间（含），如果没有在数据定义或变量声明语句中指定 n，默认长度为 1。此数据类型采用 Unicode 标准字符集，因此每一个存储单位占 2 字节，可将全世界文字囊括在内。

nvarchar(n | max)：与 varchar 相似，存储可变长度 Unicode 字符数据。n 值在 1 ~ 4 000 之间(含)，如果没有在数据定义或变量声明语句中指定 n，默认长度为 1。max 指示最大存储大小为$2^{31}-1$字节。存储大小是所输入字符个数的两倍加 2 字节。所输入数据的长度可以为 0 字符。

4）日期和时间数据类型

（1）date：存储用字符串表示的日期数据，可以表示 0001-01-01 到 9999-12-31（公元元年 1 月 1 日到公元 9999 年 12 月 31 日）间的任意日期值。数据格式为“YYYY-MM-DD”。

YYYY：表示年份的 4 位数字，范围为 0001 ~ 9999。

MM：表示指定年份中的月份的两位数字，范围为 01 ~ 12。

DD：表示指定月份中的某一天的两位数字，范围为 01 ~ 31（最高值取决于具体月份）。

该类型数据占用 3 字节的空间。

（2）time：以字符串形式记录一天中的某个时间，取值范围为 00：00：00.0000000~23：59：59.9999999，数据格式为“hh：mm：ss[.nnnnnnn]”。

· Hh：表示小时的两位数字，范围为 0 ~ 23。

· Mm：表示分钟的两位数字，范围为 0 ~ 59。

· Ss：表示秒的两位数字，范围为 0 ~ 59。

· n 是 0 到 7 位数字，范围为 0 ~ 9999999，它表示秒的小数部分。

time 值在存储时占用 5 字节的空间。

（3）datetime：用于存储时间和日期数据，从 1753 年 1 月 1 日到 9999 年 12 月 31 日，默认值为 1900-01-01 00：00：00，当插入数据或在其他地方使用时，需要用单引号或双引号括起来。可以使用“/”、“-”和“.”作为分隔符。该类型数据占用 8 字节的空间。

（4）datetime2：datetime 类型的扩展，其数据范围更大，默认的小数精度更高，并具有可选的用户定义的精度。默认格式是：YYYY-MM-DD hh：mm：ss[.fractional seconds]，日期存取范围是 0001-01-01~9999-12-31（公元元年 1 月 1 日到公元 9999 年 12 月 31 日）。

（5）smalldatetime：smalldatetime 类型与 datetime 类型相似，只是其存取的范围是从 1900 年 1 月 1 日到 2079 年 6 月 6 日，当日期时间值精度较小时，可以使用 smalldatetime，该类型数据占用 4 字节的空间。

（6）datetimeoffset：用于定义一个采用 24 小时制与日期相组合并可识别时区的一日内时间。默认格式是“YYYY-MM-DD hh：mm：ss[.nnnnnnn] [{+|-}hh：mm]”。

· hh：两位数，范围为-14 ~ 14。

· mm：两位数，范围为 00 ~ 59。

这里 hh 是时区偏移量，该类型数据中保存的是世界标准时间（UTC）值，例如要存储北京时间 2011 年 11 月 11 日 12 点整，存储时该值将是 2011-11-11 12：00：00+08：00，因为北京处于东八区，比 UTC 早 8 个小时。存储该类型数据时默认占用 10 字节大小的固定存储空间。

5）文本和图形数据类型

（1）text：用于存储文本数据，服务器代码页中长度可变的非 Unicode 数据，最大长度为 $2^{31}-1$（2 147 483 647）个字符。当服务器代码页使用双字节字符时，存储仍是 2 147 483 647 字节。

（2）ntext：与 text 类型作用相同，为长度可变的 Unicode 数据，最大长度为 $2^{30}-1$（1 073 741 823）个字符。存储大小是所输入字符个数的两倍（以字节为单位）。

（3）image：为长度可变的二进制数据，0 ~ $2^{31}-1$ 个字节。用于存储照片、目录图片或者图画，容量也是 2 147 483 647 字节，由系统根据数据的长度自动分配空间，存储该字段的数据一般不能使用 INSERT 语句直接输入。

注意：在 Microsoft SQL Server 的未来版本中，将删除 text、ntext 和 image 数据类型。请避免在新开发工作中使用这些数据类型，并考虑修改当前使用这些数据类型的应用程序。应改用 nvarchar(max)、varchar(max)和 varbinary(max)。

6）货币数据类型

（1）money：用于存储货币值，取值范围为正负922 337 213 685 477.580 8之间。money数据类型中整数部分包含19个数字，小数部分包含4位数字，因此money数据类型的精度是19，存储时占用8字节的存储空间。

（2）smallmoney：与money类型相似，取值范围为正负214 748.346 8之间，smallmoney存储时占用4字节存储空间。输入数据时在前面加上一个货币符号，如人民币符号为￥。

7）位数据类型

bit称为位数据类型，只取0或1为值，长度1字节。bit值经常当作逻辑值用于判断TRUE（1）和FALSE（0），输入非零值时系统将其换为1。

8）二进制数据类型

（1）binary(n)：是长度为n字节的固定长度二进制数据，其中n是1～8 000的值。存储大小为n字节。在输入binary值时，必须在前面带0x，可以使用0～9和A～F表示二进制值，例如输入0xAA5代表AA5，如果输入数据长度大于定义的长度，超出的部分会被截断。

（2）varbinary(n|max)：是可变长度二进制数据。n可以是1～8 000的值。max指定最大存储大小为2^{31}-1字节。存储大小为所输入数据的实际长度+2字节。

在定义的范围内，不论输入的时间长度是多少，binary类型的数据都占用相同的存储空间，即定义时空间；而对于varbinary类型的数据，在存储时根据实际值的长度使用存储空间。

9）其他数据类型

（1）rowversion：每个数据库都有一个计数器，当对数据库中包含rowversion列的表执行插入或更新操作时，该计数器值就会增加。此计数器是数据库行版本。一个表只能有一个rowversion列。每次修改或插入包含rowversion列的行时，就会在rowversion列中插入经过增量的数据库行版本值。

公开数据库中自动生成的唯一二进制数字的数据类型。rowversion通常用于给表行加版本戳的机制。存储大小为8字节。rowversion数据类型只是递增的数字，不保留日期或时间。

（2）timestamp：是时间戳数据类型，timestamp的数据类型为rowversion数据类型的同义词，提供数据库范围内的唯一值，反映数据修改的相对顺序，是一个单调上升的计数器，此列的值被自动更新。

在CREATE TABLE或ALTER TABLE语句中，不必为timestamp数据类型指定列名，例如：

```
CREATE TABLE EXAMPLETABLE1(PriKey int PRIMARY KEY,timestmp);
```

此时SQL Server数据库引擎将生成timestamp列名；但rowversion不具有这样的行为。在使用rowversion时，必须指定列名，例如：

```
CREATE TABLE EXAMPLETABLE2(PriKey int PRIMARY KEY,VerCol rowversion);
```

需要注意的是，微软将在后续版本的SQL Server中删除timestamp语法的功能。因此在新的开发工作中，应该避免使用该功能，并修改当前还在使用该功能的应用程序。

uniqueidentifier：16字节GUID（Globally Unique Identifier，全球唯一标识符），是SQL Server根据网络适配器地址和主机CPU时钟产生的唯一号码，其中，每个位都是0～9或a～f范围内的十六进制数字。例如，6F9619FF-8B86-D011.B42D-00C04FC964FF，此号码可以通过调用newid()函数获得，在全世界各地的计算机经由此函数产生的数字不会相同。

cursor：是游标数据类型，该类型类似于数据表，其保存的数据中包含行和列值，但是没有索引，游标用来建立一个数据的数据集，每次处理一行数据。

sql_variant：用于存储除文本、图形数据和timestamp数据外的其他任何合法的SQL Server数据，可以方便SQL Server的开发工作。

table：用于存储对表或者视图处理后的结果集。这种新的数据类型使得变量可以存储一个表，从而使函数或过程返回查询结果更加方便、快捷。

xml：是存储 xml 数据的数据类型。可以在列中或者 xml 类型的变量中存储 xml 实例。存储的 xml 数据类型表示实例大小不能超过 2 GB。

2. 自定义数据类型

SQL Server 允许用户自定义数据类型，用户自定义数据类型是建立在 SQL Server 系统数据类型基础上的，自定义的数据类型使得数据库开发人员能够根据需要定义符合自己开发需求的数据类型。自定义数据类型虽然使用比较方便，但是需要大量的性能开销，所以使用时要谨慎。当用户定义一种数据类型时，需要指定该类型的名称、所基于的系统数据类型以及是否允许为空等。

SQL Server 为用户提供了两种方法来创建自定义数据类型。下面将分别介绍这两种定义数据类型的方法。

1）使用 SSMS 创建用户定义数据类型

首先连接到 SQL Server 服务器，自定义数据类型与具体的数据库相关，因此在对象资源管理器中创建新数据类型之前，需要选择要创建数据类型所在的数据库，这里选择第 5 章所创建的 teaching 数据库。

依次选择"Test"→"可编程性"→"类型"选项，右击"用户定义数据类型"选项，在弹出的快捷菜单中选择"新建用户定义数据类型"命令，如图 6-1 所示。

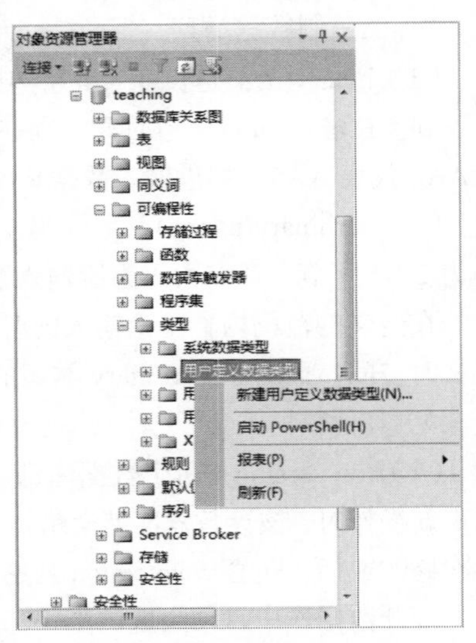

图 6-1 "新建用户定义数据类型"命令

打开"新建用户定义数据类型"窗口，在"名称"文本框中输入需要定义的数据类型的名称，这里输入新数据类型的名称为 Dizhi，表示存储一个地址数据值，在"数据类型"下拉列表框中选择 char 数据类型，将"长度"指定为 8 000，如果用户希望该类型的字段值为空，则可以选择"允许 NULL 值"复选框，其他参数不进行更改，如图 6-2 所示。

单击"确定"按钮，完成用户定义数据类型的创建，在左侧对象资源管理器中选择"用户定义数据类型"选项，即可看到新创建的自定义数据类型，如图 6-3 所示。

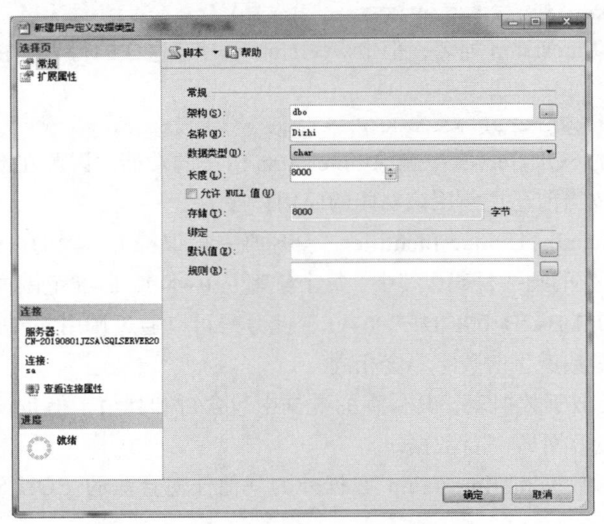

图 6-2 "新建用户定义数据类型"窗口

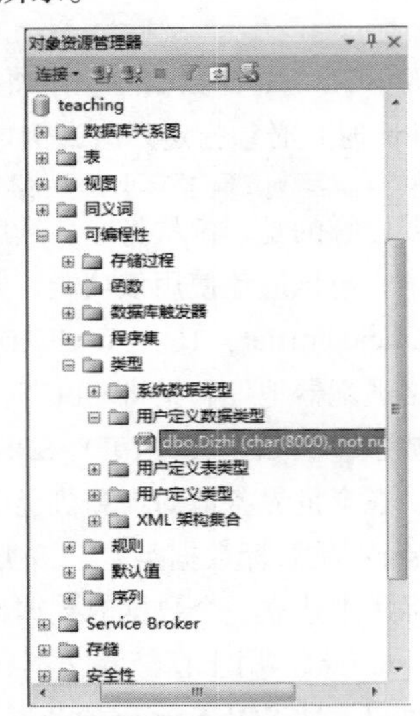

图 6-3 "用户定义数据类型"选项

2）使用存储过程创建用户定义数据类型

除了使用 SSMS 创建自定义数据类型，SQL Server 2014 中的系统存储过程 sp_addtype 也可以为用户提供使用 T-SQL 语句创建自定义数据类型的方法，其语法形式如下：

```
sp_addtype [@typename type,
[@phystype=] system_data_type
[,[@nulltype=]'null_type']
```

其中，各参数的含义如下所述。

type：用于指定用户定义的数据类型的名称。

system_data_type：用于指定相应的系统提供的数据类型的名称及定义。注意，未能使用 timestamp 数据类型，当所使用的系统数据类型有额外说明时，需要用引号将其括起来。

null_type：用于指定用户自定义的数据类型的 null 属性，其值可以为“null”、“not null”或“nonull”。默认时与系统默认的 null 属性相同。用户自定义的数据类型的名称在数据库中应该是唯一的。

【例 6-1】自定义一个地址 HomeAdd 数据类型，T-SQL 语句如下：

```
sp_addtype HomeAdd,'varchar(128)','not null'
```

新建一个使用当前连接进行的查询，在打开的查询编辑器中输入上面的语句，输入完成之后单击“执行”按钮，即可完成用户定义数据类型的创建，执行结果如图 6-4 所示。读者可以自行到对象资源管理器中的“用户定义数据类型”选项下查看。

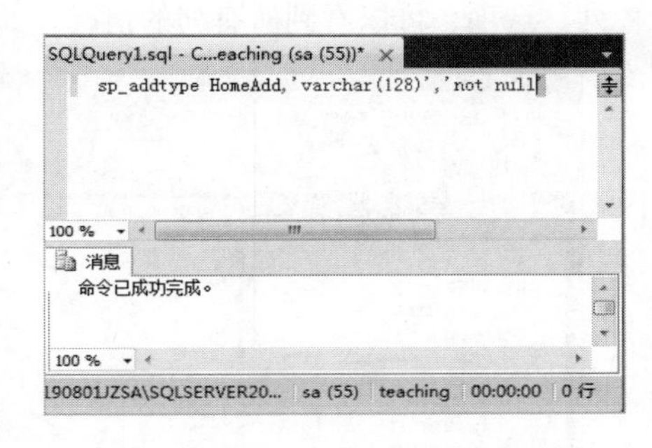

图 6-4　自定义 HomeAdd 数据类型

3）删除用户自定义数据类型

删除用户自定义数据类型的方法也有两种。

第一种是在对象资源管理器中右击想要删除的数据类型，在弹出的快捷菜单中选择“删除”命令，打开“删除对象”窗口，单击“确定”按钮即可。

另一种方法就是使用系统存储过程 sp_droptype 来删除，语法格式如下：

```
sp_droptype type
```

type 为用户定义的数据类型，例如这里要删除 HomeAdd 数据类型，T-SQL 语句如下：

```
sp_droptype HomeAdd
```

注意：数据库中正在使用的用户定义数据类型不能被删除。

6.1.2　使用 SSMS 创建表

在 SSMS 中，提供的创建表的方法可以让用户轻而易举地完成表的创建，在创建表之前，要明确表中每个属性（列）的数据结构。

【例 6-2】在数据库 teaching（teaching）中创建 student（学生）表，该表的结构定义如表 6-1 所示。

表 6-1　student 表的结构

字段名	数据类型	长度	是否允许为空	键值	说明
sno	char	8	否	主键	学号
sname	varchar	20	否		姓名
ssex	nchar	2	否		性别
sage	tinyint		是		年龄
en_time	date		是		入学时间
specialty	varchar	20	是		专业
grade	char	4	否		年级

（1）启动 SSMS，在对象资源管理器中右击 teaching 数据的“表”选项，在弹出的快捷菜单中选择“表”命令，如图 6-5 所示。

（2）在 SSMS 右侧，弹出表的“设计”窗口，在其上半部分输入各个列的基本属性，在其下半部分指定该列的详细参数，如图 6-6 所示。

（3）选中要设置为主键的列——sno，单击工具栏上钥匙形状的“设置主键”按钮，或选择“表设计器”菜单中的“设置主键”命令，将其设置为主键。

（4）定义好表中的所有列之后，单击“保存”按钮或者选择“文件”菜单中的“保存表名”命令。

（5）在弹出的“选择名称”对话框中为该表输入一个名称，如图 6-7 所示，单击“确定”按钮。

（6）此时 student 表创建成功，在对象资源管理器中展开该表的“列”选项，可以看到所有列的情况，如图 6-8 所示。

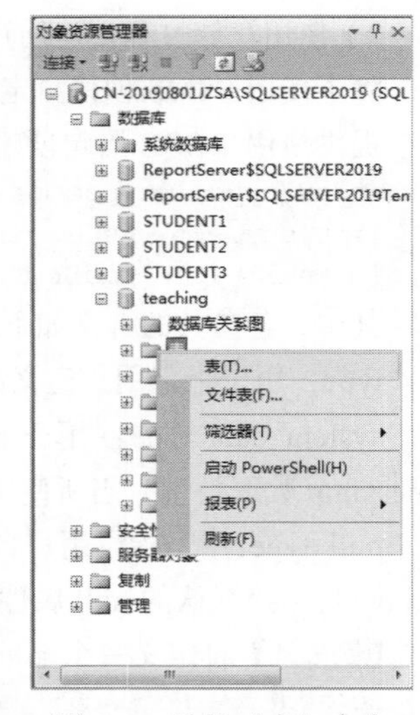

图 6-5　选择“表”命令

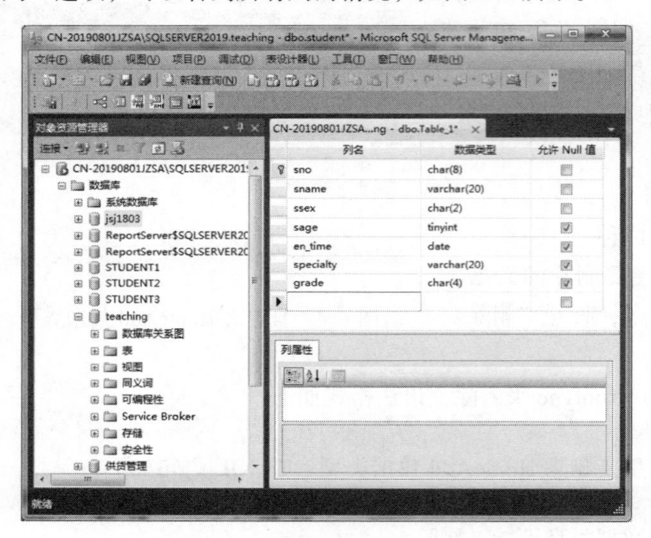

图 6-6　表的“设计”窗口

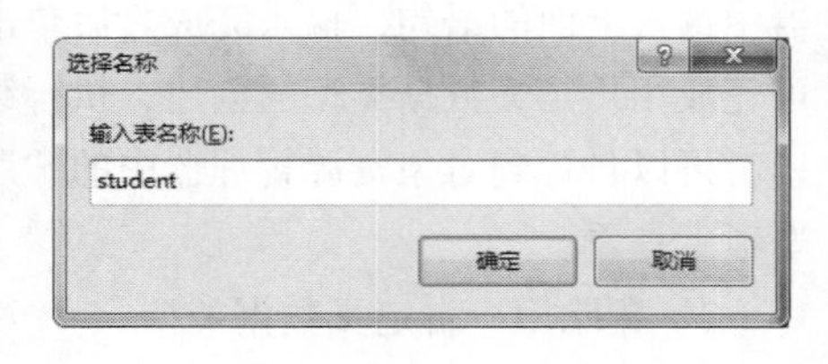

图 6-7　“选择名称”对话框

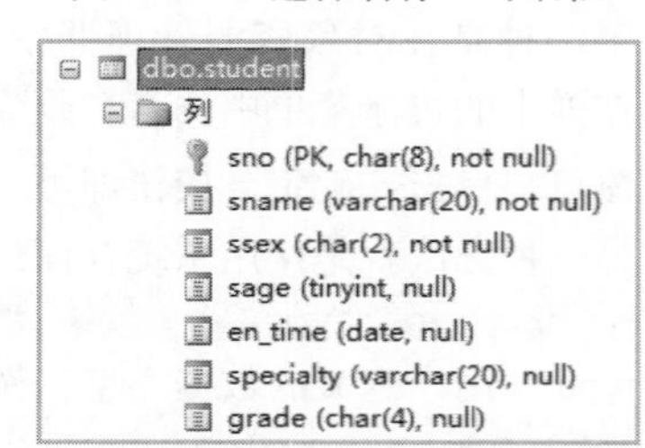

图 6-8　student 表的“列”选项

6.1.3　使用 T-SQL 创建表

SQL Server 2014 可以使用 T-SQL 语句创建表。在 T-SQL 中，使用 CREATE TABLE 语句创建数据表，该语句非常灵活，其基本语法格式如下：

```
CREATE TABLE
[database_name.schema_name.|schema_name.]table_name (<column_definition>)
```

其中各参数含义如下：

```
<column_definition>::=column_name <type_name> [NULL|NOT NULL]
[<column_constraint>] DEFAULT constant_expression]
<column_constraint>::=[CONSTRAINT constraint_name ]
{{PRIMARY KEY|UNIQUE }[CLUSTERED|NONCLUSTERED]
|[FOREIGN KEY ]REFERENCES referenced_table_name [(ref_column)]
|CHECK(logical_expression)}
```

database_nam：要在其中创建表的数据库的名称。database_name 必须指定现有数据库的名称。如果未指定，则 database_name 默认为当前数据库。

schema_name：新表所属架构的名称。

table_name：新表的名称。

type_name：指定列的数据类型

CONSTRAINT：可选关键字，表示 PRIMARY KEY、NOT NULL、UNIQUE、FOREIGN KEY 或 CHECK 约束定义的开始。

constraint_name：约束的名称。约束名称必须在表所属的架构中唯一。

NULL|NOT NULL：确定列中是否允许使用空值。

PRIMARY KEY：是通过唯一索引对给定的一列或多列强制实体完整性的约束。每个表只能创建一个 PRIMARY KEY 约束。

UNIQUE：一个约束，该约束通过唯一索引为一个或多个指定列提供实体完整性。一个表可以有多个 UNIQUE 约束。

CLUSTERED|NONCLUSTERED：指定为 PRIMARY KEY 或 UNIQUE 约束创建聚集索引还是非聚集索引。PRIMARY KEY 约束默认为 CLUSTERED，UNIQUE 约束默认为 NONCLUSTERED。

在 CREATE TABLE 语句中，可只为一个约束指定 CLUSTERED。如果在为 UNIQUE 约束指定 CLUSTERED 的同时又指定了 PRIMARY KEY 约束，则 PRIMARY KEY 将默认为 NONCLUSTERED。

【例 6-3】在数据库 teaching 中创建 course（课程）表，该表的结构定义如表 6-2 所示。

表 6-2　course 表的结构

字段名	数据类型	长度	是否允许为空	键值	说明
cno	char	4	否	主键	课程号
cname	varchar	20	否		课程名
classhour	tinyint		否		学时
credit	tinyint		是		学分

在查询编辑器中输入以下代码。

```
USE TEACHING
GO
CREATE TABLE COURSE(
cno char(4) primary key,
cname varchar(20) not null,
classhour tinyint,
credit tinyint)
```

执行结果如图 6-9 所示。

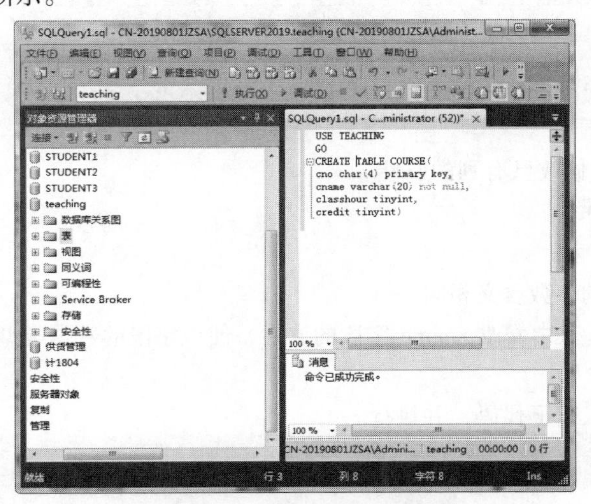

图 6-9　用 T-SQL 语句创建表

6.2 修 改 表

数据表创建完成之后，可以根据需要改变表中已经定义的许多选项。用户除了可以对字段进行增加、删除和修改操作，还可以更改表的名称。

6.2.1 使用 SSMS 修改表

在 SSMS 的对象资源管理器中选择“数据库”选项下的某个具体数据库名称；选择“表”选项，找到要修改的目标表之后，右击目标表名称，在弹出的快捷菜单中选择“设计”命令，如图 6-10 所示。

在右侧将打开该表的设计窗口，可以修改列的数据类型、长度等，与创建表时相同，如图 6-11 所示。

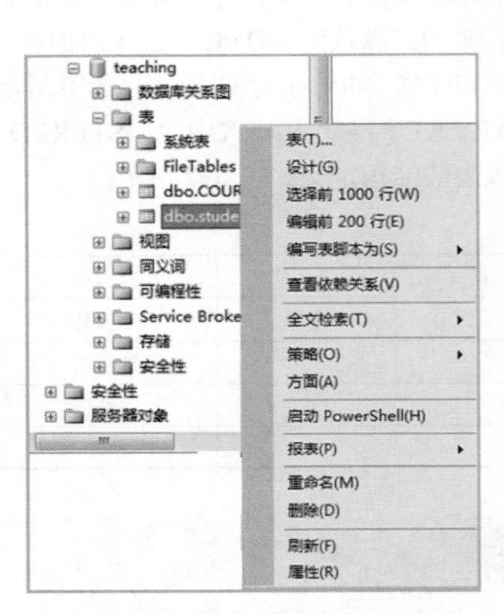

图 6-10　表的快捷菜单

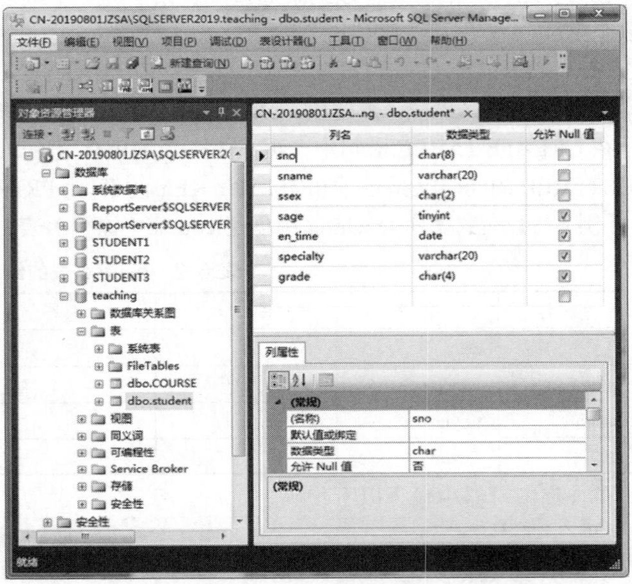

图 6-11　表的“设计”窗口

6.2.2 使用 T-SQL 修改表

修改数据库表可以使用 ALTER TABLE 语句，其基本语法格式如下：

```
ALTER TABLE[ database_name.schema_name.|schema_name.]table_name
{ALTER COLUMN column_name type_name[ NULL|NOT NULL]|
ADD {<column_definition>|<table_constraint>}[,...n]|
DROP{[ CONSTRAINT] constraint_name[,...n]|COLUMN column_name}
```

其中各参数含义如下：

ALTER COLUMN：修改已有列的属性。

ADD：添加列或约束。

DROP：删除列或约束。

其他参数与创建表的参数含义相同。

【例 6-4】 在 student 表中修改 sname 字段的属性，使该字段的数据类型为 varchar（10），允许为空。

在查询编辑器中输入以下代码，并执行。

```
USE TEACHING
GO
ALTER TABLE student
```

```
alter column sname varchar(10) null
```

执行结果如图 6-12 所示。

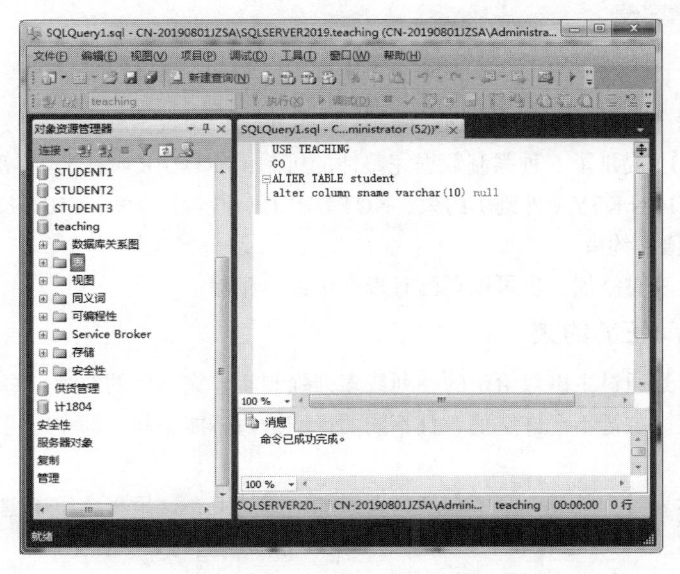

图 6-12　使用 T-SQL 语句修改表的列

【例 6-5】在 course 表中增加新的列——teacher（教师）字段，数据类型为 varchar（10）。

在查询编辑器中输入以下代码，并执行。

```
USE TEACHING
GO
ALTER TABLE course
add teacher varchar(10)
```

执行结果如图 6-13 所示。

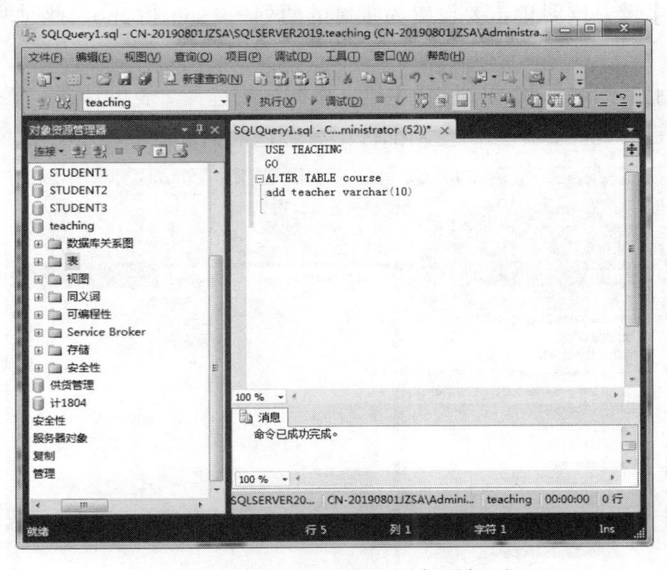

图 6-13　使用 T-SQL 语句增加列

【例 6-6】将 course 表中的 teacher（教师）字段删除。

在查询编辑器中输入以下代码，并执行。

```
USE TEACHING
```

```
GO
ALTER TABLE course
drop column teacher
```

6.3 约　束

用户在使用数据库表时，有时可以通过限制列中数据、行中数据和表之间数据来保证数据的完整性。SQL Server 2014 提供了 6 种强制数据完整性的机制：PRIMARY KEY（主键）约束、UNIQUE（唯一）约束、FOREIGN KEY（外键）约束、NOT NULL（非空）约束、CHECK（取值范围）约束和 DEFAULT（默认值）约束。

约束可以在创建表时添加，也可以在已有表上添加、删除。

6.3.1 PRIMARY KEY 约束

PRIMARY KEY 是通过主键对给定的一列或多列强制实体完整性的约束。每个表只能创建一个 PRIMARY KEY 约束。主键不允许空值，且不同两行的键值不能相同，即主键可以唯一标识一个元组（记录）。

前面在介绍创建表时，已经介绍了在某列上添加主键约束，这里将介绍主键包含多个列时的创建方法、使用 T-SQL 语句在已有表上添加主键约束和删除主键约束。

1. 在 SSMS 定义表的同时设置主键约束

【例 6-7】在 teaching 数据库中，创建 sc（选课）表，包括 sno（学号）、cno（课程号）和 score（成绩），其中 sno（学号）、cno（课程号）分别与 student 和 course 表中相应的列的数据类型一致，score（成绩）为 tinyint 类型，并将 sno（学号）、cno（课程号）的组合设置为主键。

（1）启动 SSMS，在对象资源管理器中右击 teaching 数据的“表”选项，在弹出的快捷菜单中选择“表”命令。在右侧弹出表的“设计”窗口中，分别添加 sno、cno 和 score 字段，并设置数据类型、长度等属性。

（2）按住【Shift】键，同时单击要设置为主键的两列——sno 和 cno，此时两列都是选中状态，如图 6-14 所示。

（3）单击工具栏上的钥匙形状的“设置主键”按钮，或选择“表设计器”菜单中的“设置主键”命令，将其设置为主键。此时，两列的左侧都标记有金色的钥匙。

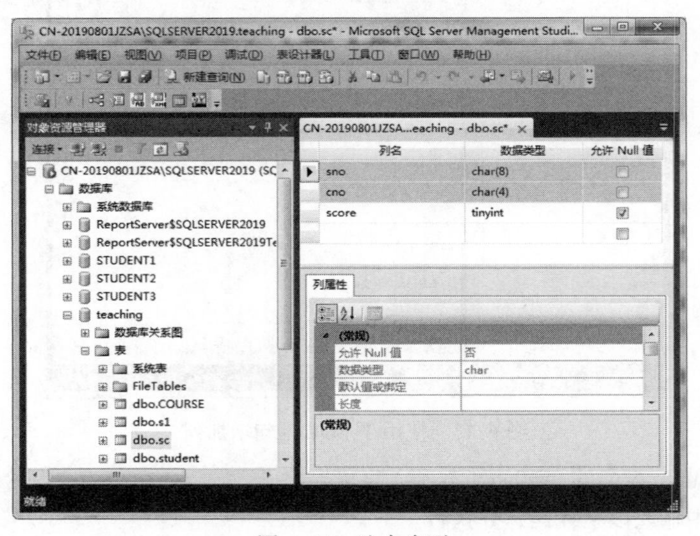

图 6-14　选中多列

（4）定义好表中的所有列之后，单击“保存”按钮或者选择“文件”菜单中的“保存表名”命令。

（5）在弹出的“选择名称”对话框中为该表输入“sc”，单击“确定”按钮。

2. 使用 T-SQL 语句在已有表上添加主键约束

其一般格式如下：

```
ALTER TABLE table_name
ADD[CONSTRAINT constraint_name]
   PRIMARY KEY
[CLUSTERED|NONCLUSTERED]
{(column_name[,…n])}
```

参数 CLUSTERED|NONCLUSTERED 表示由系统自动创建聚集或非聚集索引。

【例 6-8】 使用 T-SQL 语句在 STUDENT1 数据库中先创建“学生”表，然后再为该表中的“学号”字段创建主键约束。

在查询编辑器中输入以下代码，并执行。

```
USE STUDENT1
GO
CREATE TABLE 学生
(学号 char(8) NOT NULL,
姓名 varchar(20) NOT NULL,
性别 char(2) NOT NULL)
ALTER TABLE 学生
ADD CONSTRAINT PK_ST PRIMARY KEY(学号)
```

3. 删除主键约束

用户可以使用 ALTER TABLE 的 DROP CONSTRANIT 子句删除 PRIMARY KEY 约束，其一般格式如下：

```
ALTER TABLE table_name
DROP CONSTRAINT constraint_name[,…n]
```

【例 6-9】 删除 STUDENT1 数据库中学生表的主键约束 PK_ST。

在查询编辑器中输入以下代码，并执行。

```
USE STUDENT1
GO
ALTER TABLE 学生
DROP CONSTRAINT  PK_ST
```

6.3.2 UNIQUE 约束

唯一性约束（UNIQUE）确保在非主键列中不输入重复的值，用于指定一个或者多个列的组合值具有唯一性，以防止在列中输入重复的值。可以对一个表定义多个 UNIQUE 约束，但只能定义一个 PRIMARY KEY 约束。UNIQUE 约束允许 NULL 值，但是当和参与 UNIQUE 约束的任何值一起使用时，每列只允许一个空值。

因此，当表中已经有一个主键值时，就可以使用唯一性约束。例如，在 course（课程）表中，主键约束创建在 cno（课程号）字段上，如果还需要保证 cname（课程名）是唯一的，那么可以在 cname（课程名）字段上添加 UNIQUE 约束。一个表可以有多个 UNIQUE 约束。

当使用唯一性约束时，需要考虑以下几个因素：

（1）使用唯一性约束的字段允许为空值。

（2）一个表中可以允许有多个唯一性约束。

（3）可以把唯一性约束定义在多个字段上。

（4）唯一性约束用于强制在指定字段上创建一个唯一性索引。

（5）默认情况下，创建的索引类型为非聚集索引。

1. 在创建表的同时设置唯一约束

【例 6-10】在 STUDENT1 数据库中，创建“课程”表，为“课程号”字段设置主键约束，为“课程名”字段设置唯一约束。

在查询编辑器中输入以下代码，并执行。

```
USE STUDENT1
GO
CREATE TABLE 课程
(课程号 char(4) PRIMARY KEY,
课程名 varchar(10) UNIQUE NOT NULL)
```

2. 在修改表时设置唯一约束

用户可以使用 ALTER TABLE 的 ADD CONSTRAINT 子句设置 UNIQUE 约束，其一般格式如下：

```
ALTER TABLE table_name
ADD[CONSTRAINT constraint_name] UNIQUE
[CLUSTERED|NONCLUSTERED]
{(column_name[,…n])}
```

【例 6-11】在 STUDENT1 数据库中，为“学生”表的“学号”字段设置唯一约束 UK_XH。在查询编辑器中输入以下代码，并执行。

```
USE STUDENT1
GO
ALTER TABLE 学生
ADD CONSTRAINT UK_XH UNIQUE(学号)
```

用户也可以在给表新增字段时，设置唯一约束，此时直接使用 ADD 子句即可。

【例 6-12】在 STUDENT1 数据库中，为“学生”表增加“身份证号”字段，并设置唯一约束。

在查询编辑器中输入以下代码，并执行。

```
USE STUDENT1
GO
ALTER TABLE 学生
ADD 身份证号 char(18) UNIQUE
```

3. 删除唯一约束

在 SQL Server 2014 中删除唯一约束的方法与删除主键约束相同。

【例 6-13】在 STUDENT1 数据库中，删除“学生”表“学号”字段的唯一约束 UK_XH。

在查询编辑器中输入以下代码，并执行。

```
USE STUDENT1
GO
ALTER TABLE 学生
DROP CONSTRAINT UK_XH
```

6.3.3 FOREIGN KEY 约束

FOREIGN KEY（外键）约束用于强制参照完整性，提供单个字段或者多个字段的参照完整性。定义时，该约束参考同一个表或者另外一个表中主键约束字段或者唯一性约束字段，而且外键表中的字段数目和每个字段指定的数据类型都必须和 REFERENCES 表中的字段相匹配。

FOREIGN KEY 约束要求列中的每个值在被引用表的对应列中都存在，并且被引用的列必须添加 PRIMARY KEY 约束或 UNIQUE 约束。

当使用外键约束时，应考虑以下几个因素：

（1）外键约束提供了字段参照完整性。

（2）外键从句中的字段数目和每个字段指定的数据类型都必须和 REFERENCES 从句中的字段相匹配。

（3）外键约束不能自动创建索引，需要用户手动创建。

（4）用户想要修改外键约束的数据，必须只使用 REFERENCES 从句，不能使用外键子句。

（5）一个表中最多可以有 31 个外键约束。

（6）在临时表中，不能使用外键约束。

（7）主键和外键的数据类型必须严格匹配。

外键约束定义一个或多个列，这些列可以引用同一个表或另外一个表中的主键约束列或唯一约束列。因此，创建外键的同时也创建了表和表之间的依赖关系。

在 SQL Server 2014 中，创建表间关系就是通过创建外键约束实现的。

1. 在 SSMS 中创建表之间的关系

在 SQL Server 2014 中，表和表之间的关系可以通过 SSMS 的对象资源管理器中的“数据库关系图”来实现。

【例 6-14】为 teaching 数据库创建数据库关系图。

（1）启动 SSMS，在对象资源管理器中选择 teaching 数据库，右击“数据库关系图”选项，在弹出的快捷菜单中选择“新建数据库关系图”命令，如图 6-15 所示。

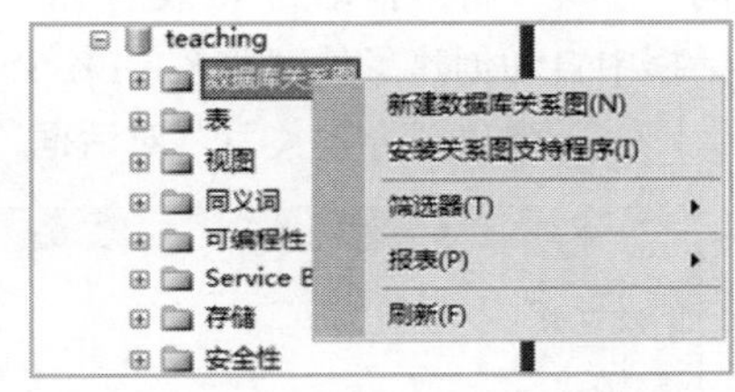

图 6-15 “新建数据库关系图”命令

（2）此时会弹出一个警告对话框，提示“此数据库缺少一个或多个使用数据库关系图所需的支持对象。是否要创建它们？”单击“是”按钮，如图 6-16 所示。

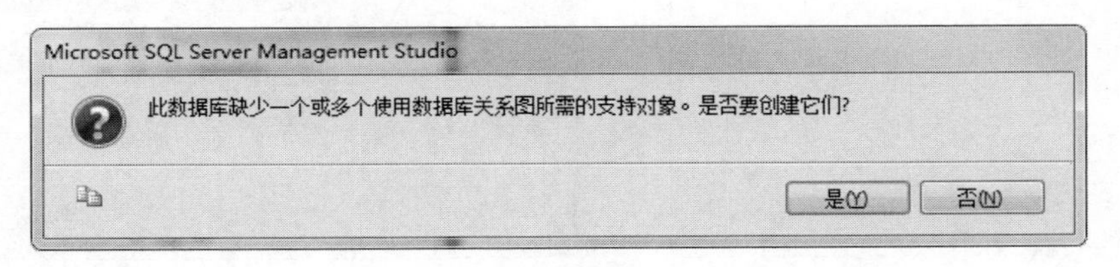

图 6-16 警告对话框

（3）弹出“添加表”对话框，如图 6-17 所示。将三个表都分别选中，并单击“添加”按钮。

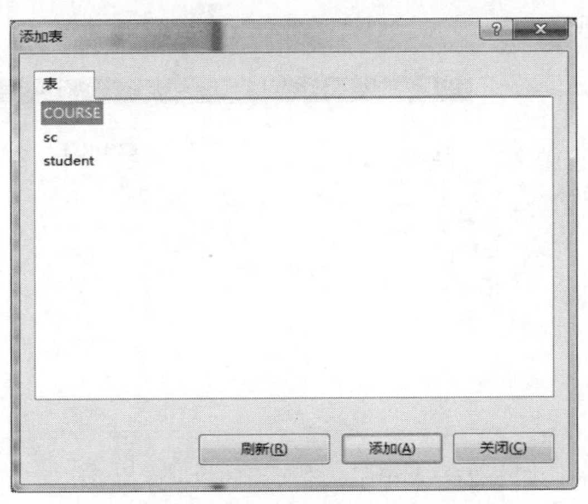

图 6-17 “添加表”对话框

（4）此时，三个表出现在关系图中，位置可以由用户随意拖动，如图 6-18 所示。

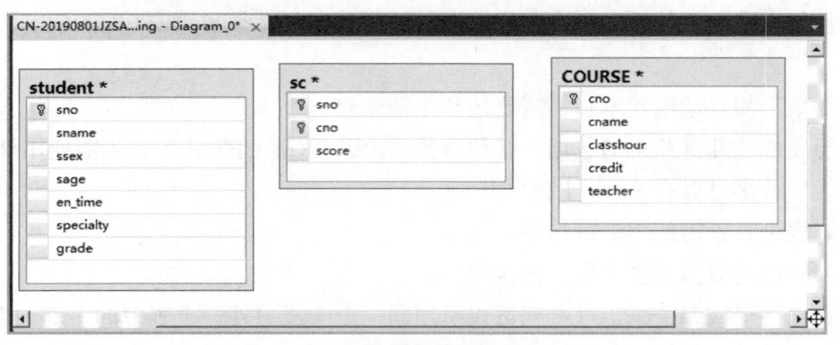

图 6-18 数据库关系图

（5）接下来，要将三个表之间的关系关联起来。从三个表的语义可以发现，student 表中的 sno 应该和 sc 表的 sno 字段有联系，同样地，course 表的 cno 和 sc 表的 cno 也有关联。而且一个 student 表中的 sno，在 sc 表中应该出现多次，也就是 1∶n 的联系；因此，将 student 表中的 sno 字段左侧的“主键”符号拖动到 sc 表的 sno 字段上。此时，弹出“表和列”对话框，如图 6-19 所示。在对话框中自动创建了外键关系“FK_sc_student”，并分别明确了主键表和外键表。单击“确定”按钮。

（6）弹出“外键关系”对话框，如图 6-20 所示，单击“确定”按钮。

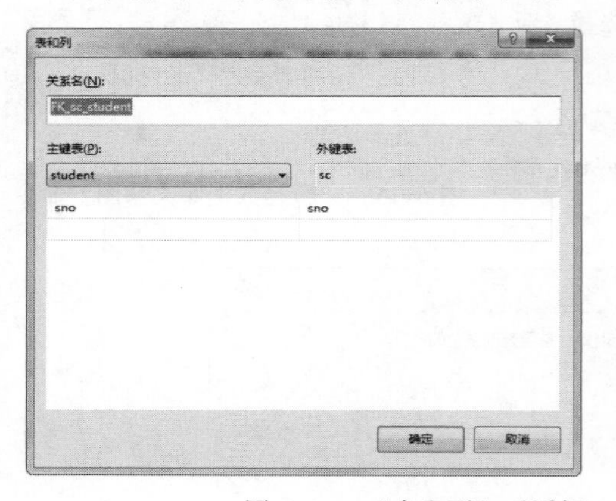

图 6-19 “表和列”对话框

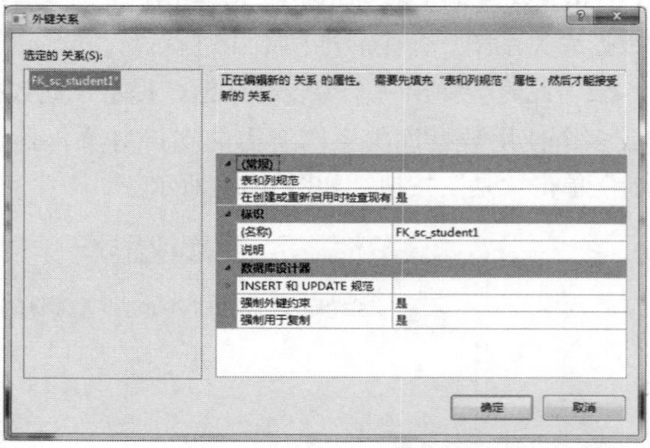

图 6-20 “外键关系”对话框

（7）此时在数据库关系图中将看到从 sc 表发出的指向 student 表的一条连线，该连线表示两个表之间的关系，如图 6-21 所示。

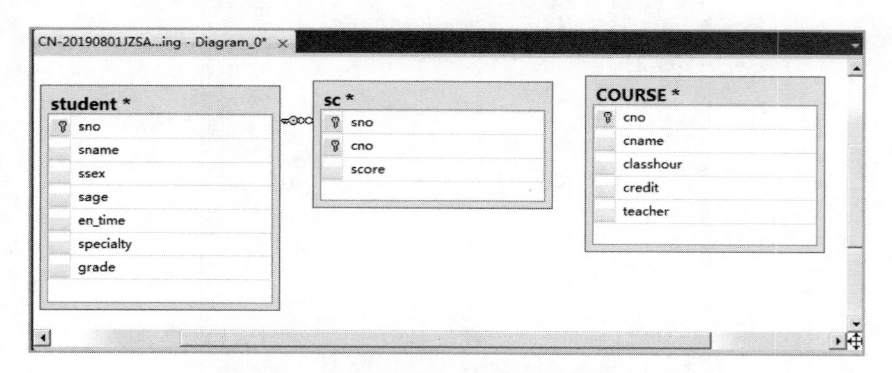

图 6-21 创建了一个关系的数据库关系图

（8）使用同样的方法，为 course 表和 sc 表创建关系。最后完成的数据库关系图如图 6-22 所示。

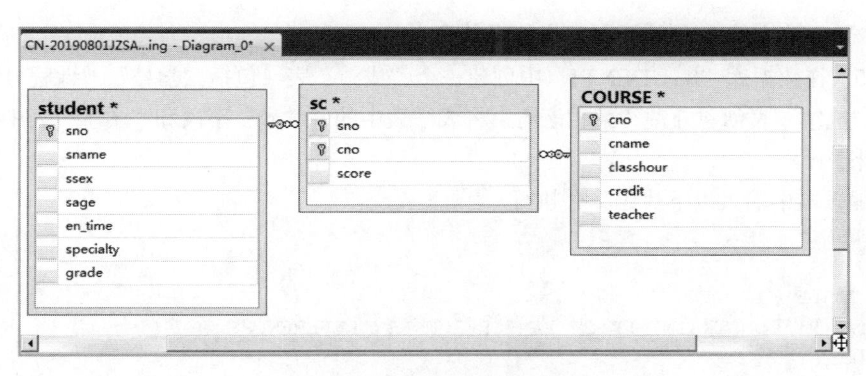

图 6-22　完成的数据库关系图

（9）关系图建好以后，在关闭时会弹出提示是否保存更改的对话框，如图 6-23 所示。单击“是”按钮，弹出“选择名称”对话框，如图 6-24 所示，输入关系图名称，单击“确定”按钮，则表间关系创建完毕，同时相应的外键约束也创建完毕。

（10）最后，弹出“保存”对话框，提示将关系图中用到的表保存到数据库中，单击“是”按钮，如图 6-25 所示。

图 6-23　提示是否保存更改的对话框

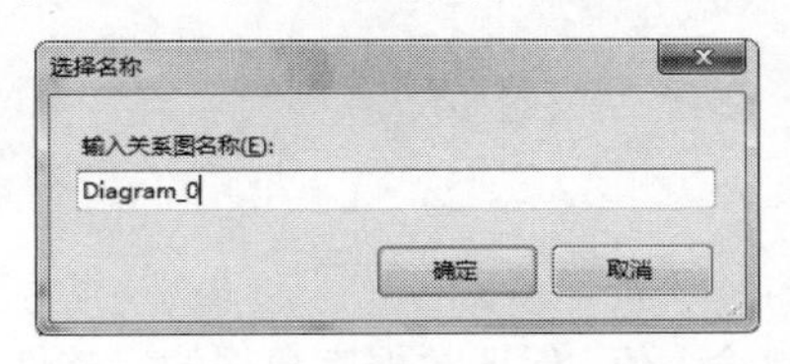

图 6-24　“选择名称”对话框

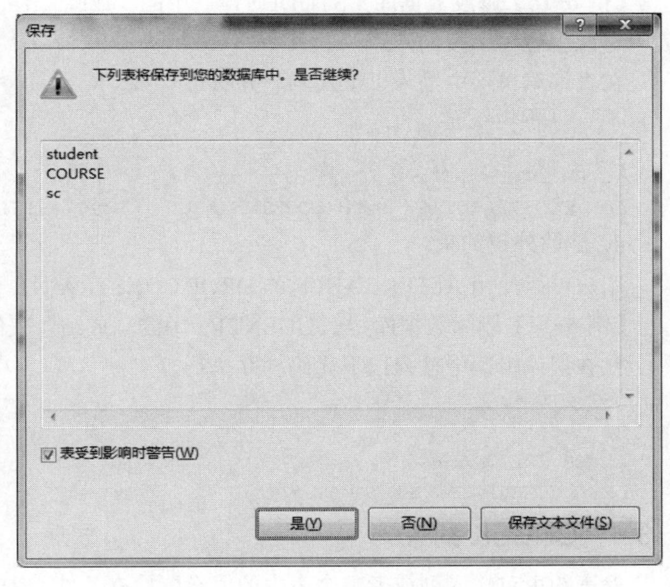

图 6-25　“保存”对话框

读者在创建表间关系时要注意考虑上文提及的几点因素。例如，建立关系的两个表必须已经定义好主键或唯一约束，否则将报错，如图 6-26 所示。

又如，两个表之间的数据类型不匹配，是无法建立关系的，报错信息如图 6-27 所示。

图 6-26　建立关系之前必须为其定义主键或唯一约束

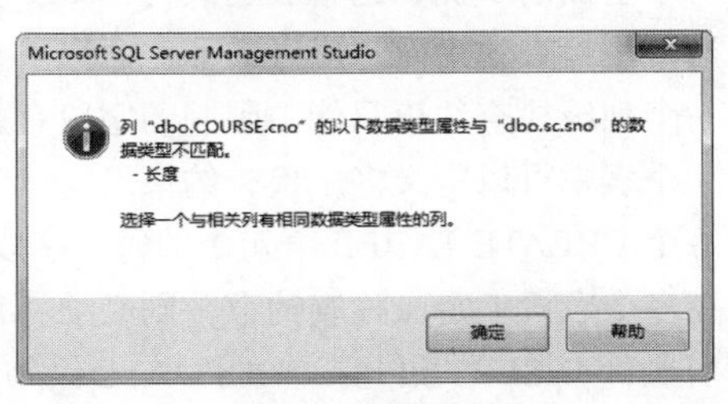

图 6-27　数据类型不匹配无法创建关系

2. 使用 T-SQL 语句在创建表时定义外键约束

【例 6-15】在数据库“STUDENT1”中创建一个“成绩”表，包括“学号”、“课程号”、“成绩”字段，并为“成绩”表创建外键约束，该约束将成绩表中的“学号”字段和“学生”表中的“学号”字段关联起来。

在查询编辑器中输入以下代码，并执行。

```
USE STUDENT1
GO
CREATE TABLE 成绩
(学号 char(8) CONSTRAINT FK_ST_PK FOREIGN KEY REFERENCES 学生(学号),
课程号 char(4),
成绩 int)
```

3. 在修改表时添加外键约束

用户可以使用 ALTER TABLE 的 ADD CONSTRAINT 子句设置外键约束，其一般格式如下：

```
ALTER TABLE table_name
ADD[CONSTRAINT constraint_name]
FOREIGN KEY {(column_name[,…n])}
REFERENCES {ref_table(ref_column [,…n])}
```

【例 6-16】修改数据库“STUDENT1”中的“成绩”表，将“课程号”字段设置为参照“课程”表中“课程号”字段的外键。

在查询编辑器中输入以下代码，并执行。

```
USE STUDENT1
GO
ALTER TABLE 成绩
ADD CONSTRAINT FK_K_CJ FOREIGN KEY (课程号) REFERENCES 课程(课程号)
```

4. 删除外键约束

用户可以使用 ALTER TABLE 的 DROP CONSTRAINT 子句删除外键约束。

【例 6-17】删除数据库“STUDENT1”中的“成绩”表的外键 FK_ST_PK。

在查询编辑器中输入以下代码，并执行。

```
USE STUDENT1
GO
ALTER TABLE 成绩
DROP CONSTRAINT FK_ST_PK
```

6.3.4 CHECK 约束

检查约束对输入列或者整个表中的值设置检查条件，以限制输入值，保证数据库数据的完整性。检查约束通过数据的逻辑表达式确定有效值。例如，定义一个 sage（年龄）字段，可以通过创建 CHECK 约束条件，将 sage 列中值的范围限制为 0 ~ 120 之间的数据。这将防止输入的年龄值超出正常的年龄范围。可以通过任何基于逻辑运算符返回 TRUE 或 FALSE 的逻辑（布尔）表达式创建 CHECK 约束。对于上面的示例，逻辑表达式为：sage>=0 AND age<=120。

当使用检查约束时，应考虑和注意以下几点：

一个列级检查约束只能与限制的字段有关；一个表级检查约束只能与限制的表中字段有关。

一个表中可以定义多个检查约束。

每个 CREATE TABLE 语句中的每个字段只能定义一个检查约束。

在多个字段上定义检查约束，则必须将检查约束定义为表级约束。

当执行 INSERT 语句或者 UPDATE 语句时，检查约束将验证数据。

检查约束中不能包含子查询。

1. 在 SSMS 管理检查约束

【例 6-18】为“teaching”数据库中的“student”表添加检查约束，用以约束 ssex 字段的值必须为“男”或“女”。

（1）启动 SSMS，在对象资源管理器中选择 teaching 数据库的“表”选项，右击 student 选项，在弹出的快捷菜单中选择“设计”命令，在右侧打开表设计器，如图 6-28 所示。

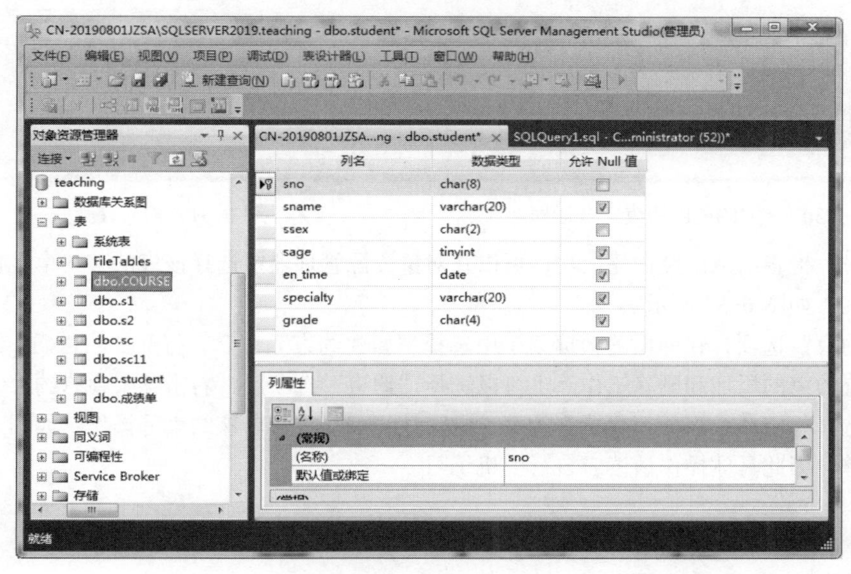

图 6-28　表设计器

（2）单击拟创建约束的 ssex 字段，再单击工具栏中的“管理 Check 约束”按钮，如图 6-29 所示。

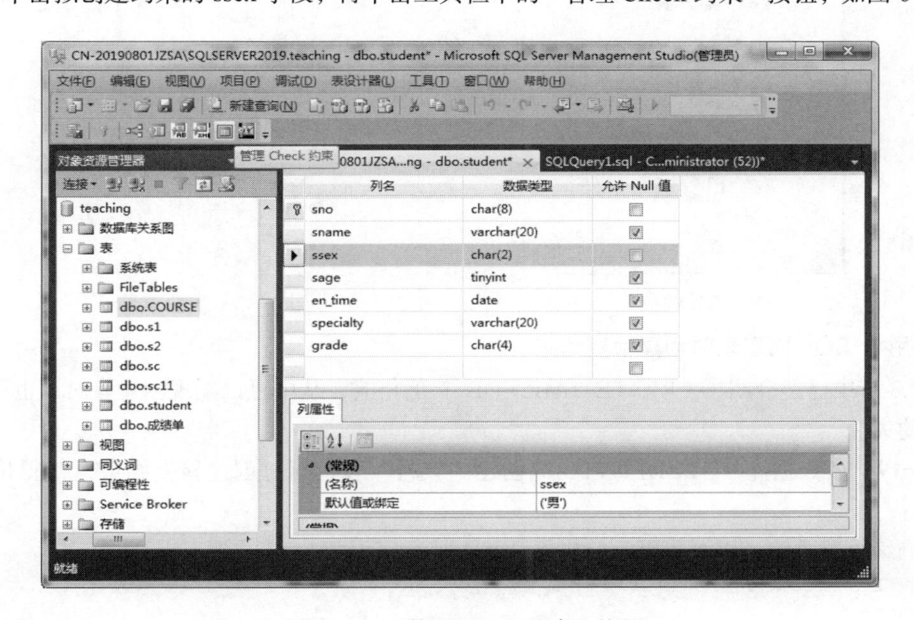

图 6-29　“管理 Check 约束”按钮

（3）在弹出的“CHECK 约束”对话框中，单击左侧下方的“添加”按钮，如图 6-30 所示。

（4）在右侧“常规”栏目的“表达式”文本框中输入“ssex='男' OR ssex='女'”，注意符号应该是英文半角字符。然后，单击“关闭”按钮，如图 6-31 所示。

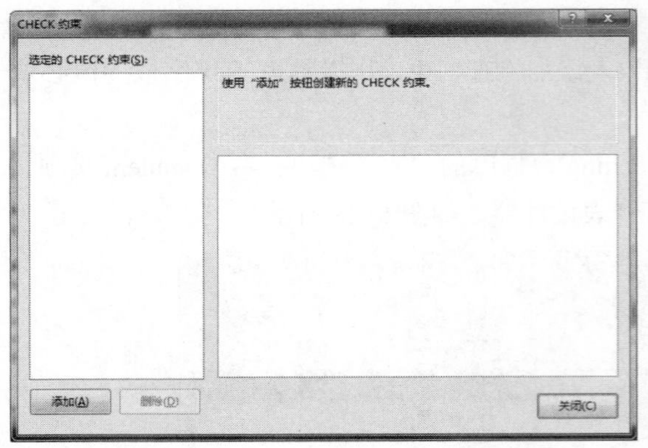

图 6-30 “CHECK 约束”对话框

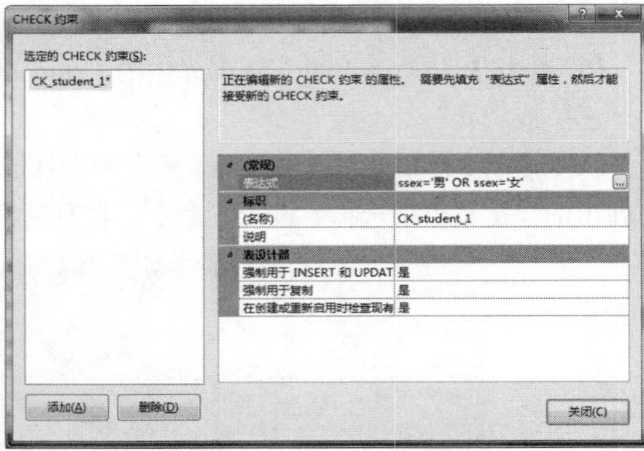

图 6-31 输入表达式

（5）此时，检查约束已经创建成功，可以在对象资源管理器中选择该表的“约束”选项，查看已创建的约束，如图 6-32 所示。

右击“约束”选项，在弹出的快捷菜单中选择“新建约束”命令，打开“CHECK 约束”对话框，进行检查约束的添加和删除工作。也可以选择“约束”选项后，右击某个检查约束，在弹出的快捷菜单中选择相应命令进行新建检查约束、删除该约束、重命名该约束等操作，如图 6-33 所示。操作比较简单，因此具体操作请读者自行上机练习。

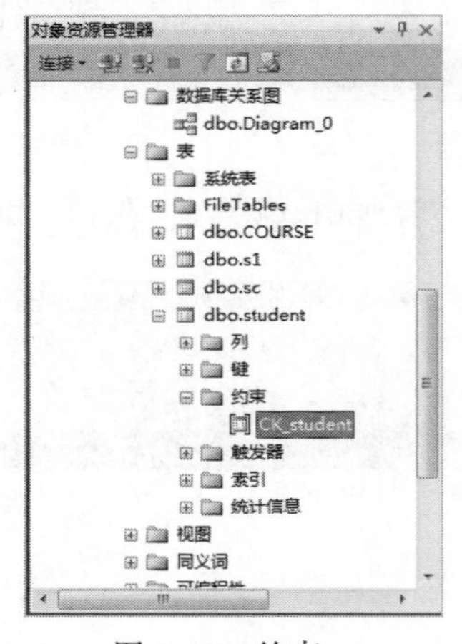

图 6-32 约束

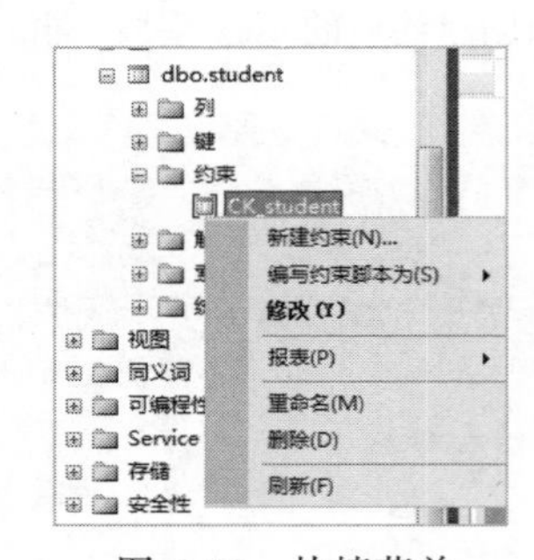

图 6-33 快捷菜单

2. 使用 T-SQL 创建表时创建检查约束

在 6.1.3 节中已经介绍了 CREATE TABLEDE 一般格式，从中可以发现创建表时，也可以同时创建检查约束。

【例 6-19】 在数据库“STUDENT1”中创建“教材”表，同时创建检查约束，使得价格不超过 100。

在查询编辑器中输入以下代码，并执行。

```
USE STUDENT1
GO
CREATE TABLE 教材
(教材号 char(13) PRIMARY KEY,
教材名 varchar(20) NOT NULL,
价格 tinyint NOT NULL CHECK (价格<=100),
课程号 char(4))
```

3. 使用 T-SQL 修改表时创建检查约束

可以使用 ALTER TABLE 的 ADD CONSTRAINT 子句设置检查约束，其一般格式如下：

```
ALTER TABLE table_name
ADD[CONSTRAINT check_name] CHECK(logical_expression)
```

【例 6-20】修改数据库“STUDENT1”中的“成绩”表，创建检查约束，使得成绩取值范围为 0～100。

在查询编辑器中输入以下代码，并执行。

```
USE STUDENT1
GO
ALTER TABLE 成绩
ADD CONSTRAINT CK_CJ CHECK (成绩>=0 AND 成绩<=100)
```

4. 删除检查约束

【例 6-21】删除例 6-20 中创建的检查约束。

在查询编辑器中输入以下代码，并执行。

```
USE STUDENT1
GO
ALTER TABLE 成绩
DROP CONSTRAINT CK_CJ
```

5. 检查约束的表达式

要用好检查约束，必须掌握好约束表达式。在 CHECK 约束中，要使用 LIKE 子句，并通过通配符来实现常见语义的约束，例如要求学号、手机号码都是数字，邮箱格式要规范等。那么就先要理解好以下几个通配符，如表 6-3 所示。

表 6-3　通配符用法及示例表

通 配 符	解　释	示　例
‘_’	一个字符	A Like 'C_'
%	任意长度的字符串	B Like 'CO_%'
[ ]	括号中所指定范围内的一个字符	C Like '9W0[1.2]'
[^]	不在括号中所指定范围内的一个字符	

【例 6-22】在“teaching”数据库的 student 表中，根据现实语义要将 sno 字段约束为 8 个数字字符。

在查询编辑器中输入以下代码，并执行。

```
USE teaching
GO
ALTER TABLE student
ADD CONSTRAINT CK_SNO CHECK (sno like '[0-9][0-9][0-9][0-9][0-9][0-9][0-9][0-9]')
```

【例 6-23】在“STUDENT1”数据库的“学生”表中，根据现实语义在录入 2019 级新生数据前将“学号”字段约束为 8 个数字字符，且前 4 个字符为“2019”，从而保证学号符合语义。

在查询编辑器中输入以下代码，并执行。

```
USE STUDENT1
GO
ALTER TABLE 学生
ADD CONSTRAINT CK_XH2019 CHECK (学号 like '[2][0][1][ 9][0-9][0-9][0-9][0-9]')
```

【例 6-24】在“STUDENT1”数据库的“学生”表中，新增“QQ 邮箱”字段，根据语义，要求此字段内容必须为 QQ 邮箱。

在查询编辑器中输入以下代码，并执行。

```
USE STUDENT1
GO
ALTER TABLE 学生
ADD QQ邮箱 varchar(20) CONSTRAINT CK_YX CHECK (QQ邮箱 like '%[@][q][q][.][c][o][m]')
```

6.3.5 DEFAULT 约束

DEFAULT（默认值）约束指定在插入操作中如果没有提供输入值时，系统自动指定插入值，即使该值是 NULL。当必须向表中加载一行数据但不知道某一列的值，或该值尚不存在，此时可以使用默认值约束。例如：在“学生”表的“性别”字段定义了一个默认约束为“男”。当向该表中输入数据时，如果没有为“性别”字段提供数据，那么默认约束就把默认值“男”自动插入该列中。因此，默认值约束可以用来保证域的完整性。

默认值约束可以包括常量、函数、不带变元的内建函数或者空值。使用默认约束时，应注意以下几点：

（1）每个字段只能定义一个默认值约束。

（2）默认值常量必须与该列的数据类型一致；如果定义的默认值长于其对应字段的允许长度，则输入到表中的默认值将被截断。

（3）不能加入到带有 IDENTITY 属性或者数据类型为 timestamp 的字段上。

（4）如果字段定义为用户定义的数据类型，而且有一个默认绑定到这个数据类型上，则不允许该字段有默认值约束。

（5）默认值约束只能应用于 INSERT 语句。

1. 在 SSMS 中设置默认值约束

【例 6-25】为“teaching”数据库 student 表中的 ssex 字段设置默认值约束为“男”。

（1）启动 SSMS，在对象资源管理器中选择 teaching 数据库的“表”选项，右击 student 选项，在弹出的快捷菜单中选择“设计”命令，在右侧打开表设计器。

（2）单击 ssex 字段后，在下方“列属性”栏中，找到“默认值或绑定”文本框，在其中输入默认值常量，如图 6-34 所示。

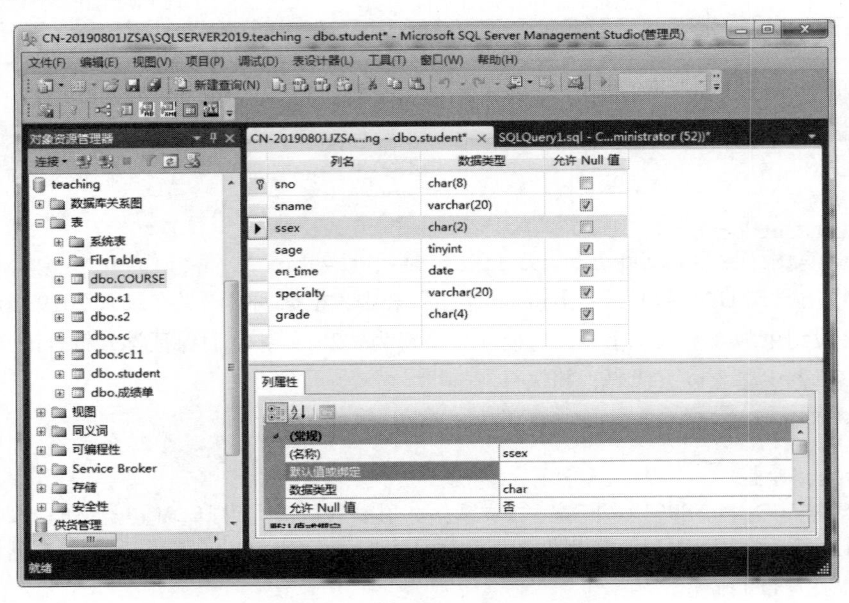

图 6-34　默认值或绑定

2. 使用 T-SQL 创建表时创建默认值约束

在创建表时，也可以同时使用 T-SQL 创建默认值约束。

【例 6-26】在数据库“STUDENT1”中创建“教师”表，包含“工号”、“姓名”、“职称”、“院系”字段，并定义“职称”字段默认值为“讲师”。

在查询编辑器中输入以下代码，并执行。

```
USE STUDENT1
GO
CREATE TABLE 教师
(工号 char(4) PRIMARY KEY,
姓名 varchar(20) NOT NULL,
职称 char(4) DEFAULT '讲师',
院系 char(4))
```

3. 使用 T-SQL 修改表时创建默认约束

【例 6-27】在数据库“STUDENT1”中的“学生”表中增加“入学时间”字段，并为其设置默认值约束，默认值为当前日期。

在查询编辑器中输入以下代码，并执行。

```
USE STUDENT1
GO
ALTER TABLE 学生
ADD 入学日期 date  NULL
CONSTRAINT DF_RX DEFAULT GETDATE()
```

4.删除默认值约束

【例 6-28】删除例 6-24 定义的默认值约束。

在查询编辑器中输入以下代码，并执行。

```
USE STUDENT1
GO
ALTER TABLE 学生
DROP CONSTRAINT DF_RX
```


6.4　表数据的操作

通过学习前几节的内容，读者应该可以定义好表的结构。接下来就需要将数据放到表中进行各种操作。SQL Server 2014 提供了 SSMS 图形用户界面，可以非常方便地进行数据的各种操作，也可以使用 T-SQL 语言完成相应功能。

6.4.1　插入数据

1. 使用 SSMS 工具插入数据

在对象资源管理器中选择数据库和表，右击需要插入数据的表名，在弹出的快捷菜单中选择“编辑前 200 行”命令，如图 6-35 所示。此时出现一个空表，如图 6-36 所示，依次输入数据即可。输入完数据之后，数据表窗口如图 6-37 所示，直接关闭窗口即可，系统将自动保存数据。

2. 使用 T-SQL 插入数据

T-SQL 提供 INSERT 命令实现向表中插入数据的功能，其语法格式如下：

```
INSERT INTO <table_name>[(column_nameliset1)]
{VALUSE(expression[,…n])}
```

命令说明：插入与表结构一一对应的整行数据时可以不指定“列名”。插入部分列数据时，必须指定“列名”，“列名”和“表达式”要一一对应，未指定列取空值或默认值。主键列和非空列必须指定。字符型数据和日期数据要用单引号引起来，数字型数据则直接给出即可。可以同时插入多行数据。

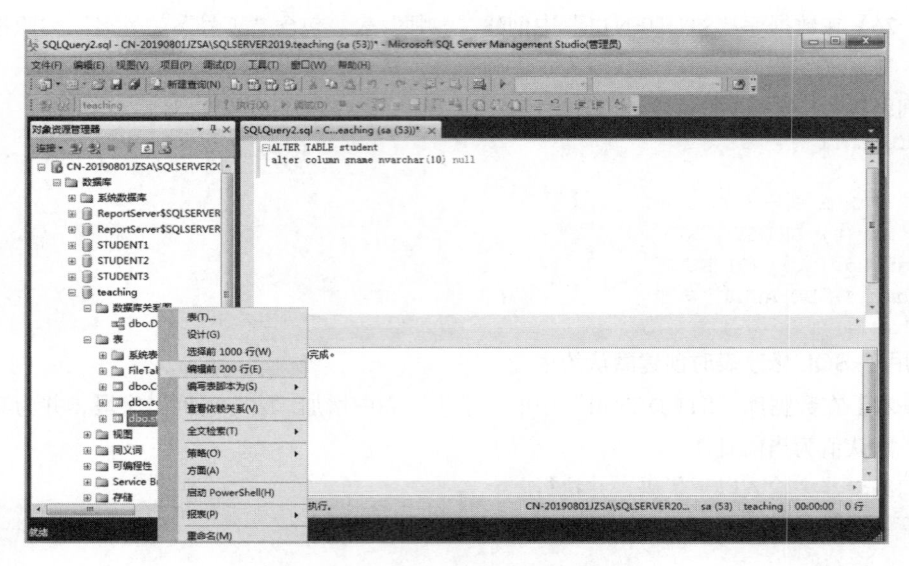

图 6-35　选择“编辑前 200 行”命令

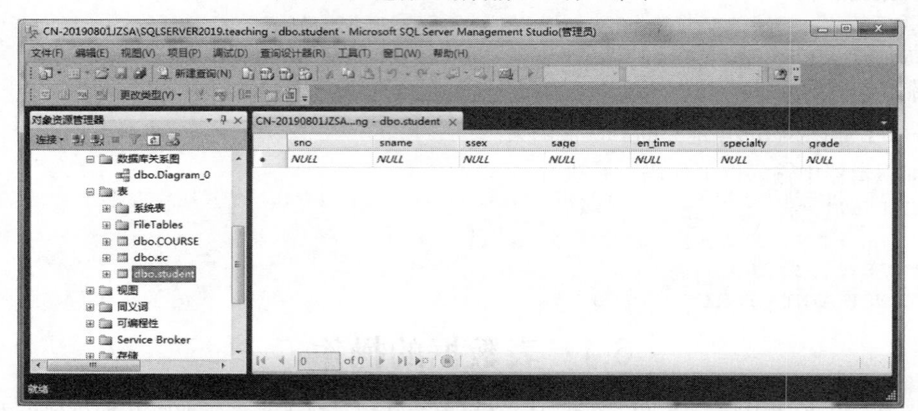

图 6-36　空表窗口

sno	sname	ssex	sage	en_time	specialty	grade
20182403	朱学龙	男	19	2018-09-10	计算机	18级
20182404	周一沪	男	19	2018-09-10	电子商务	18级
20182405	毛定则	男	20	2018-09-10	工学	18级
20182406	彭泽	男	19	2018-09-10	农学	18级
20160211	潘虹	女	22	2016-09-04	计算机	16级
20160212	揭全	男	22	2016-09-04	电子商务	16级
20160213	钟伟文	男	21	2016-09-04	国际贸易	16级
20160214	沈惊鸿	男	21	2016-09-04	会计	16级
20170301	黄凯	女	20	2017-09-08	会计	17级
20170302	陈丽	女	21	2017-09-08	计算机	17级
20170303	徐琦	女	21	2017-09-08	电子商务	17级
20170304	聂强	男	22	2017-09-08	电子商务	17级
20170305	王文	男	21	2017-09-08	计算机	17级

图 6-37　数据表窗口

【例 6-29】向 teaching 数据库的 student 表中插入一条新生记录：'20191032'，'万音匀'，'女'，17，'2019-09-01'，'计算机'，19 级'。

在查询编辑器中输入以下代码，并执行。

```
USE teaching
GO
INSERT INTO student(sno,sname,ssex,sage,en_time,specialty,grade)
VALUES('20191032','万音匀','女',17,'2019-09-01','计算机','19 级');
```

或：

```
INSERT INTO student
VALUES('20191032','万音匀','女',17,'2019-09-01','计算机','19 级');
```

【例 6-30】向 teaching 数据库的 student 表中插入一条新生记录：'20191066'，'刘珊'，'女'，16。

在查询编辑器中输入以下代码，并执行。

```
USE teaching
GO
INSERT INTO student(sno,sname,ssex,sage)
VALUES('20191066','刘珊','女',16);
```

【例 6-31】向 teaching 数据库的 student 表中插入多行新生记录：'20191033'，'杨乐乐'，'女'，17，'2019-09-01'，'电子商务'，'19 级'；'20191088'，'胡平'，'男'，18，'2019-09-01'，'电子商务'，'19 级'；'20191055'，'曾星夜'，'男'，17，'2019-09-01'，'信息计算'，'19 级'。

在查询编辑器中输入以下代码，并执行，如图 6-38 所示。

```
USE teaching
GO
INSERT INTO student
 VALUES('20191033','杨乐乐','女',17,'2019-09-01','电子商务','19 级'),
('20191088','胡平','男',18,'2019-09-01','电子商务','19 级'),
('20191055','曾星夜', '男',17,'2019-09-01','信息计算','19 级')
```

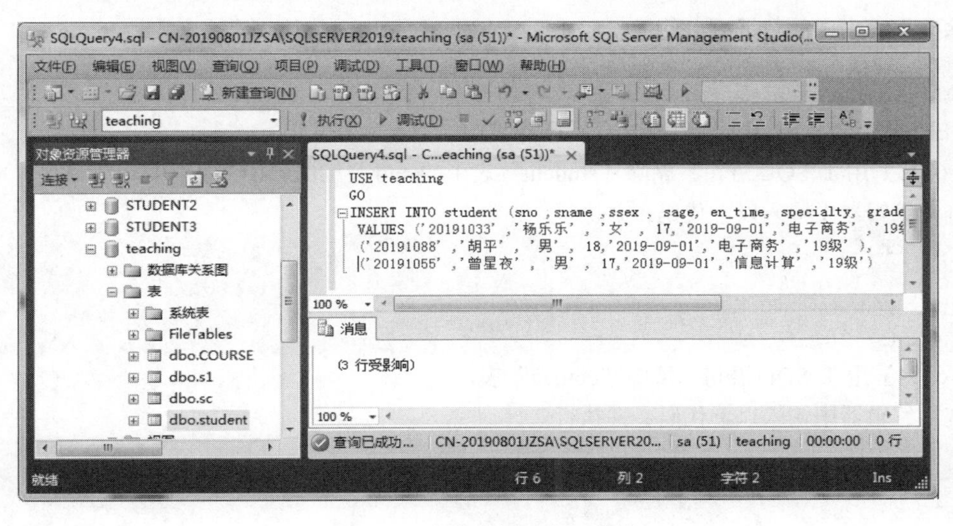

图 6-38　向表中插入多行数据

6.4.2　修改数据

1. 使用 SSMS 工具修改数据

在对象资源管理器中选择数据库和表，右击需要插入数据的表名，在弹出的快捷菜单中选择“编辑前 200 行”命令，此时显示该表的内容，可以直接对数据进行修改操作。

2. 使用 T-SQL 修改数据

T-SQL 提供 UPDATE 命令修改表中数据，其语法格式如下：

```
UPDATE  table_name
SET  column_name= expression [,…n]
[WHERE{ condition_expression}]
```

其中各参数含义如下：

WHERE：可选关键字。缺省时，默认修改表中的每一行数据。

condition_expression：条件表达式。

修改指定基表中满足（WHERE）逻辑条件的元组，即用表达式的值取代相应列的值。如果忽略 WHERE 子句，则表中的全部行将被修改。还可以在 UPDATE 中使用嵌套子查询和相关子查询，相关知识将在 7.2 节中继续讲解。

【例 6-32】将课程“002”的成绩提高 10%。

在查询编辑器中输入以下代码，并执行。

```
USE teaching
GO
UPDATE sc
SET score=score*1.1
WHERE cno='002';
```

6.4.3 删除数据

1. 使用 SSMS 工具删除数据

右击数据库表，在弹出的快捷菜单中选择“编辑前 200 行”命令，右击要删除的记录（可选择多行），在弹出的快捷菜单中选择“删除”命令，在确认对话框中单击“是”按钮，将永久删除所选行，单击“保存”按钮。

2. 使用 T-SQL 语句删除数据

删除数据库表中的数据可以使用 T-SQL 的 DELETE 语句，其基本语法格式为：

```
DELETE  table_name|view_name
[WHERE <condition_expression>]
```

WHERE：可选关键字。缺省时，表示删除表中的所有数据。

【例 6-33】用 T-SQL 语句，删除“student”表中的 sno 为'20191033'的学生。

在查询编辑器中输入以下代码，并执行。

```
USE teaching
GO
DELETE  student
WHERE sno='20191033'
```

【例 6-34】用 T-SQL 语句，清空“course”表。

在查询编辑器中输入以下代码，并执行。

```
USE teaching
GO
DELETE  course
```

3. 清空表中数据

清空表中数据可以使用 T-SQL 的 TRUNCATE TABLE 语句，其基本语法格式为：

```
TRUNCATE TABLE table_name
```

该语句执行的效果与不含有 WHERE 子句的 DELETE 语句相同，但是更加快捷，消耗系统资源和事务日志资源更少。

【例 6-35】用 T-SQL 语句，清空“sc”表。

在查询编辑器中输入以下代码，并执行。

```
USE teaching
GO
TRUNCATE TABLE sc
```

6.4.4 同步数据

在 SQL Server 2014 中，T-SQL 还提供 MERGE 语句。根据与源表连接的结果，对目标表执行插入、更新或删除操作。例如，根据在另一个表中找到的差异在一个表中插入、更新或删除行，可以对两个表进行同步。

也就是说，MERGE 是对关于两个表之间的数据进行操作的。需要使用 Merge 的场景一般包括：数据同步、数据转换、基于源表对目标表进行 Insert、Update、Delete 操作。

MERGE 语句的基本语法如下：

```
MERGE 目标表 a  USING 源表 b
ON(a.条件字段1=b.条件字段1 and a.条件字段2=b.条件字段2 ...)
WHEN MATCHED THEN  语句
WHEN NOT MATCHED [BY TARGET]|BY SOURCE THEN 语句;
```

语句执行时，根据条件字段的匹配结果，如果在目标表中找到匹配记录，则执行 WHEN MATCHED THEN 后面的语句；否则执行 WHEN NOT MATCHED THEN 后面的语句。

WHEN NOT MATCHED BY TARGET 表示目标表不匹配，一般表示源表有数据而目标表没有数据，其中 BY TARGET 是缺省值，因此，后面使用时可以省略不写。

WHEN NOT MATCHED BY SOURCE 表示源表不匹配，一般表示目标表有数据而源表没有该数据的情况。

源表可以是一个基本表，也可以是一个子查询语句。MERGE 语句最后的分号不能省略。

【例 6-36】在“teaching”数据库中，创建和 STUDENT 表结构完全一样的表 S1，用于将 STUDENT 表中的数据同步到 S1 表。

（1）在查询编辑器中输入以下代码，并执行。

```
USE teaching
GO
CREATE TABLE S1(
 sno char(8) PRIMARY KEY,
 sname varchar(10) NULL,
 ssex char(2) NOT NULL,
 sage tinyint NULL,
 en_time date NULL,
 specialty varchar(20) NULL,
 grade char(4) NULL)
```

此时创建完成和 STUDENT 表结构完全一样的表 S1。接下来，将 STUDENT 同步到 S1。

（2）在查询编辑器中输入以下代码，并执行。

```
MERGE S1 USING STUDENT AS S
ON S.SNO=S1.SNO
WHEN NOT MATCHED THEN INSERT (SNO,SNAME,SSEX,SAGE,EN_TIME,SPECIALTY,GRADE)
VALUES (S.SNO,S.SNAME,S.SSEX,S.SAGE,S.EN_TIME,S.SPECIALTY,S.GRADE);
```

语句的执行结果如图 6-39 所示，消息栏中显示“9 行受影响”，意味着 STUDENT 表中的 9 行数据已经同步到 S1 中。

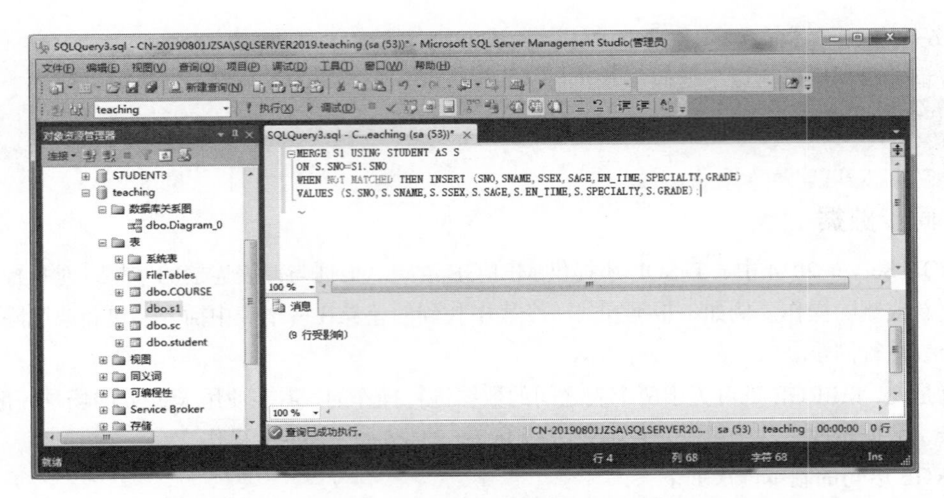

图 6-39　根据源表对目标表执行插入的 MERGE 语句

【例 6-37】例 6-36 保证了源表 STUDENT 有 S1 中缺少的数据的时候的同步插入，但是，如果源表 STUDENT 发生了数据的修改，要求 S1 实现同步更新。

在查询编辑器中输入以下代码，并执行。

```
MERGE S1 USING STUDENT AS S
ON S.SNO=S1.SNO
WHEN MATCHED THEN
UPDATE SET S1.SNAME= S.SNAME, S1.SSEX =S.SSEX, S1.SAGE= S.SAGE, S1.EN_TIME =S.EN_TIME,
S1.SPECIALTY =S.SPECIALTY,S1.GRADE =S.GRADE;
```

读者可以修改源表的数据，然后执行上述语句，再观察目标表中的数据。不难发现，此时已实现了数据的同步更新。

【例 6-38】例 6-37 保证了目标表对源表的同步插入和同步更新，那么如果源表中有数据被删除，要求目标表 S1 能实现同步删除。

在查询编辑器中输入以下代码，并执行。

```
MERGE S1 USING STUDENT AS S
ON S.SNO=S1.SNO
WHEN NOT MATCHED BY SOURCE THEN DELETE;
```

读者可以删除源表的部分数据，然后执行上述语句。再观察目标表中的数据，不难发现，此时已实现了数据的同步删除。

以上三个例题分别实现了目标表对源表的同步插入、同步更新和同步删除，如果需要在同一段代码中实现所有情况的同步，可以将这三个例题中的代码整合到一起，请读者自行完成，并上机验证。

6.5　删除表

删除表，就是将整个表都删除，表的结构和数据都被删除，而且无法恢复。

1. 使用 SSMS 工具删除表

在 SQL Server 2014 中，启动 SSMS，在对象资源管理器中选择数据库和表，右击要删除的表，在弹出的快捷菜单中选择“删除”命令，在弹出的“删除对象”对话框中，单击“确定”按钮，将永久删除该表。

2. 使用 T-SQL 语句删除数据

T-SQL 删除数据库表中的数据可以使用 DROP TABLE 语句，其基本语法格式为：

```
DROP TABLE table_name
```

【例 6-39】删除 S1 表。

在查询编辑器中输入以下代码，并执行。

```
USE teaching
GO
DROP TABLE S1
```

6.6 数据的导入和导出

通过导入和导出数据的操作可以在 SQL Server 2014 和其他类型数据源（例如 Excel 或 Oracle 数据库）之间轻松地移动数据。"导入"是指将数据从其他数据文件加载到 SQL Server 2014，"导出"是指将 SQL Server 2014 表中的数据复制到其他数据文件。

若要成功完成 SQL Server 导入和导出向导，用户必须至少具有下列权限：

（1）连接到源数据库和目标数据库或文件共享的权限。在 Integration Services 中，这需要服务器和数据库的登录权限。

（2）从源数据库或文件中读取数据的权限。在 SQL Server 2014 中，这需要对源表和视图具有 SELECT 权限。

（3）向目标数据库或文件写入数据的权限。在 SQL Server 2014 中，这需要对目标表具有 INSERT 权限。

（4）如果希望创建新的目标数据库、表或文件，则需要具有创建新的数据库、表或文件的足够权限。在 SQL Server 2014 中，这需要具有 CREATE DATABASE 或 CREATE TABLE 权限。

（5）如果希望保存向导创建的包，则需要具有向 msdb 数据库或文件系统进行写入操作的足够权限。在 Integration Services 中，这需要对 msdb 数据库具有 INSERT 权限。

在从 SQL Server 2014 导出数据到 Excel 时，读者还需要注意是否按照数据库引擎可再发行程序包 Access database engine，如果没有，在执行导出操作时，往往会报错"The 'Microsoft.ACE.OLEDB.12.0' provider is not registered on the local machine."针对这样的错误，其解决办法是下载 Access database engine.exe 文件，并在执行安装后重新启动 SSMS。

6.6.1 导入数据

数据的导入是提高数据使用效率的一种有效手段，例如，手上有班级花名册，此时需要建立班级学生表，那么毫无疑问导入数据比将每一个学生的数据都逐一编辑到表中效率高。

【例 6-40】将"花名册.xlsx"中的 Sheet1 工作表中的数据导入到"teaching"数据库中的 STUDENT 表当中。

（1）打开"花名册.xlsx"中的 Sheet1 工作表，如图 6-40 所示，参照 STUDENT 表的结构观察数据，如果数据和 STUDENT 表中各字段及数据类型不匹配，则需要事先进行数据结构的调整，从而保证导入的数据能有效地在 SQL Server 2014 中现有的表中使用。

（2）启动 SSMS，在对象资源管理器中找到 teaching 数据库。右击数据库名称，在弹出的快捷菜单中选择"任务"→"导入数据"命令，如图 6-41 所示。

（3）弹出"SQL Server 导入和导出向导"对话框，如图 6-42 所示，单击"下一步"按钮。

（4）弹出"选择数据源"界面，在"数据源"下拉列表框中选择"Microsoft Excel"选项，在"Excel 文件路径"文本框中输入"花名册.xlsx"所在路径，也可以单击右侧的"浏览"按钮，在"打开"对话框中打开该文件，如图 6-43 所示。

	A	B	C	D	E	F	G	H	I
1	学号	姓名	性别	年龄	专业	年级	省份	民族	联系电话
2	20162402	李天宏	男	21	计算机	16级	贵州省	汉族	18970023606
3	20162404	曹勉	女	20	计算机	16级	广西省	汉族	18170093766
4	20162406	牛星宇	男	21	计算机	16级	山西省	汉族	13767106159
5	20162408	耿宾	男	23	计算机	16级	河南省	汉族	13879102643
6	20162410	晏礼根	男	23	计算机	16级	江西省	汉族	13576273099
7	20162412	孙世成	男	24	计算机	16级	江西省	汉族	15970613328
8	20162414	赖瑋林	女	21	计算机	16级	江西省	汉族	15007992569
9	20162416	夏辉辉	男	23	计算机	16级	江西省	汉族	15979221612
10	20162418	蔡欣琪	女	20	计算机	16级	江西省	汉族	15949548535
11	20162420	马睿昕	男	21	计算机	16级	江西省	汉族	13317029882
12	20162422	蓝翎鹏	男	23	计算机	16级	江西省	畲族	13979255960
13	20162424	陈家俊	男	21	计算机	16级	江西省	汉族	18879252013
14	20162426	颜霖	男	21	计算机	16级	江西省	汉族	18279077826
15	20162428	余佑恩	男	22	计算机	16级	江西省	汉族	18770975592
16	20162430	高霞宇	女	20	计算机	16级	江西省	汉族	13766344931
17	20162432	徐三水	男	21	计算机	16级	江西省	汉族	13576734756
18	20162434	王程湘	男	22	计算机	32级	江西省	汉族	15970049213
19	20162436	赖孟涛	男	21	计算机	33级	江西省	汉族	18214968316
20	20162438	钟宇聪	男	22	计算机	34级	江西省	汉族	18270748108

图 6-40　Excel 表中的数据

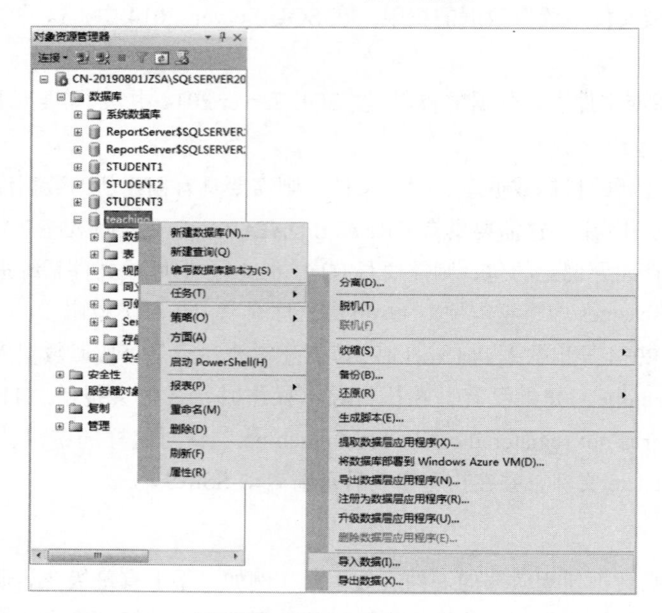

图 6-41　“导入数据”命令

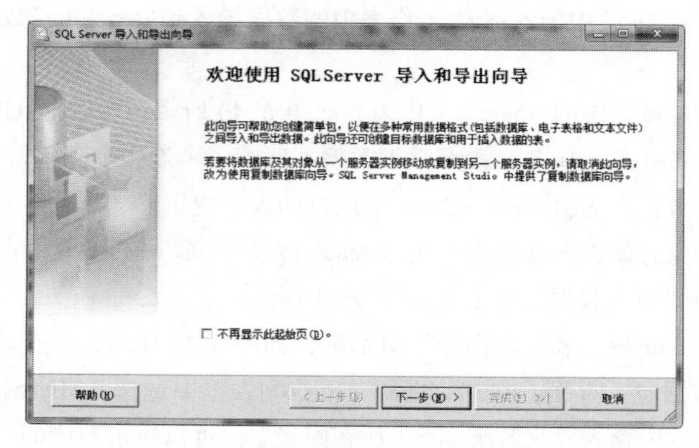

图 6-42　“SQL Server 导入和导出向导”对话框

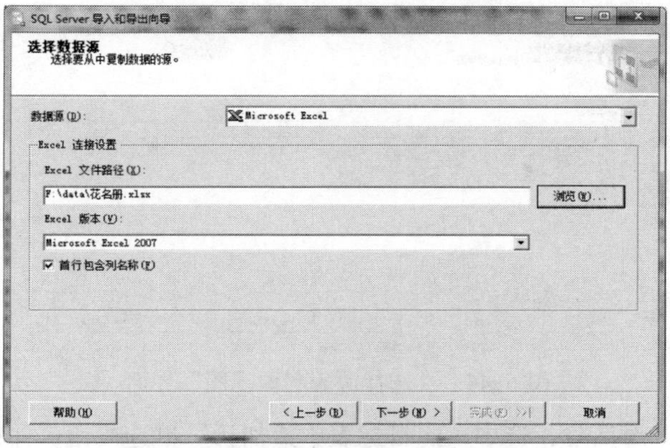

图 6-43　“选择数据源”界面

（5）弹出“选择目标”界面，在“目标”下拉列表框中选择“SQL Server Native Client 11.0”选项，在“服务器名称”下拉列表框中选择“CN-20190801JZSA\SQLSERVER2019”选项，在“身份验证”选项区域中，可以根据实际情况自主选择，此处选中“使用 Windows 身份验证”单选按钮，在“数据库”在下拉列表框中选择“teaching”选项，如图 6-44 所示。

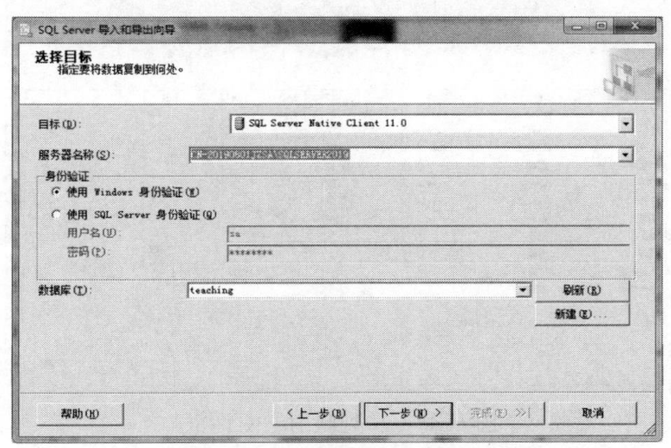

图 6-44　“选择目标”界面

（6）弹出“指定表复制或查询”界面，选中“复制一个或多个表或视图的数据”单选按钮，如图 6-45 所示，单击“下一步”按钮。

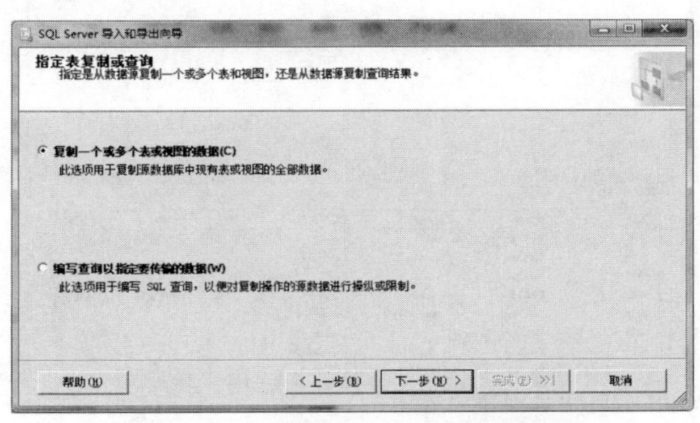

图 6-45　“指定表复制或查询”界面

（7）弹出“选择源表和源视图”界面，在“表和视图”栏中选中源列为“Sheet1$”表，目标列为“[dbo].[student]”，如图 6-46 所示。双击源列下方的“Sheet1$”表。

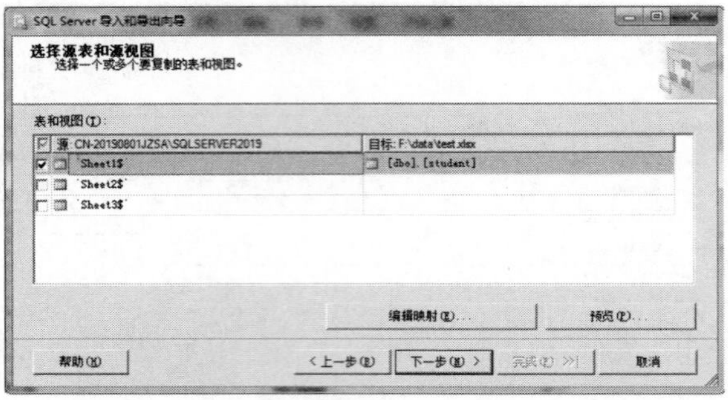

图 6-46 “选择源表和源视图”界面

（8）弹出“列映射”对话框，选中“向目标表中追加行”单选按钮，并在“映射”栏中分别单击每行的“目标”列，从弹出的下拉列表中选择对应的目标列；而如果源数据中有目标表中不需要的字段，则保持其状态为“忽略”，如图 6-47 所示，单击“确定”按钮。

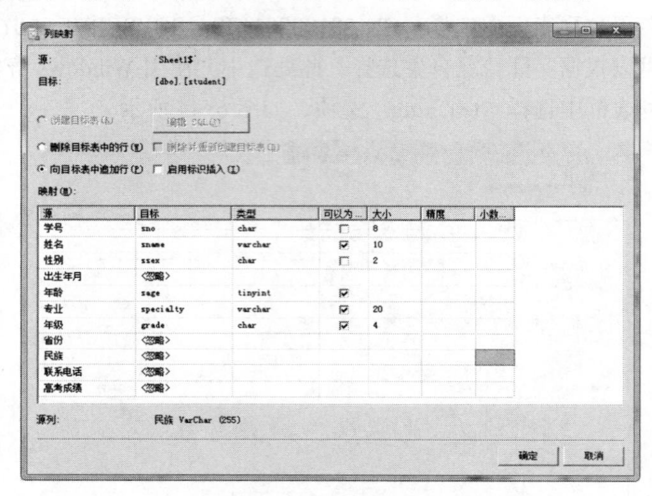

图 6-47 “列映射”对话框

（9）弹出“查看数据类型映射”界面，如图 6-48 所示，查看无误后，单击“下一步”按钮。

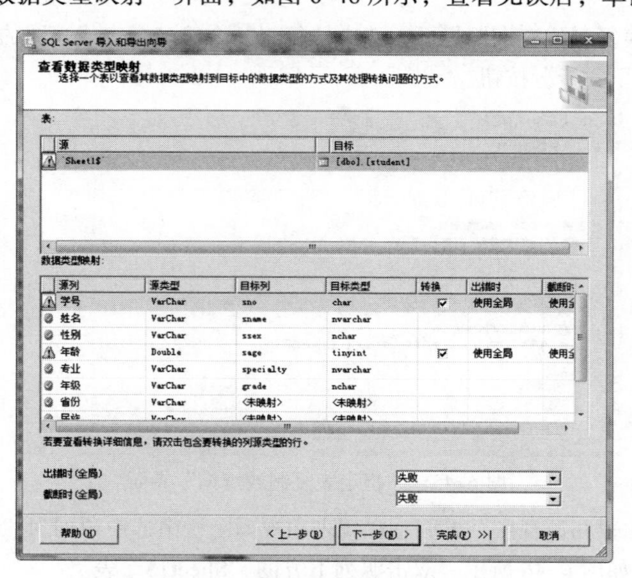

图 6-48 “查看数据类型映射”界面

（10）弹出“运行包”界面，采用默认设置，如图 6-49 所示，单击“下一步”按钮。

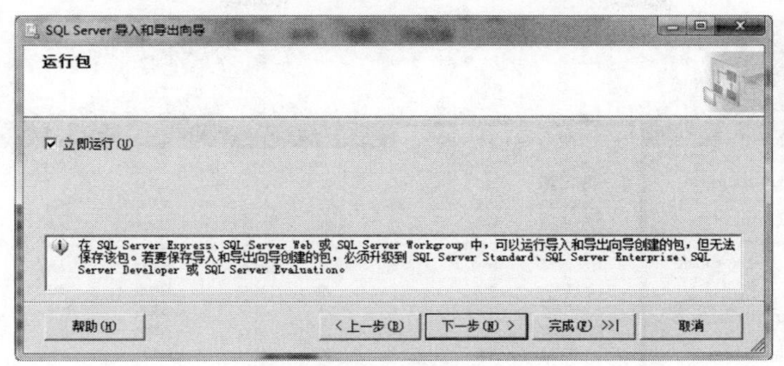

图 6-49　“运行包”界面

（11）弹出“完成该向导”界面，如图 6-50 所示。单击“完成”按钮。

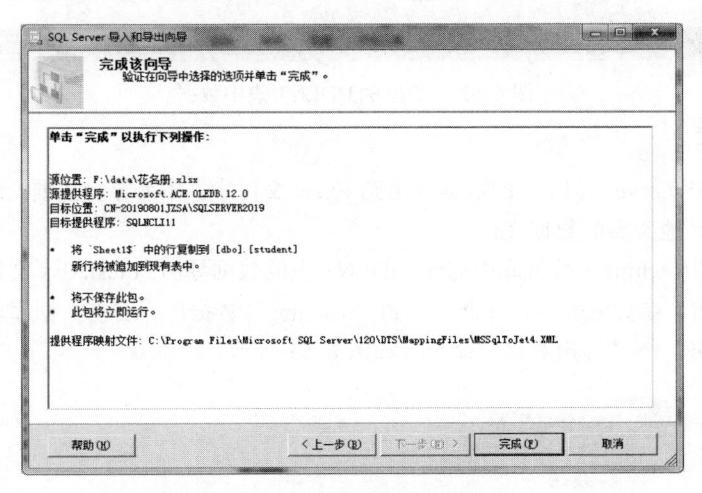

图 6-50　“完成该向导”界面

（12）此时，系统执行导入操作，可以看到执行进度。最后弹出“执行成功”界面，如图 6-51 所示，单击“关闭”按钮即可。

图 6-51　“执行成功”界面

打开 teaching 数据库，查看 STUDENT 表中数据，可以发现导入成功，如图 6-52 所示。

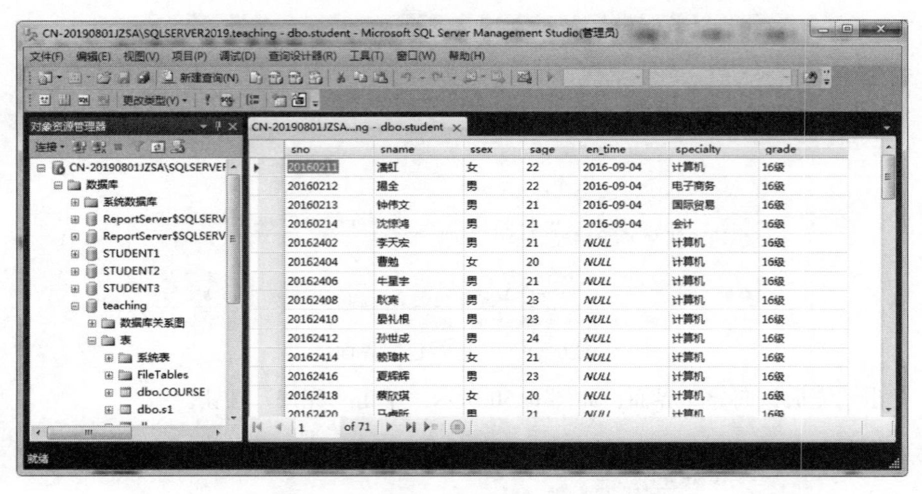

图 6-52　查看 STUDENT 表中数据

6.6.2　导出数据

下面我们将 SQL Server 2014 中的数据导出到 Excel 文件中，作为导出数据的示例，读者可以根据实际情况导出为其他类型的数据文件。

【例 6-41】将“teaching”数据库中的 STUDENT 表的数据导出到 test.xlsx 文件中。

（1）启动 SSMS，在对象资源管理器中找到“teaching”数据库，右击数据库名称，在弹出的快捷菜单中选择“任务”→“导出数据”命令，如图 6-53 所示。

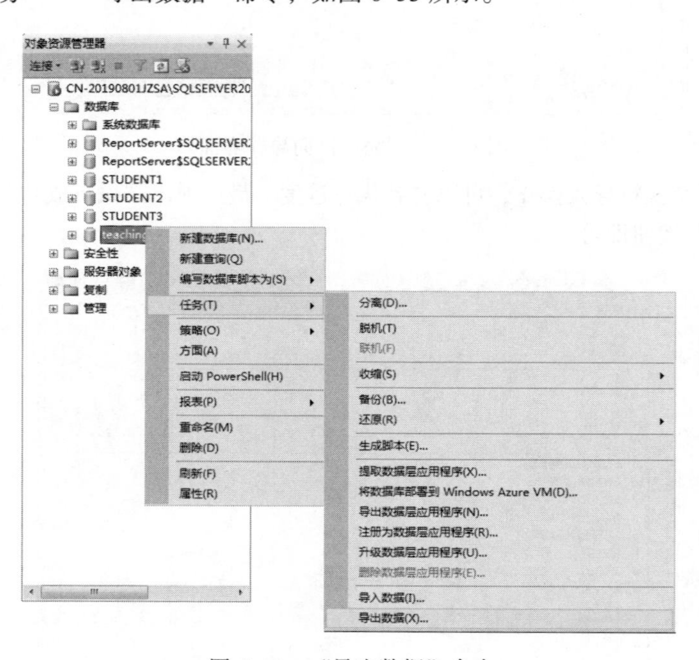

图 6-53　“导出数据”命令

（2）与导入数据操作相似，弹出“SQL Server 导入和导出向导”对话框，单击“下一步”按钮。

（3）弹出“选择数据源”界面，此时将“SQL Server Native Client 11.0”设置为数据源，并设置身份验证方式和数据库，如图 6-54 所示。单击“下一步”按钮。

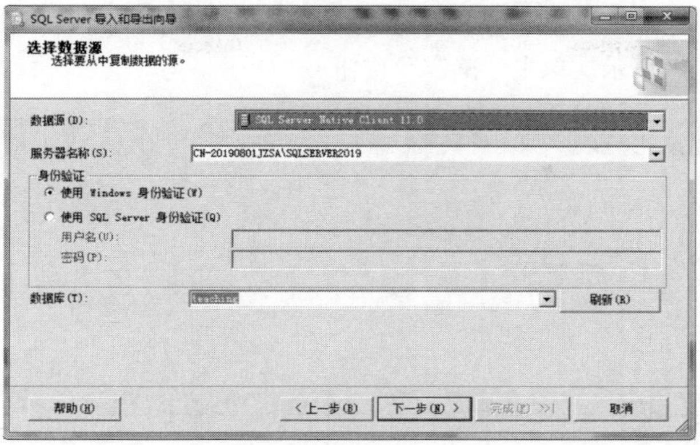

图 6-54 “选择数据源”界面

（4）弹出“选择目标”界面，在“目标”下拉列表框中选择“Microsoft Excel”选项，下方显示“Excel 连接设置”选项区域，在其中的“Excel 文件路径”文本框中输入“test.xlsx”所在路径，如图 6-55 所示。也可以单击右侧的“浏览”按钮，从“打开”对话框中打开该文件，如果该文件不存在，则可以在“打开”对话框中新建该文件。单击“下一步”按钮。

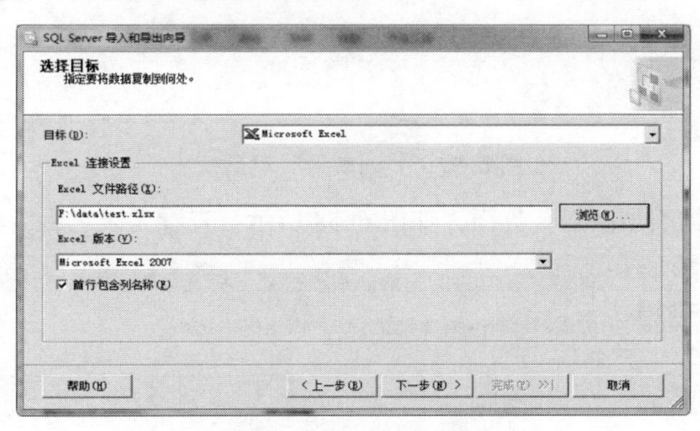

图 6-55 “选择目标”界面

（5）弹出“指定表复制或查询”界面，选中“复制一个或多个表或视图的数据”单选按钮，单击“下一步”按钮。

（6）弹出“选择源表和源视图”界面，在“表和视图”栏中选中源列为“[dbo].[student]”，此时目标列自动更新为“Student”，如图 6-56 所示，单击“下一步”按钮。

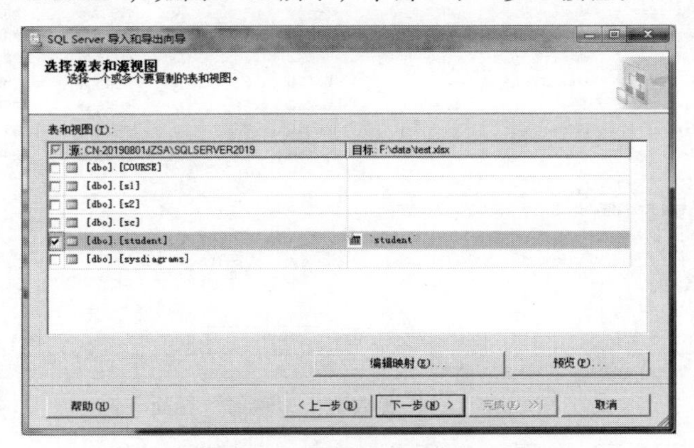

图 6-56 “选择源表和源视图”界面

（7）弹出“列映射”对话框，可以看到数据库中 student 表的每个字段都有一个目标列与之对应，用于接收数据，如图 6-57 所示。单击“确定”按钮。

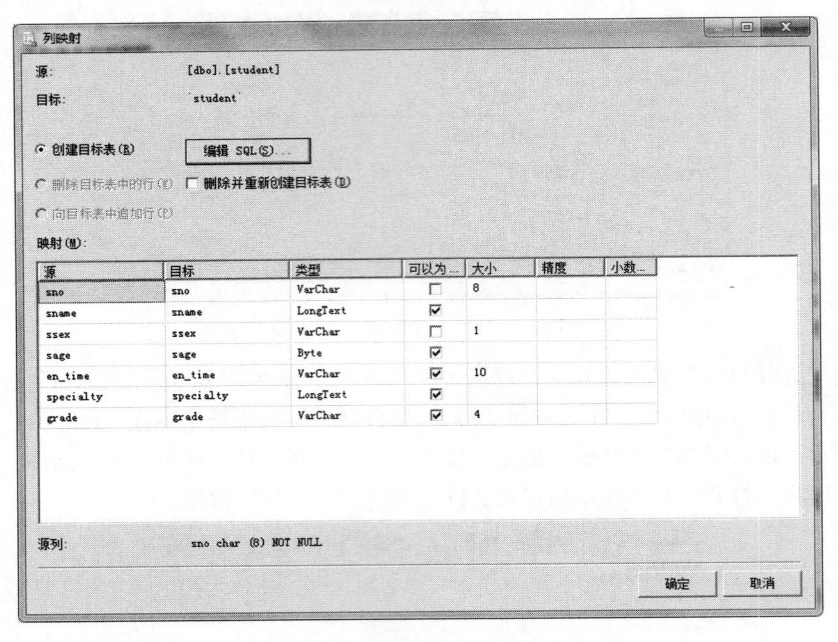

图 6-57 “列映射”对话框

（8）弹出“查看数据类型映射”界面，如图 6-58 所示。查看无误之后，单击“下一步”按钮。

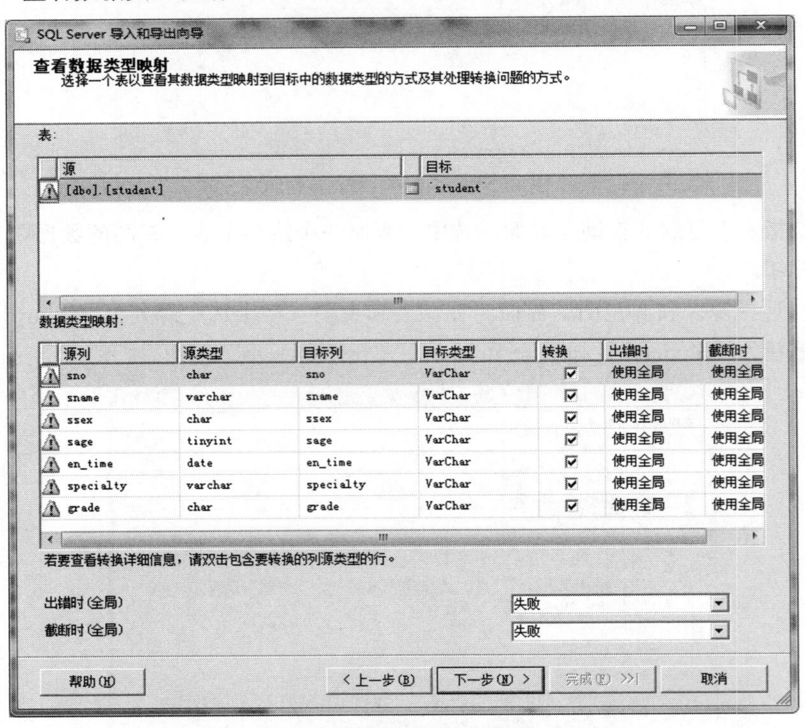

图 6-58 “查看数据类型映射”界面

（9）弹出“运行包”界面，如图 6-59 所示。单击“下一步”按钮。

（10）弹出“完成该向导”界面，如图 6-60 所示。单击“完成”按钮。

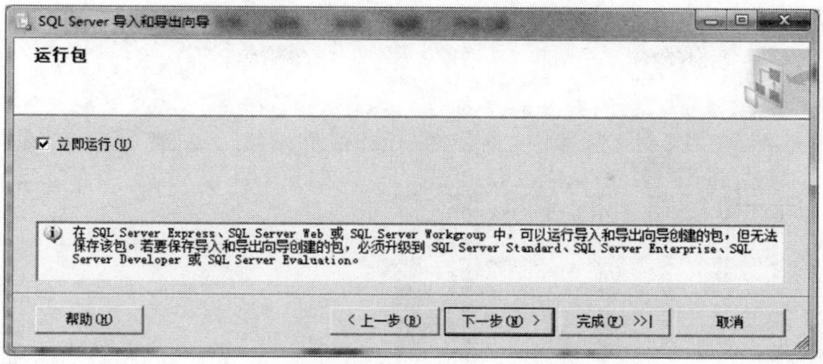

SQL Server 导入和导出向导
运行包
立即运行(U)
在 SQL Server Express、SQL Server Web 或 SQL Server Workgroup 中，可以运行导入和导出向导创建的包，但无法保存该包。若要保存导入和导出向导创建的包，必须升级到 SQL Server Standard、SQL Server Enterprise、SQL Server Developer 或 SQL Server Evaluation。
帮助(H)
< 上一步(B)
下一步(N) >
完成(F) >>|
取消

图 6-59　“运行包”界面

SQL Server 导入和导出向导
完成该向导
验证在向导中选择的选项并单击“完成”。
单击“完成”以执行下列操作：
源位置：CN-20190801JZSA\SQLSERVER2019
源提供程序：SQLNCLI11
目标位置：F:\data\test.xlsx
目标提供程序：Microsoft.ACE.OLEDB.12.0
将 [dbo].[student] 中的行复制到 `Sheet1$`
新行将被追加到现有表中。
将不保存此包。
此包将立即运行。
帮助(H)
< 上一步(B)
下一步(N) >
完成(F)
取消

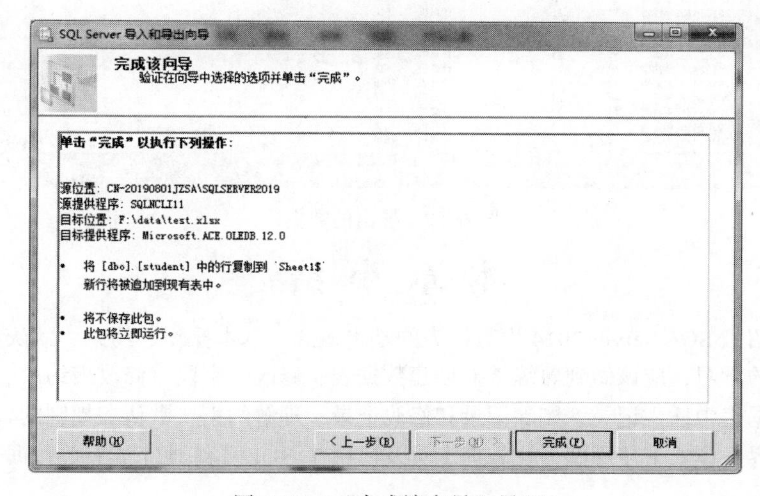

图 6-60　“完成该向导”界面

（11）此时系统开始执行导出工作，执行完毕后，弹出“执行成功”界面，如图 6-61 所示。在消息栏中可以看到“已传输 71 行”字样。

SQL Server 导入和导出向导
执行成功
成功
11 总计
11 成功
0 错误
0 警告
详细信息(D)：
操作
状态
消息
正在初始化数据流任务　成功
正在初始化连接　成功
正在设置 SQL 命令　成功
正在设置源连接　成功
正在设置目标连接　成功
正在验证　成功
准备执行　成功
执行之前　成功
正在执行　成功
正在复制到 `Sheet1$`　成功　已传输 71 行
执行之后　成功
停止(S)
报告(R)
关闭

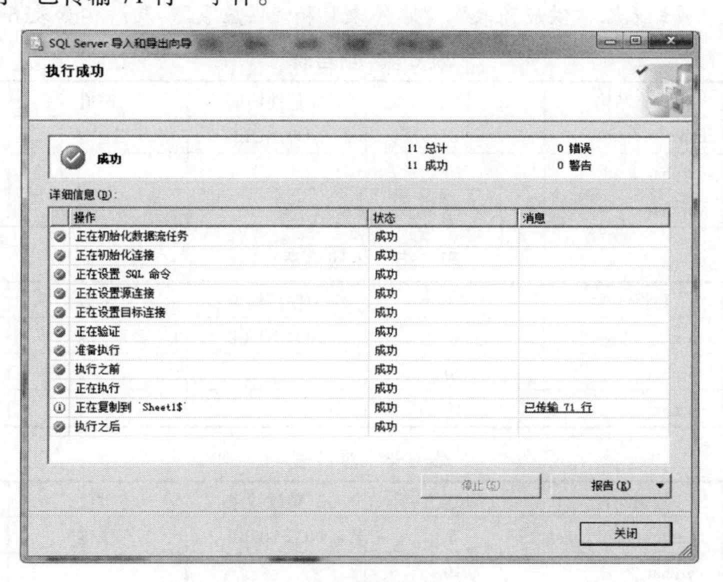

图 6-61　“执行成功”界面

打开 test.xlsx 文件，可以看到数据库中 student 表中的数据已经在 Excel 文件的 student 工作表中了，如图 6-62 所示。

图 6-62　导出的数据

本 章 小 结

本章详细介绍了 SQL Server 2014 中数据表的基本概念、基本操作、约束、默认和规则的含义，读者通过对本章的学习，应该做到熟练掌握创建数据表、修改表字段、修改表约束、查看表结构、删除表以及向数据表中插入记录、删除记录和修改记录；理解约束、默认和规则的含义并且学会运用；能够在图形界面模式下使用图形化管理工具及使用 T-SQL 熟练地完成有关数据表的常用操作。

思考与练习

在第 5 章思考与练习中创建的“供货管理”数据库中完成下列操作。

（1）分别创建“项目表”、“供应商表”、“零件表”和“供应表”，表结构如表 6-4～表 6-7 所示。

表 6-4　项目表

列名	数据结构	长度	完整性约束	键值	说明
Jno	char	6	NOT NULL	主键	项目编号
Jname	varchar	20			项目名称
Jcity	varchar	10			项目城市

表 6-5　供应商表

列名	数据结构	长度	完整性约束	键值	说明
Sno	char	6	NOT NULL	主键	供应商编号
Sname	varchar	20			供应商名称
Scity	varchar	10			供应商城市

表 6-6　零件表

列名	数据结构	长度	完整性约束	键值	说明
Pno	char	6	NOT NULL	主键	零件编号
Pname	varchar	10			零件名称
PXH	varchar	10			零件型号
Color	char	2			零件颜色
weight	tinyint				零件重量

表 6-7　供应表

列名	数据结构	长度	完整性约束	键值	说明
Sno	char	6	NOT NULL	主键	供应商编号
Pno	char	6	NOT NULL		零件编号
Jno	char	6	NOT NULL		项目编号
Qty	tinyint				

（2）为以上表格输入如表 6-8～6-11 所示的数据，读者也可自行增加更多数据，但是要注意相关表中数据的完整性。

表 6-8　项目表数据示例

Jno	Jname	Jcity
J00001	造船厂	青岛
J00002	垃圾焚烧场	南昌
J00003	江铃	南昌
J00004	华为 1 所	深圳
J00005	洪都航空	南昌
J00006	中国一汽	长春

表 6-9　供应商表数据示例

Sno	Sname	Scity
S0001	新恒	南昌
S0002	长竑	北京
S0003	蓝斯	广州
S0004	宏达	深圳
S0005	隆达	天津
S0006	麒麟	重庆
S0007	韵慧	上海
S0008	唐平	北京

表 6-10　零件表数据示例

Pno	Pname	PXH	Color	weight
P0001	螺丝刀	PLSD1	红	15
P0002	齿轮	PCL1	绿	19
P0003	螺丝刀	PLSD2	黄	14
P0004	螺母	PLM1	蓝	10
P0005	齿轮	PCL2	红	25
P0006	阀门	PFM1	灰	35
P0007	凸轮	PTL	灰	90
P0008	阀门	PFM	红	50
P0009	玻璃	PBL	蓝	NULL

表 6-11　供应表数据示例

Sno	Pno	Jno	Qty
S0001	P0001	J00001	20
S0002	P0002	J00002	35
S0003	P0003	J00005	23
S0004	P0003	J00003	12
S0005	P0005	J00006	16
S0006	P0004	J00002	15
S0007	P0003	J00002	43
S0008	P0001	J00004	24
S0002	P0006	J00005	34
S0003	P0007	J00006	23
S0006	P0008	J00002	38
S0005	P0006	J00006	40
S0004	P0008	J00001	28

第 7 章 SQL 基础

SQL 是国际标准化的数据库查询语言，它不同于关系代数，而是一种直接面向数据库操作的语言，掌握了 SQL 可以实现各类数据库的定义、查询、操纵和控制，将 SQL 嵌入到其他语言环境中，就可以形成基于数据库的应用软件系统，SQL 目前已成为关系数据库领域中的一种主流语言。

7.1 SQL 概述

SQL 又称结构化查询语言（structured query language），是用于和关系数据库管理系统进行通信的标准计算机语言。最早是 IBM 的圣约瑟研究实验室为其关系数据库管理系统 SYSTEM R 开发的一种查询语言，它的前身是 SQUARE 语言。在 1986 年被美国国家标准化组织（ANSI）批准为关系数据库语言的美国国家标准，1987 年又被国际标准化组织（ISO）批准为国际标准，此标准也于 1993 年被我国批准为中国国家标准。

SQL 结构简洁，功能强大，简单易学，所以自 IBM 公司推出以来，得到了广泛的应用。Oracle 公司于 1979 年推出了 SQL 语言的第一个商用版本。到目前为止，无论是 Oracle、Sybase、Informix、SQL Server 这些大型数据库管理系统，还是 Visual FoxPro、PowerBuilder 这些微型计算机上常用的数据库开发系统，都支持 SQL 语言作为查询语言。

SQL 的主要特点是它是一个非过程语言，程序员只需要指明数据库管理系统需要完成的任务，然后让系统去自行决定如何获得想要得到的结果，而不必详细设计计算机为获得结果需要执行的所有运算。

SQL 的语句或命令也称为数据子语言，通常分为 4 个部分。

（1）数据查询语言 DQL（data query language）：查询数据的 SELECT 命令。

（2）数据操纵语言 DML（data manipulation language）：完成数据操作的 INSERT、UPDATE、DELETE 命令。

（3）数据定义语言 DDL（data definition language）：完成数据对象的创建、修改和删除的 CREATE、ALTER、DROP 命令。

（4）数据控制语言 DCL（data control language）：控制对数据库的访问及控制服务器的关闭、启动的 GRANT、REVOKE 等命令。

SQL 有两种使用方式：一种是联机交互使用方式，允许用户对数据库管理系统直接发出命令并得到运行结果；另一种是嵌入式使用方式，以一种高级程序设计语言（如 C、COBOL 等）或网络角本语言（PHP、ASP）为主语言，而 SQL 则被嵌入其中依附于主语言，使用该方式，用户不能直接观察到 SQL 命令的输出，结果以变量或过程参数的形式返回。但在两种使用方式中，SQL 语言的基本语法结构不变，语言结构清晰，风格统一，易于掌握。

SQL 是 SQL Server 2014 定义和存取数据的有效工具，SQL Server 2014 中的各种数据库对象都可以用 SQL 命令创建和访问。SQL 的 DDL 的部分功能已经在第 5 章和第 6 章中讲解，限于篇幅本章仅介绍标准 SQL 的 DQL 和 DML 功能。

查询是对数据库内的数据进行检索、创建、修改或删除的特定请求，是数据库操作中最常用的操作。对于已经定义的表和视图，用户可以通过查询操作得到所需要的信息。SQL 语言的核心就是查询，它提供了功能强大的 SELECT 语句来完成各种数据的查询。SQL Server 2014 接受用 SQL 语言编写的查询。使用查询可以按照不同的方式查看、更改和分析数据。

7.2 SQL 查询命令

在 SQL Server 中，可以通过 SELECT 语句来实现查询，即从数据库表中检索所需要的数据。查询可以包含要返回的列、要选择的行、放置行的顺序和如何将信息分组的规范。

7.2.1 SELECT 语句

1. SELECT 语句语法格式如下：

```
SELECT [ALL|DISTINCT] <表达式> [,<表达式> …]
FROM <表名|视图> [,<表名|视图>…]
[WHERE <条件表达式> ]
[GROUP BY <列名> [,<列名>…] [HAVING <分组条件表达式>] ]
[ORDER BY <列名> [ASC | DESC][,列名][ASC | DESC] …];
```

2. SELECT 命令的功能

SELECT 语句是从一个或多个表中查询所需信息，结果仍是一个关系子集。

3. SELECT 命令的说明

（1）[ALL | DISTINCT]：缺省值为 ALL。ALL 表示查询结果不去掉重复行，DISTINCT 表示去掉重复行。

（2）<表达式> [，<表达式> …]：通常取列名，所有列可用“*”表示。

（3）FROM 子句：指出在哪些表（或视图）中查询。

（4）WHERE 子句：指出查找的条件。可使用以下运算符来限定查询结果：

①比较运算符：=、>、<、>=、<=、<>。

②字符匹配运算符：LIKE、NOT LIKE 。

③确定范围运算符：BETWEEN AND、NOT BETWEEN AND。

④逻辑运算符：NOT、AND、OR。

⑤集合运算符：UNION(并)、INTERSECT(交)、EXCEPT(差)。

⑥集合成员运算符：IN、NOT IN。

⑦谓词：EXIST、ALL、SOME、UNIQUE。

⑧聚合函数：AVG()、MIN()、MAX()、SUM()、COUNT()。

⑨SELECT 子句：可以是另一个 SELECT 查询语句，即可以嵌套。

（5）GROUP BY 子句：指出查询分组依据，利用它进行分组汇总。

（6）HAVING 子句：配合 GROUP BY 子句使用，用于限定分组必须满足的条件。

（7）ORDER BY 子句：对查询结果排序输出。

SELECT 查询命令的使用非常灵活，使用它可以构造出各种方式的查询，本节将基于第 6 章中的 teaching 数据库中的三个表为实例，介绍查询命令的使用方式。

7.2.2 投影查询

通过 SELECT 语句的<select_list>项组成结果表的列。

选择列的查询格式如下：

```
SELECT [ALL|DISTINCT] [TOP n [PERCENT] [WITH TIES]]
{ *|{{colume_name|expression|IDENTITYCOL|ROWGUIDCOL }
   [ [ AS ] column_alias ]|column_alias=expression } [, … n ]}
```

1. 选择一个表中指定的列

使用 SELECT 语句选择一个表中的某些列，各列名之间要以逗号分隔。

【例 7-1】查询“teaching”数据库“student”表中的学生的 sname（姓名）、ssex（性别）和 specialty（专业）。

在查询编辑器中输入以下代码，并执行，执行结果如图 7-1 所示。

```
USE teaching
SELECT  sname, ssex, specialty
FROM student
```

【例 7-2】查询“teaching”数据库“course”表中的所有记录。

在查询编辑器中输入以下代码，并执行，执行结果如图 7-2 所示。

```
USE teaching
SELECT cno, cname, classhour, credit
FROM course
```

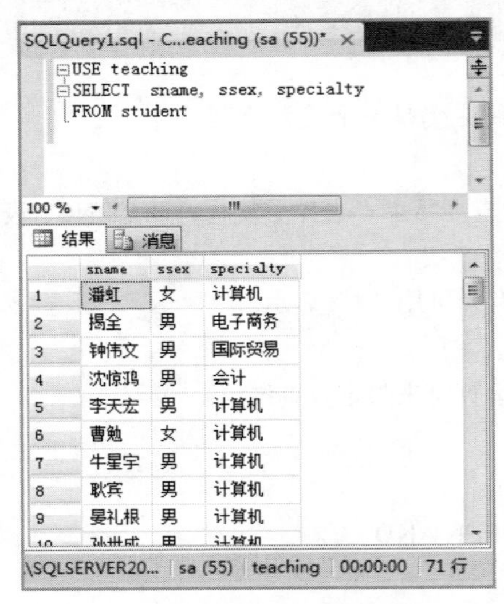

图 7-1　例 7-1 查询结果

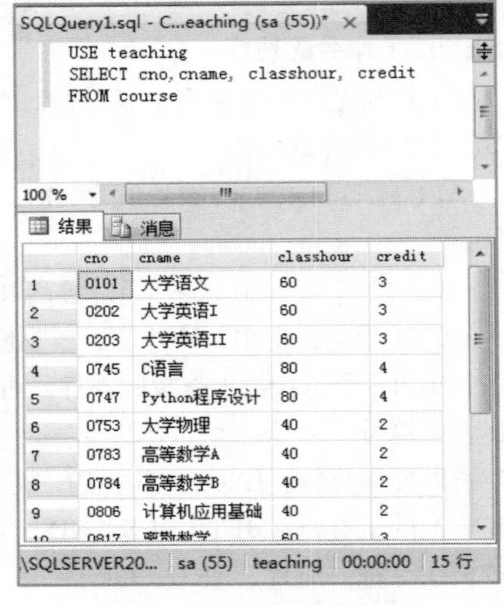

图 7-2　例 7-2 查询结果

当查询结果包含某表中所有的列时，可以用“*”表示表中所有的列，按用户创建表格时声明列的顺序来显示所有的列。

也可以使用以下语句实现例 7-2 的查询，请读者自行验证执行结果与前一种方法是否一致。

```
SELECT  *  FROM  course
```

【例 7-3】查询“teaching”数据库“student”表中的专业名称，滤掉重复行。

通过观察 student 表不难发现，结果中有重复值。为消除查询结果中的重复行，可在 SELECT 子句中选用 DISTINCT 短语。

在查询编辑器中输入以下代码，并执行，执行结果如图 7-3 所示。

```
USE teaching
SELECT  DISTINCT specialty
FROM student
```

SELECT 语句还允许查询满足条件的前若干行，此时需要使用 TOP 短语。

【例 7-4】查询“teaching”数据库“course”表中前三行信息。

在查询编辑器中输入以下代码，并执行，执行结果如图 7-4 所示。

```
USE teaching
SELECT  top 3 *
FROM course
```

```
USE teaching
SELECT  DISTINCT specialty
FROM student
```

	specialty
1	电子商务
2	国际贸易
3	会计
4	计算机
5	信息计算

图 7-3　例 7-3 查询结果

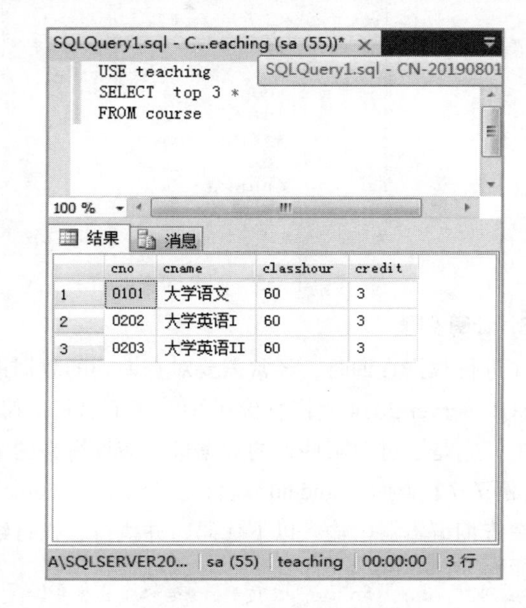

图 7-4　例 7-4 查询结果

【例 7-5】查询“teaching”数据库“course”表中的前 50%。

在查询编辑器中输入以下代码，并执行，执行结果如图 7-5 所示。

```
USE teaching
SELECT  top 50 percent  *
FROM course
```


2. 改变查询结果中的显示标题

T-SQL 提供了在 SELECT 语句中操作列名的方法。用户可以根据实际需要对查询数据的列标题进行改变，或者为没有标题的列加上临时的标题。

常用的方式如下：

- 用 AS 关键字来连接列表达式和指定的列名，关键字 AS 前后都必须有空格。
- 用“=”来连接列表达式。
- 在列表达式后面给出列名。

【例 7-6】查询“student”表中同学的 sno、sname，结果中各列的标题分别指定为学号、姓名。

在查询编辑器中输入以下代码，并执行，第一种方法执行结果如图 7-6 所示，其他方法执行结果请读者自行检验。

```
USE  teaching
SELECT sno AS 学号, sname AS 姓名
FROM  student
或: SELECT 学号=sno, 姓名=sname
FROM  student
或: SELECT  sno 学号, sname  姓名
FROM  student
```

注意：查询语句中改变的只是本次查询的列的显示标题，对原表中的列标题没有任何影响。

图 7-5　例 7-5 查询结果

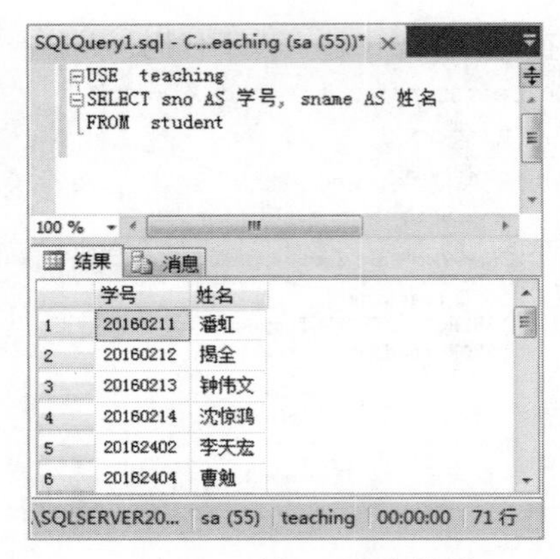

图 7-6　例 7-6 查询结果

3. 计算列值

在进行数据查询时，经常需要对查询到的数据进行再次计算处理。

SQL Server 2014 允许直接在 SELECT 语句中使用计算列。“计算列”并不存在于表格所存储的数据中，它是通过对某些列的数据进行演算得来的结果。

【例 7-7】查询“student”表，查询 sno，sname 和学生的出生年份。

在查询编辑器中输入以下代码，并执行，执行结果如图 7-7 所示。

```
USE  teaching
SELECT sno, sname, 2019-sage AS 出生年份
FROM  student
```

7.2.3　选择查询

投影查询是从列的角度进行的查询，除 DISTINCT、TOP 短语外一般对行不进行任何过滤。但是，一般的查询都并非针对表中所有行的查询，只是从整个表中找出满足指定条件的内容，这就需要用到 WHERE 子句进行选择查询。

选择查询的基本语法如下：

```
SELECT  SELECT_LIST
FROM TABLE_LIST
WHERE SEARCH_CONDITIONS
```

1. 使用关系表达式

比较运算符用于比较两个表达式的值，共有 9 个，它们是：

=（等于）、<（小于）、<=（小于或等于）、>（大于）、>=（大于或等于）、<>（不等于）、!=（不等于）、!<（不小于）、!>（不大于）。

比较运算的格式为：

```
expression {=|<|<=|>|>=|<>|!=|!<|!>} expression
```

其中 expression 是除 text、ntext 和 image 外类型的表达式。

【例 7-8】查询“teaching”数据库“sc”表中成绩小于 60 的学生的 sno、cno 和 score。

在查询编辑器中输入以下代码，并执行，执行结果如图 7-8 所示。

```
USE  teaching
SELECT * FROM sc  WHERE score<60
```

2. 使用逻辑表达式

逻辑运算符共有三个，它们是：NOT（非），对表达式的否定；AND（与），连接多个条件，所有的条件都成立时为真；OR（或），连接多个条件，只要有一个条件成立就为真。

图 7-7　例 7-7 查询结果

图 7-8　例 7-8 查询结果

【例 7-9】查询“teaching”数据库中“计算机”专业的“男”生的信息。

在查询编辑器中输入以下代码，并执行，执行结果如图 7-9 所示。

```
USE teaching
SELECT * FROM student
WHERE specialty='计算机' and ssex='男'
```

【例 7-10】查询“teaching”数据库中“计算机”专业的或“男”生的信息。

在查询编辑器中输入以下代码，并执行，执行结果如图 7-10 所示。

```
USE teaching
SELECT * FROM student
WHERE specialty='计算机' or ssex='男'
```

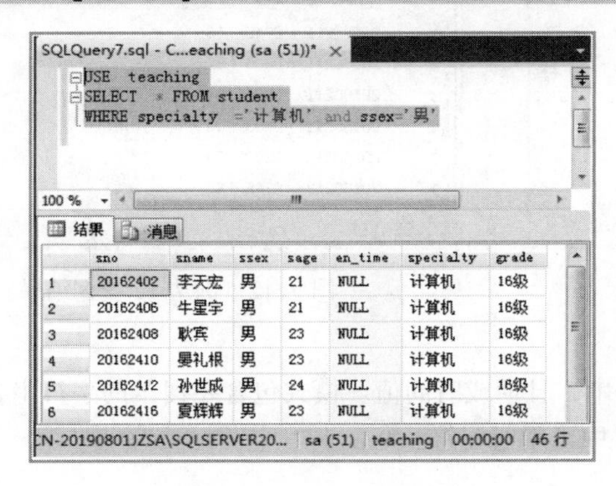

图 7-9　例 7-9 查询结果

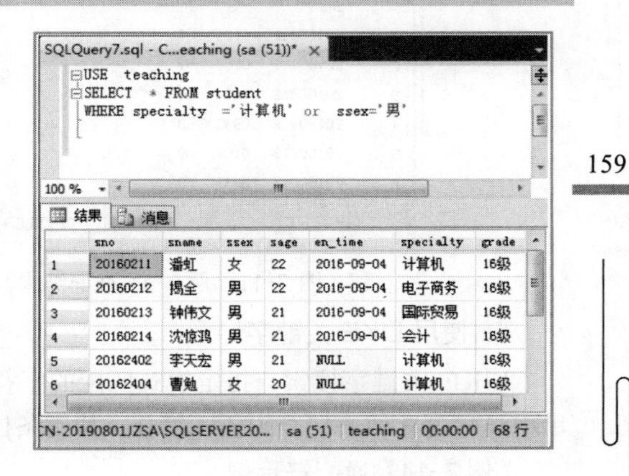

图 7-10　例 7-10 查询结果

3. 使用 BETWEEN 关键字

使用 BETWEEN 关键字可以更方便地限制查询数据的范围。其语法格式为：

```
表达式[NOT] BETWEEN 表达式1 AND 表达式2
```

使用 BETWEEN 表达式进行查询的效果完全可以用含有“>=”和“<=”的逻辑表达式来代替，使用 NOT BETWEEN 进行查询的效果完全可以用含有“>”和“<”的逻辑表达式来代替。

【例 7-11】查询“teaching”数据库中成绩在 80 到 90 之间的学生的 sno、cno 和 score。

在查询编辑器中输入以下代码，并执行，执行结果如图 7-11 所示。

```
USE teaching
SELECT * FROM sc
WHERE score BETWEEN 80 AND 90
```

或：

```
SELECT * FROM sc
WHERE score>= 80 AND score <=90
```

【例 7-12】查询“teaching”数据库中成绩不在 80 到 90 之间的学生的 sno、cno 和 score。

在查询编辑器中输入以下代码，并执行，执行结果如图 7-12 所示。

```
USE teaching
SELECT * FROM sc
WHERE score NOT BETWEEN 80 AND 90
```

4. 使用 IN（属于）关键字

同 BETWEEN 关键字一样，IN 的引入也是为了更方便地限制检索数据的范围。语法格式为：

```
表达式[NOT] IN(表达式1, 表达式2 [,…表达式n])
```

【例 7-13】查询“teaching”数据库中计算机和电子商务专业的学生的 sname、sno 和 specialty。

在查询编辑器中输入以下代码，并执行，执行结果如图 7-13 所示。

```
USE teaching
SELECT sname, sno, specialty FROM student
WHERE specialty IN('计算机', '电子商务')
```

图 7-11　例 7-11 查询结果

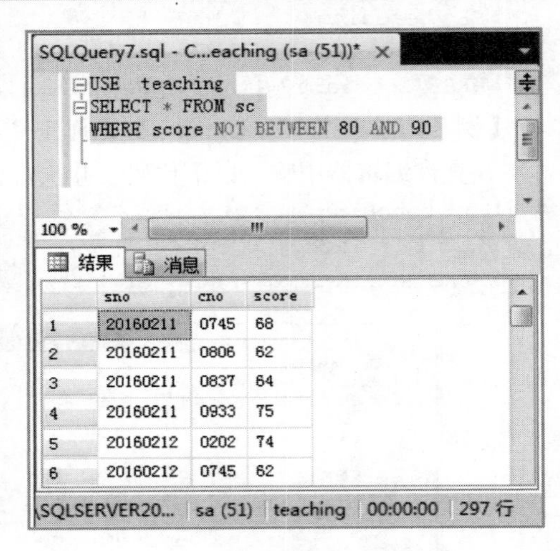

图 7-12　例 7-12 查询结果

5. 使用 LIKE 关键字

LIKE 关键字搜索与指定模式匹配的字符串、日期或时间值。模式包含要搜索的字符串，字符串中可包含 4 种通配符的任意组合，搜索条件中可用通配符。

【例 7-14】通配符示例。

LIKE 'AB%' 返回以“AB”开始的任意字符串。

LIKE 'Ab%' 返回以“Ab”开始的任意字符串。

LIKE '%abc' 返回以“abc”结束的任意字符串。

LIKE '%abc%' 返回包含“abc”的任意字符串。

LIKE '_ab' 返回以“ab”结束的三个字符的字符串。

LIKE ' [ACK] % ' 返回以“A”、“C”或“K”开始的任意字符串。

LIKE ' [A-T]ing' 返回 4 个字符的字符串，结尾是“ing”，首字符的范围从 A 到 T。

LIKE 'M[^c] % ' 返回以“M”开始且第二个字符不是“c”的任意长度的字符串。

注意，以上示例无法在查询编辑器中直接执行，否则会报错，如图 7-14 所示。读者要上机运行以上示例应该将其作为查询条件放到 SELECT 语句中才能正确执行。

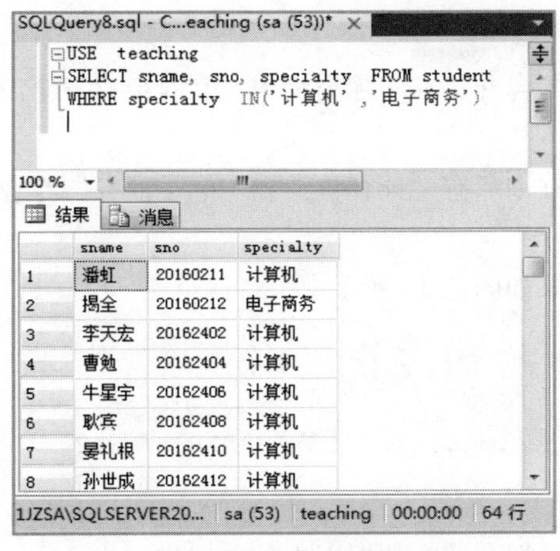

图 7-13　例 7-13 查询结果

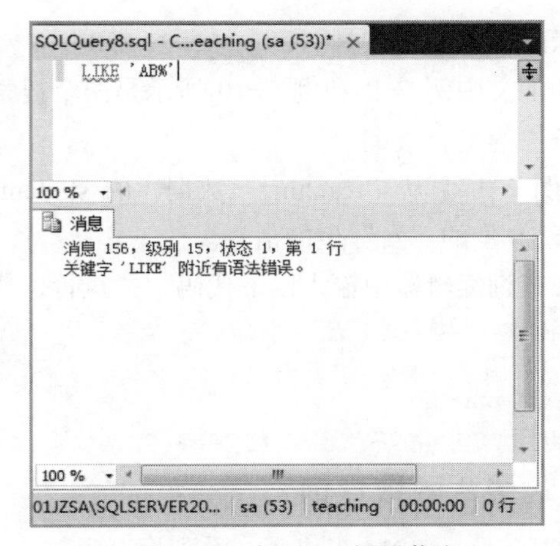

图 7-14　例 7-14 报错信息

【例 7-15】查询“teaching”数据库中所有姓“张”的学生的信息。

在查询编辑器中输入以下代码，并执行，执行结果如图 7-15 所示。

```
USE teaching
SELECT * FROM student
WHERE sname like '张%'
```

6. IS [NOT]NULL（是[否]为空）查询

在 WHERE 子句中不能使用比较运算符对空值进行判断，只能使用空值表达式来判断某个表达式是否为空值。语法格式：

```
表达式 IS NULL
```

或

```
表达式 IS NOT NULL
```

【例 7-16】查询“teaching”数据库中所有“score”为空的学生的 sno、cno 和 score。

在查询编辑器中输入以下代码，并执行，执行结果如图 7-16 所示。

```
USE teaching
SELECT * FROM sc
WHERE score IS NULL
```

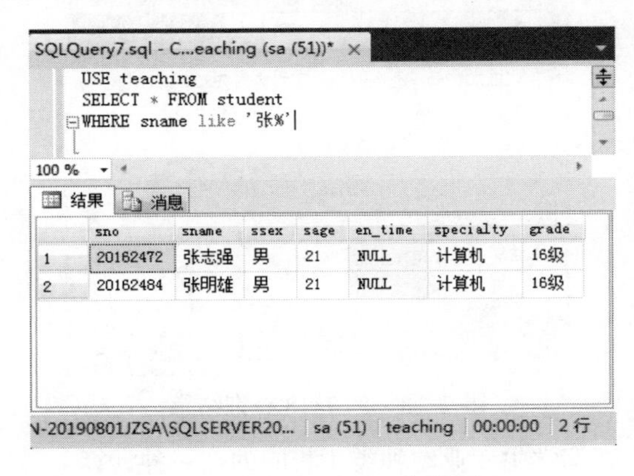

图 7-15　例 7-15 查询结果

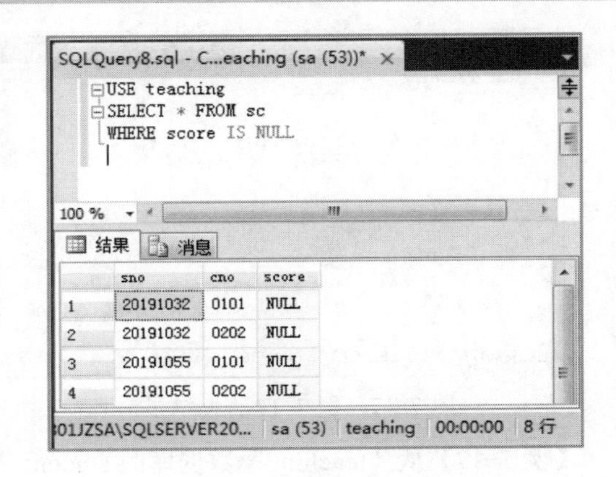

图 7-16　例 7-16 查询结果

7. 复合条件查询

在 WHERE 子句中可以使用逻辑运算符把若干个搜索条件合并起来，组成复杂的复合搜索条件。这些逻辑运算符包括 AND、OR 和 NOT。当在一个 WHERE 子句中同时包含多个逻辑运算符时，其优先级从高到低依次是 NOT、AND、OR。

如上文中例 7-9 和例 7-10 所示是两个搜索条件的合并，在实际查询中，有时会有三个或三个以上条件的复合查询。

【例 7-17】从“teaching”数据库的 student 表中查询所有“计算机”和“电子商务”专业的年龄小于 20 岁的“女”生的信息。

在查询编辑器中输入以下代码，并执行，执行结果如图 7-17 所示。

```
USE teaching
SELECT *
FROM student
WHERE ssex='女' AND(specialty ='计算机'OR specialty ='电子商务')AND sage<20
```

7.2.4 聚合函数查询

SQL Server 2014 提供了一系列聚合函数。这些函数把存储在数据库中的数据描述为一个整体而不是一行行孤立的记录，通过使用这些函数可以实现数据集合的汇总或求平均值等各种运算。

在 SELECT 子句中可以使用聚合函数进行运算，运算结果作为新列出现在结果集中。在聚合运算的表达式中，可以包括列名、常量以及由算术运算符连接起来的函数。

SQL Server 2014 提供了下列函数以供查询时使用。

count（*）：计算元组的个数。

count（列名）：计算该列值的个数。

count（distinct 列名）：计算该列值的个数，但不计重复列值。

avg（列名）：计算该列的平均数。

sum（列名）：计算该列的总和。

max（列名）：计算该列的最大值。

min（列名）：计算该列的最小值。

【例 7-18】在“teaching”中查询 sc 表中 score 的平均值，平均值显示列标题为“平均成绩”。

在查询编辑器中输入以下代码，并执行，执行结果如图 7-18 所示。

```
USE teaching
SELECT avg(score)AS 平均成绩 FROM sc
```

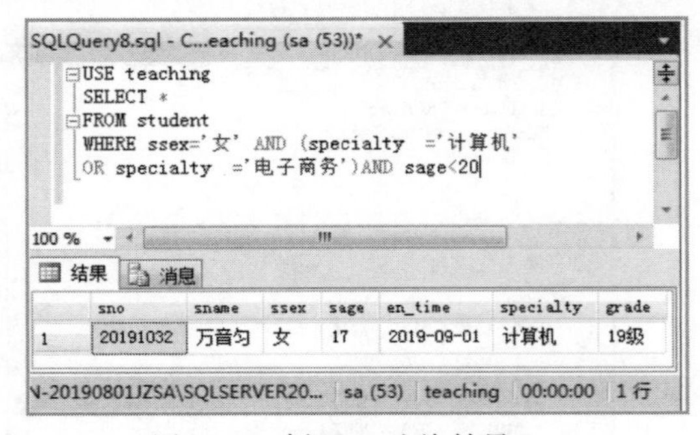

图 7-17　例 7-17 查询结果

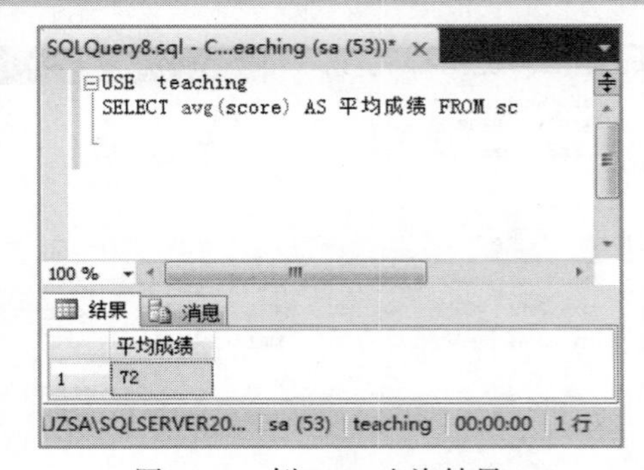

图 7-18　例 7-18 查询结果

【例 7-19】从“teaching”数据库的 student 表中查询学生专业的种类（相同的按一种计算）。

在查询编辑器中输入以下代码，并执行，执行结果如图 7-19 所示。

```
USE teaching
SELECT count(DISTINCT specialty)AS 专业种类数
FROM student
```

说明：在 T-SQL 中，允许与统计函数如 count（）、sum（）和 avg（）一起使用 DISTINCT 关

键字来处理列或表达式中不同的值。

【例 7-20】从“teaching”数据库中查询学号为“20160211”学生的平均成绩。

在查询编辑器中输入以下代码，并执行，执行结果如图 7-20 所示。

```
USE  teaching
SELECT avg(score)AS 平均成绩 FROM sc
WHERE sno='20160211'
```

在 Microsoft SQL Server 2014 系统中，一般情况下可以在三个地方使用聚合函数，即 SELECT 子句和 HAVING 子句。

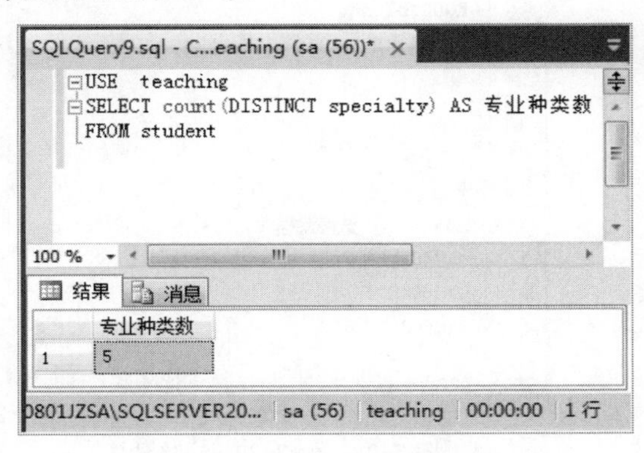

图 7-19　例 7-19 查询结果

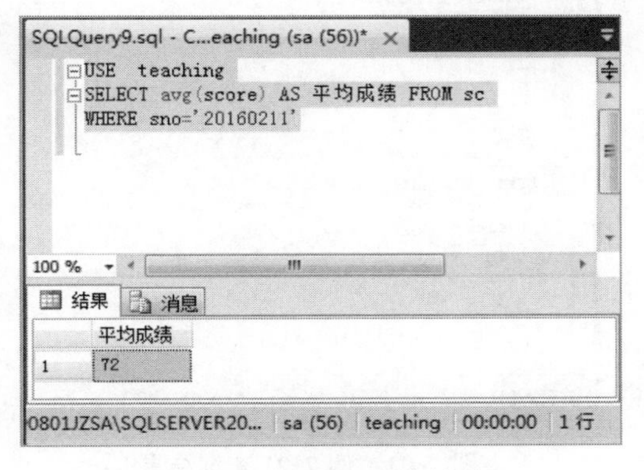

图 7-20　例 7-20 查询结果

7.2.5　简单分组查询

使用聚合函数返回的是所有行数据的统计结果。如果需要按某一列数据的值进行分类，在分类的基础上再进行查询，就要使用 GROUP BY 子句了。分组技术是指使用 GROUP BY 子句完成分组操作的技术。

GROUP BY 子句的语法结构如下：

```
[ GROUP BY [ ALL ] group_by_expression [,…n]
[ WITH {CUBE|ROLLUP } ] ]
```

如果在 GROUP BY 子句中没有使用 CUBE 或 ROLLUP 关键字，那么表示这种分组的技术是简单分组技术。

【例 7-21】查询“teaching”数据库中男生和女生的人数。

在查询编辑器中输入以下代码，并执行，执行结果如图 7-21 所示。

```
USE  teaching
SELECT ssex, count(ssex)AS 人数
FROM  student
GROUP BY ssex
```

注意：指定 GROUP BY 子句时，选择列表中任意非聚合表达式内的所有列都应包含在 GROUP BY 列表中（不能使用别名列），或者 GROUP BY 表达式必须与选择列表表达式完全匹配。

当完成数据结果的查询和统计后，可以使用 HAVING 关键字来对查询和统计的结果进行进一步的筛选。

【例 7-22】在“teaching”数据库中查询选修了 6 门及以上课程学生的 sno 和选课数。

在查询编辑器中输入以下代码，并执行，执行结果如图 7-22 所示。

```
USE teaching
SELECT sno, COUNT(cno)AS 选修课程数
FROM sc
GROUP BY sno
```

```
HAVING COUNT(cno)>=6
```

HAVING 与 WHERE 子句的区别是：WHERE 子句是对整表中的数据筛选满足条件的行；而 HAVING 子句是对 GROUP BY 分组查询后产生的组附加条件，筛选出满足条件的组。另外，WHERE 中的条件不能使用聚合函数，HAVING 中的条件一般使用聚合函数。

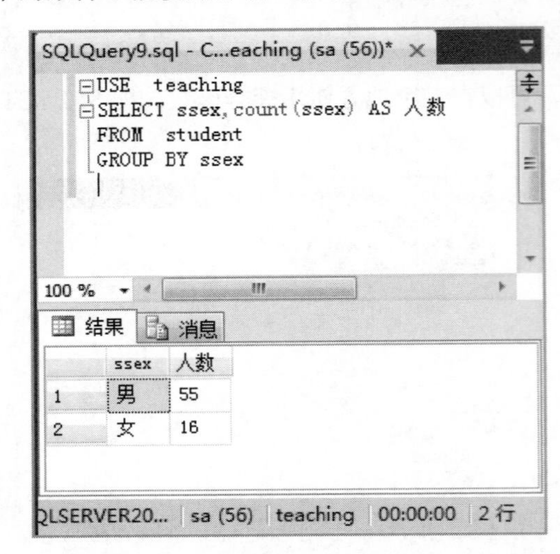

图 7-21　例 7-21 查询结果

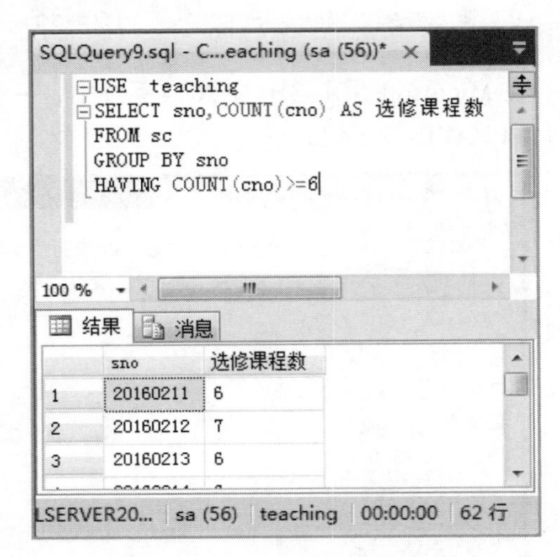

图 7-22　例 7-22 查询结果

7.2.6　CUBE 和 ROLLUP 的使用

1. CUBE

CUBE 指定在结果集内不仅包含由 GROUP BY 提供的行，还包含汇总行。GROUP BY 汇总行针对每个可能的组和子组组合在结果集内返回。GROUP BY 汇总行在结果中显示为 NULL，但用来表示所有值。

结果集内的汇总行数取决于 GROUP BY 子句内包含的列数。GROUP BY 子句中的每个操作数（列）绑定在分组 NULL 下，并且分组适用于所有其他操作数（列）。由于 CUBE 返回每个可能的组和子组组合，因此不论在列分组时指定使用什么顺序，行数都相同。

【例 7-23】在“teaching”数据库中查询 sc 表，求被选修的各门课程的平均成绩和选修该课程的人数。

在查询编辑器中输入以下代码，并执行，执行结果如图 7-23 所示。

```
USE teaching
SELECT cno, AVG(score)AS '平均成绩',
COUNT(sno)AS '选修人数'
FROM sc
GROUP BY cno
WITH CUBE
```

【例 7-24】在“teaching”数据库中查询 student 表，统计各专业男生、女生人数及每个专业的学生人数和男生总人数、女生人数以及所有学生总人数。

在查询编辑器中输入以下代码，并执行，执行结果如图 7-24 所示。

```
USE teaching
SELECT specialty, ssex, COUNT(*)AS '人数'
FROM student
GROUP BY specialty, ssex
WITH CUBE
```

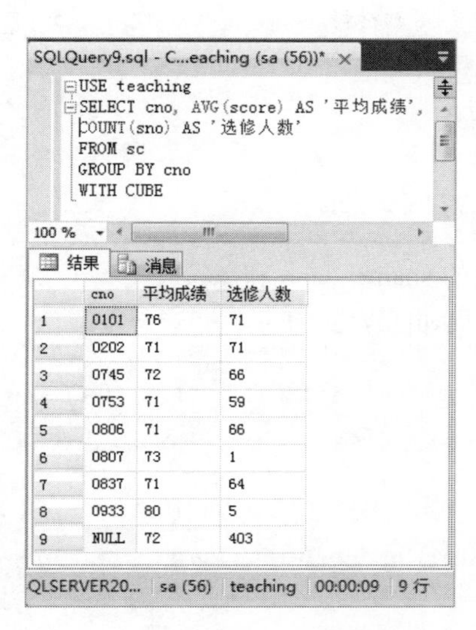

	cno	平均成绩	选修人数
1	0101	76	71
2	0202	71	71
3	0745	72	66
4	0753	71	59
5	0806	71	66
6	0807	73	1
7	0837	71	64
8	0933	80	5
9	NULL	72	403

图 7-23　例 7-23 查询结果

```
USE teaching
SELECT specialty  ,ssex,COUNT(*) AS '人数'
FROM student
GROUP BY specialty  ,ssex  WITH CUBE
```

	specialty	ssex	人数
1	电子商务	男	4
2	国际贸易	男	1
3	会计	男	3
4	计算机	男	46
5	信息计算	男	1
6	NULL	男	55
7	电子商务	女	1
8	会计	女	1
9	计算机	女	13
10	信息计算	女	1
11	NULL	女	16
12	NULL	NULL	71
13	电子商务	NULL	5
14	国际贸易	NULL	1
15	会计	NULL	4
16	计算机	NULL	59
17	信息计算	NULL	2

图 7-24　例 7-24 查询结果

2. ROLLUP

ROLLUP 指定在结果集内不仅包含由 GROUP BY 提供的行，还包含汇总行。按层次结构顺序，从组内的最低级别到最高级别汇总组。组的层次结构取决于列分组时指定使用的顺序。更改列分组的顺序会影响在结果集内生成的行数。

使用 CUBE 或 ROLLUP 时，不支持区分性聚合函数，如 AVG（DISTINCT column_name）、COUNT（DISTINCT column_name）和 SUM（DISTINCT column_name）。

【例 7-25】在“teaching”数据库中查询 student 表，统计每个专业的男女生人数、每个专业的总人数和所有学生总人数。

在查询编辑器中输入以下代码，并执行，执行结果如图 7-25 所示。

```
USE teaching
SELECT specialty, ssex, COUNT(*)AS '人数'
FROM student
GROUP BY specialty, ssex
WITH ROLLUP
```

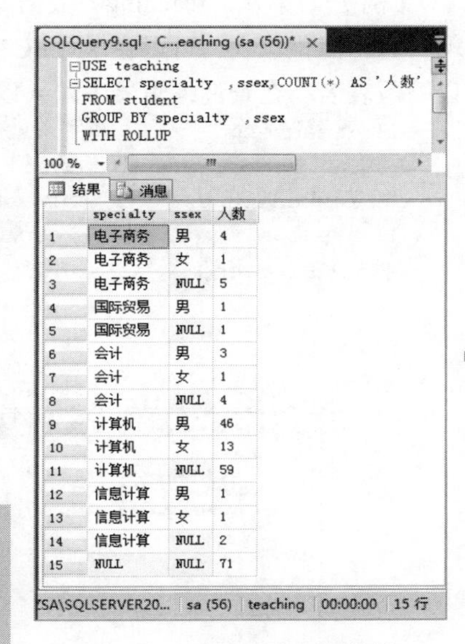

	specialty	ssex	人数
1	电子商务	男	4
2	电子商务	女	1
3	电子商务	NULL	5
4	国际贸易	男	1
5	国际贸易	NULL	1
6	会计	男	3
7	会计	女	1
8	会计	NULL	4
9	计算机	男	46
10	计算机	女	13
11	计算机	NULL	59
12	信息计算	男	1
13	信息计算	女	1
14	信息计算	NULL	2
15	NULL	NULL	71

图 7-25　例 7-25 查询结果

7.2.7　内连接查询

之前各小节的查询操作都是从一个表中检索数据。在实际应用中，经常需要同时从两个表或两个以上表中检索数据，并且每一个表中的数据往往作为一个单独的列出现在结果集中。

实现从两个或两个以上表中检索数据且结果集中出现的列来自于两个或两个以上表中的检索操作被称为连接技术，或者说连接技术是指对两个表或两个以上表中数据执行乘积运算的技术。

内连接把两个表中的数据连接生成第三个表，第三个表中仅包含那些满足连接条件的数据行。在内连接中，使用 INNER JOIN 连接运算符，并且使用 ON 关键字指定连接条件。

内连接是一种常用的连接方式，如果在 JOIN 关键字前面没有明确指定连接类型，那么默认的连接类型是内连接。

内连接的语法格式如下：

```
SELECT  select_list
FROM  表1 INNER JOIN 表2 ON 连接条件
```

或

```
SELECT  select_list
FROM  表1, 表2 WHERE 连接条件
```

连接条件格式为：

```
[<表名1>.]<列名1> <比较运算符> [<表名2>.]<列名2>
```

【例 7-26】从“teaching”数据库中查询每个学生的 sname、cno 和 score。

在查询编辑器中输入以下代码，并执行，执行结果如图 7-26 所示。

```
USE teaching
SELECT student.sname, sc.cno,sc.score
FROM student INNER JOIN sc ON student.sno= sc. sno
```

或：

```
USE teaching
SELECT student.sname, sc.cno,sc.score
FROM student, sc
WHERE student.sno= sc.sno
```

注意：在列名不同时，列名前可以不加表名，但有时也会加上表名，以增强可读性。

【例 7-27】从“teaching”数据库中查询“电子商务”专业的学生所选课程的平均分。

为了简化输入，可以在 SELECT 查询的 FROM 子句中为表定义一个临时别名，在查询中引用，以缩写表名。在查询编辑器中输入以下代码，并执行，执行结果如图 7-27 所示。

```
USE teaching
SELECT b.cno, avg(b.score)as 平均分
FROM student a INNER JOIN sc b
ON a.sno=b.sno and a. specialty='电子商务'
GROUP BY b.cno
```

图 7-26　例 7-26 查询结果

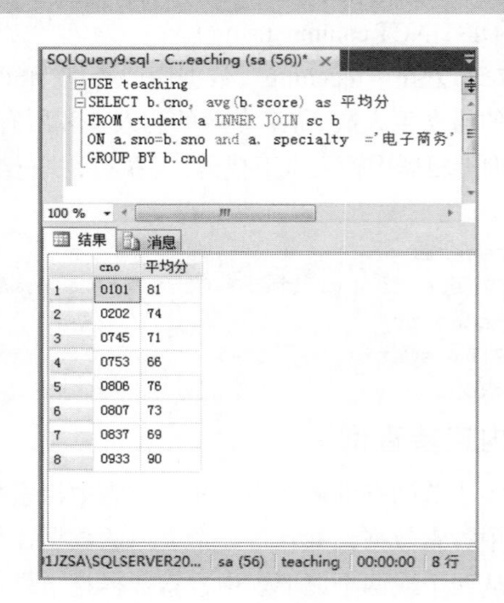

图 7-27　例 7-27 查询结果

7.2.8　自连接查询

连接操作不仅可以在不同的表上进行，而且在同一张表内可以进行自身连接，即将同一个表的不同行连接起来。自连接可以看作一张表的两个副本之间的连接。在自连接中，必须为表指定两个别名，使之在逻辑上成为两张表。

【例 7-28】从“teaching”数据库中查询同名学生的信息。

在查询编辑器中输入以下代码，并执行，执行结果如图 7-28 所示。

```
USE teaching
SELECT * FROM student a INNER JOIN student b
ON a.sname=b.sname AND a.sno<>b.sno
```

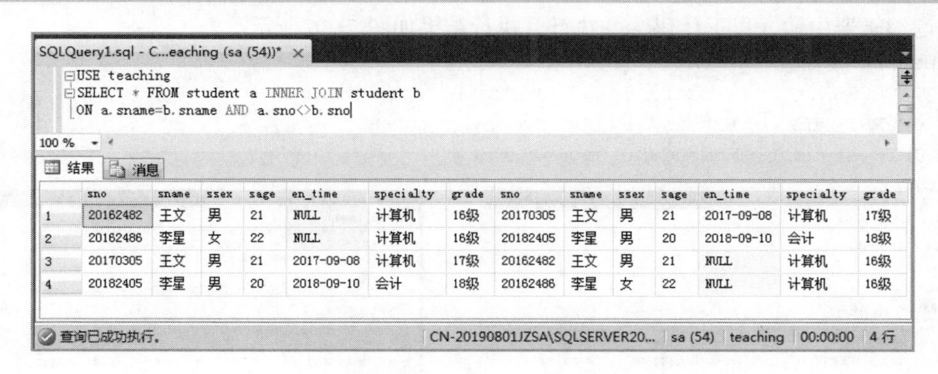

	sno	sname	ssex	sage	en_time	specialty	grade	sno	sname	ssex	sage	en_time	specialty	grade
1	20162482	王文	男	21	NULL	计算机	16级	20170305	王文	男	21	2017-09-08	计算机	17级
2	20162486	李星	女	22	NULL	计算机	16级	20182405	李星	男	20	2018-09-10	会计	18级
3	20170305	王文	男	21	2017-09-08	计算机	17级	20162482	王文	男	21	NULL	计算机	16级
4	20182405	李星	男	20	2018-09-10	会计	18级	20162486	李星	女	22	NULL	计算机	16级

图 7-28　例 7-28 查询结果

7.2.9　外连接查询

在外连接中，不仅包括那些满足条件的数据，而且某些表中不满足条件的数据也会显示在结果集中。也就是说，外连接只限制其中一个表的数据，而不限制另外一个表中的数据。这种连接形式在许多情况下是非常有用的，例如在连锁超市统计报表时，不仅要统计那些有销售量的超市和商品，而且还要统计那些没有销售量的超市和商品。

1. 外连接的分类

在 Microsoft SQL Server 系统中，可以使用的三种外连接关键字，即 LEFT OUTER JOIN、RIGHT OUTER JOIN 和 FULL OUTER JOIN。

（1）左外连接是对连接条件中左边的表不加限制；

（2）右外连接是对右边的表不加限制；

（3）全外连接对两个表都不加限制，所有两个表中的行都会包括在结果集中。

2. 外连接的语法

①左外连接

```
SELECT select_list
FROM 表1 LEFT [OUTER] JOIN 表2
ON 表1.列1=表2.列2
```

②右外连接

```
SELECT select_list
FROM 表1 RIGHT[OUTER]JOIN 表2
ON 表1.列1=表2.列2
```

③全外连接

```
SELECT select_list
FROM 表1 FULL[OUTER] JOIN 表2
ON 表1.列1=表2.列2
```

【例 7-29】在“teaching”数据库中查询每个学生及其选修课程的成绩情况（含未选课的学生信息）。

在查询编辑器中输入以下代码，并执行，执行结果如图 7-29 所示。

```
USE teaching
```

```
SELECT student.*, sc.cno, sc.score
FROM student LEFT JOIN sc
ON student.sno=sc.sno
```

【例 7-30】在“teaching”数据库中查询每个学生及其选修课程的情况（含未选课的学生信息及未被选修的课程信息）。

在查询编辑器中输入以下代码，并执行，执行结果如图 7-30 所示。

```
USE teaching
SELECT COURSE.* , sc.score, student.sname, student.sno
FROM COURSE FULL  JOIN sc ON COURSE.cno=sc.cno
FULL JOIN student ON student.sno=sc.sno
```

图 7-29　例 7-29 查询结果

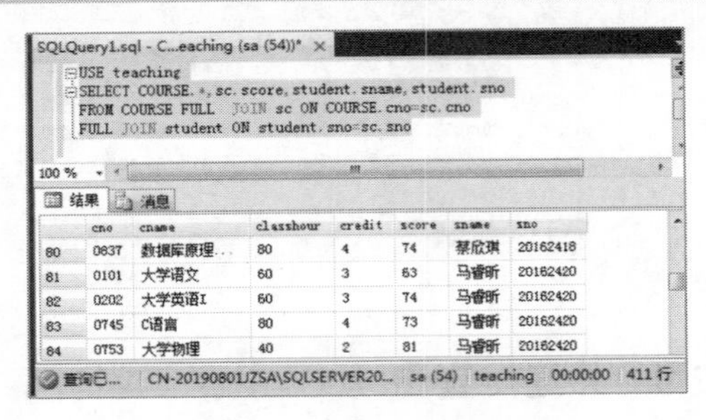

图 7-30　例 7-30 查询结果

【例 7-31】在“teaching”数据库中查询成绩在 75 分以上的学生的 sno、sname，选修课的 cno、cname、score。

在查询编辑器中输入以下代码，并执行，执行结果如图 7-31 所示。

```
USE teaching
SELECT  A.sno,  A.sname, C.cno,  C.cname, B.score
FROM  student  AS A JOIN sc  AS B ON A.sno=B.sno
 JOIN course AS C on B.cno=C.cno AND B.score >75
```

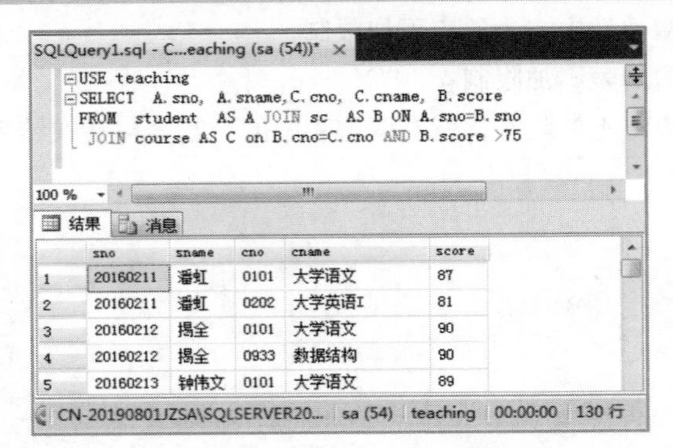

图 7-31　例 7-31 查询结果

7.2.10　交叉连接查询

交叉连接也被称为笛卡儿积，返回两个表的乘积。在检索结果集中，包含了所连接的两个表中所有行的全部组合。

例如，如果对 A 表和 B 表执行交叉连接，A 表中有 5 行数据，B 表中有 12 行数据，那么结果集中可以有 60 行数据。

交叉连接使用 CROSS JOIN 关键字来创建。实际上，交叉连接的使用是比较少的，但是交叉连接是理解外连接和内连接的基础。语法格式如下：

```
SELECT 列
```

```
FROM 表1 CROSS JOIN 表2
```

【例 7-32】在"teaching"数据库中查询所有学生可能的选课情况。

在查询编辑器中输入以下代码，并执行，执行结果如图 7-32 所示。

```
USE teaching
SELECT a.* , b.cno, b.score
FROM student a CROSS JOIN sc b
```

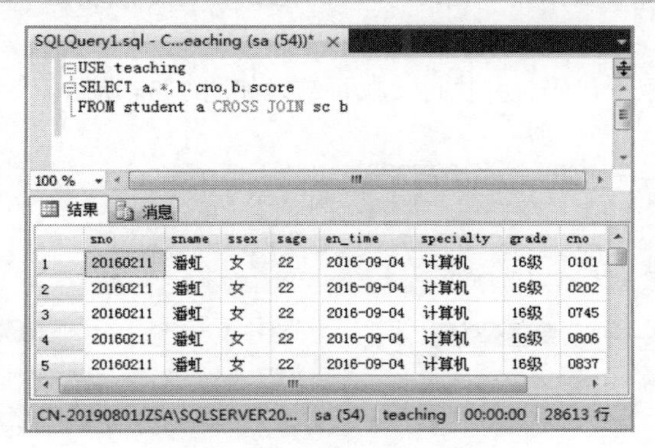

图 7-32　例 7-32 查询结果

7.2.11　子查询

SELECT 语句可以嵌套在其他许多语句中，这些语句包括 SELECT、INSERT、UPDATE 及 DELETE 等，这些嵌套的 SELECT 语句被称为子查询。

当一个查询依赖于另外一个查询结果时，那么可以使用子查询。在某些查询中，查询语句比较复杂，不容易理解，因此为了把这些复杂的查询语句分解成多个比较简单的查询语句形式，时常使用子查询方式。

使用子查询方式完成查询操作的技术是子查询技术。子查询可以分为无关子查询（嵌套子查询）和相关子查询。

1. 无关子查询

无关子查询的执行不依赖于外部查询。无关子查询在外部查询之前执行，然后返回数据供外部查询使用，无关子查询中不包含对于外部查询的任何引用。

1）比较子查询

使用子查询进行比较测试时，通过等于（=）、不等于（<>）、小于（<）、大于（>）、小于或等于（<=）以及大于或等于（>=）等比较运算符，将一个表达式的值与子查询返回的单值进行比较。如果比较运算的结果为 TRUE，则比较测试也返回 TRUE。

【例 7-33】在"teaching"数据库中查询与"刘珊"在同一个专业学习的学生的 sno、sname 和 specialty。

在查询编辑器中输入以下代码，并执行，执行结果如图 7-33 所示。

```
USE teaching
SELECT sno, sname, specialty
FROM student
WHERE specialty=(SELECT specialty
   FROM  student
            WHERE sname='刘珊')
```

例 7-33 也可以用自连接来实现，程序如下：

```
USE teaching
SELECT a.sno, a.sname, a.specialty
```

```
FROM student a, student b
WHERE a.specialty=b.specialty
AND b.sname='刘珊'
```

需要特别指出的是，子查询的 SELECT 语句不能使用 ORDER BY 子句，ORDER BY 子句只能对最终查询结果排序。

【例 7-34】在“teaching”数据库中查询“0101”号课的考试成绩比“潘虹”高的学生的学号和姓名。

在查询编辑器中输入以下代码，并执行，执行结果如图 7-34 所示。

```
USE teaching
SELECT student.sno, sname FROM student, sc
WHERE studen.sno=sc.sno and cno='0101'
and score>(SELECT score  FROM sc WHERE cno='0101' and
        sno=(SELECT sno FROM student  WHERE sname='潘虹'))
```

图 7-33　例 7-33 查询结果

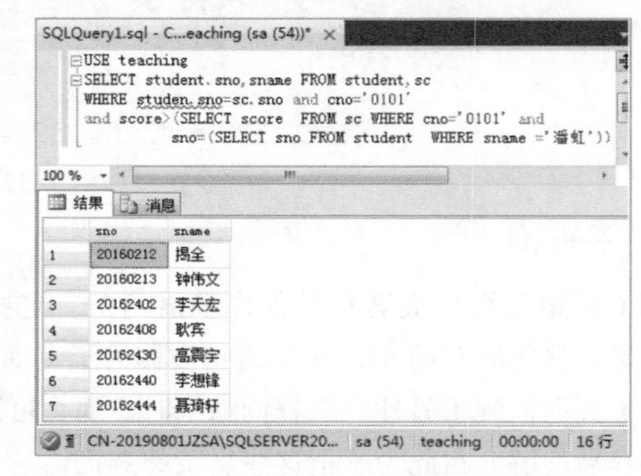

图 7-34　例 7-34 查询结果

2）SOME、ANY、ALL 和 IN 子查询

ALL 和 ANY 操作符的常见用法是结合一个相对比较操作符对一个数据列子查询的结果进行测试。它们测试比较值是否与子查询所返回的全部或一部分值匹配。比如说，如果比较值小于或等于子查询所返回的每一个值，<= ALL 将是 true；只要比较值小于或等于子查询所返回的任何一个值，<= ANY 将是 true。SOME 是 ANY 的一个同义词。

【例 7-35】在“teaching”数据库中查询计算机专业年龄最大的学生的 sno 和 sname。

在查询编辑器中输入以下代码，并执行，执行结果如图 7-35 所示。

```
USE  teaching
SELECT sno, sname  FROM student
WHERE sage>= ALL
 (SELECT sage FROM student
 WHERE specialty='计算机')
  AND specialty='计算机'
```

【例 7-36】查询“teaching”数据库中比所有电子商务专业学生的年龄都大的学生信息。

在查询编辑器中输入以下代码，并执行，执行结果如图 7-36 所示。

```
USE teaching
SELECT * FROM student
WHERE sage>=ALL
      (SELECT sage FROM student
      WHERE specialty ='电子商务')
```

实际上，IN 和 NOT IN 操作符是= ANY 和< > ALL 的简写。也就是说，IN 操作符的含义是“等于子查询所返回的某个数据行”，NOT IN 操作符的含义是“不等于子查询所返回的任何数据行”。

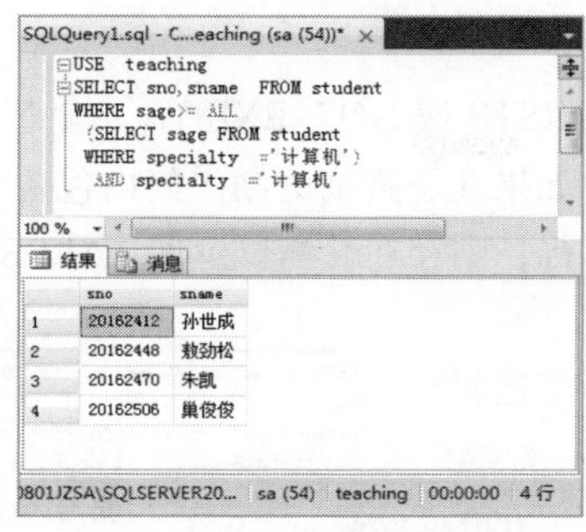

图 7-35　例 7-35 查询结果

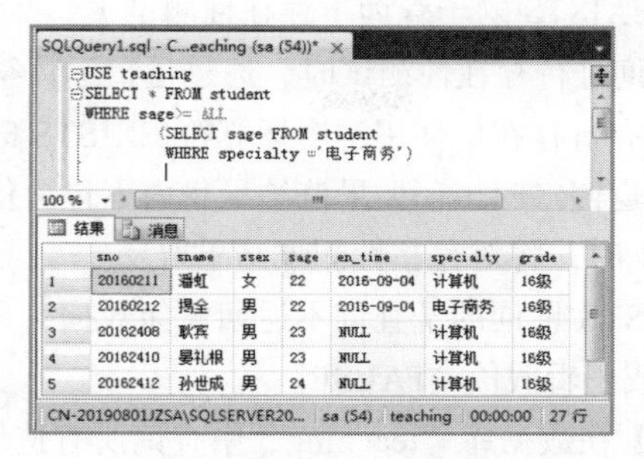

图 7-36　例 7-36 查询结果

【例 7-37】在“teaching”数据库中查询选修了“0807”号课程的学生姓名和所在专业。

在查询编辑器中输入以下代码，并执行，执行结果如图 7-37 所示。

```
USE teaching
SELECT sname,  specialty FROM student
WHERE sno IN
   (SELECT sno FROM sc
    WHERE cno='0807')
```

2. 相关子查询

在相关子查询中，子查询的执行依赖于外部查询，多数情况下是子查询的 WHERE 子句中引用了外部查询的表。

相关子查询的执行过程与嵌套子查询完全不同，嵌套子查询中的子查询只执行一次，而相关子查询中的子查询需要重复执行。

相关子查询的执行过程：子查询为外部查询的，每一行执行一次，外部查询将子查询引用的列的值传给子查询。如果子查询的任何行与其匹配，外部查询就返回结果行。再回到第一步，直到处理完外部表的每一行。

1）比较子查询

【例 7-38】在“teaching”数据库中查询成绩比该课的平均成绩低的学生的 sno、cno 和 score。

在查询编辑器中输入以下代码，并执行，执行结果如图 7-38 所示。

```
USE teaching
SELECT  sno, cno, score
FROM  sc a
WHERE score<
   (SELECT avg(score)
    FROM sc b
    WHERE a.cno=b.cno)
```

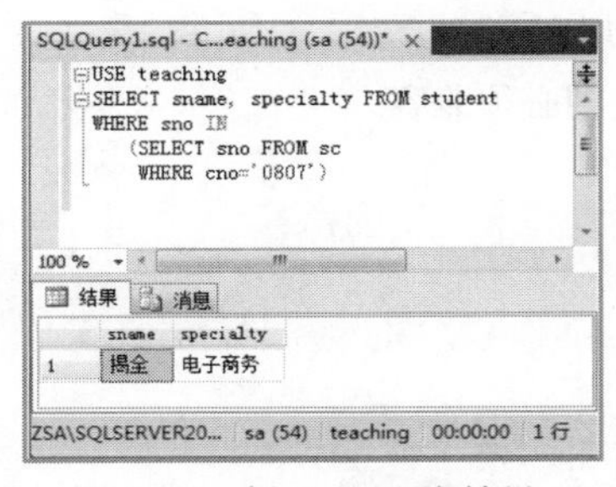

图 7-37　例 7-37 查询结果

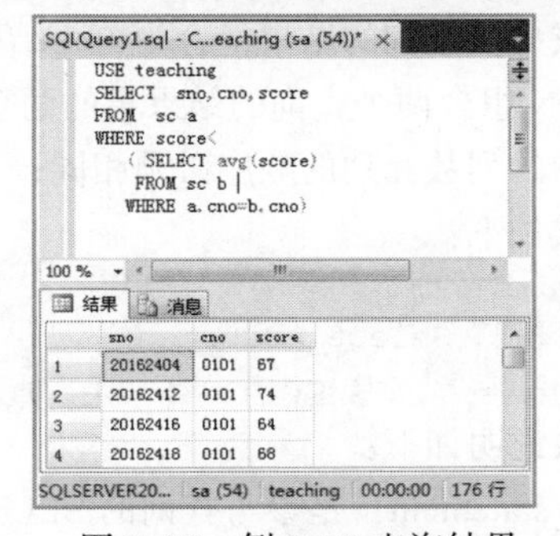

图 7-38　例 7-38 查询结果

2）带有 EXISTS 的子查询（存在性测试）

使用子查询进行存在性测试时，通过逻辑运算符 EXISTS 或 NOT EXISTS，检查子查询所返回的结果集是否有行存在。使用逻辑运算符 EXISTS 时，如果在子查询的结果集内包含一行或多行，则存在性测试返回 TRUE；如果该结果集内不包含任何行，则存在性测试返回 FALSE。在 EXISTS 前面加上 NOT 时，将对存在性测试结果取反。

带有 EXISTS 谓词的子查询不返回任何数据，只产生逻辑真值“TRUE”或逻辑假值“FALSE”。

【例 7-39】在数据库“teaching”中查询所有选修了“0202”课程的学生姓名。

分析：本查询涉及 student 和 sc 关系。我们可以在学生表中依次取每个元组的 sno 值，用此值去检查 sc 关系。若 sc 中存在这样的元组，其 sno 值等于 student 中 sno 的值，cno='0202'，则取此学生的 sname 送入结果关系。

在查询编辑器中输入以下代码，并执行，执行结果如图 7-39 所示。

图 7-39　例 7-39 查询结果

```
USE teaching
SELECT sname FROM student
WHERE EXISTS (SELECT * FROM sc
              WHERE sno=student.sno
              AND cno='0202')
```

由 EXISTS 引出的子查询，其目标属性列表达式一般用*表示，因为带 EXISTS 的子查询只返回真值或假值，给出列名无实际意义。

若内层子查询结果非空，则外层的 WHERE 子句条件为真（TRUE），否则为假（FALSE）。

使用子查询时要注意以下几点：

（1）子查询需要用括号（ ）括起来。

（2）子查询可以嵌套。

（3）子查询的 SELECT 语句中不能使用 image、text 和 ntext 数据类型。

（4）子查询返回的结果的数据类型必须匹配外围查询 WHERE 语句的数据类型。

（5）子查询中不能使用 ORDER BY 子句。

7.2.12　集合运算查询

1. UNION 联合查询

联合查询是指将两个或两个以上的 SELECT 语句通过 UNION 运算符连接起来的查询，联合查询可以将两个或更多查询的结果组合为单个结果集，该结果集包含联合查询中所有查询的全部行。

使用 UNION 组合两个查询的结果集的两个基本规则是：

所有查询中的列数和列的顺序必须相同；数据类型必须兼容。

其语法格式如下：

```
Select_statement
UNION [ ALL ] Select_statement
[ UNION [ ALL ] Select_statement [ ...n ] ]
```

其中的参数说明如下：

（1）Select_statement：是参与查询的 SELECT 语句。

（2）ALL：在结果中包含所有的行，包括重复行；如果没有指定，则删除重复行。

【例 7-40】在“teaching”数据库中查询选修了课程“0101”和课程“0202”的学生的姓名。

在查询编辑器中输入以下代码，并执行，执行结果如图 7-40 所示。

```
USE teaching
SELECT sname FROM sc, student
WHERE cno='0101' and sc.sno=student.sno
UNION
SELECT sname FROM sc, student
WHERE cno='0202' and sc.sno=student.sno
```

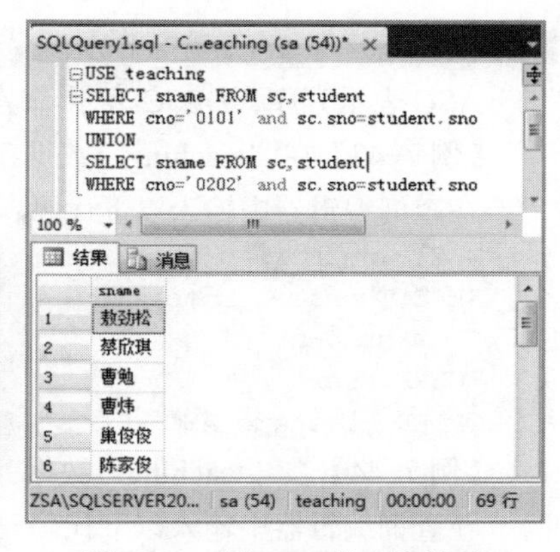

图 7-40　例 7-40 的查询结果

2. EXCEPT 和 INTERSECT 查询

EXCEPT 和 INTERSECT 运算符可以比较两个或多个 SELECT 语句的结果并返回非重复值。EXCEPT 运算符返回由 EXCEPT 运算符左侧的查询返回而又不包含在右侧查询所返回的值中的所有非重复值。INTERSECT 返回由 INTERSECT 运算符左侧和右侧的查询都返回的所有非重复值。使用 EXCEPT 和 INTERSECT 的基本规则同 UNION。

语法格式如下：

```
Select_statement
{EXCEPT|INTERSECT}
Select_statement
```

【例 7-41】在“teaching”数据库中查询没有选课的学生的学号。

在查询编辑器中输入以下代码，并执行，执行结果如图 7-41 所示。

```
SELECT sno FROM student
EXCEPT
SELECT sno FROM sc
```

【例 7-42】在“teaching”数据库中查询已选课的学生的学号。

在查询编辑器中输入以下代码，并执行，执行结果如图 7-42 所示。

```
SELECT sno FROM student
INTERSECT
SELECT sno FROM sc
```

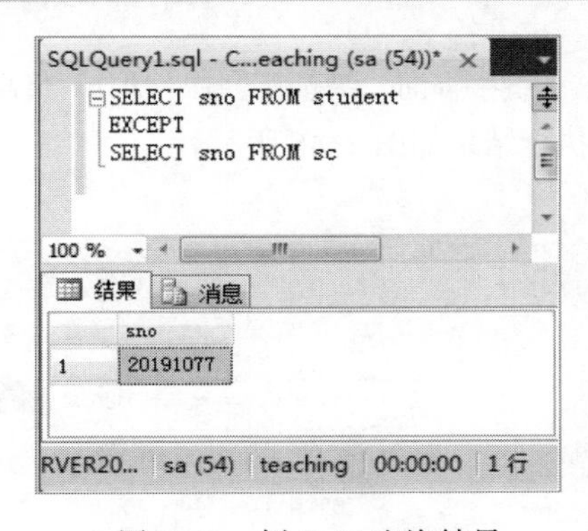

图 7-41　例 7-41 查询结果

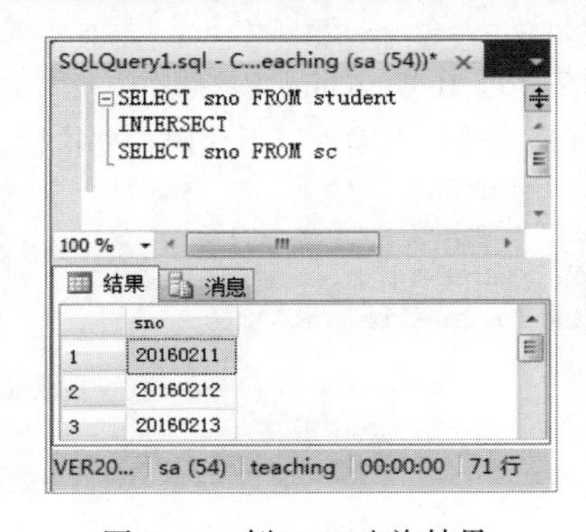

图 7-42　例 7-42 查询结果

7.2.13　对查询结果排序

在使用 SELECT 语句时，排序是一种常见的操作。

排序是指按照指定的列或其他表达式对结果集进行排列顺序的方式。SELECT 语句中的 ORDER BY 子句负责完成排序操作。

其语法格式如下：

```
[ ORDER BY { order_by_expression [ ASC|DESC ] } [,...n ] ]
```

ASC 表示升序，DESC 表示降序，默认情况下是升序。

【例 7-43】在“teaching”数据库中查询女学生的姓名和专业，并按姓名升序排列。

在查询编辑器中输入以下代码，并执行，执行结果如图 7-43 所示。

```
USE  teaching
SELECT sname, specialty
FROM student
WHERE ssex='女'
ORDER BY sname ASC
```

【例 7-44】在“teaching”数据库中查询 sc 中学生的 score 和 sno，并按 score 降序排列。

在查询编辑器中输入以下代码，并执行，执行结果如图 7-44 所示。

```
USE  teaching
SELECT sno, score FROM sc
    ORDER BY score DESC
```

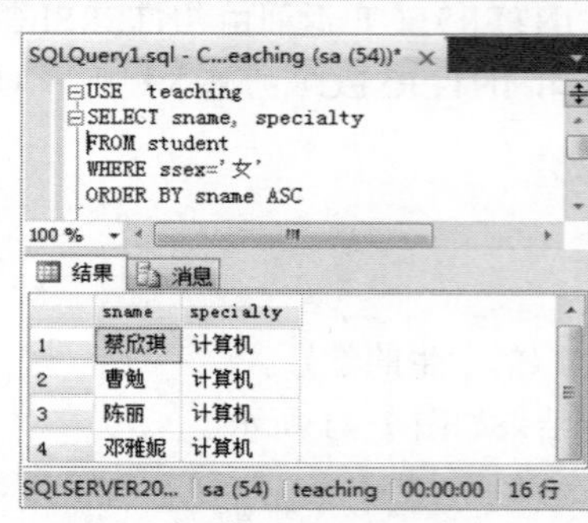

图 7-43　例 7-43 查询结果

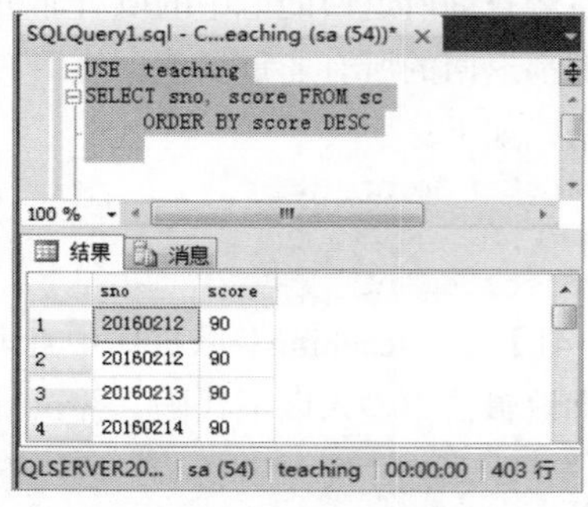

图 7-44　例 7-44 查询结果

【例 7-45】在“teaching”数据库中查询 sc 中学生的成绩和学号，score（降序）排列，若 score 相同按 sno（升序）排列。

在查询编辑器中输入以下代码，并执行，执行结果如图 7-45 所示。

```
USE  teaching
SELECT sno, score FROM sc
 ORDER BY score DESC, sno  ASC
```

【例 7-46】在“teaching”数据库中使用 TOP 关键字查询“课程表”中“学分”最高的前两门课。

在查询编辑器中输入以下代码，并执行，执行结果如图 7-46 所示。

```
USE  teaching
SELECT  TOP 2 cname, credit
FROM course
ORDER BY credit  DESC
```

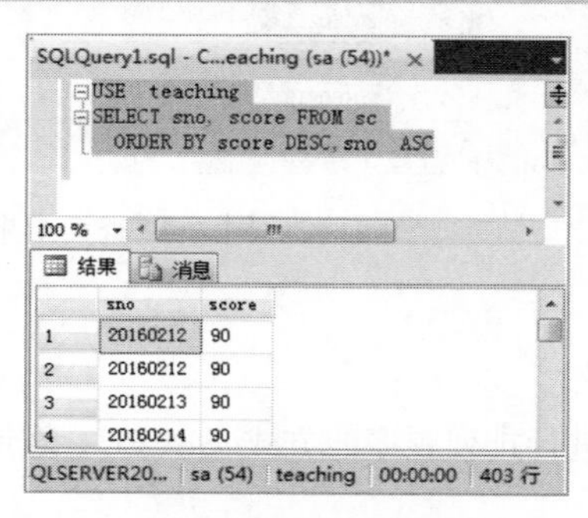

图 7-45　例 7-45 查询结果

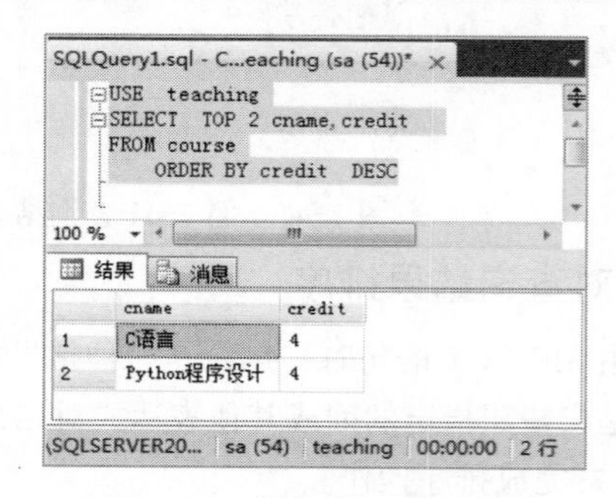

图 7-46　例 7-46 查询结果

7.2.14 存储查询结果

通过在 SELECT 语句中使用 INTO 子句，可以创建一个新表并将查询结果中的行添加到该表中。用户在执行一个带有 INTO 子句的 SELECT 语句时，必须拥有在目标数据库上创建表的权限。

SELECT...INTO 语句的语法格式如下：

```
SELECT select_list
INTO new_table
FROM table_source
[WHERE search_condition]
```

【例 7-47】在“teaching”数据库中将查询的 sname、sno、cname、score 的相关数据存放在表“成绩单”中。并对新表进行查询。

在查询编辑器中输入以下代码，并执行，执行结果如图 7-47 所示。

```
USE teaching
SELECT sname, student.sno, cname, score  INTO 成绩单
FROM student, sc, course
WHERE student.sno=sc.sno  AND course.cno=sc.cno
GO
SELECT * FROM 成绩单
```

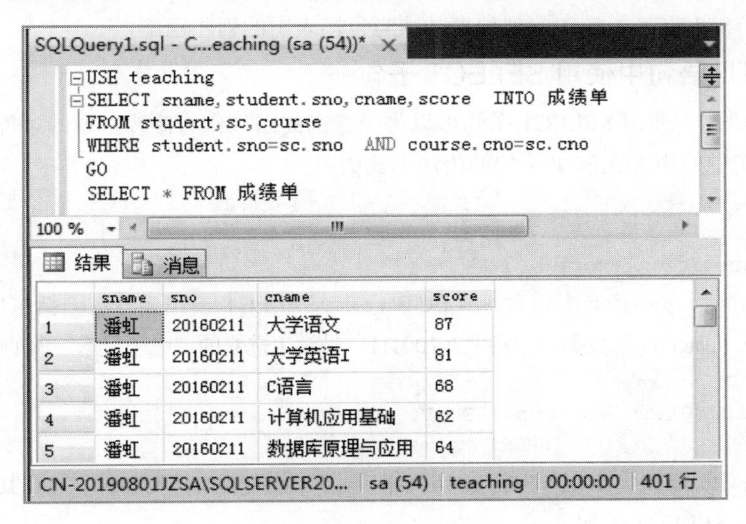

图 7-47 例 7-47 查询结果

7.3 数据操作中使用 SELECT 子句

可以在 INSERT 语句、UPDATE 语句和 DELETE 语句中使用 SELECT 子句，以完成相应的数据插入、修改和删除。

7.3.1 INSERT 语句中使用 SELECT 子句

在 INSERT 语句中使用 SELECT 子句可以将一个或多个表或视图中的值添加到另一个表中。使用 SELECT 子句还可以同时插入多行。

INSERT 语句中使用 SELECT 子句的语法形式为：

```
INSERT [INTO] table_name[(column_list)]
SELECT select_list
FROM table_name
[WHERE search_condition]
```

【例 7-48】在“teaching”数据库中创建“选课表”的一个副本“成绩表”，将“sc”中成绩大于 80 的数据添加到“成绩表”中，并显示表中内容。

```
USE teaching
CREATE TABLE 成绩表
    (学号 char(7),
     课程号 char(4),
     成绩 int )
GO
INSERT INTO 成绩表(学号, 课程号, 成绩)
SELECT*FROM sc WHERE score>=80
GO
SELECT*FROM 成绩表
```

注意：

（1）不要把 SELECT 子句写在圆括号中。

（2）INSERT 语句中的列名列表应当放在圆括号中，而且不使用 VALUES 关键字。如果来源表与目标表结构完全相同，则可以省略 INSERT 语句中的列名列表。

（3）SELECT 子句中的列列表必须与 INSERT 语句中的列列表相匹配。如果没有在 INSERT 语句中给出列列表，SELECT 子句中的列列表必须与目标表中的列相匹配。

7.3.2 UPDATE 语句中使用 SELECT 子句

在 UPDATE 语句中使用 SELECT 子句可以将子查询的结果作为修改数据的条件。

UPDATE 语句中使用 SELECT 子句的语法形式为：

```
UPDATE table_name
   SET { column_name={ expression } } [,...n ]
   [WHERE {condition_expression}]
```

其中，condition_expression 中包含 SELECT 子句，SELECT 子句要写在圆括号中。

【例 7-49】在“teaching”数据库中将“20100111”号学生选修的“电子技术”课的成绩改为 86 分。

```
UPDATE sc  SET score=86
WHERE sno='20100111' AND  cno=(SELECT cno FROM course
                               WHERE cname='电子技术')
```

【例 7-50】在“teaching”数据库中将 12 级网络专业张丽娜选修的“C002”号课的成绩改为 76 分。

方法一：使用 SELECT 子句。

```
UPDATE sc SET score=76
WHERE cno='C002'
AND sno=(SELECT sno  FROM student
WHERE sname='张丽娜' AND grade ='12 级' AND specialty ='网络')
```

方法二：使用 JOIN 内连接。

```
UPDATE  sc  SET score=76
FROM sc  JOIN 学生表 ON  student.sno=sc.sno
WHERE cno='C002'  AND  sname='张丽娜' AND grade='12 级' AND specialty ='网络'
```

7.3.3 DELETE 语句中使用 SELECT 子句

在 DELETE 语句中使用 SELECT 子句可以将子查询的结果作为删除数据的条件。

DELETE 语句中使用 SELECT 子句的语法形式为：

```
DELETE [FROM] table_name
        [WHERE {condition_expression}]
```

其中，condition_expression 中包含 SELECT 子句，SELECT 子句要写在圆括号中。

【例 7-51】在“teaching”数据库中将“20100111”号学生选修的“电子技术”课删除。

```
DELETE sc
WHERE sno='20100111' AND
cno=(SELECT cno FROM course WHERE cname='电子技术')
```

【例 7-52】在“teaching”数据库中将 12 级网络专业张丽娜选修的“0002”号课的选课信息删除。

方法一：使用 SELECT 子句。

```
DELETE sc WHERE cno='0002' AND sno=
(SELECT sno FROM student WHERE sname='张丽娜'
AND grade='12 级' AND specialty ='网络')
```

方法二：使用 JOIN 内连接。

```
DELETE sc FROM sc JOIN student ON student.sno=sc.sno
WHERE cno='0002' AND sname='张丽娜'
AND grade='12 级' AND specialty ='网络'
```

本 章 小 结

SQL 语言是本教材的重点，它是访问数据库的核心语言。本章通过列举了大量的实例，来介绍 SQL 语言的定义、查询、修改、删除、控制等各种命令的使用，这为应用软件的开发打下了基础。

SQL 语言的定义部分包括对数据表、视图、索引的建立、修改及删除操作。

SQL 语言的查询包括单表查询、多表查询、子查询、统计查询等。

SQL 语言的操作包括对数据表的插入、修改、删除操作。

思考与练习

1. 简述 SQL 语言的特点与功能。
2. 试写出 SELECT 查询语句的基本语法格式。
3. 什么情况下用单表查询？
4. 什么情况下用连接查询？
5. 什么情况下用子查询？相关子查询和无关子查询有什么区别？
6. 实现多表连接查询有哪些方法？请分别举例说明。
7. 根据第 6 章思考与练习第 1 题中建立的“供货管理”数据库中的各个表，使用 T-SQL 语句，实现以下操作。

（1）查询供应商的名称和所在城市。

（2）查询零件的所有信息。

（3）查询供应商所在的城市，过滤重复行。

（4）查询“供应”表中所有的供应信息的前 3 行。

（5）查询“项目”表中的前 30%的记录。

（6）查询“零件”表中的零件号、颜色和重量，并且分别将列名显示为对应的汉字说明文字。

（7）查询供应数量多于 30 的供应商号、零件号、项目号和数量。

（8）查询颜色是红色的零件信息。

（9）查询黄色螺丝刀的信息。

（10）查询重量超过 30，且颜色不是红色的零件信息。

（11）查询蓝色和灰色的零件信息。

（12）查询重量范围在25～35之间的零件名、颜色、重量。

（13）查询供应数量范围不在20～40之间的供应商号、零件号、项目号和数量。

（14）查询“北京”、“南昌”和“深圳”的供应商信息。

（15）查询所在城市不是“北京”、“南昌”和“深圳”的供应商名称和所在城市。

（16）查询零件名称以“螺”开头的零件信息。

（17）查询零件名称中含有“轮”的零件信息。

（18）查询零件表中重量未知的零件信息。

（19）查询“供应”表中各种零件的平均供应量。

（20）查询所有零件的颜色数量。

（21）查询“供应”表中使用零件的总数。

（22）查询各个供应商供应的各种零件的种数。

（23）查询各种零件的供应总数量，显示零件号和供应总量。

（24）查询供应总数量超过40的零件号和供应总量。

（25）查询供应商向项目供应的零件信息，显示供应商名称、零件名称、项目名称和数量。

（26）查询项目中所使用各种零件的信息，显示项目名称、零件名称和数量，按项目名称降序排列。

（27）查询每个供应商供应的零件的总数量，显示供应商名称和供应总量。

（28）查询供应商给每个项目供应的零件种类，显示供应商名称、项目名称、零件种类，按供应商名称升序排列。

（29）查询所在城市相同的供应商名称和所在城市。

（30）查询每个供应商的供应情况（含未供应任何零件的供应商），显示供应商所有信息、项目号、零件号和数量。

（31）查询P0003零件的供应商中供应数量比供应商“新恒”供应的数量多的供应商名称和供应数量。

（32）查询供应P0003零件的供应商中供应数量最少的供应商号、供应商名称和数量。

（33）查询J00002号项目使用零件中数量最多的零件号、该零件的供应商号以及对应数量。

（34）查询与J00002号项目使用了相同零件的项目号和零件供应商号。

（35）查询每个项目中使用的零件数量最多的零件，输出供应商号、零件号、项目号和相应数量。

（36）查询所有使用了P0003号零件的项目名称和所在城市。

（37）查询使用了P0003或P0008号零件的项目号（过滤重复值）。

（38）查询既使用了P0003又使用了P0008号零件的项目号。

（39）将给J00002号项目供应P0003号零件的供应商所在城市改为“武汉”。

（40）删除“韵慧”供应商的P0003号零件的供应信息。

第8章 视图和索引

数据库的基本表是按照数据库设计人员根据用户的需求进行分析，并按照数据库设计的基本原则所设计出来的全局数据，它不一定能满足某些特定用户的特定需求。SQL Server 可以根据用户的特定需求在原数据库基本表的基础上重新定义表的数据结构，由此得到的就是视图。视图是关系数据库系统提供给用户以多种角度观察数据库中数据的重要机制，其结构和数据是建立在对数据库基本表的查询基础之上的。

数据检索是数据库操作中常用的操作之一，随着数据库容量的增大，从海量数据中检索所需数据花费的时间也会增加。索引是与表或视图关联的磁盘上或内存中结构，可以加快从表或视图中检索行的速度。因此，通过建立索引可以提高对表中记录的检索速度，进而提高系统的性能。

在数据库的三级模式结构当中，视图对应的是外模式部分，基本表对应的是模式部分，而索引对应的是内模式部分。本章主要介绍视图和索引的基本概念及基本操作。

8.1 视　　图

视图（view）是关系数据库系统提供给用户以多种角度观察数据库中数据的重要机制，是从一个或几个表导出来的表，不是真实存在的基本表，而是一张虚表；视图所对应的数据并不实际地以视图结构存储在数据库中，而是存储在视图所引用的表中，视图实际上是一个查询结果。在用户看来，视图是通过不同路径去看一个实际表，就像一个窗口，我们通过窗口去看外面的高楼，可以看到高楼的不同部分，而通过视图可以看到数据库中用户感兴趣的内容。

8.1.1 视图概述

视图是一种数据库对象，用户通过视图来浏览数据表中感兴趣的部分或全部数据。视图是从一个或多个表中使用 SELECT 语句导出的虚拟表，同基本表一样，它包含了一系列带有名称的列和行数据，但它并不是以一组数据的形式存储在数据库中，数据库中只存储视图的定义，而不存储视图对应的数据（除非是索引视图），这些数据仍存储在导出视图的基本表中。当基本表中的数据发生变化时，从视图中查询出来的数据也随之改变。

对其中所引用的基础表来说，视图的作用类似于筛选。定义视图的筛选可以来自当前或其他数据库的一个或多个表，或者其他视图。分布式查询也可用于定义使用多个异类源数据的视图。 例如，如果有多台不同的服务器分别存储某个公司在不同地区的数据，当用户需要将这些服务器上结构相似的数据组合起来时，这种方式就很有用。

视图可作为一种安全机制，通过使用视图可以集中、简化和定制用户的数据库显示，用户可以通过视图访问数据，而不被授予直接访问视图基础表的权限。

1. 视图的优点

（1）简单、方便性：通过视图可以集中、简化和自定义每个用户的数据查询和处理。视图可以将分散在多个表中的数据定义在一起，屏蔽数据库的复杂性，用户不必为之后的操作输入复杂的查询语句，只需对此视图进行简单查询即可。

（2）数据逻辑独立性：是指应用程序与数据库的逻辑结构是相互独立的，即当数据库的逻辑结构改变时，用户和应用程序不会受到影响。当构成视图的基本表结构发生改变时，只需要修改视图定义中的查询语句，使视图显示的数据结构保持不变，从而基于视图的应用程序无须改变。

（3）安全性：通过对不同的用户定义不同的视图，使用户只能查询和修改与自己相关的数据。这样可以把用户限制在数据的不同子集上，屏蔽了用户对机密数据的访问，简化了用户权限的管理，增加了安全性。

2. 视图的分类

在 SQL Server 2014 中，视图可以分为标准视图、索引视图、分区视图和系统视图。

（1）标准视图：是为了系统应用需求，由用户自定义的视图。标准视图组合了一个或多个表中的数据，用户通过标准视图可以实现对数据库的数据进行查询、修改和删除等基本操作。标准视图是用户使用较多的一种视图。

（2）索引视图：是被具体化了的视图，即已经对视图定义进行了计算并且生成的数据像表一样被存储。可以为视图创建索引，即对视图创建一个唯一的聚集索引。索引视图可以显著提高某些类型查询的性能。索引视图尤其适于聚合许多行的查询，但它们不太适于经常更新的基本数据集。

（3）分区视图：在一台或多台服务器间水平连接一组成员中的分区数据。这样，数据看上去如同来自于一个表。分区视图分为本地分区视图和分布式分区视图：在本地分区视图中，所有相关的表和视图都连接在同一个 SQL Server 实例上；在分布式分区视图中，至少有一个相关表是连接在不同的（远程）服务器上的。

（4）系统视图：公开目录元数据。即可以使用系统视图返回与 SQL Server 实例或在该实例中定义的对象相关的信息。例如，可以通过查询 sys.databases 目录视图以便返回与实例中提供的用户定义数据库有关的信息。

8.1.2　创建视图

视图在数据库中是作为一个独立的对象存储的。要使用视图，首先必须创建视图，创建视图时必须遵循以下原则。

（1）只能在当前数据库中创建视图。但是，如果使用分布式查询定义视图，则新视图所引用的表和视图可以存在于其他数据库中，甚至其他服务器上。

（2）视图最多可以包含 1 024 列。

（3）视图名称必须遵循标识符的规则，且对每个用户必须唯一。此外，该名称不得与该用户拥有的任何表的名称相同。

（4）用户不能创建临时视图，也不能引用临时表或表变量来创建视图，但可以在其他视图之上再建立视图。

（5）如果视图中的某一列是一个算术表达式、内置函数或常量派生而来的，而且视图中两个或者更多的不同列拥有一个相同的名称（这种情况通常是因为在视图的定义中有一个连接，而且这两个或者多个来自不同表的列拥有相同的名称），此时，用户需要为视图的每一列指定特定的名称。

（6）视图定义的 SELECT 语句不可以包含 ORDER BY 子句，除非在 SELECT 语句的选择列表中也有一个 TOP 子句。ORDER BY 子句仅用于确定视图定义中的 TOP 或 OFFSET 子句返回的行。ORDER BY 不保证在查询视图时得到有序结果，除非在查询本身中也指定了 ORDER BY。

（7）视图定义中的 SELECT 子句不能包括 INTO 关键字、OPTION 子句。

（8）如果某个视图依赖于已删除的表（或视图），则当有人试图使用视图时，数据库引擎将产生错误消息。如果创建了新表或视图（该表的结构与以前的基表没有不同之处）以替换删除的表或视图，则视图将再次可用。如果新表或视图的结构发生更改，则必须删除并重新创建该视图。

（9）通过视图进行查询时，数据库引擎将进行检查以确保语句中任何位置被引用的所有数据库对象都存在，这些对象在语句的上下文中有效，以及数据修改语句没有违反任何数据完整性规则；如果检查失败，将返回错误消息；如果检查成功，则将操作转换为对基本表的操作。

（10）创建视图后，有关视图的信息将存储在下列目录视图中：sys.views、sys.columns 和 sys.sql_expression_dependencies。CREATE VIEW 语句的文本将存储在 sys.sql_modules 目录视图中。可以通过查询这些目录视图，查看有关的视图信息。

在 SQL Server 2014 中创建视图主要有两种方式：

一种方式是在 SQL Server Management Studio 中使用向导创建视图；另一种方式是通过在查询窗口中执行 T-SQL 语句创建视图。

1. 在 SQL Server Management Studio 中创建视图

在 SQL Server Management Studio 中使用向导创建视图，是一种图形界面环境下最快捷的创建方式。

【例 8-1】创建所有年龄大于 22 岁（包含 22 岁）的所有男生的学生信息视图，视图中只显示学号、姓名、性别和年龄，视图命名为 view_s。

其步骤如下：

（1）在对象资源管理器中展开要创建视图的数据库，如“teaching”数据库，选择“视图”选项，可以看到视图列表中系统自动为数据库创建的系统视图。右击“视图”选项，在弹出的快捷菜单中选择“新建视图”命令，弹出“添加表”对话框，在此对话框中，可有“表”、“视图”、“函数”和“同义词”4 个选项卡，这里选择“表”选项卡中的 student 表，然后单击“添加”按钮，即可将其添加到视图设计界面中，如图 8-1 所示。

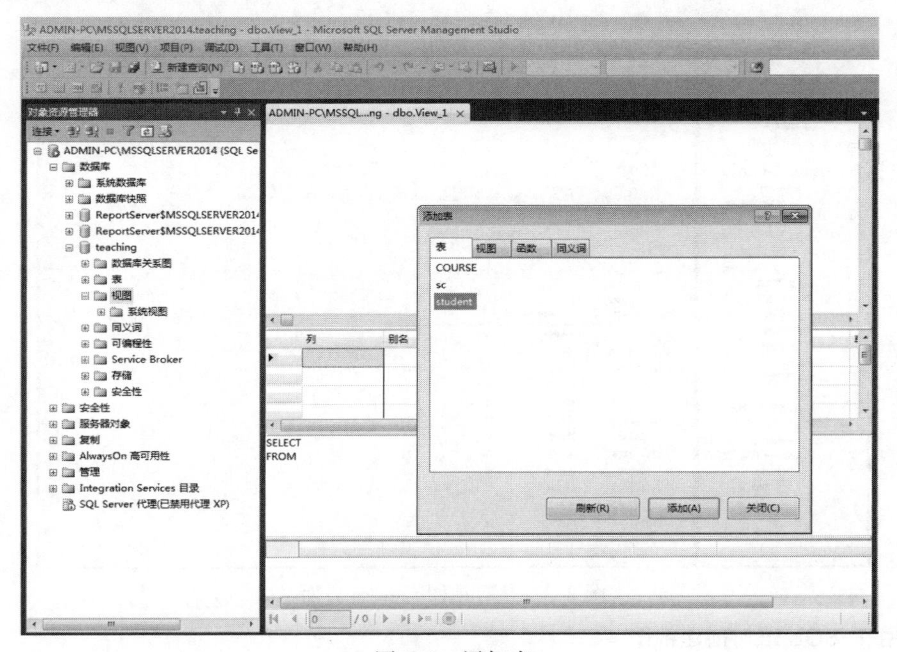

图 8-1　添加表

（2）添加完所需对象之后，单击对话框中的“关闭”按钮，关闭“添加表”对话框，进入视图设计器。该界面分为4个子窗口，最上面的子窗口显示添加的表结构的图形表示，用户可以通过选中列名前的复选框让某列显示在创建的视图中，此处选择sno、sname、ssex和sage共4列。第二个子窗口显示用户选择的列、列的别名、表、是否输出、排序类型、排序顺序、筛选器等属性。通过设置第二个子窗口，用户可以进一步设置视图显示的内容，对显示内容进行筛选。这里视图要显示的是大于22岁（含22岁）的男生，因此可以在第二个窗口“筛选器”属性中把ssex设置为“=男”，把sage设置为“>=22”，如图8-2所示。该窗口有三个“或”属性，当把多个条件放在不同的“或”属性中时，表示多个条件之间是“或”的关系。“排序类型”和“排序顺序”两个属性只有当查询中使用了top子句时才可以使用。第三个子窗口显示前两个窗口设置时同步生成的T-SQL语句代码。第4个子窗口显示视图执行的结果。

列	别名	表	输出	排序类型	排序顺序	筛选器
sno		student	☑			
sname		student	☑			
ssex		student	☑			= '男'
sage		student	☑			>= 22

图8-2　设置视图属性窗口

（3）视图设置完以后，单击工具栏上的“保存”按钮，输入视图名称view_s，单击“确定”按钮，视图创建完毕。

（4）单击工具栏上的“执行”按钮，可以在第4个子窗口中显示视图内容，如图8-3所示。

通常，在对象资源管理器中展开创建了视图的数据库，选择“视图”选项，就可以看到用户新创建的视图。如果新创建的视图没有显示在“视图”选项中，可以右击“视图”，在弹出的快捷菜单中选择“刷新”命令，即可查看。

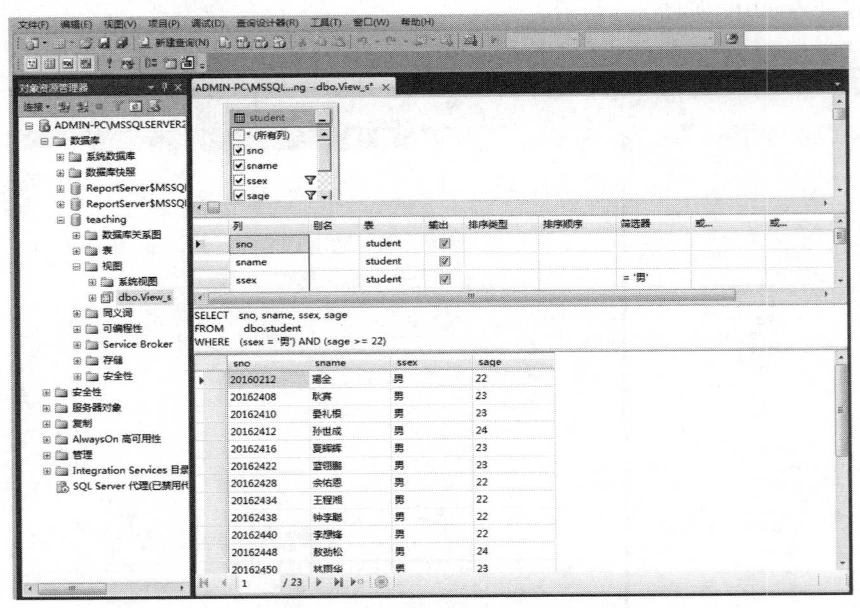

图8-3　执行视图view_s界面

2. 使用T-SQL语句创建视图

SQL Server 2014提供了CREATE VIEW语句创建视图，其基本语法格式如下：

```
CREATE VIEW[schema_name.]view_name[(column[,...n])]
[WITH <view_attribute>[,...n]]
AS select_statement
[WITH CHECK OPTION ]
[;]
<view_attribute>::=
{
    [ENCRYPTION]
    [SCHEMABINDING]
    [VIEW_METADATA]
}
```

各参数含义如下：

schema_name：视图所属架构的名称。

view_name：视图名称。视图名称必须符合有关标识符的规则。

column：视图中的列使用的名称。仅在几种情况下需要列名，即列是从算术表达式、函数或常量派生的；两个或更多的列可能会具有相同的名称（通常是由于连接的原因）；视图中的某个列的指定名称不同于其派生来源列的名称，还可以在 SELECT 语句中分配列名。如果未指定 column，则视图列将获得与 SELECT 语句中的列相同的名称。

WITH <view_attribute>：指定视图的属性。视图的属性包括以下三种：

- ENCRYPTION：对 sys.syscomments 表中包含 CREATE VIEW 语句文本的项进行加密，使用 WITH ENCRYPTION 可防止在 SQL Server 复制过程中发布视图。
- SCHEMABINDING：将视图绑定到基础表的架构。如果指定了 SCHEMABINDING，则不能按照将影响视图定义的方式修改基表或表。必须首先修改或删除视图定义本身，才能删除将要修改的表的依赖关系。
- VIEW_METADATA：指定为引用视图的查询请求浏览模式的元数据时，SQL Server 实例将向 DB-Library、ODBC 和 OLE DB API 返回有关视图的元数据信息，而不返回基表的元数据信息。

AS：指定视图要执行的操作。

select_statement：定义视图的 SELECT 语句。该语句可以使用多个表和其他视图。需要相应的权限才能在已创建视图的 SELECT 子句引用的对象中选择。视图不必是具体某个表的行和列的简单子集。可以使用多个表或带任意复杂性的 SELECT 子句的其他视图创建视图。在索引视图定义中，SELECT 语句必须是单个表的语句或带有可选聚合的多表 JOIN。

WITH CHECK OPTION：要求对该视图执行的所有数据修改语句都必须符合 select_statement 中所设置的条件。通过视图修改行时，WITH CHECK OPTION 可确保提交修改后，仍可通过视图看到数据。同时，即使指定了 CHECK OPTION，也不能依据视图来验证任何直接对视图的基础表执行的更新。

【例 8-2】 创建“S_C_SC”视图，包括“计算机”专业的学生的学号、姓名，和他们选修的课程号、课程名和成绩。

步骤如下：

（1）打开 SQL Server Management Studio，单击“新建查询”按钮，打开查询命令窗口。

（2）在查询命令窗口中输入以下 T-SQL 语句，如图 8-4 所示。

```
USE TEACHING
GO
CREATE VIEW S_C_SC
AS
```

```
SELECT Student.sno, sname, course.cno, cname, score
FROM student,sc,course
WHERE student.sno=sc.sno AND course.cno=sc.cno AND specialty='计算机'
GO
```

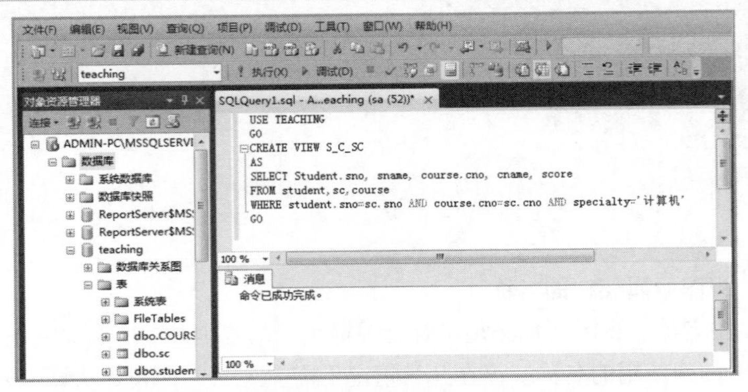

图 8-4 使用 T-SQL 语句创建 S_C_SC 视图

（3）单击单击“分析”按钮，分析有无语法错误，当在结果窗口中显示“命令已成功完成”时，表示创建视图的 T-SQL 语句没有语法错误。否则，如有语法错误，则要修改创建视图的 T-SQL 语句。当没有语法错误时，单击“执行”按钮 执行(X)，完成视图的创建。

【例 8-3】创建视图，名称为 view_sg，视图中只显示学号、姓名、性别和年龄。

T-SQL 语句如下：

```
USE TEACHING
GO
CREATE VIEW view_sg
AS
SELECT sno, sname, ssex, sage
FROM student
```

8.1.3 修改视图

如果创建的视图不符合要求，需要对所创建的视图进行修改，则可以采用两种方法：一种是在 SQL Server Management Studio 中修改；另一种是使用 T-SQL 语句修改。

1. 在 SQL Server Management Studio 中修改视图

使用 SQL Server Management Studio 修改视图的操作步骤如下：

（1）打开 SQL Server Management Studio 的对象资源管理器，选择要修改的视图所在的数据库。

（2）选择“视图”选项，右击要修改的视图，在弹出的快捷菜单中选择“设计”命令，此时打开了视图设计器。

（3）如果视图需要添加新的表或视图，则可以在第一个窗格空白处右击，在弹出的快捷菜单中选择“添加表”命令，在弹出的“添加表”对话框中添加需要的表或视图。如果某个表或视图不再需要，可以在第一个窗格中选中要移除的表或视图的标题栏并右击，在弹出的快捷菜单中选择“删除”命令。

（4）如果要修改其他属性，则在对话框上半部分，重新选择视图所用的列；在中间的网格窗格部分，对视图每一列进行属性设置。最后，单击工具栏上的“保存”按钮保存修改后的视图。

2. 使用 T-SQL 语句修改视图

SQL-Server 2014 提供了 ALTER VIEW 语句修改视图，其基本语法格式如下：

```
ALTER VIEW [ schema_name . ] view_name [(column [ ,...n ])]
[ WITH <view_attribute> [ ,...n ] ]
AS select_statement
```

```
[ WITH CHECK OPTION ] [ ; ]
 <view_attribute> ::=
{
    [ ENCRYPTION ]
    [ SCHEMABINDING ]
    [ VIEW_METADATA ]
}
```

注意：语句中的参数与 CREATE VIEW 语句中的参数相同。如果原来的视图定义是使用 WITH ENCRYPTION 或 CHECK OPTION 创建的，则只有在 ALTER VIEW 中也包含这些选项时，才会启用这些选项。

【例 8-4】修改“S_C_SC”视图，要求包括每个学生的学号、姓名和选修的课程总数。

```
USE teaching
GO
ALTER VIEW S_C_SC
AS
SELECT Student.sno, sname, count(sc.cno)as 课程总数
FROM student,sc
WHERE student.sno=sc.sno
GROUP BY student.sno,sname
GO
```

8.1.4 使用视图

视图创建完毕后，就可以如同查询基本表一样通过视图查询所需要的数据，而且有些查询需求的数据直接从视图中获取比从基本表中获取数据要简单，也可以通过视图修改基本表中的数据。

1. 使用视图进行数据查询

查询视图的方法和查询表的方法是一样的，可以在 SQL Server Management Studio 中选中要查询的视图并打开，浏览该视图查询的所有数据；也可以在查询窗口中执行 T-SQL 语句查询视图。

例如，要查询 S_C_SC 的学生选课信息，就可以在 SQL Server Management Studio 中右击“S_C_SC”视图，在弹出的快捷菜单中选择“编辑前 1 000 行”命令，即可浏览学生的学习情况信息，如图 8-5 所示。

也可以在查询窗口中执行如下 T-SQL 语句：

```
SELECT * FROM S_C_SC
```

【例 8-5】在查询窗口中查询 view_sg 视图，统计男女生的平均年龄。

在查询窗口中执行如下 T-SQL 语句：

```
USE teaching
SELECT ssex,avg(sage)as 平均年龄
FROM view_sg
GROUP BY ssex
GO
```

运行结果如图 8-6 所示。

图 8-5　在 SSMS 中查询视图

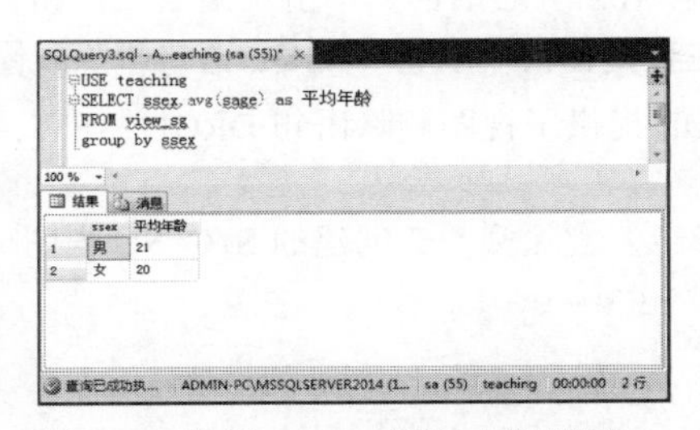

图 8-6　使用 T-SQL 语句查询视图

2. 使用视图修改基本表中数据

修改视图的数据，其实就是对基本表的数据进行修改，因为视图中并不存储数据，数据还是存储在基本表中的。但是通过视图更新数据，并不是所有视图都可以更新，只有对满足以下可更新条件的视图才能进行更新。

可更新条件如下：

（1）对数据的任何更新（包括 UPDATE、INSERT 和 DELETE 语句）都只能引用一个基本表的列。

①如果视图数据为一个表的行、列，则可更新（包括 UPDATE、INSERT 和 DELETE 语句）；但如果视图中不包含的列为表定义时不允许取空值又没有给定默认值的列，则此视图不可以插入（INSERT）数据。

②如果视图所依赖的基本表有多个时，则完全不能向该视图添加（INSERT）数据。

③若视图依赖于多个基本表，那么一次修改只能修改（UPDATE）一个基本表中的数据。

④若视图依赖于多个基本表，那么不能通过视图删除（DELETE）数据。

（2）视图中被修改的列必须直接引用表列中的基础数据。

注意：不能是通过任何其他方式对这些列进行派生而来的数据，比如聚合函数、计算（如表达式计算）、集合运算等。

（3）被修改的列不应是在创建视图时受 GROUP BY、HAVING、DISTINCT 或 TOP 子句影响的。

注意：有可能插入并不满足视图查询的 WHERE 子句条件中的一行。为了限制此操作，可以在创建视图时使用 WITH CHECK OPTION 选项。

【例 8-6】通过 male_view 视图向 student 表中插入一个“男”生。

```
INSERT INTO male_view VALUES ('0110301', '张三', '男', 20)
```

如果通过 male_view 视图向 student 表中插入一个“女”生，也可以完成插入，如果不想通过 male_view 视图插入“女”生，在创建 male_view 视图时应该使用 WITH CHECK OPTION 选项。带有 WITH CHECK OPTION 选项创建 male_view 的命令如下：

```
CREATE VIEW male_view
AS
SELECT sno,sname,ssex,sage,en_time,specialty,grade
FROM student WHERE ssex='男'
WITH CHECK OPTION
```

8.1.5 删除视图

在不需要该视图的时候或想清除视图定义及与之相关联的权限时，可以删除该视图。视图的删除不会影响所依附的基本表的数据，定义在系统表 sysahjects、syscolumns、syscomments、sysdepends 和 sysprotects 中的视图信息也会被删除。

1. 在 SQL Server Management Studio 删除视图

在 SQL Server Management Studio 右击要删除的视图，在弹出的快捷菜单中选择“删除”命令，弹出“删除对象”对话框，单击“确定”按钮就能删除视图。

2. 在查询窗口中执行 T-SQL 语句删除视图

T-SQL 提供了视图删除语句 DROP VIEW，其语法格式如下：

```
DROP VIEW view_name
```

【例 8-7】删除例 8-2 创建的 S_C_SC 视图。

```
USE teaching
GO
DROP VIEW S_C_SC
GO
```

8.2 索　引

使用索引，可以加快从表或视图中检索行的速度。索引包含由表或视图中的一列或多列生成的键，这些键存储在一个结构（B 树）中，使用 SQL Server 可以快速、高效地查找与键值关联的行。通过建立索引，可以对数据库表中一个或多个列的值进行排序，所以建立索引可以加快数据查询的速度，减少系统的响应时间，提高系统性能，从而提高检索表中数据的速度。

8.2.1 索引简介

数据库的索引就类似于书籍的目录，能加快查询速度。如果没有目录，要查找书中某一部分内容，就需要从头开始逐页查找，查询速度较慢；如果想快速查找而不是逐页查找指定的内容，可以通过目录中章节的页号找到其对应的内容。类似地，索引通过记录表中的关键值指向表中的记录，这样数据库引擎就不用扫描整个表而定位到相关的记录。相反，如果没有索引，则会导致 SQL Server 搜索表中的所有记录，以获取匹配结果。

索引包含从表或视图中一个或多个列生成的键，以及映射到指定数据的存储位置的指针，它是以 B+树结构与表或视图相关联的。

索引的优点包括：

（1）可以大大加快数据的检索速度，这是创建索引的最主要的原因。

（2）创建唯一性索引，保证表中每一行数据的唯一性。

（3）可以加速表和表之间的连接，特别是在实现数据的参照完整性方面特别有意义。

（4）在使用分组和排序子句进行数据检索时，同样可以显著减少查询中分组和排序的时间。

（5）通过使用索引，可以在查询的过程中，使用查询优化器，以提高系统的性能。

虽然索引具有以上诸多优点，但是过多或不当的索引会导致系统效率降低。并不是数据库中建立的索引越多越好，因为使用索引有时也会增加系统开销，降低系统性能，主要体现在以下两方面：

（1）创建索引和维护索引都会消耗时间，当对表中的数据进行增加、删除和修改操作时，索引就要进行维护，这需要耗费时间，而且这种时间随着数据量的增加而增加。

（2）索引需要占用物理空间，除了数据表占用数据空间之外，每一个索引还要占用一定的物理空间，如果要建立聚簇索引，那么需要的空间就会更大。如果占用的物理空间过多，就会影响到整个 SQL Server 系统的性能。

8.2.2 索引类型

SQL Server 2014 支持在表中任何列（包括计算列）上定义索引。按照索引列值是否唯一，索引分为唯一索引和非唯一索引。索引列不允许有两行记录相同，这样的索引称为唯一索引。例如，如果在表中的“姓名”列上创建了唯一索引，则以后输入的姓名时将不能同名。索引也可以是不唯一的，即索引列上可以有多行记录相同。如果索引是根据单列创建的，这样的索引称为单列索引；根据多列组合创建的索引称为复合索引。

索引的组织方式的不同，可以将索引分为聚集索引和非聚集索引。

1. 聚集索引

聚集索引会对表和视图进行物理排序，所以这种索引对查询非常有效，在表和视图中只能有一个聚集索引。当建立主键约束时，如果表中没有聚集索引，SQL Server 会用主键列作为聚集索引键。可以在表的任何列或列的组合上建立索引，实际应用中一般为定义成主键约束的列建立聚集索引。

例如，汉语字典的正文就是一个聚集索引的顺序结构。

比如，要查“安”字，就可以翻开字典的前几页，因为“安”的拼音是“an”，而按拼音排序的字典是以字母“a”开头以“z”结尾的，那么“安”字就自然地排在字典的前部。如果翻完了所有“an”读音的部分仍然找不到这个字，那么就说明字典中没有这个字。

同样，如果查“张”字，可以将字典翻到最后部分，因为“张”的拼音是“zhang”。

也就是说，字典的正文内容本身就是按照音序排列的，而“汉语拼音音节索引”就可以称为“聚集索引”。

2. 非聚集索引

非聚集索引不会对表和视图进行物理排序。如果表中不存在聚集索引，则表是未排序的。在表或视图中，最多可以建立 250 个非聚集索引，或者 249 个非聚集索引和 1 个聚集索引。

例如，查字典时，对于不认识的字，就不能按照上面的方法来查找。

可以根据“偏旁部首”来查。比如查“张”字，在查询部首之后，检字表中“张”的页码是 622 页，检字表中“张”的上面是“弛”字，但页码却是 60 页，“张”的下面是“弟”字，页码是 85 页，正文中这些字并不是真正地分别位于“张”字的上下方。

所以，现在看到的连续的“弛、张、弟”三字实际上就是它们在非聚集索引中的排序，是字典正文中的字在非聚集索引中的映射。这种方式来找到所需要的字要两个过程：先找到目录中的结果，然后再翻到所需要的页码。

这种目录纯粹是目录，正文纯粹是正文的排序方式就称为“非聚集索引”。

聚集索引和非聚集索引都可以是唯一的索引。因此，只要列中数据是唯一的，就可以在同一个表上创建一个唯一的聚集索引。如果必须实施唯一性以确保数据的完整性，则应在列上创建 UNIQUE 或 PRIMARY KEY 约束，而不要创建唯一索引。

创建 PRIMARY KEY 或 UNIQUE 约束会在表中指定的列上自动创建唯一索引。创建 UNIQUE 约束与手动创建唯一索引没有明显的区别，进行数据查询时，查询方式相同，而且查询优化器不区分唯一索引是由约束创建还是手动创建的。如果存在重复的键值，则无法创建唯一索引和 PRIMARY KEY 或 UNIQUE 约束。如果是复合的唯一索引，则该索引可以确保索引列中每个组合都是唯一的，创建复合唯一索引可为查询优化器提供附加信息，所以对多列创建复合索引时最好是唯一索引。

8.2.3 创建索引

前面已经介绍过，创建索引虽然可以提高查询速度，但不恰当的索引可能会降低系统性能，因此，在创建索引时，哪些列适合创建索引，哪些列不适合创建索引，对此需要进行详细的考察。

一般来说，适合建立索引的情况有：

（1）在经常需要搜索的列上建立索引，可以加快搜索的速度。

（2）对于主键和外键列应建立索引，因为经常通过主键列查询数据，而外键用于表间的连接。

（3）在经常需要根据范围进行搜索的列上创建索引，因为索引已经排序，其指定的范围是连续的。

（4）在经常需要排序的列上创建索引，因为索引已经排序，这样查询可以利用索引的排序，缩短排序查询时间。

（5）经常使用在 WHERE 子句中的列上创建索引，加快条件的判断速度。

（6）视图中如果包含聚集函数或连接，创建视图索引可以显著提升性能。

一般来说，不适合建立索引的情况有：

（1）对于那些在查询中很少使用或者参考的列不应该创建索引。这是因为，既然这些列很少使用到，那么有索引或者无索引，并不能提高查询速度。相反，由于增加了索引，反而降低了系统的维护速度，增大了空间需求。

（2）对于那些只有很少数据值的列不应该创建索引。

（3）当修改性能远远大于检索性能时，不应该创建索引。这是因为修改性能和检索性能是互相矛盾的。当增加索引时，会提高检索性能，但是会降低修改性能。当减少索引时，会提高修改性能，降低检索性能。因此，当修改远远大于检索性能时，不应该创建索引。

（4）对于小型表（数据量较少）不应创建索引。因为查询优化器在遍历用于搜索数据的索引时，花费的时间可能比执行简单的表扫描还长，因此，小型表的索引可能在查询时从来不用，但仍必须在表中的数据更新时进行维护。

在 SQL Server 2014 中，提供了两种方法建立索引：一种是在 SSMS 中创建索引；一种是在查询窗口中执行 T-SQL 语句。

1. 通过 SQL Server Management Studio 创建索引

在 SQL Server Management Studio 中使用向导创建索引是一种图形界面环境下最快捷的创建方式，其步骤如下：

（1）在 SQL Server Management Studio 的对象资源管理器中，选择要创建索引的表（如 teaching 数据库中的 student 表），然后右击“索引”选项，在弹出的快捷菜单中选择“新建索引”→“非聚集索引”命令，如图 8-7 所示。

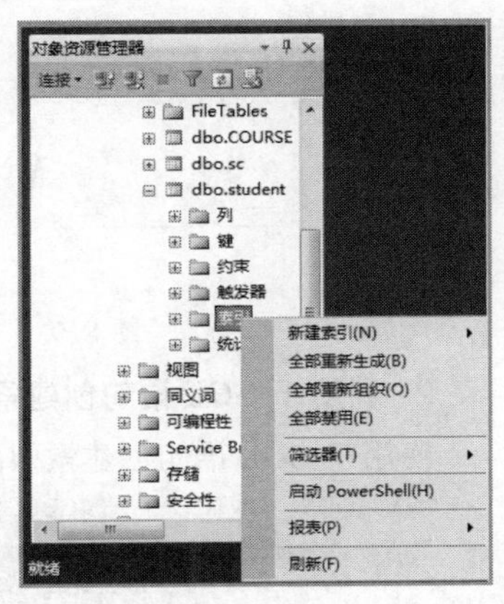

图 8-7 “新建索引”命令

（2）弹出“新建索引”窗口，如图 8-8 所示。由于 student 表中已经建立主键，自动建立了聚集索引，一个表只能有一个聚集索引，因此这里只能建立非聚集索引。

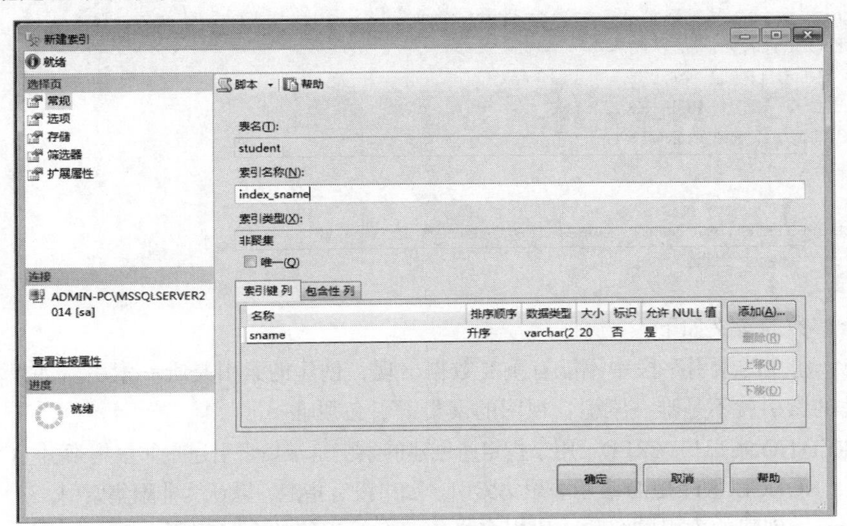

图 8-8 “新建索引”窗口

（3）在“新建索引”窗口中选择“常规”选项，可以创建索引，在“索引名称”文本框中输入索引名称，确定是否选择“唯一”复选框等。此处输入“索引名称”为“index_sname”。

（4）通过索引设置按钮，可以为新建的索引添加、删除、移动索引列。例如，单击“添加”按钮，弹出“从‘dbo.student’中选择列”窗口，如图 8-9 所示。选中“sname”列前的多选复选框，单击“确定”按钮即可添加一个按“sname”列升序排序的非聚集索引。再单击“确定”按钮，索引创建完成。

（5）索引创建完成后，在 SQL Server Management Studio 的对象资源管理器中，选择创建了索引的表（student 表），展开 student 表前面的“+”号，再展开“索引”选项前面的“+”号，就会显示新建的索引“index_sname”，如图 8-10 所示。

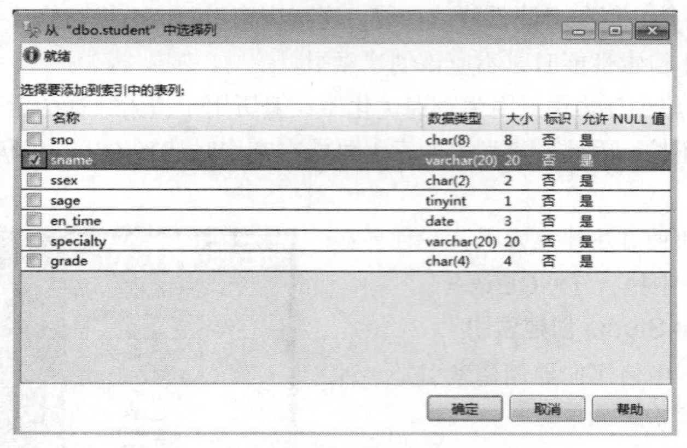

图 8-9 “选择列”对话框

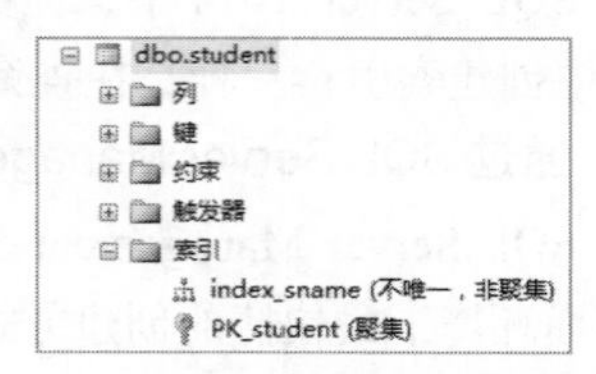

图 8-10 创建成功的索引

2. 利用 T-SQL 语句创建索引

使用 T-SQL 语句创建索引的语法格式如下：

```
CREATE [ UNIQUE ][ CLUSTERED | NONCLUSTERED ] INDEX index_name
ON <object> (column_name [ ASC | DESC ] [ ,...n ])
[INCLUDE (column_name [,…n ])]
[WHERE <filter_predicate>]
[ WITH (< relational_index_option> [ ,...n])]
 [ ON {partition_scheme_name (column_name)|filegroup_name|default} ]
 < index_option > ::=
  { PAD_INDEX|FILLFACTOR = fillfactor
| IGNORE_DUP_KEY|DROP_EXISTING
| STATISTICS_NORECOMPUTE }]
<object>::=
{
  [database_name.[schema_name].|schema_name.]
 table_or_view_name
}
```

其中各个参数的含义如下：

UNIQUE：建立的索引字段中不能有重复数据出现，创建的索引是唯一索引。如果不使用这个关键字，创建的索引就不是唯一索引。视图的聚集索引必须唯一。

CLUSTERED|NONCLUSTERED：用来指定所创建的索引是聚集索引还是非聚集索引。CLUSTERED 表示聚集索引，NONCLUSTERED 表示非聚集索引。如果没有指定，默认为非聚集索引。

index_name：创建的索引的名称，索引名必须符合标识符的命名规则。

object：要为其建立索引的完全限定对象或非完全限定对象。database_name 指数据库的名称；schema_name 是表或视图所属架构的名称；table_or_view_name 是要为其创建索引的表或视图的名称。

column_name：索引中所包含的一列或者多列的名称。指定两个或多个列名，可为指定列的组合值创建组合索引。在 table_name | view_name 后的括号中，按照排序优先级列出组合索引中要包括的列。

ASC | DESC：确定索引列的升序或降序排序，ASC 表示升序，DESC 表示降序，默认值为 ASC。

INCLUDE (column_name [,…n])：指定要添加到非聚集索引的叶级别的非键列。非聚集索引可以唯一，也可以不唯一。

WHERE <filter_predicate>：通过指定索引中要包含哪些行来创建筛选索引。筛选索引必须是对表的非聚集索引。为筛选索引总的数据行创建筛选统计信息。

WITH（< relational_index_option> [,...n] ）：设置索引填充因子等其他各种选项。

ON {partition_scheme_name（column_name）|filegroup_name|default}：指定索引文件所在的文件组。

【例 8-8】根据 teaching 数据库中学生表 student 的年龄列 sage 的降序创建一个名为“index_sage”的普通索引，索引名为 index_sage。

```
USE teaching
GO
CREATE INDEX index_sage
ON student(sage DESC)
GO
```

【例 8-9】在 teaching 数据库的 student 表中，根据姓名（sname）列和专业（specialty）列创建一个名为 index_sname_specialty 的唯一索引，要求姓名升序排序，专业降序排序。

```
USE teaching
GO
CREATE UNIQUE NONCLUSTERED INDEX index_sname_specialty
ON student(sname ASC，specialty DESC)
GO
```

设计良好的索引可以减少磁盘输入输出（I/O）操作，并且消耗的系统资源也较少，从而可以提高查询性能。对于包含 SELECT、UPDATE、DELETE 或 MERGE 语句的各种查询，索引会很有用。

查询优化器使用索引时，搜索索引键列，查找到查询所需行的存储位置，然后从该位置提取匹配行。通常，搜索索引比搜索表要快很多，因为索引与表不同，一般每行包含的列非常少，且行遵循排序顺序。

查询优化器在执行查询时通常会选择最有效的方法。如果没有索引，则查询优化器必须扫描表。因此，设计数据库时，非常重要的任务是设计并创建最适合应用环境的索引，以便查询优化器可以从多个有效的索引中选择。

3. 间接创建索引

在定义表结构或修改表结构时，如果定义了主键约束（PRAMARY KEY）或者唯一性约束（UNIQUE），可以间接创建索引。

【例 8-10】创建一个“stu1”表，并定义主键约束。

```
USE teaching
GO
CREATE TABLE stu1
(sno  char(4)PRAMARY KEY,
sname  nvarchar(8))
```

此例中，就按 sno 升序创建了一个聚集索引。

【例 8-11】创建一个“teacher”表，并定义主键约束和唯一性约束。

```
USE teaching
GO
CREATE TABLE teacher
(tno  char(6)PRAMARY KEY,
 tname  char(8)UNIQUE)
```

此例中，创建了两个索引，按 tno 升序创建了一个聚集索引，按 tname 升序创建了一个非聚集唯一索引。索引一经创建，就完全由系统自动选择和维护，不需要用户指定使用索引，也不需要用户执行打开索引或进行重新索引等操作，所有的工作都是由 SQL Server 数据库管理系统自动完成的。

4. 创建索引视图

视图也称为虚拟表，这是因为由视图返回的结果集其一般格式与由列和行组成的表相似，并且，在 SQL 语句中引用视图的方式也与引用表的方式相同。

对于标准视图而言，结果集不是永久地存储在数据库中，为每个引用视图的查询动态生成结果集的开销很大，特别是对于那些涉及对大量行进行复杂处理（如聚合大量数据或连接许多行）的视图更为可观。若经常在查询中引用这类视图，可通过在视图上创建唯一聚集索引来提高性能。在视图上创建唯一聚集索引时将执行该视图，并且结果集在数据库中的存储方式与带聚集索引的表的存储方式相同。

在视图上创建索引的另一个好处是：查询优化器开始在查询中使用视图索引，而不是直接在 FROM 子句中命名视图。这样一来，可从索引视图检索数据而无须重新编码，由此带来的高效率也使现有查询获益。

在视图上创建聚集索引可存储创建索引时存在的数据。索引视图还自动反映自创建索引后对基表数据所进行的更改，这一点与在基表上创建的索引相同。当对基表中的数据进行更改时，索引视图中存储的数据也反映数据更改。视图的聚集索引必须唯一，从而提高了 SQL Server 在索引中查找受任何数据更改影响的行的效率。

与基本表上的索引相比，对索引视图的维护可能更复杂。只有当视图的结果检索速度的效益超过了修改所需的开销时，才应在视图上创建索引。这样的视图通常包括映射到相对静态的数据上、处理多行以及由许多查询引用的视图。

在视图上创建聚集索引之前，该视图必须满足下列要求：

（1）当执行 CREATE VIEW 语句时，ANSI_NULLS 和 QUOTED_IDENTIFIER 选项必须设置为 ON。OBJECTPROPERTY 函数通过 ExcelsAnsiNullsOn 或 ExcelsquotedIdentOn 属性为视图报告此信息。

（2）为执行所有 CREATE TABLE 语句创建视图引用的表 ANSI_NULLS 选项必须设置为 ON。

（3）视图不能引用任何其他视图，只能引用基本表。

（4）视图引用的所有基本表必须与视图位于同一个数据库中，并且所有者也与视图相同。

（5）必须使用 SCHEMABINDING 选项创建视图。SCHEMABINDING 将视图绑定到基础的基本表的架构上。

（6）必须已使用 SCHEMABINDING 选项创建视图中引用的用户定义的函数。

（7）表和用户定义的函数必须由两部分的名称引用。

（8）视图中的表达式所引用的所有函数必须是确定性的。OBJECTPROPERTY 函数的 IsDeterministic 属性报告用户定义的函数是否为确定性的。

（9）选择列表不能使用*或 table_name.*语法指定列，必须显式给出列名。

（10）不能在多个视图列中指定用作简单表达式的表的列名。如果对列的所有（或只有一个例外）引用是复杂表达式的一部分或是函数的一个参数，则可以多次引用该列。

在视图上创建的第一个索引必须是唯一聚集索引。在创建唯一聚集索引后，可创建其他非聚集索引。视图上的索引命名规则与表上的索引命名规则相同。

可以在 SQL Server Management Studio 的对象资源管理器中，展开相应数据库文件夹，选择“视图”选项，再展开要创建索引的视图，右击“索引”选项，在弹出的快捷菜单中选择“新建索引”命令。例如，假定男生视图符合创建聚集索引的要求，按学号升序为男生视图创建一个唯一的聚集索引，在“新建索引”对话框内输入索引名，设置索引类型，单击“确定”按钮即可新建一个索引视图。

我们也可以使用 T-SQL 语句创建索引视图。

【例 8-12】创建一个“female_view”视图，并按“sno”升序为其创建一个具有唯一性的聚集索引。

创建视图：

```
USE teaching
GO
CREATE VIEW female_view
WITH SCHEMABINDING
AS
SELECT sno,sname,ssex,specialty FROM dbo.student
WHERE ssex= '女'
```

创建索引：

```
CREATE UNIQUE CLUSTERED INDEX index_female ON female_view(sno)
```

创建聚集索引后，对于任何试图为视图修改基本数据而进行的连接，其选项设置必须与创建索引所需的选项设置相同。如果这个执行语句的连接没有适当的选项设置，则 SQL Server 生成错误并回滚任何会影响视图结果集的 INSERT、UPDATE 或 DELETE 语句。有关更多信息，可参见影响结果的 SET 选项。

若删除视图，视图上的所有索引也将被除去。若除去聚集索引，视图上的所有非聚集索引也将被除去。可分别除去非聚集索引。除去视图上的聚集索引将删除存储的结果集，并且优化器将重新像处理标准视图那样处理视图。

尽管 CREATE UNIQUE CLUSTERED INDEX 语句仅指定组成聚集索引键的列，但视图的完整结果集将存储在数据库中。与基本表上的聚集索引一样，聚集索引的 B+树结构仅包含键列，但数据行包含视图结果集中的所有列。

若想为现有系统中的视图添加索引，必须计划绑定任何想要放入索引的视图。可以除去视图并通过指定 WITH SCHEMABINDING 重新创建它；也可以创建另一个视图，使其具有与现有视图相同的文本，但是名称不同。优化器将考虑新视图上的索引，即使在查询的 FROM 子句中没有直接引用它。

8.2.4 查看索引信息

在实际使用索引的过程中，有时需要对表的索引信息进行查询，了解在表中曾经建立的索引。可以使用 SQL Server Management Studio 进行查询；也可以在查询窗口中使用 T-SQL 语言句进行查询。

1. 在 SQL Server Management Studio 中查看索引信息

在 SQL Server Management Studio 中，选择要查看的表，然后右击相应的表，在弹出的快捷菜单中选择“修改”命令，进入表设计器窗口，右击任意位置，在弹出的快捷菜单中选择“索引/键”命令，即可查看此表上所有的索引信息。例如，查看 student 表上的索引信息，如图 8-11 和图 8-12 所示。

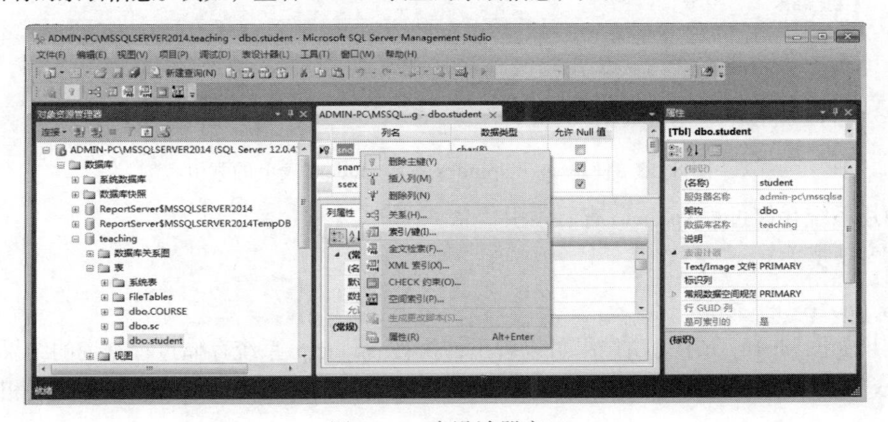

图 8-11 表设计器窗口

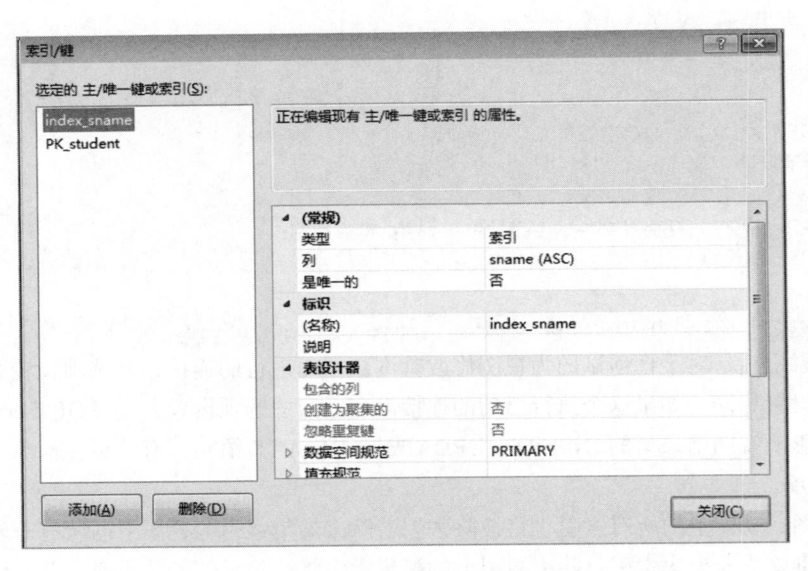

图 8-12　student 表上的索引

2. 使用 T-SQL 语句查看索引信息

我们可以使用系统存储过程 sp_help index 或 sp_help 来查看索引信息，例如查看 student 表上的索引信息。

（1）使用系统存储过程 sp_helpindex 查看索引信息。

```
USE teaching
GO
EXEC sp_helpindex student
```

执行结果如图 8-13 所示。结果显示了 student 表中所建立的两个索引。索引 1 名称为“index_sname”，索引描述为非聚集索引，索引关键字为“sname”。索引 2 名称为“PK__student”，索引描述为聚集索引、唯一索引，索引关键字为“sno”。

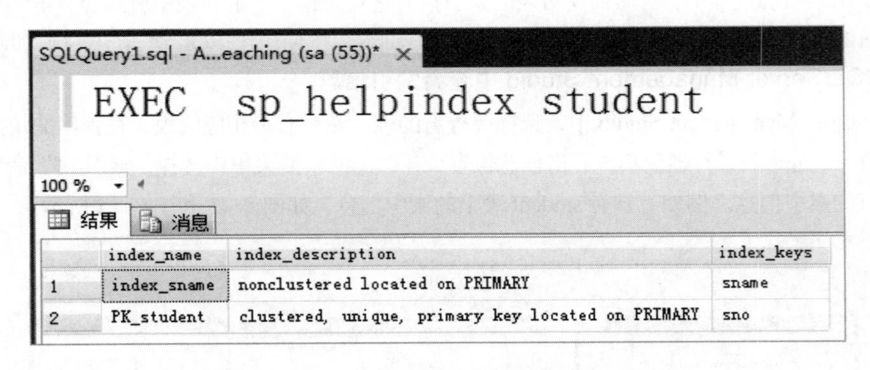

图 8-13　使用 sp_helpindex 查看 student 表上的索引

（2）使用系统存储过程 sp_help 查看索引信息。

```
USE teaching
GO
EXEC sp_help student
```

执行结果如图 8-14 所示。由结果可以看出，执行 sp_help 系统存储过程查询的结果要比执行 sp_helpindex 显示的结果更加详细，除了索引信息，还包括当前表的基本信息、与此表相关的各种约束等。

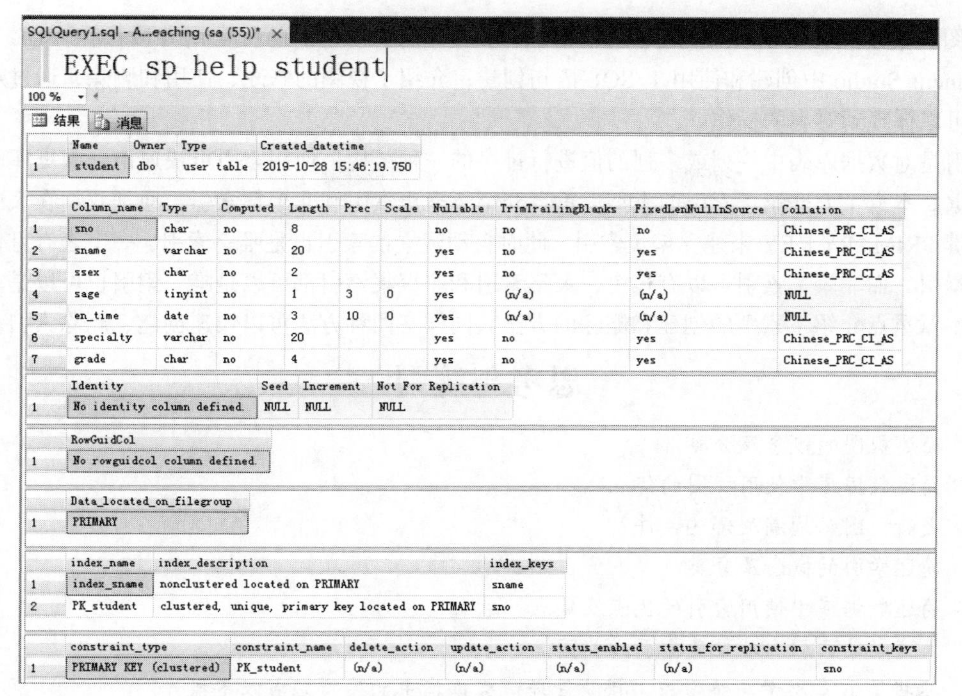

SQLQuery1.sql - A...eaching (sa (55))*

```
EXEC sp_help student
```

	Name	Owner	Type	Created_datetime
1	student	dbo	user table	2019-10-28 15:46:19.750

	Column_name	Type	Computed	Length	Prec	Scale	Nullable	TrimTrailingBlanks	FixedLenNullInSource	Collation
1	sno	char	no	8			no	no	no	Chinese_PRC_CI_AS
2	sname	varchar	no	20			yes	no	yes	Chinese_PRC_CI_AS
3	ssex	char	no	2			yes	no	yes	Chinese_PRC_CI_AS
4	sage	tinyint	no	1	3	0	yes	(n/a)	(n/a)	NULL
5	en_time	date	no	3	10	0	yes	(n/a)	(n/a)	NULL
6	specialty	varchar	no	20			yes	no	yes	Chinese_PRC_CI_AS
7	grade	char	no	4			yes	no	yes	Chinese_PRC_CI_AS

	Identity	Seed	Increment	Not For Replication
1	No identity column defined.	NULL	NULL	NULL

	RowGuidCol
1	No rowguidcol column defined.

	Data_located_on_filegroup
1	PRIMARY

	index_name	index_description	index_keys
1	index_sname	nonclustered located on PRIMARY	sname
2	PK_student	clustered, unique, primary key located on PRIMARY	sno

	constraint_type	constraint_name	delete_action	update_action	status_enabled	status_for_replication	constraint_keys
1	PRIMARY KEY (clustered)	PK_student	(n/a)	(n/a)	(n/a)	(n/a)	sno

图 8-14　使用 sp_help 查看 student 表上的索引

8.2.5　删除索引

当不再需要一个索引时，可以将其从数据库中删除，以释放当前占用的存储空间，这些释放的空间可以由数据库中的任何对象使用。

删除聚集索引可能要花费一些时间，因为必须重建同一个表上的所有非聚集索引。必须先删除约束后，才能删除 PRIMARY KEY 或 UNIQUE 约束使用的索引。如果要在不删除和重新创建 PRIMARY KEY 或 UNIQUE 约束的情况下，删除并重新创建该约束使用的索引，应该通过一个步骤重建该索引。删除某个表时，会自动删除在此表上创建的索引。

1. 在 SQL Server Management Studio 中删除索引

与在 SQL Server Management Studio 中创建索引的步骤一样，选中要删除索引的表，选择“索引”选项，展开“索引”选项前面的“+”号，右击要删除的索引，在弹出的快捷菜单中选择“删除”命令，弹出“删除对象”对话框，单击“确定”按钮即可。

2. 使用 T-SQL 语句删除索引

删除索引的 T-SQL 语句的语法格式为：

```
DROP  INDEX  table_name. index_name
```

【例 8-13】删除 student 表中的“Index_sname”索引。

```
DROP  INDEX student. Index_sname
GO
```


本 章 小 结

本章主要介绍了视图和索引的基本概念及应用。

视图是关系数据库系统提供给用户以多角度查看数据库中数据的重要机制。从用户角度来看，一个视图是从一个特定角度来查看数据库中的数据，不同的用户可以浏览数据库表中不同的数据，通常用于集中、简化和自定义每个用户对数据库的不同认识和需求。本章主要介绍了视图的分类：

标准视图、索引视图、分区视图和系统视图；介绍了视图创建的两种常用方法：在 SQL Server Management Studio 中创建和使用 T-SQL 语句创建；介绍了视图的修改、使用和删除，通过对视图的操作可以体现到对表的操作。

索引是对数据库表中一列或多列的值进行排序的一种结构，使用索引可快速访问数据库表中的特定数据。本章主要介绍了索引的类型，重点介绍了聚集索引和非聚集索引，通常我们在表中通过设置主键 PRIMARY KEY 来建立聚集索引，此时自动建立的索引也是唯一索引，一个表有且仅有一个聚集索引，而非聚集索引可以有多个，聚集索引和非聚集索引都可以是唯一索引也可以是非唯一索引；本章重点介绍了索引的创建和删除的方法，同样有两种方法可以快速创建、删除索引。

思考与练习

1. 简述视图的概念及分类。
2. 简述数据库中使用视图的优点。
3. 更新视图必须满足哪些条件？
4. 简述索引的概念及分类。
5. 简述数据库中使用索引的优点及缺点。
6. 简述聚集索引和非聚集索引的异同。

根据第 6 章思考与练习中“供货管理”数据库中的表，完成以下操作。

（1）在 SSMS 中创建视图，要求包含供应商名称、项目名称、零件名和供应数量。

（2）使用 T-SQL 语句创建视图统计每种零件的供应量，要求包含零件号、零件名和供应数量。

（3）使用 T-SQL 语句创建视图统计每个供应商供应的零件情况，要求包含供应商号、供应商名称、供应的零件号、零件名和每种零件供应的数量。

（4）在查询窗口中使用 T-SQL 语句创建视图，统计每个项目使用了哪些零件，要求包含项目号、项目名称、零件号、零件名。

（5）使用 SELECT 语句查询第（4）题的视图，要求按项目名称升序显示。

（6）通过视图修改基本表数据：通过第（1）题视图把“众合”供应商给“热电厂”供应的“螺丝刀”数量修改为 26。

（7）修改第（1）题的视图，只包含供应商所在城市是北京的信息。

（8）删除第（7）题创建的视图。

（9）在 SSMS 中根据零件名称升序创建非聚集、非唯一索引。

（10）使用 T-SQL 语句按照供应表的供应商号、零件号、项目号创建聚集索引。

（11）使用 T-SQL 语句按照供应商表的供应商名称升序、城市降序创建非聚集非唯一索引。

（12）删除第（11）题创建的索引。

第 9 章 T-SQL 编程

SQL 语言又称为关系数据库语言，它是集数据定义、数据查询、数据操纵和数据控制功能于一体的语言。

Transaction-SQL（简称 T-SQL）语言作为 SQL Server 中使用的语言，除提供标准的 SQL 命令外，还对 SQL 命令进行了许多扩充，提供了类似 C 语言等第三代语言的基本功能，用户和研发人员可使用标准的关系语句从表中选择、更新、插入和删除记录。

SQL Server 提供了菜单对话框和命令行工具，用户可以使用不同的方法访问数据库，但这些工具的核心是 T-SQL 语言。SQL Server Management Studio 提供了一种新的集成环境，用于访问、配置、控制、管理和开发 SQL Server 的所有组件；其对象资源管理器用以交互设计和测试 T-SQL 语句。

本章首先介绍 T-SQL 语言编程用到的基础知识，如：标识符、变量、运算符、表达式、批处理、注释等内容；并且介绍 T-SQL 程序设计的三种基本结构——顺序结构、选择结构、循环结构的流程控制语句，本章还介绍 T-SQL 编程中函数和游标的使用。

9.1 T-SQL 编程基础

9.1.1 T-SQL 的组成

T-SQL 按功能分由 4 部分构成：

（1）数据定义语言（DDL）：执行数据库任务，创建数据库及其对象。包括 CREATE、ALTER、和 DROP 等。

（2）数据操纵语言（DML）：对数据库中的数据进行操作。包括 SELECT、INSERT、UPDATE、DELETE 等。

（3）数据控制语言（DCL）：进行数据库安全性管理。包括 GRANT、DENY、REVOKE 等。

（4）附加的语言元素：包括变量、运算符、函数、流程控制语句和注释等。

9.1.2 T-SQL 的语法约定

表 9-1 列出了 Transact-SQL 参考的语法关系图中使用的约定，并进行了说明。

表 9-1 T-SQL 语法约定

约 定	适 用 情 况
大写	Transact-SQL 关键字
斜体	用户提供的 Transact-SQL 语法的参数
粗体	完全按显示原样输入数据库名称、表名称、列名、索引名称、存储过程、实用工具、数据类型名称和文本
下画线	指示当语句中省略了包含带下画线的值的子句时应用的默认值

约　定	适用情况
|（竖直线）	分隔括号或大括号中的语法项。只能使用其中一项
[ ]（方括号）	可选语法项。不要输入方括号
{}（大括号）	必选语法项。不要输入大括号
[，...n]	指示前面的项可以重复 n 次。各项之间以逗号分隔
[...n]	指示前面的项可以重复 n 次。每一项由空格分隔
;	Transact-SQL 语句终止符。虽然此版本的 SQL Server 中大部分语句都不需要分号，但此后发布的版本需要分号
<label> : : =	语法块的名称。使用此约定，可以对能在一条语句中的多个位置使用的过长语法段或语法单元进行分组和标记。可使用语法块的各个位置用括在尖括号内的标签指明：<label>。集是表达式的集合，例如 <分组集>；列表是集的集合，例如 <组合元素列表>

9.1.3　T-SQL 元素

T-SQL 元素包括标识符、变量、运算符、批处理、注释、函数等。

1. 标识符

标识符是用来标识事物的符号，其作用类似于给事物起的名称。标识符分为两类：常规标识符和分隔标识符。

1）常规标识符

常规标识符格式的规则如下：

（1）常规标识符必须以汉字、字母（包括 a ~ z 和 A ~ Z 的拉丁字符以及其他语言的字母字符）、下画线_、@、#开头，后续字符可以是汉字、字母、基本拉丁字符或其他国家/地区字符中的十进制数字、下画线_、@、#。

（2）常规标识符不能是 SQL Server 保留字，SQL Server 保留字不区分大小写。

（3）常规标识符最长不能超过 128 个字符。

2）分隔标识符

符合所有常规标识符格式规则的标识符可以使用分隔标识符，也可以不使用分隔标识符。不符合常规标识符格式规则的标识符必须使用分隔标识符。

分隔标识符括在方括号[ ] 或双引号 “” 中。

在下列情况下，需要使用分隔标识符：

（1）使用保留关键字作为对象名或对象名的一部分。

（2）标识符的命名不符合常规标识符格式的规则。

2. 变量

1）变量的分类

变量可以分为两类——全局变量和局部变量。

（1）全局变量：由系统提供且预先声明，通过在名称前加两个“@”符号区别于局部变量。用户只能使用全局变量，不能对它们进行修改。全局变量的作用范围是整个 SQL Server 系统，任何程序都可以随时调用它们。

（2）局部变量：变量是一种程序设计语言中必不可少的组成部分，可以用它保存程序运行过程中的中间值，也可以在语句之间传递数据。T-SQL 语言中的变量是可以保存单个特定类型的数据值的对象，也称为局部变量，只在定义它们的批处理或过程中可见。

2）局部变量定义

T-SQL 中的变量在定义和引用时要在其名称前加上标志“@”，而且必须先用 DECLARE 命令定义后才可以使用。其定义的一般格式如下：

```
DECLARE {@local_variable  data_type} [,…n]
```

（1）@local_variable：用于指定变量的名称，变量名必须以符号@开头，并且变量名必须符合 SQL Server 的命名规则。

（2）data_type：用于设置变量的数据类型及其大小。data_type 可以是任何由系统提供的或用户定义的数据类型。

3）局部变量的赋值方法

使用 DECLARE 命令声明并创建变量之后，系统会将其初始值设为 NULL，如果想要设定变量的值，必须使用 SET 命令或者 SELECT 命令。

```
SET { { @local_variable = expression }  或者
SELECT { @local_variable = expression } [ ,...n ]
```

其中：参数@local_variable 是给其赋值并声明的变量，expression 是有效的 SQL Server 表达式。一个 SET 语句只能给一个变量赋值，而一个 SELECT 的语句可以给多个变量赋值。

4）局部变量的输出

局部变量完成赋值或计算之后的结果，可以输出变量的值。

```
PRINT { msg_str|@local_variable|string_expr }
```

或者

```
SELECT  {@local_variable } [ ,...n ]
```

其中：PRINT 语句中，msg_str 是字符串或 Unicode 字符串常量；@ local_variable 是任何有效的字符数据类型的变量，数据类型必须为 char、nchar、varchar 或 nvarchar，或者必须能够隐式转换为这些数据类型；string_expr 是字符串的表达式。PRINT 只能向客户端返回用户定义的一个消息。

SELECT 语句中，@ local_variable 是任何类型的局部变量，SELECT 既可以返回单个变量的值，也可以返回多个变量的值。

5）局部变量的作用域

一个变量的作用域就是可以引用该变量的 T-SQL 语句范围。

局部变量的作用域从声明它们的地方开始到声明它们的批处理或存储过程的结尾。换言之，局部变量只能在声明它们的批处理或存储过程中使用，一旦这些批处理或存储过程结束，局部变量将自行清除。

6）变量使用举例

【例 9-1】创建@myvar 和@i2 个变量，将字符串值和整数值分别放入 2 个变量，然后输出变量的值。

实现的步骤如下：

```
DECLARE @myvar char(20),@i  int
SET @myvar='This is a test'
SET @i=20
```

```
SELECT @myvar  as  a ,@i  as  b
GO
```

【例 9-2】输出学号是 20160211 的学生的姓名和年龄。

```
USE teaching
DECLARE @name varchar(20),@age tinyint
SELECT @name=sname,@age=sage  FROM  student
WHERE sno='20160211'
PRINT @name+'的年龄是'+CAST(@age as char(2))
```

其中：SELECT 语句将查询和赋值合在一起。PRINT 语句结果返回一个消息“潘虹的年龄是 22”的结果，其中函数 CAST（变量或者列名 AS 要转换的数据类型），用于将年龄整型变量转换成字符型、后面会介绍“+”号运算符是字符串连接符。

3. 运算符

运算符是一种符号，用来指定要在一个或多个表达式中执行的操作。在 Microsoft SQL Server 2014 系统中，可以使用的运算符可以分为算术运算符、逻辑运算符、赋值运算符、字符串连接运算符、位运算符、一元运算符及比较运算符等。

1）算术运算符

（1）算术运算符包括加（+）、减（－）、乘（*）、除（/）和取模（%）。

（2）对于加、减、乘、除这 4 种算术运算符，计算的两个表达式可以是数字数据类型分类的任何数据类型。

（3）对于取模运算符，要求进行计算的数据的数据类型为 int、smallint 和 tinyint，完成的功能是返回一个除法运算的整数余数。

【例 9-3】计算表达式的值，并将结果赋给变量@Result。

程序清单如下：

```
DECLARE @Result numeric
SET @Result=31%12
SELECT @Result AS '表达式计算结果'
```

2）赋值运算符

T-SQL 中只有一个赋值运算符，即等号（=）。赋值运算符使我们能够将数据值指派给特定的对象。另外，还可以使用赋值运算符在列标题和为列定义值的表达式之间建立关系。

【例 9-4】创建一个@Counter 变量，然后赋值运算符将@Counter 设置为表达式返回的值。

```
DECLARE @Counter int
SET @Counter=10
```

3）位运算符

运算符包括按位与（&）、按位或（|）、按位异或（^）。

位运算符用来在整型数据或者二进制数据（image 数据类型除外）之间执行位操作。要求在位运算符左右两侧的操作数不能同时是二进制数据。

【例 9-5】定义变量@a1 和@a2，给变量赋值，然后求两个变量与、或、异或的结果。

```
DECLARE @a1 int, @a2 int
SET @a1=3
SET @a2=8
SELECT @a1 & @a2 as 与, @a1 | @a2 as 或, @a1 ^ @a2 as 异或
```

4）比较运算符

比较运算符（又称关系运算符）用于测试两个表达式的值是否相同，其运算结果为逻辑值，可以为三种之一：TRUE、FALSE 及 UNKNOWN（NULL 数据参与运算时）。

【例 9-6】使用比较运算符计算表达式的值。

```
DECLARE @i  int，@j  int
SET @i=30
SET @j=50
IF @i<@j
SELECT @i AS 小数据
```

5）逻辑运算符

逻辑运算符对某些条件进行测试，以获得其真实情况。逻辑运算符和比较运算符一样，返回带有 TRUE 或 FALSE 值的 Boolean 数据类型。T-SQL 语言提供的逻辑运算符及含义如表 9-2 所示。

表 9-2　T-SQL 语言提供的逻辑运算符

运　算　符	含　　义
ALL	如果一组的比较都为 TRUE，那么就为 TRUE
AND	如果两个布尔表达式都为 TRUE，那么就为 TRUE
ANY	如果一组的比较中任何一个为 TRUE，那么就为 TRUE
BETWEEN	如果操作数在某个范围之内，那么就为 TRUE
EXISTS	如果子查询包含一些行，那么就为 TRUE
IN	如果操作数等于表达式列表中的一个，那么就为 TRUE
LIKE	如果操作数与一种模式相匹配，那么就为 TRUE
NOT	对任何其他布尔运算符的值取反
OR	如果两个布尔表达式中的一个为 TRUE，那么就为 TRUE
SOME	如果在一组比较中，有些为 TRUE，那么就为 TRUE

6）字符串连接运算符

连接运算符（+）用于两个字符串数据的连接，通常也称为字符串运算符。

在 SQL Server 中，对字符串的其他操作通过字符串函数进行。字符串连接运算符的操作数类型有 char、varchar 和 text 等。

【例 9-7】使用字符串连接运算符计算表达式的值。

```
DECLARE @Result char(60)
SELECT @Result='江西南昌'+'江西农业大学'+'计算机科学'
SELECT @Result AS '字符串的连接结果'
```


7）一元运算符

一元运算符只对一个表达式执行操作，该表达式可以是任何一种数据类型。具体为：+（正），数值为正；-（负），数值为负；~（位非），返回数字的非。其中，+（正）和-（负）运算符可以用于数值数据类型类别中任一数据类型的任意表达式。~（位非）运算符只能用于整数数据类型类别中任一数据类型的表达式。

8）运算符的优先级和结合性。

表达式计算器支持的运算符集中的每个运算符在优先级层次结构中都有指定的优先级，并包含一个计算方向，运算符的计算方向就是运算符结合性。具有高优先级的运算符先于低优先级的运算符进行计算。如果复杂的表达式有多个运算符，则运算符优先级将确定执行操作的顺序，执行顺序可能对结果值有明显的影响。运算符的优先级如表 9-3 所示。在较低级别的运算符之前先对较高级别的运算符进行求值。在表 9-3 中，1 代表最高级别，8 代表最低级别。

表 9-3　运算符的优先级

级别	运算符
1	~（位非）
2	*（乘）、/（除）、%（取模）
3	+（正）、-（负）、+（加）、+（串联）、-（减）、&（位与）、^（位异或）、|（位或）
4	=、>、<、>=、<=、<>、!=、!>、!<（比较运算符）
5	NOT
6	和
7	ALL、ANY、BETWEEN、IN、LIKE、OR、SOME
8	=（赋值）

某些运算符具有相等的优先级。如果表达式包含多个具有相等优先级的运算符，则按照从左到右或从右到左的方向进行运算。

4. 批处理

批处理是包含一个或多个 T-SQL 语句的集合，从应用程序一次性地发送到 SQL Server 2014 进行执行，因此可以节省系统开销。SQL Server 将批处理的语句编译为一个可执行单元，称为执行计划，批处理的结束符为“GO”。

编译错误（如语法错误）可使执行计划无法编译。因此未执行批处理中的任何语句。

运行时错误（如算术溢出或违反约束）会产生以下两种影响之一：

- 大多数运行时错误将停止执行批处理中当前语句和它之后的语句。
- 某些运行时错误（如违反约束）仅停止执行当前语句。而继续执行批处理中其他所有语句。

在遇到运行时错误之前执行的语句不受影响。唯一的例外是如果批处理在事务中而且错误导致事务回滚，在这种情况下，回滚运行时错误之前所进行的未提交的数据修改。

5. 注释

注释，也称为注解，是写在程序代码中的说明性文字，它们对程序的结构及功能进行文字说明。注释内容不被系统编译，也不被程序执行。

在 T-SQL 中可使用两类注释符：

- ANSI 标准的注释符“--”用于单行注释；
- 与 C 语言相同的程序注释符号，即“/*……*/”，“/*”用于程序注释开头，“*/”用语程序注释结尾，可以在程序中将多行文字标示为注释。

注释没有最大长度限制。一条注释可以包含一行或多行。下面是一些有效注释的示例。

```
USE teaching
-- 单行注释
SELECT sno,sname FROM student
GO
/* 多行注释的第一行
多行注释的第二行  */
SELECT sno,sname,speciality FROM student
GO
```

9.2 流程控制语句

流程控制语句可以控制 SQL 语句执行的顺序，在存储过程、触发器和批处理中很有用。T-SQL 语言使用的流程控制命令与常见的程序设计语言类似，也有顺序结构、选择结构和循环结构的流程控制的命令。

Transact-SQL 控制流语言关键字，如表 9-4 所示。

表 9-4 控制流语句关键字

BEGIN...END	CONTINUE	BEGIN...END	CONTINUE
IF...ELSE	GOTO	WHILE	WAITFOR
CASE	RETURN	BREAK	RAISERROR

9.2.1 BEGIN...END 语句

BEGIN…END 语句能够将多个 T-SQL 语句组合成一个语句块，并将它们视为一个单元处理。当控制流语句执行一个包含两条或两条以上 T-SQL 语句的语句块时，可以使用此语句。

其语法格式如下：

```
BEGIN
{ sql_statement | statement_block }
END
```

其中，参数 { sql_statement | statement_block }为任何有效的 T-SQL 语句或语句块。

BEGIN…END 语句主要用于下列情况：

- WHILE 循环体包含的语句块。
- CASE 函数的元素需要包含的语句块。
- IF 或 ELSE 子句需要包含的语句块。

另外，BEGIN…END 语句块允许嵌套。

9.2.2 IF...ELSE 语句

语法格式如下：

```
IF Boolean_expression                        /*条件表达式，可含有 SELECT 语句*/
{ sql_statement | statement_block }          /*条件表达式为真时执行，语句块使用 BEGIN…END*/
[ ELSE
{ sql_statement | statement_block } ]        /*条件表达式为假时执行，语句块使用 BEGIN…END*/
```

其中条件表达式的值必须是逻辑值“真”（TRUE）或“假”（FALSE），当条件表达式的值为真时选择执行某个语句或语句块，为假时选择执行另一个语句或语句块。其中 ELSE 子句是可选的。如果条件表达式中含有 SELECT 语句，必须用圆括号将 SELECT 语句括起来。另外，IF…ELSE 语句可以进行嵌套。

【例 9-8】如果学号为“20160211”的学生选修的课程“0101”号课的成绩高于 90 分（含 90 分），则显示“成绩优秀”，否则显示“成绩一般”。

```
USE teaching
GO
IF(SELECT score FROM sc WHERE sno='20160211' and cno='0101')>=90
  PRINT '成绩优秀'
ELSE
  PRINT '成绩一般'
```

【例 9-9】输出“20160211”号学生的所有选课信息，如果该学生没有选课，则提示“未选课”字样。

```
USE teaching
GO
IF EXISTS( SELECT * FROM sc WHERE sno='20160211')
SELECT * FROM sc WHERE sno='20160211'
ELSE
PRINT '未选课'
```

【例 9-10】判断两个整数的大小，并将较大的数打印出来。

```
DECLARE @i  int ，@j  int
SELECT @i=25，@j=40
IF @i>@j
PRINT '最大的数是：'+ CAST(@i  as char(2))
ELSE
PRINT '最大的数是：'+ CAST(@j  as char(2))
```

9.2.3 CASE 语句（CASE 函数）

使用 CASE 语句可以进行多个分支的选择。计算条件列表并返回多个可能的结果之一。

CASE 具有以下两种格式。

- 简单 CASE 格式：将某个表达式与一组简单表达式或常量进行比较，以确定结果。
- 搜索 CASE 格式：计算一组布尔表达式，以确定结果。

1）格式 1

简单 CASE 的语法格式。

```
CASE input_expression
WHEN when_expression THEN result_expression
[ ...n ]
[ ELSE else_result_expression]
 END
```

【例 9-11】从学生表中，查询学生学号和性别列，如果性别为男，则输出“MAN”字样，性别为女，则输出“WOMAN”字样，性别为空，则输出“性别不详”字样。

```
USE teaching
GO
SELECT  sno as 学号,
CASE ssex
When '男'  then 'MAN'
When '女'  then 'WOMAN'
ELSE '性别不详'
END as 性别
FROM student
```

【例 9-12】查询所有学生的专业情况，包括学号、姓名和专业的英文名。

```
USE  teaching
SELECT sno，sname，专业=
 CASE speciality
   WHEN '计算机'   THEN  'Computer'
   WHEN '会计'     THEN  'accounting'
   WHEN '电子商务'  THEN  'electronic commerce'
```

```
WHEN '国际贸易' THEN 'international trade'
WHEN '信息计算' THEN 'Informational and calculative'
END
FROM student
```

【例 9-13】查询所有学生的考试等级，包括学号、课程号和成绩等级（优秀、良好、中等、及格、不及格）。

```
USE teaching
SELECT sno 学号,cno 课程号,成绩等级=
 CASE score/10
   WHEN 10  then '优秀'
   WHEN 9   then '优秀'
   WHEN 8   then '良好'
   WHEN 7   then '中等'
   WHEN 6   then '及格'
   ELSE         '不及格'
 END
FROM sc
```

2）格式 2：

搜索 CASE 的语法格式。

```
CASE
    WHEN Boolean_expression THEN result_expression
     [ ...n ]
    [ ELSE else_result_expression]
 END
```

【例 9-14】查询所有学生的考试等级，包括学号、课程号和成绩等级（优秀、良好、中等、及格、不及格）。

```
USE teaching
SELECT sno 学号, cno 课程号, 成绩等级=
 CASE
   WHEN score>=90   then '优秀'
   WHEN score>=80   then '良好'
   WHEN score>=70   then '中等'
   WHEN score>=60   then '及格'
   ELSE                '不及格'
 END
FROM sc
```

9.2.4 WHILE...CONTINUE...BREAK 语句

如果需要重复执行程序中的一部分语句，可使用 WHILE 循环语句实现。WHILE 语句通过布尔表达式来设置一个条件，当这个条件为真时，重复执行一个语句或语句块，重复执行的部分称为循环体。语法格式为：

```
WHILE Boolean_expressionession                        /*条件表达式*/
 sql_statement1 | statement_block1   [BREAK]
 [sql_statement2 | statement_block2]  [CONTINUE]
 [sql_statement3 | statement_block3]                  /*T-SQL 语句序列构成的循环体*/
```

其中，BREAK 命令的功能是让程序跳出包含它的最内层循环，而 CONTINUE 命令可以让程序跳过 CONTINUE 之后的语句回到 WHILE 循环的第一行命令。通常情况下，CONTINUE 和 BREAK

是放在 IF...ELSE 命令中的,即在满足某个条件的前提下提前结束本次循环或退出本层循环。WHILE 语句也可以嵌套。

【例 9-15】在 1 ~ 10 的数中跳过 2 的倍数进行输出，到 7 则不再输出。

```
    DECLARE @iint
SET @i=0
WHILE(@i<10)
BEGIN
   SET @i=@i+1
   IF(@i%2=0)
   BEGIN
      PRINT('跳过2的倍数'+CAST(@i AS varchar))
      CONTINUE
   END
   ELSE IF(@i=7)
   BEGIN
      PRINT('到'+CAST(@i AS varchar)+'就跳出循环')
      BREAK
   END
   PRINT @i
END
```

【例 9-16】求 1 到 100 的累加和，输出累加和以及累加到的位置。

```
DECLARE @i  int, @a  int
SET @i=1
SET @a=0
WHILE @i<=100
  BEGIN
    SET @a=@a+@i
    SET @i=@i+1
  END
SELECT @a AS 'a', @i AS 'i'
```


9.2.5 GOTO 语句

GOTO 语句用来改变程序执行的流程，使程序跳到标有标签指定的程序行再继续往下执行。标签可为数字与字符的组合，但标签指定的目标行不仅要有标签名，且必须以“:”结尾，而 GOTO 后的标签不必跟“:”号。

语法格式为:

```
GOTO lable  /* lable为要跳转到的语句标号*/
```

其中，标号是 GOTO 的目标，它仅标识了跳转的目标。标号不隔离其前后的语句。执行标号前面语句的用户将跳过标号并执行标号后的语句。除非标号前面的语句本身是控制流语句（如 RETURN），这种情况才会发生。

【例 9-17】用 GOTO 实现循环：求 1 到 100 的和。

```
DECLARE @s int,@i int
SELECT @i=0, @s=0
my_loop:
    SET @s=@s+@i
    SET @i=@i+1
IF @i<=100 GOTO my_loop
PRINT'1_2+...+100='+CAST(@s as char(25))
```

【例 9-18】输出 20160211 号学生的平均成绩，若该学生没选课，则显示未选课字样，用 GOTO 语句实现。

```
USE teaching
GO
DECLARE @avg tinyint
IF NOT EXISTS(SELECT * FROM sc WHERE sno='20160211')
GOTO lable1
BEGIN
   SELECT @avg=avg(score) FROM sc
          WHERE sno='20160211'
   PRINT '20160211号学生的平均成绩: ' + cast(@avg as varchar)
   RETURN
END
Lable1: PRINT ' 20160211号学生没选课'
```

9.2.6 RETURN 语句

使用 RETURN 语句，可以从查询或过程中无条件退出。可在任何时候用于从过程、批处理或语句块中退出，而不执行位于 RETURN 之后的语句。

语法格式为：

```
RETURN [integer_expression]   /*整形表达式*/
```

其中，整型表达式为一个整数值，是 RETURN 语句要返回的值。

例 9-18 就是一个 RETURN 从程序中退出的例子，请分析例 9-18 中有 RETURN 语句和无 RETURN 语句程序的运行结果。

9.2.7 WAITFOR 语句

WAITFOR 语句用来暂时停止程序执行，直到所设定的等待时间已过或已到，再继续往下执行。

语法格式为：

```
WAITFOR
{    DELAY 'time_to_pass'
  | TIME 'time_to_execute'
}
```

【例 9-19】晚上 10：20 在 msdb 数据库中执行 sp_update_job 存储过程。

```
EXECUTE sp_add_job @job_name='TestJob'
BEGIN
   WAITFOR TIME '22: 20'
   EXECUTE sp_update_job @job_name='TestJob',
      @new_name='UpdatedJob';
END
```

【例 9-20】在两小时的延迟后执行存储过程。

```
BEGIN
   WAITFOR DELAY '02: 00'
   EXECUTE sp_helpdb
END
```

9.2.8 RAISERROR 语句

RAISERROR 语句的作用是将错误信息显示在屏幕上，同时也可以记录在 NT 日志中。

语法格式为：

```
RAISERROR(error_number{msg_id|msg_str},SEVERITY,STATE)
```

其中：error_number 为错误号；msg_id|msg_str 为错误消息；SEVERITY 为错误严重级别；STATE 为发生错误时的状态信息。

例如：

```
RAISERROR('NO !',16,1)
```

在后续存储过程和触发器章节中提供了相关实例。

9.3 函　　数

函数是由一个或多个 T-SQL 语句组成的子程序，可用于封装代码以便重新使用。T-SQL 语言提供了丰富的数据操作函数，用以完成各种数据管理工作。当然，SQL Server 并不将用户限制在定义为 T-SQL 语言一部分的内置函数上，而是允许用户创建自己的用户定义函数。

9.3.1 系统内置函数

在程序设计过程中，常常调用系统提供的函数，SQL Server 数据库管理人员必须掌握 SQL Server 的函数功能，并将 T-SQL 语言的程序或脚本与函数相结合，这将极大地提高数据管理工作的效率。

T-SQL 提供的内置函数按其值是否具有确定性可分为确定性函数和非确定性函数两大类。

（1）确定性函数：每次使用特定的输入值集调用该函数时，总是返回相同的结果。

（2）非确定性函数：每次使用特定的输入值集调用时，它们可能返回不同的结果。

T-SQL 系统内置函数按函数的功能分类可分为聚合函数、数学函数、字符串函数、日期和时间函数、转换函数、排名函数、行集函数等类型。

1. 聚合函数

聚合函数对一组值执行计算，并返回单个值。在 select 列表或 SELECT 语句的 HAVING 子句中允许使用它们。可以将聚合与 GROUP BY 子句结合使用，来计算行类别的聚合。在 T-SQL 的数据查询中经常使用，本章不再重复。

2. 数学函数

下列数学函数通常基于作为参数提供的输入值执行计算，并返回一个数值的标量函数，如表 9-5 所示。

表 9-5　数学函数

函　数　名	函 数 功 能	函　数　名	函 数 功 能
ABS(x)	求绝对值	POWER(x,y)	求 x 的 y 次方
COS(x)	余弦	RAND([种子])	求随机数
CEILING(x)	不小于 x 的最小整数	ROUND(x,n)	四舍五入，指定一个精度
EXP(x)	计算 e 的 x 次幂	SIGN(x)	x 的正号（+1）、零（0）或负号（–1）
FLOOR(x)	不大于 x 的最大整数	SIN(x)	正弦
LOG(x)	求自然对数	SQRT(x)	开平方根
LOG10(x)	求以 10 为底的对数	SQUARE(x)	平方
PI()	圆周率	TAN(x)	正切

3. 日期和时间函数

日期时间函数用来操作 DATETIME 和 SMALLDATETIME 类型的数据执行算术运算。T-SQL

语言中的日期和时间函数如表 9-6 所示。

表 9-6 日期和时间函数

函数	语 法	返 回 值	返回类型	确定性
GETDATE	GETDATE()	返回包含计算机的日期和时间的 datetime 值，SQL Server 的实例在该计算机上运行。返回值不包括时区偏移量	datetime	无
DATENAME	DATENAME (datepart,date)	返回表示指定 date 的指定 datepart 的字符串	nvarchar	无
DATEPART	DATEPART (datepart,date)	返回表示指定 date 的指定 datepart 的整数	int	无
DAY	DAY(date)	返回表示指定 date 的“日”部分的整数	int	有
MONTH	MONTH(date)	返回表示指定 date 的“月”部分的整数	int	有
YEAR	YEAR(date)	返回表示指定 date 的“年”部分的整数	int	有
DATEDIFF	DATEDIFF (datepart,startdate,enddate)	返回两个指定日期之间所跨的日期或时间 datepart 边界数	int	有
DATEADD	DATEADD (datepart,number,date)	通过将一个时间间隔与指定 date 的指定 datepart 相加，返回一个新的 datetime 值	date 参数的数据类型	有

4. 字符串函数

在数据库中，字符串类型数据属于使用最多的数据类型之一。SQL Server 中提供的字符串函数可以实现对字符串的分析、查找、转换等功能。表 9-7 列出了部分常用的字符串函数。

表 9-7 部分常用的字符串函数

函 数	描 述
ASCII(string_exp)	返回的最左侧字符的 ASCII 代码值，string_exp 为整数
CHAR(code)	返回 ASCII 值代码所对应的字符
CONCAT(string_exp1,string_exp2)	返回一个字符串的串联的结果，string_exp2 到 string_exp1
LEFT(character_expression,i)	返回字符串中从左边开始指定 i 个数的字符
LEN(string_exp)	返回指定字符串表达式的字符数，其中不包含尾随空格
LOWER(string_exp)	将大写字符数据转换为小写字符数据后返回字符表达式
LTRIM(string_exp)	返回删除了前导空格之后的字符表达式
REPLACE(string_1,string_2,string_3)	用另一个字符串值替换出现的所有指定字符串值
REVERSE(string_expression)	返回字符串值的逆序
RIGHT(string_expression,i)	返回字符串中从右边开始指定 i 个数的字符
RTRIM(string_exp)	截断所有尾随空格后返回一个字符串
SPACE(integer_expression)	返回由重复空格组成的字符串
STR(float_exp [,length[,decimal]])	返回由数字数据转换来的字符数据
SUBSTRING(expression,start,length)	返回一个字符串的一部分
TRIM(string)	删除字符串开头和结尾的空格字符
UPPER(character_exp)	返回小写字符数据转换为大写的字符表达式

5. 数据类型转换函数

在一般情况下，SQL Server 会自动完成数据类型的转换，例如可将 INTEGER 数据类型或表达式转换为 SMALLINT 数据类型或表达式，这叫隐式转换。如果不能确定是否能完成隐式转换或者使用了不能隐式转换的其他数据类型，就需要利用数据类型转换函数强制或显示转换了。此类型的函数常见的有两种。

CAST 函数的语法格式为：

```
CAST( expression AS data_type [(length)])
```

CONVERT 函数的语法格式为：

```
CONVERT(data_type [(length)] ,expression [ ,style ])
```

SQL Server 仅保证往返转换（也就是从原始数据类型进行转换后又返回原始数据类型的转换）在各版本间产生相同值。以下示例显示的即是这样的往返转换：

```
DECLARE @myval decimal(5,2)
SET @myval=193.57
SELECT CAST(CAST(@myval AS varbinary(20))AS decimal(10,5))
SELECT CONVERT(decimal(10,5),CONVERT(varbinary(20),@myval))
```

9.3.2 用户自定义函数（UDF）

与系统内置函数类似，SQL Server 允许用户使用自定义函数。用户定义函数可以让用户针对特定应用程序问题提供自己的解决方案。这些任务可以简单到计算一个值，也可能复杂到定义和实现数据表的约束。用户自定义函数是接受参数、执行操作（例如复杂计算）并将操作结果以值的形式返回的例程。返回值可以是单个标量值或结果集。

为什么使用用户定义函数?

（1）允许模块化程序设计。

只需创建一次函数并将其存储在数据库中，以后便可以在程序中调用任意次。用户定义函数可以独立于程序源代码进行修改。

（2）执行速度更快。

与存储过程相似，Transact-SQL 用户定义函数通过缓存计划并在重复执行时重用它来降低 Transact-SQL 代码的编译开销。这意味着每次使用用户定义函数时均无须重新解析和重新优化，从而缩短了执行时间。

（3）减少网络流量。

基于某种无法用单一标量的表达式表示的复杂约束来过滤数据的操作，可以表示为函数。然后，此函数便可以在 WHERE 子句中调用，以减少发送至客户端的数字或行数。

在 SQL Server 中根据函数返回值形式的不同将用户自定义函数分为三种类型：标量函数、内联表值函数和多语句表值函数。

用户定义标量函数返回在 RETURNS 子句中定义的类型的单个数据值。对于内联标量函数，没有函数体；标量值是单个语句的结果。对于多语句标量函数，定义在 BEGIN...END 块中的函数体包含一系列返回单个值的 Transact-SQL 语句。返回类型可以是除 text、ntext、image、cursor 和 timestamp 外的任何数据类型。

用户定义的表值函数返回 table 数据类型。其中，对于内联表值函数，没有 BEGIN...END 语句括起来的函数主体，并且返回的表为一个位于 RETURN 子句中的单个 SELECT 语句的结果集；多语句表值函数可以看作标量型和内联表值函数的结合体。它的返回值是一个表，但它和标量函数一样有一个用 BEGIN…END 语句括起来的函数体，返回值的表中的数据是由函数体中的语句插入的。

1. 标量函数的创建与调用

方法一：标量函数创建可以通过对象资源管理器窗口实现，选择“teaching”数据库选项下的“可编程性”选项，从展开的列表中选择“函数”选项，右击“标量值函数”选项，在弹出的快捷菜单选择“新建标量值函数”命令，如图 9-1 所示，查询窗口中会自动出现新建标量函数的 T-SQL 语句的语法框架，如图 9-2 所示。用户可以在语法框架中修改补充参数、函数体部分等。此方法比较简单，在此不进行举例，读者可以自行练习。

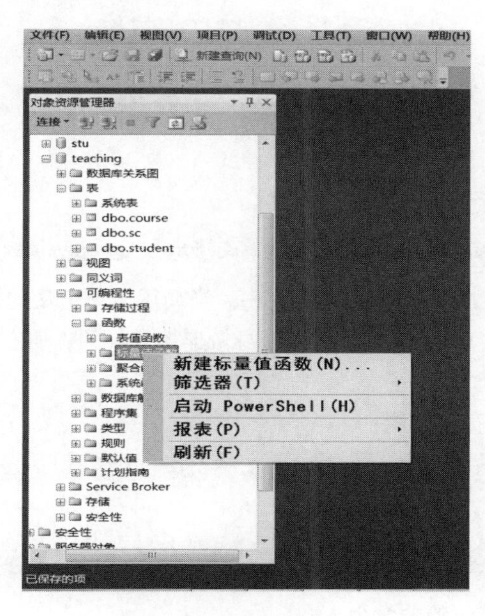

图 9-1 “新建标量值函数”命令

```
CREATE FUNCTION <Scalar_Function_Name, sysname, FunctionName>
(
    -- Add the parameters for the function here
    <@Param1, sysname, @p1> <Data_Type_For_Param1, , int>
)
RETURNS <Function_Data_Type, ,int>
AS
BEGIN
    -- Declare the return variable here
    DECLARE <@ResultVar, sysname, @Result> <Function_Data_Type, ,int>

    -- Add the T-SQL statements to compute the return value here
    SELECT <@ResultVar, sysname, @Result> = <@Param1, sysname, @p1>

    -- Return the result of the function
    RETURN <@ResultVar, sysname, @Result>

END
GO
```

图 9-2 新建标量函数的 T-SQL 语句语法框架

方法二：在查询窗口输入 T-SQL 语句。

创建标量函数的语法格式：

```
CREATE FUNCTION [ owner_name.] function_name          /*函数名部分*/
( [ { @parameter_name [AS] parameter_data_type
  [ = DEFAULT] } [ ,...n ] ])                         /*形参定义部分*/
RETURNS return_data_type                              /*返回参数的类型*/
[ AS ]
BEGIN
      function_body                                   /*函数体部分*/
```

```
    RETURN expression                          /*返回语句*/
END
```

【例 9-21】求某学号的学生选课的平均成绩。

```
USE teaching
GO
CREATE FUNCTION pj(@sn char(8))
RETURNS float
AS BEGIN
      DECLARE @p  float
      SELECT @p= avg(score)FROM sc WHERE sno=@sn
      RETURN @p
     END
```

在其他程序模块中调用标量函数的语法格式：

```
owner_name.function_name(parameter_expression 1…parameter_expression n)
```

其含义为：所有者名.函数名(实参 1,…,实参 n)。当调用用户定义的标量函数时，必须提供至少由两部分组成的名称（所有者名.函数名）。以 Sa 身份连接登录的，所有者名是 dbo。实参可为已赋值的局部变量或表达式。

例 9-21 的函数可以这样直接调用：

```
PRINT dbo.pj('20160211')
```

或：

```
SELECT  dbo.pj('20160211') AS '平均成绩'
```

【例 9-22】求某性别及某年龄的学生人数。

```
USE teaching
GO
CREATE FUNCTION tj(@sex char(2),@age tinyint)
RETURNS int
AS BEGIN
      DECLARE @t  int
      SELECT @t= count(*)FROM student
WHERE ssex=@sex and sage=@age
      RETURN @t
     END
```

例 9-22 的函数可以这样直接调用：

```
PRINT dbo.tj('男',19)
```

或：

```
SELECT  dbo.tj('男',19) AS  '学生人数'
```

2. 内联表值函数的创建与调用

方法一：在对象资源管理器窗口，单击展开“teaching”数据库，在“可编程性”选项下展开“函数”选项，右击“表值函数”选项，在弹出的快捷菜单中选择“新建内联表值函数”命令，如图 9-3 所示，查询窗口会自动出现新建标量函数的 T-SQL 语句的语法框架。

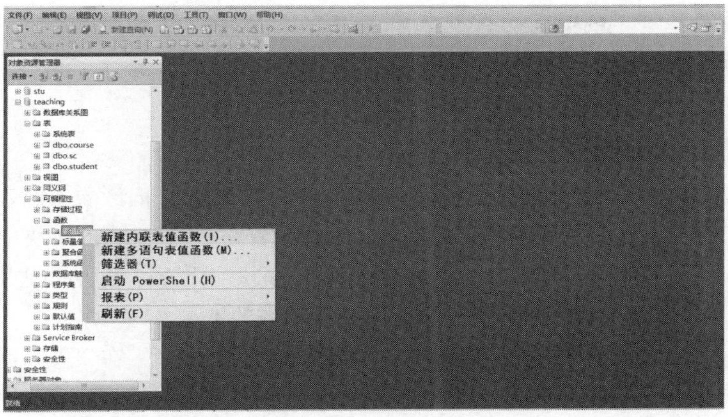

图 9-3 “新建内联表值函数”命令

方法二：在查询窗口中输入 T-SQL 语句。

创建内嵌表值函数的语法格式：

```
CREATE FUNCTION [ owner_name.] function_name      /*定义函数名部分*/
( [ { @parameter_name [AS] parameter_data_type
 [ = DEFAULT] }[ ,...n ] ] )                      /*定义参数部分*/
RETURNS table                                     /*返回值为表类型*/
[ AS ]  RETURN [(SELECT statement)]               /*通过 SELECT 语句返回内嵌表*/
```

说明：table 指定返回值为一个表；SELECT statement 指定单个 SELECT 语句，确定返回的表的数据。其余参数与标量函数相同。

【例 9-23】 自定义内嵌表值函数查询某专业所有学生的学号、姓名、所选课程的课程号、课程名和成绩。

```
USE teaching
GO
CREATE FUNCTION xk_fun(@major varchar(20)) RETURNS  table
AS RETURN
  ( SELECT student.sno,sname,course.cno,cname,score
FROM student,course,sc
    WHERE specialty=@major AND student.sno=sc.sno and course.cno=sc.cno)
```

因为内嵌表值函数的返回值为 table 类型，所以在其他程序模块中调用此类函数时，只能通过 SELECT 语句。格式是 SELECT * FROM [所有者名.]函数名（实参），其中所有者名可以省略。

例 9-23 的函数进行如下调用：

```
SELECT * FROM xk_fun('计算机')
```

【例 9-24】 自定义内嵌表值函数查询各个专业的专业名称及其学生人数。

```
USE teaching
GO
CREATE FUNCTION zytj_fun()
 RETURNS  table
AS RETURN
  (SELECT  specialty,count(*)as '学生人数'
FROM student GROUP BY specialty)
```

说明：本例定义的是一个无参函数，用户自定义函数时，即使函数没有参数也不能省略参数的括号。

例 9-24 的函数进行如下调用：

```
SELECT * FROM zytj_fun()
```

调用函数时，即使不提供实参，也不能省略参数的括号。

3. 多语句表值函数的创建与调用

内嵌表值函数和多语句表值函数都返回表，二者不同之处在于：内嵌表值函数没有函数主体，返回的表是单个 SELECT 语句的结果集；而多语句表值函数在 BEGIN...END 块中定义的函数主体包含 T-SQL 语句，这些语句可生成行，并将行插入表中，最后返回表。由此可见，它可以进行多次查询，对数据进行多次筛选与合并，弥补了内嵌表值型函数的不足。

方法一：在对象资源管理器窗口中单击展开“teaching” 数据库，在“可编程性”选项下展开“函数”选项，右击“表值函数”选项，在弹出的快捷菜单中选择“新建多语句表值函数”命令，如图 9-4 所示，查询窗口会自动出现新建标量函数的 T-SQL 语句的语法框架。

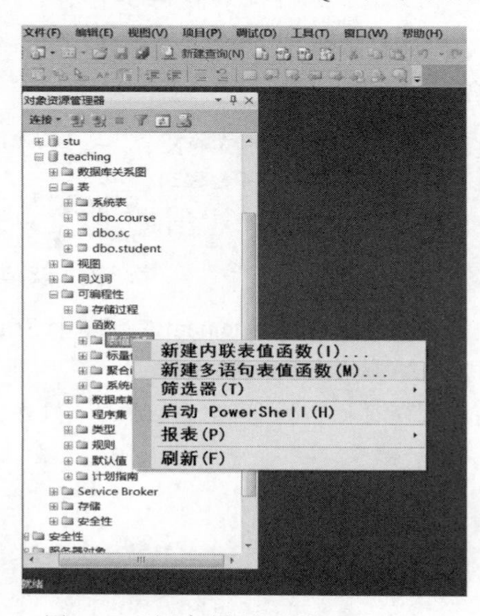

图 9-4 “新建多语句表值函数”命令

方法二：在查询窗口中输入 T-SQL 语句。

创建多语句表值函数的语法格式：

```
CREATE FUNCTION [ owner_name.] function_name
/*定义函数名部分*/
  ( [ { @parameter_name [AS] parameter_data_type [ = DEFAULT] }[ ,...n ] ] )
/*定义函数参数部分*/
RETURNS @return_variable table < table_definition > /*定义作为返回值的表*/
[ AS ]
BEGIN
     function_body                                    /*定义函数体*/
     RETURN
END
```

【例 9-25】自定义多语句表值函数查询某专业所有学生的学号、姓名、所选课程的课程号、课程名和成绩。

```
USE teaching
GO
```

```
CREATE FUNCTION xkxx_fun(@major varchar(20)) RETURNS @xk table
(学号 char(8),姓名 varchar(20),课程号 char(4),
课程名 varchar(20),成绩  tinyint)
AS
BEGIN
     INSERT into @xk
      SELECT student.sno,sname,course.cno,cname,score
FROM student,course,sc
     WHERE specialty=@major AND student.sno=sc.sno and course.cno=sc.cno
     RETURN
 END
```

多语句表值函数的调用与内嵌表值函数的调用方法相同，只能通过 SELECT 语句调用。例 9-25 的函数进行如下调用：

```
SELECT *  FROM xkxx_fun('计算机')
```

【例 9-26】自定义内嵌表值函数查询各个专业的专业名称及其学生人数。

```
USE teaching
GO
CREATE FUNCTION zyrs_fun()
 RETURNS  @tab  table
(专业 varchar(20),学生人数 int)
AS
 BEGIN
INSERT  INTO @tab
SELECT  specialty,count(*)as '学生人数'
FROM student GROUP BY specialty
RETURN
END
```

例 9-26 的函数进行如下调用：


```
SELECT *  FROM  zyrs_fun()
```

9.4 游　　标

关系数据库中的操作会对整个行集起作用。由 SELECT 语句返回的行集包括满足该语句的 WHERE 子句中条件的所有行。这种由语句返回的完整行集称为结果集。应用程序，尤其是那些交互式联机程序，总能有效地处理整个结果集中的每一行或多行。这些应用程序需要一种机制以便每次处理一行或一部分行。游标（Cursor）就是提供这种机制的对结果集的一种扩展。

9.4.1 游标概述

游标是处理数据的一种方法，它允许应用程序对查询语句 SELECT 返回的结果集中每一行进行相同或不同的操作，而不是一次对整个结果集进行同一种操作。为了查看或者处理结果集中的数据，游标提供了在结果集中一次一行或者多行前进或向后浏览数据的能力，我们可以把游标当作一个指针，它可以指定结果中的任何位置，然后允许用户对指定位置的数据进行处理。因此，正是游标把作为面向集合的数据库管理系统和面向行的程序设计两者联系起来，使两个数据处理方式能够进行沟通。

游标通过以下方式来扩展结果处理：

（1）允许定位在结果集的特定行。

（2）从结果集的当前位置检索一行或一部分行。

（3）支持对结果集中当前位置的行进行数据修改。

（4）为由其他用户对显示在结果集中的数据库数据所进行的更改提供不同级别的可见性支持。

（5）提供脚本、存储过程和触发器中用于访问结果集中的数据的 T-SQL 语句。

9.4.2 游标实现

SQL Server 支持三种游标实现。

1. T-SQL 游标

T-SQL 游标基于 DECLARE CURSOR 语法，主要用于 Transact-SQL 脚本、存储过程和触发器。Transact-SQL 游标在服务器上实现，由从客户端发送到服务器的 Transact-SQL 语句管理。它们还可能包含在批处理、存储过程或触发器中。

2. 应用程序编程接口（API）服务器游标

API 游标支持 OLE DB 和 ODBC 中的 API 游标函数。API 服务器游标在服务器上实现。每次客户端应用程序调用 API 游标函数时，SQL Server Native Client OLE DB 访问接口或 ODBC 驱动程序会把请求传输到服务器，以便对 API 服务器游标进行操作。

3. 客户端游标

客户端游标由 SQL Server Native Client ODBC 驱动程序和实现 ADO API 的 DLL 在内部实现。客户端游标通过在客户端高速缓存所有结果集行来实现。每次客户端应用程序调用 API 游标函数时，SQL Server Native Client ODBC 驱动程序或 ADO DLL 会对客户端上高速缓存的结果集行执行游标操作。

9.4.3 游标类型

SQL Server 支持 4 种游标类型。

1. 只进

只进游标指定为 FORWARD_ONLY 和 READ_ONLY，不支持滚动。这些游标也称为“firehose”游标，并且只支持从游标的开始到结束连续提取行。行只在从数据库中提取出来后才能检索。对所有由当前用户发出或由其他用户提交、并影响结果集中的行的 INSERT、UPDATE 和 DELETE 语句，其效果在这些行从游标中提取时是可见的。

由于游标无法向后滚动，则在提取行后对数据库中的行进行的大多数更改通过游标均不可见。当值用于确定所修改的结果集（例如更新聚集索引涵盖的列）中行的位置时，修改后的值通过游标可见。

尽管数据库 API 游标模型将只进游标视为一种游标类型，但是 SQL Server 不同，SQL Server 将只进和滚动视为可应用于静态游标、键集驱动游标和动态游标的选项。Transact-SQL 游标支持只进静态游标、键集驱动游标和动态游标。数据库 API 游标模型则假定静态游标、键集驱动游标和动态游标都是可滚动的。当数据库 API 游标属性设置为只进时，SQL Server 将此游标作为只进动态游标实现。

2. 静态

静态游标的完整结果集是打开游标时在 tempdb 中生成的。静态游标总是按照打开游标时的原样显示结果集。静态游标在滚动期间很少或根本检测不到变化，但消耗的资源相对很少。

游标不反映在数据库中所做的任何影响结果集成员身份的更改，也不反映对组成结果集的行的列值所做的更改。静态游标不会显示打开游标以后在数据库中新插入的行，即使这些行符合游标 SELECT 语句的搜索条件。如果组成结果集的行被其他用户更新，则新的数据值不会显示在静态游标中。静态游标会显示打开游标以后从数据库中删除的行。静态游标中不反映 UPDATE、INSERT 或者 DELETE 操作（除非关闭游标然后重新打开），甚至不反映使用打开游标的同一连接所进行的修改。SQL Server 静态游标始终是只读的。

3. 键集

打开由键集（Keyset）驱动的游标时，该游标中各行的成员身份和顺序是固定的。由键集驱动的游标由一组唯一标识符（键）控制，这组键称为键集。键是根据以唯一方式标识结果集中各行的一组列生成的。键集是打开游标时来自符合 SELECT 语句要求的所有行中的一组键值。由键集驱动的游标对应的键集是打开该游标时在 tempdb 中生成的。

4. 动态

动态（Dynamic）游标与静态游标相对。当滚动游标时，动态游标反映结果集中所做的所有更改。结果集中的行数据值、顺序和成员在每次提取时都会改变。所有用户做的全部 UPDATE、INSERT 和 DELETE 语句均通过游标可见。如果使用 API 函数（如“SQLSetPos”）或 T-SQL WHERE CURRENT OF 子句通过游标进行更新，它们将立即可见。

9.4.4 使用游标

一般情况下。游标的使用操作有 5 个基本步骤：声明游标、打开游标、提取数据、关闭游标、释放游标。

1. 声明游标

和使用其他类型的变量一样，使用一个游标之前，首先应当声明它。游标的声明包括两个部分：游标的名称和这个游标所用到的 SQL 语句。DECLARE CURSOR 既接受基于 ISO 标准的语法，也接受使用一组 T-SQL 扩展的语法。

ISO 标准语法格式如下：

```
DECLARE cursor_name [INSENSITIVE] [SCROLL] CURSOR
FOR select_statement
[FOR {READ ONLY | UPDATE [OF column_name [,...n]]}]
```


参数说明：

（1）cursor_name，Transact-SQL 服务器游标定义的名称。cursor_name 必须符合有关标识符的规则。

（2）INSENSITIVE，定义一个游标，以创建将由该游标使用的数据的临时副本。对游标的所有请求都从 tempdb 中的这一临时表中得到应答；因此，在对该游标进行提取操作时返回的数据中不反映对基表所做的修改，并且该游标不允许修改。如果省略 INSENSITIVE，则已提交的（任何用户）对基础表的删除和更新则会反映在后面的提取操作中。

（3）SCROLL，指定所有的提取选项（FIRST、LAST、PRIOR、NEXT、RELATIVE 和 ABSOLUTE）均可用。如果未在 DECLARE CURSOR 中指定 SCROLL，则 NEXT 是唯一支持的提取选项。如果还指定了 FAST_FORWARD，则无法指定 SCROLL。如果未指定 SCROLL，则只有提取选项 NEXT 可用，且游标将变为 FORWARD_ONLY。

（4）select_statement，是定义游标结果集的标准 SELECT 语句。在游标声明的 select_statement 中不允许使用关键字 FOR BROWSE 和 INTO。如果 select_statement 中的子句与所请求的游标类型的功能有冲突，则 SQL Server 会将游标隐式转换为其他类型。

（5）READ ONLY，禁止通过该游标进行更新。无法在 UPDATE 或 DELETE 语句的 WHERE CURRENT OF 子句中引用游标。该选项优先于要更新的游标的默认功能。

（6）UPDATE [OF column_name [,...n]]，定义游标中可更新的列。如果指定了 OF <column_name> [, <... n>]，则只允许修改所列出的列。如果指定了 UPDATE，但未指定列的列表，则可以更新所有列。

T-SQL 扩展的语法格式如下：

```
DECLARE cursor_name CURSOR [ LOCAL | GLOBAL ]
    [ FORWARD_ONLY | SCROLL ]
    [ STATIC | KEYSET | DYNAMIC | FAST_FORWARD ]
    [ READ_ONLY | SCROLL_LOCKS | OPTIMISTIC ]
    [ TYPE_WARNING ]
   FOR select_statement
    [ FOR UPDATE [ OF column_name [ ,...n ] ] ]
```

参数说明：

（1）LOCAL，指定该游标的范围对在其中创建它的批处理、存储过程或触发器是局部的。该游标名称仅在这个作用域内有效。在批处理、存储过程、触发器或存储过程 OUTPUT 参数中，该游标可由局部游标变量引用。OUTPUT 参数用于将局部游标传递回调用批处理、存储过程或触发器，它们可在存储过程终止后给游标变量分配参数使其引用游标。除非 OUTPUT 参数将游标传递回来，否则游标将在批处理、存储过程或触发器终止时隐式释放。如果 OUTPUT 参数将游标传递回来，则游标在最后引用它的变量释放或离开作用域时释放。

（2）GLOBAL，指定该游标范围对连接是全局的。在由此连接执行的任何存储过程或批处理中，都可以引用该游标名称。该游标仅在断开连接时隐式释放。

（3）FORWARD_ONLY，指定游标只能向前移动，并从第一行滚动到最后一行。FETCH NEXT 是唯一支持的提取选项。

（4）STATIC，指定游标始终以第一次打开时的样式显示结果集，并制作数据的临时副本，供游标使用。对游标的所有请求都通过 tempdb 中的这个临时表进行答复。因此，对基表所做的插入、更新和删除操作不在对此游标所做的提取操作返回的数据中反映，并且在该游标打开后，不会检测对结果集的成员、顺序或值所做的更改。

（5）KEYSET，指定当游标打开时，游标中行的成员身份和顺序已经固定。对行进行唯一标识的键集内置在 tempdb 内一个称为 keyset 的表中。此游标在其检测更改的功能方面，提供介于静态和动态游标之间的功能。

（6）DYNAMIC，定义一个游标，无论更改是发生于游标内部还是由游标外的其他用户执行，在用户四处滚动游标并提取新记录时，该游标均能反映对其结果集中的行所进行的所有数据更改。因此，所有用户进行的全部 UPDATE、INSERT 和 DELETE 语句均通过游标可见。

其他参数等同 ISO 标准语法格式。

【例 9-27】声明一个的游标，用以查询所有女学生的信息，可以编写如下代码：

```
DECLARE S_Cur1 CURSOR FOR
SELECT * FROM student WHERE ssex='女'
```

【例 9-28】声明一个只读性的滚动游标，用以查询所有女学生的信息。

```
DECLARE S_Cur2 SCROLL CURSOR
FOR
SELECT * FROM student WHERE ssex='女'
FOR READ ONLY
```

【例 9-29】声明一个更新游标，用以查询所有女学生的信息。

```
DECLARE S_Cur2 SCROLL CURSOR
FOR
SELECT * FROM student WHERE ssex='女'
FOR UPDATE
```

2. 打开游标

声明了游标后，在进行其他操作之前必须打开它。打开一个 T-SQL 服务器游标使用 OPEN 命令，其语法规则为：

```
OPEN { { [GLOBAL] cursor_name } | cursor_variable_name}
```

参数说明：

（1）GLOBAL，指定 cursor_name 是指全局游标。

（2）cursor_name，已声明的游标的名称。当同时存在以 cursor_name 作为名称的全局游标和局部游标时，如果指定 GLOBAL，则 cursor_name 是指全局游标；否则，cursor_name 是指局部游标。

（3）cursor_variable_name，游标变量的名称，该变量引用一个游标。

【例 9-30】打开例 9-27 声明的游标。

```
OPEN S_Cur1
GO
```

3. 提取数据

当游标被成功打开以后，就可以从游标中逐行地提取数据，以进行相关处理。从游标中读取数据主要使用 FETCH 命令。其语法格式如下：

```
FETCH [[NEXT | PRIOR | FIRST | LAST
| ABSOLUTE {n | @nvar}| RELATIVE {n | @nvar}]
FROM ]{{[ GLOBAL ] cursor_name } | cursor_variable_name}
[INTO @ variable_name [,…n]]
```

参数说明：

（1）NEXT，紧跟当前行返回结果行，并且当前行递增为返回行。如果 FETCH NEXT 为对游标的第一次提取操作，则返回结果集中的第一行。NEXT 为默认的游标提取选项。

（2）PRIOR，返回紧邻当前行前面的结果行，并且当前行递减为返回行。如果 FETCH PRIOR 为对游标的第一次提取操作，则没有行返回并且游标置于第一行之前。

（3）FIRST，返回游标中的第一行并将其作为当前行。

（4）LAST，返回游标中的最后一行并将其作为当前行。

（5）ABSOLUTE { n| @nvar}，如果 n 或@nvar 为正，则返回从游标起始处开始向后的第 n 行，并将返回行变成新的当前行。如果 n 或@nvar 为负，则返回从游标末尾处开始向前的第 n 行，并将返回行变成新的当前行。如果 n 或@nvar 为 0，则不返回行。n 必须是整数常量，并且@nvar 必须是 smallint、tinyint 或 int。

（6）RELATIVE { n| @nvar}，如果 n 或@nvar 为正，则返回从当前行开始向后的第 n 行，并将返回行变成新的当前行。如果 n 或@nvar 为负，则返回从当前行开始向前的第 n 行，并将返回行变成新的当前行。如果 n 或@nvar 为 0，则返回当前行。在对游标进行第一次提取时，如果在将 n 或@nvar 设置为负数或 0 的情况下指定 FETCH RELATIVE，则不返回行。n 必须是整数常量，并且@nvar 必须是 smallint、tinyint 或 int。

（7）GLOBAL，指定 cursor_name 是指全局游标。

（8）cursor_name，要从中进行提取的开放游标的名称。当同时存在以 cursor_name 作为名称的全局游标和局部游标时，如果指定 GLOBAL，则 cursor_name 指全局游标，如果未指定 GLOBAL，则指局部游标。

（9）@cursor_variable_name，游标变量名，引用要从中进行提取操作的打开的游标。

（10）INTO @variable_name[,...n]，允许将提取操作的列数据放到局部变量中。列表中的各个变量从左到右与游标结果集中的相应列相关联。各变量的数据类型必须与相应的结果集列的数据类型匹配，或是结果集列数据类型所支持的隐式转换。变量的数目必须与游标选择列表中的列数一致。

注意：@@FETCH_STATUS 全局变量返回上次执行 FETCH 命令的状态，若为 0 则表示 FETCH 语句成功；若为-1 则表示 FETCH 语句失败或行不在结果集中；若为-2 则表示提取的行不存在；若为-9 则表示游标未执行提取操作。在每次用 FETCH 从游标中读取数据时，都应检查该变量，以确定上次 FETCH 操作是否成功，来决定如何进行下一步处理。

【例 9-31】从例 9-28 声明的游标中提取下一条记录。

```
OPEN S_cur2
GO
FETCH NEXT FROM S_ Cur2
GO
```

【例 9-32】从例 9-29 声明的游标中提取第 5 条记录。

```
OPEN S_cur3
GO
FETCH ABSOLUTE  5  FROM  S_ Cur3
GO
```

4. 关闭游标

释放当前结果集，然后解除定位游标的行上的游标锁定，从而关闭一个开放的游标。CLOSE 将保留数据结构以便重新打开，但在重新打开游标之前，不允许提取和定位更新。必须对打开的游标发布 CLOSE；不允许对仅声明或已关闭的游标执行 CLOSE。关闭游标的语法格式如下：

```
CLOSE { { [GLOBAL] cursor_name } | cursor_variable_name }
```

其中参数的含义与 OPEN 命令相同。

【例 9-33】关闭 S_ Cur1 游标。

```
CLOSE  S_Cur1
GO
```

5. 释放游标

游标不再需要使用之后，要释放游标。当释放最后的游标引用时，组成该游标的数据结构由 Microsoft SQL Server 释放。

释放游标的语法格式如下：

```
DEALLOCATE {{[GLOBAL] cursor_name }| cursor_variable_name}
```

其中参数的含义与 OPEN 命令相同。

【例 9-34】释放 S_ Cur1 游标。

```
DEALLOCATE  S_Cur1
GO
```

9.4.5 定位修改及定位删除游标

使用游标除了从基本表中检索数据，以实现对数据的行处理外，还可以对游标中的数据进行修改，即定位更新或删除游标包含的数据。

进行定位更新或删除数据时，可以通过执行其他的更新或删除命令，并在 WHERE 子句中重新给定条件，以修改该行数据。但若在声明游标时，使用了 FOR UPDATE 语句，则可以在 UPDATE

或 DELETE 命令中，以 WHERE CURRENT OF 关键字直接修改或删除当前游标中所存储的数据，而不必使用 WHERE 子句重新给出指定条件。

当改变游标中数据时，这种变化会自动影响到游标的基本表。但若在声明游标时选择了 INSENSITIVE 选项时，则该游标中的数据不能被修改。

1. 定位修改

定位修改在指定游标的当前位置进行。

定位修改游标中数据的语法格式是：

```
UPDATE table_name
SET column_name1={expression1|select_statement}
[,column_name2={expression2|select_statement}] [,…n]
WHERE CURRENT OF cursor_name
```

其中，WHERE CURRENT OF 的含义是使 SQL Server 只更新由指定游标的游标位置当前值确定的行。cursor_name 是已声明为 FOR UPDATE 方式并已被打开的游标名。其他参数含义在之前章节的 UPDATE 语法格式中已经说明，这里不再重复。

【例 9-35】声明一个游标，用以更新第 5 个女生的年龄信息。

```
USE teaching
DECLARE S_Cur1  SCROLL  CURSOR
FOR
SELECT * FROM student WHERE ssex='女'
FOR UPDATE
GO
OPEN S_Cur1
GO
FETCH  ABSOLUTE  5  FROM  S_Cur1
GO
UPDATE student SET Sage=20
WHERE CURRENT OF S_Cur1
GO
CLOSE S_Cur1
GO
DEALLOCATE  S_Cur1
```

需要注意以下几点：

（1）定位修改一次只能更新当前游标位置确定的一行。OPEN 语句将游标位置定位在结果集第一行前，可以使用 FETCH 语句把游标位置定位在要被更新的数据行处。

（2）进行定位修改更新数据表中的行时，不移动游标位置。被更新的行可以再次被修改，直到下一个 FETCH 语句的执行。

（3）定位修改可以更新多数据表或被连接的多表，但只能更新其中一个表的行，即所有被更新的列都来自同一个表。

2. 定位删除

定位删除将删除当前游标定位的行。

定位删除游标中数据的语法格式是：

```
DELETE  FROM  table_name
WHERE CURRENT OF cursor_name
```

其中关键字和参数的含义与定位修改相同。

【例 9-36】声明一个游标，用以删除最后一个女生记录。

```
USE teaching
DECLARE S_Cur2  SCROLL  CURSOR
FOR
SELECT * FROM student WHERE ssex='女'
FOR UPDATE
GO
OPEN S_Cur2
GO
FETCH  LAST  FROM  S_Cur2
GO
DELETE  student
WHERE CURRENT OF S_Cur2
GO
CLOSE S_Cur2
GO
DEALLOCATE  S_Cur2
```

注意：

（1）进行定位删除时，每次只能删除当前游标位置确定的一行，删除后游标位置向前移动一行。OPEN 语句将游标位置定位在结果集第一行前，可以使用 FETCH 语句把游标位置定位在被删行处。

（2）进行定位删除所使用的游标须声明为 FOR UPDATE 方式。且声明游标的 SELECT 语句不能含有连接操作或涉及多表。否则，即使声明中指明了 FOR UPDATE 方式，也不能删除其中的行。

（3）对使用游标删除行的数据表，要求有一个唯一索引。

本章小结

本章首先介绍了 T-SQL 编程的基础，包括语言的构成、语法、变量、运算符等；然后介绍了流程控制的几个语句，即 BEGIN…END、IF、CASE 以及 WHILE 等；本章还介绍了系统内置的函数及用户自定义函数；最后介绍了一种机制——游标，以便每次处理查询结果集的一行或一部分行。游标的使用操作有 5 个基本的步骤，书中对此进行了阐述。

本章重点为流程控制语句、用户自定义函数、游标的定义及其使用操作。

思考与练习

1. 以下程序将[1,100]的奇数平方和赋给@x ,偶数平方和赋给@y，并输出@x、@y 的值。请补充完成该程序。

```
DECLARE @X  int,@Y int,@i int
SELECT @i=1,@x=0,@y=0
WHILE
BEGIN
IF
SET @x=@x+@i*@i
ELSE
SET @y=@y+@i*@i
SET @i=
END
SELECT @x,@y
```

2. 补充完成用于显示 26 个大小写英文字母（每行显示同一字母的大小写，中间相隔 10 个空格）的程序。

```
DECLARE @count int
SET
WHILE @count<26
BEGIN
PRINT CHAR(ASCII('A'))+________)+________(10)+CHAR(ASCII('a')+@count)
SET @count=@count+1
END
```

3. 编写程序，检查学号为 20160211 的同学是否有课程号为 0101 的选修课成绩。
4. 针对 teaching 数据库，用函数实现：求某个专业选修了某门课的学生人数。
5. 利用游标机制，编写程序实现：循环显示选修 0101 课程号的所有学生的学号、姓名，课程号及成绩。
6. 填空题

（1）当流程控制语句必须执行一个包含两条及两条以上的 T-SQL 语言语句的语句块时，使用__________语句可将多条 T-SQL 语句组合成一个逻辑块。

（2）__________命令用来暂时停止程序执行，直到所设定的等待时间已过或已到，再继续往下执行。

（3）GOTO 命令用来改变程序执行的流程，使程序跳到__________指定的程序行再继续往下执行。

（4）字符串函数中，REVERSE()可以将指定的字符串的字符__________颠倒；SPACE()可以返回一个有指定长度的__________。

（5）数据类型转换函数包括__________和__________。

（6）SQL 语言是一种标准的数据库语言，包括查询、定义、操纵、_________四部分功能。

第10章 存储过程和触发器

存储过程和触发器是 SQL Server 2014 中重要的数据库对象，对提高数据库的安全性和完整性起着重要的作用。

存储过程可以使用户对数据库的管理工作变得更容易。存储过程是 SQL 语句和可选流程控制语句的预编译集合，它以一个名称存储并作为一个单元处理，能够提高系统的应用效率和执行速度。SQL Server 提供了许多系统存储过程以管理 SQL Server 及显示有关数据库和用户的信息。

触发器是一种特殊类型的存储过程。当有操作影响到触发器保护的数据时，触发器就会自动触发执行。触发器是与表紧密联系在一起的，它在特定的表上定义，并与指定的数据修改事件相对应，它是一种功能强大的工具，可以扩展 SQL Server 完整性约束默认值对象和规则的完整性检查逻辑，实施更为复杂的数据完整性约束。

本章主要介绍存储过程的基本概念，存储过程的创建、执行、查看、修改、调用和删除等操作；并介绍触发器的基本概念，触发器的分类，触发器的创建、查看、修改、禁用、启用和删除等。

10.1 存 储 过 程

当开发一个应用程序时，为了易于修改和扩充，经常会将负责不同功能的语句集中起来而且按照用途分别独立放置，以便能够反复调用，而这些独立放置且拥有不同功能的语句，即是“过程（procedure）”。SQL Server 2014 的存储过程（stored procedure）包含一些 T-SQL 语句并以特定的名称存储在数据库中。可以在存储过程中声明变量、有条件地执行以及实现其他各项强大的程序设计功能。

10.1.1 存储过程概述

存储过程是一组在数据库系统中为了完成特定功能的 T-SQL 语句的集合，经编译后独立存储在数据库中。存储过程可以接受输入参数、输出参数，返回单个或多个结果集以及返回值，当需要其功能时，只需要通过存储过程名并给出参数（如果存储过程有参数）调用即可，且存储过程只在首次执行时进行编译，而不需要每次执行时重新编译，所以比单个 T-SQL 语句块的运行速度快。

存储过程是 SQL Server 中一个非常有用的工具。SQL Server 支持存储过程和系统过程。存储过程是独立存在于表之外的数据对象，可以由客户调用，也可以从另一个过程或触发器调用，参数可以被传递和返回，出错代码也可以被检验。

存储过程最主要的特色是当写完一个存储过程后即被翻译成可执行代码存储在系统表内，作为数据库的对象之一，一般用户只要执行存储过程，并且提供存储过程所需的参数就可以得到所要的结果而不必再去编辑 T-SQL 命令。

一般来讲，应使用 SQL Server 中的存储过程而不使用存储在客户计算机本地的 T-SQL 程序，其优势主要表现在：

（1）允许模块化程序设计。只需创建一次并将其存储在数据库中，以后即可在程序中调用该过程任意次。存储过程可由在数据库编程方面有专长的人员创建，并可独立于程序源代码而单独修改。如果业务规则发生变化，可以通过修改存储过程来适应新的业务规则，而不必修改客户端的应用程序。这样，所有调用该存储过程的应用程序就会遵循新的业务规则。

（2）允许更快速地执行。如果某操作需要大量 T-SQL 语句或需重复执行，存储过程将比 T-SQL 批处理代码的执行要快。创建存储过程时对其进行分析和优化并预先编译好放在数据库内，减少编译语句所花的时间；编译好的存储过程会进入缓存，所以对于经常执行的存储过程，除了第一次执行外，其他次执行的速度会有明显提高。而客户计算机本地的 T-SQL 语句每次运行时，都要从客户端重复发送，并且在 SQL Server 每次执行这些语句时，都要对其进行编译和优化。

（3）减少网络流量。一个需要数百行 T-SQL 语句的操作由一条执行过程代码的单独语句就可以实现，而不需要在网络中发送数百行代码。

（4）可作为安全机制使用。数据库用户可以通过得到权限来执行存储过程，而不必给予用户直接访问数据库对象的权限。这些对象将由存储过程来执行操作，另外，存储过程可以加密，这样用户就无法阅读存储过程中的 T-SQL 语句。这些安全特性将数据库结构和数据库用户隔离开来，这也进一步保证数据的完整性和可靠性。

10.1.2 存储过程的类型

存储过程的类型主要有系统存储过程、本地存储过程、临时存储过程和扩展存储过程。

1. 系统存储过程

系统存储过程是安装 SQL Server 2014 时自动创建的。SQL Server 2014 中的许多管理性和信息性活动（如获取数据库信息或者数据库对象的信息等）都是通过某个特殊的存储过程执行的，这种存储过程被称为系统存储过程。系统过程主要存储在 master 数据库中并以 sp_为前缀，并且系统存储过程主要是从系统表中获取信息，从而为数据库系统管理员管理 SQL Server 提供支持。

尽管这些系统存储过程被存储在 master 数据库中，但是仍可以在其他数据库中对其进行调用。在调用时，不必在存储过程名前加上数据库名，而且当创建一个数据库时，一些系统存储过程会在新的数据库中被自动创建。

SQL Server 2014 系统存储过程是为用户提供方便的，它们使用户可以很容易地从系统表中提取信息、管理数据库，并执行涉及更新系统表的其他任务。

因为系统存储过程是以 SP_开头的，所以建议用户自定义存储过程时不要使用此前缀。当系统存储过程的参数是保留字或对象名，且对象名由数据库或拥有者名称限定时，整个名称必须包含在单引号中。在 SSMS 中可以方便地查看和调用系统存储过程。启动 SSMS 后，在左侧的对象资源管理器中展开数据库，展开“可编程性”选项，选择“系统存储过程”选项，就可以看到所有的系统存储过程的列表。

2. 本地存储过程

本地存储过程也称为用户定义存储过程，是由用户自行创建并存储在用户数据库中的存储过程，一般所说的存储过程指的就是本地存储过程。

用户创建的存储过程是由用户创建并能完成某一特定功能（如查询用户所需的数据信息）的存储过程。

3. 临时存储过程

临时存储过程可分为以下两种：

1）本地临时存储过程

不论哪一个数据库是当前数据库，如果在创建存储过程时，其名称以“#”号开头，则该存储过程将成为一个存放在 tempdb 数据库中的本地临时存储过程。本地临时存储过程只有创建它的连接的用户才能够执行它，而且一旦这位用户断开与 SQL Server 的连接，本地临时存储过程就会自动删除，当然，这位用户也可以在连接期间用 DROP PROCEDURE 命令删除他所创建的本地临时存储过程。

2）全局临时存储过程

不论哪一个数据库是当前数据库，只要所创建的存储过程名称是以“##”号开头，则该存储过程将成为一个存储在 tempdb 数据库中的全局临时存储过程。全局临时存储过程一旦创建，以后连接到 SQL Server 2014 的任意用户都能执行它，而且不需要特定的权限。

当创建全局临时存储过程的用户断开与 SQL Server 2014 的连接时，SQL Server 2014 将检查是否有其他用户正在执行该全局临时存储过程，如果没有，便立即将全局临时存储过程删除；如果有，SQL Server 2014 会让这些正在执行中的操作继续进行，但是不允许任何用户再执行全局临时存储过程，等到所有未完成的操作执行完毕后，全局临时存储过程就会自动删除。

不论创建的是本地临时存储过程还是全局临时存储过程，只要 SQL Server 2014 停止运行，它们将不复存在。

4. 扩展存储过程

扩展存储过程是用户可以使用外部程序语言（例如 C 语言）编写的存储过程。显而易见，扩展存储过程可以弥补 SQL Server 2014 的不足，并按需要自行扩展其功能。

扩展存储过程在使用和执行上与一般的存储过程完全相同，为了区别，扩展存储过程的名称通常以 XP_开头。扩展存储过程以动态链接库（DLL）的形式存在，能让 SQL Server 2014 动态地装载和执行。扩展存储过程一定要存储在系统数据库 master 中。

10.1.3 创建存储过程

在 SQL Server 2014 中创建存储过程主要有两种方式，一种方式是在 SQL Server Management Studio 中创建存储过程；另一种方式是通过在查询窗口中执行 T-SQL 语句创建存储过程。

1. 在 SQL Server Management Studio 中创建存储过程

【例 10-1】要求在 SQL Server Management Studio 中创建 teaching 数据库中的存储过程 stu_grade，其功能是显示指定学生的指定课程的成绩。

在 SQL Server Management Studio 中创建存储过程的步骤如下：

（1）打开 SQL Server Management Studio，在对象资源管理器中展开“teaching”数据库，选择“可编程性”选项，右击“存储过程”选项，在弹出的快捷菜单中选择“新建”→“存储过程”命令，如图 10-1 所示。

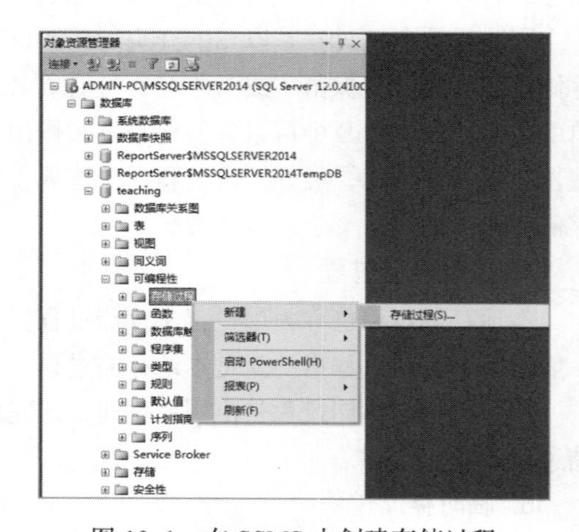

图 10-1　在 SSMS 中创建存储过程

（2）此时，显示创建存储过程的 T-SQL 命令的模板窗口，如图 10-2 所示。

（3）单击“查询”菜单，选择“指定模板参数的值”命令，在弹出的“指定模板参数的值”对话框中设置新建存储过程的相关参数值，例如存储过程的作者、创建日期、存储过程描述、存储过程名、参数名、参数数据类型、参数默认值等，如图 10-3 所示。单击“确定”按钮，返回存储过程模板窗口。在 SSMS 中创建存储过程时，也可以不使用“指定模板参数的值”对话框设置存储过程的参数，可以直接在创建存储过程模板中输入各个参数值。

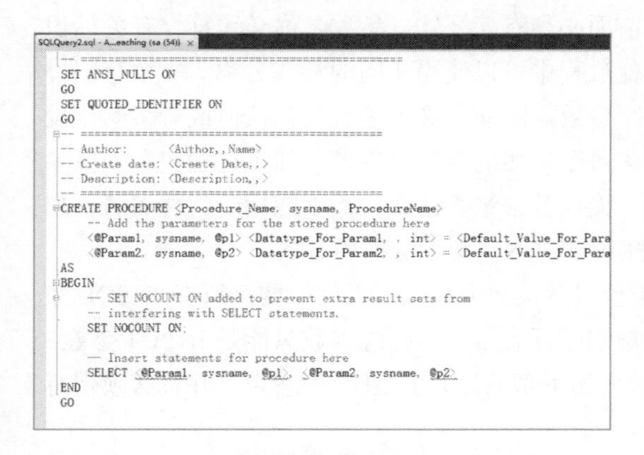

图 10-2　创建存储过程的 T-SQL 命令

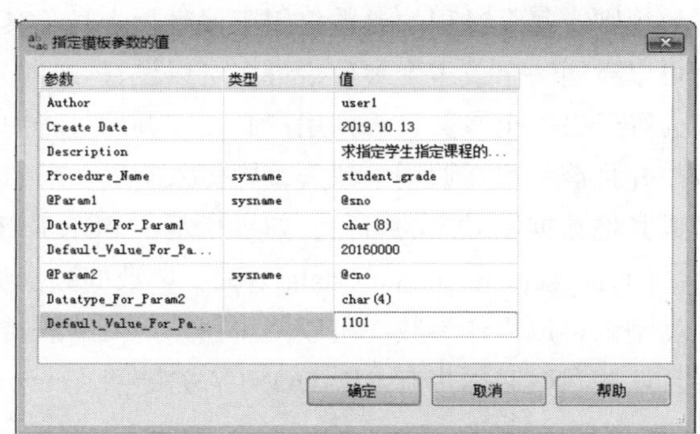

图 10-3　设置模板参数

（4）在存储过程模板窗口中将查询语句“SELECT @sno，@cno”替换为：

```
SELECT *
FROM sc
WHERE sno=@sno and cno=@cno
```

（5）单击 按钮，检查是否存在语法错误，检测无误后单击 执行(X) 按钮，至此一个新的存储过程创建成功。

注意：用户只能在当前数据库中创建存储过程，数据库的拥有者有默认的创建权限，权限也可以转让给其他用户。

2. 使用 T-SQL 语句创建存储过程

在 SQL Server 2014 中提供了 CREATE PROCEDURE 语句在当前数据库中创建永久存储过程，或在 tempdb 数据库中创建临时存储过程。其语法格式如下：

```
CREATE { PROC | PROCEDURE } [schema_name.]procedure_name [ ; number ]
[ { @parameter[type_schema_name.] data_type }
[ VARYING ] [=default ] [ OUT|OUT PUT |[READONLY] ] [ ,...n ]
[ WITH <procedure_option> [ ,...n ] ]
[FOR REPLICATION]
AS {[ BEGIN ] sql_statement [;] [ ...n ] [END]}
[;]
<procedure_option>::=
[RECOMPILE]
[ENCRYPTION]
[EXECUTE AS clause]
```


其中各参数含义如下：

schema_name：存储过程所属架构的名称。存储过程是绑定到架构的，如果在创建存储过程时未指定架构名称，则自动分配正在创建存储过程的用户的默认架构。

procedure_name：存储过程的名称。存储过程名称必须遵循有关标识符的命名规则，并且在架构中必须唯一。在命名过程中避免使用 SP_前缀。此前缀由 SQL Server 用来指定系统过程，可在 procedure_name 前使用一个“#”（#procedure_name）来创建局部临时存储过程，使用两个“#”

（##procedure_name）来创建全局临时存储过程。

number：用于对同名的存储过程分组的可选整数。使用该整数的好处是，可以用一条 DROP PROCEDURE 语句将同组的存储过程一起删除。

@parameter：在过程中声明的参数。参数名称前面必须有@符号，参数名称必须符合有关标识符的规则。每个过程的参数仅用于该过程本身，其他过程中可以使用相同的参数名称。一个存储过程可以声明一个或多个参数，最多可以设置 2100 个参数。除非定义了参数的默认值或者将参数设置为等于另一个参数，否则用户必须在调用过程中为每个声明的参数提供值。如果过程包含表值参数，并且该参数在调用中缺失，则传入空表。参数只能代替常量表达式，而不能用于代替表名、列名或其他数据库对象的名称。如果指定了 FOR REPLICATION，则无法声明参数。

[type_schema_name.] data_type：参数的数据类型以及该数据类型所属的架构。所有 T-SQL 数据类型都可以用作参数。可以使用用户定义的表类型创建标志参数，标志参数只能是 INPUT 参数，并且这些参数必须带有 READONLY 关键字。cursor 数据类型只能是 OUTPUT 参数，并且必须带有 VARYING 关键字。

VARYING：指定作为输出参数支持的结果集。该参数由过程动态构造，其内容可能发生改变。仅适用于 cursor 参数。该选项对于 CLR 过程无效。

default：参数的默认值。如果为参数定义了默认值，则无须指定此参数的值即可执行存储过程。默认值必须是常量或 NULL。该常量值可以采用通配符的形式，这使其可以在将该参数传递到存储过程时使用 LIKE 关键字。

OUT|OUTPUT：表示参数是输出参数。使用 OUTPUT 参数将值返回给过程的调用方。除非是 CLR 过程，否则 text、ntext 和 image 参数不能用作 OUTPUT 参数。OUTPUT 参数可以为游标占位符，CLR 过程除外。不能将标志数据类型指定为过程的 OUTPUT 参数。

READONLY：指示不能在过程的主体中更新或修改参数。如果参数类型为表值类型，则必须指定 READONLY。

FOR REPLICATION：指定为复制创建该存储过程。因此，它不能在订阅服务器上执行。使用 FOR REPLICATION 选项创建的过程可用作过程筛选器，且仅在复制过程中执行。如果指定了 FOR REPLICATION，则无法声明参数。对于 CLR 过程，不能指定 FOR REPLICATION。对于使用 FOR REPLICATION 创建的过程，忽略 RECOMPILE 选项。

{[BEGIN] sql_statement [;] [...n] [END]}：构成存储过程主体的一个或多个 T-SQL 语句。可以使用可选的 BEGIN 和 END 关键字将这些语句括起来。

RECOMPILE：指示数据库引擎不缓存此过程的查询计划，这强制在每次执行此过程时都对该过程进行编译。在指定了 FOR REPLICATION 或者用于 CLR 过程时不能使用此选项。若要指示数据库引擎放弃过程内单个查询的查询计划，应在该查询的定义中使用 RECOMPILE 查询提示。

ENCRYPITION：指示 SQL Server 将 CREATE PROCEDURE 语句的原始文本转换为模糊格式。模糊代码的输出在 SQL Server 的任何目录视图中都不能直接显示。对系统表或数据库文件没有访问权限的用户不能检索模糊文本，但是可以通过 DAC 端口访问系统表的特权用户或直接访问数据文件的特权用户可以使用此文本。此外，能够向服务器进程附加调试器的用户可在运行时从内存中检索已解密的过程。该选项对于 LCR 过程无效。

EXECUTE AS clause：指定在其中执行存储过程的安全上下文。

在创建存储过程时，应当注意以下几点：

（1）用户定义的存储过程只能在当前数据库中创建，但是临时存储过程通常是在 tempdb 数据库中创建的。

（2）在一条 T-SQL 语句中 CREATE PROCEDURE 不能与其他 T-SQL 语句一起使用。

（3）SQL Server 允许在存储过程创建时引用一个不存在的对象，在创建的时候，系统只检查创建存储过程的语法。存储过程在执行的时候，如果缓存中没有一个有效的计划，则会编译生成一个可执行计划。只有在编译的时候，才会检查存储过程所引用的对象是否都存在。这样，如果一个创建存储过程语句值在语法上没有错误，即使引用了不存在的对象也是可以成功执行的。但是，如果在执行的时候，存储过程引用了一个不存在的对象，这次执行操作将会失败。

【例 10-2】在 teaching 数据库中创建无参存储过程，查询每个同学各门功课的平均成绩。

```
USE teaching
GO
CREATE PROCEDURE student_avg
AS
SELECT sno, avg(score) as  '平均分'
FROM  sc
GROUP BY sno
GO
```

【例 10-3】在 teaching 数据库中创建带参数的存储过程 student_avgpara，查询指定学生的所有课程的平均成绩。

```
USE teaching
GO
CREATE PROCEDURE student_avgpara @sno char(8)
AS
SELECT  AVG(score)as'平均分'
FROM sc
WHERE sno=@sno
GO
```


【例 10-4】在 teaching 数据库中创建带参数的存储过程，查询某个同学的基本信息。

```
USE teaching
GO
CREATE PROCEDURE GetStudent @number char(8)
AS
SELECT * FROM student WHERE sno= @number
GO
```

【例 10-5】在 teaching 数据库中创建带参数的存储过程，修改某个同学某门课的成绩。

```
USE teaching
GO
CREATE PROCEDURE Update_score @number char(8),@cn char(4),@score int
AS  UPDATE sc SET score=@score
WHERE sno= @number and cno=@cn
GO
```

【例 10-6】在 teaching 数据库中创建带有参数和默认值（通配符）的存储过程，从 student 表中返回指定的学生（提供姓名）的信息。该存储过程对传递的参数进行模式匹配，如果没有提供参数，则返回所有学生的信息。

```
USE teaching
```

```
GO
CREATE PROCEDURE Student_Name @name varchar(40)= '%'
AS
SELECT * FROM student WHERE sname LIKE @name
GO
```

【例 10-7】在 teaching 数据库中使用 T-SQL 语句创建带输入参数和输出参数的存储过程 stu_avgparaout，通过输入参数指定学生的学号，查询指定学生的所有课程的平均成绩，通过输出参数返回平均成绩。

```
USE teaching
GO
ALTER PROCEDURE student_avgpara @sno char(8), @avg numeric output
AS
SELECT @avg=AVG(score)
FROM sc
WHERE sno=@sno
GO
```

10.1.4 执行存储过程

执行存储过程可以使用 SQL Server Management Studio 界面，也可以使用 T-SQL 语句中的 EXECUTE 命令。

1. 使用 SQL Server Management Studio 执行存储过程

在 SQL Server Management Studio 中执行存储过程的步骤如下：

（1）打开 SQL Server Management Studio，展开存储过程所在的数据库，展开“可编程性”选项，右击存储过程名，如 teaching 数据库中的“GetStudent”存储过程，在弹出的快捷菜单中选择“执行存储过程”命令，如图 10-4 所示。

（2）弹出“执行过程”对话框，输入要查询的学生的学号，如“20160211”，如图 10-5 所示。

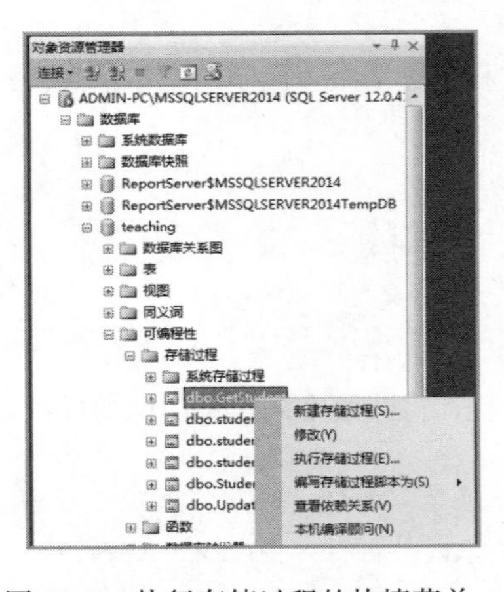

图 10-4　执行存储过程的快捷菜单

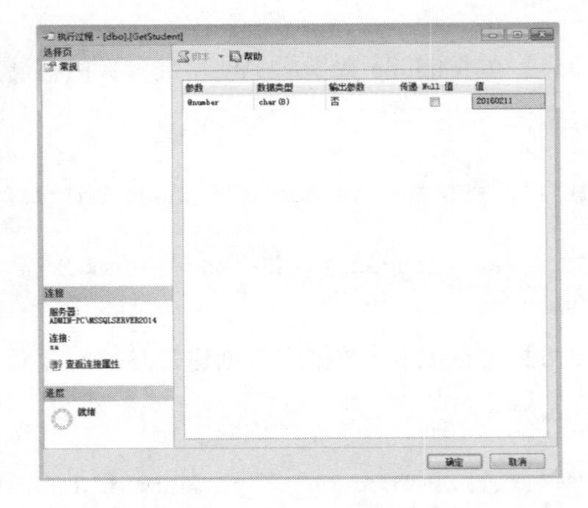

图 10-5　输入参数值

（3）单击“确定”按钮，执行结果如图 10-6 所示。

2. 使用 T-SQL 语句执行存储过程

如果存储过程是批处理中的第一条语句，那么不使用 EXECUTE 关键字也可以执行该存储过程。对于存储过程的所有者或任何一名对此过程拥有 EXECUTE 权限的用户，都可以执行此存储过程。如果需要在启动 SQL Server 时，系统自动执行存储过程，可以使用 sp_procoption 进行设置。如果被调用的存储过程需要参数输入时，在存储过程名后逐一给定，每一个参数用逗号隔开，不必使用括号。如果没有使用@参数名=default 这种方式传入值，则参数的排列必须和建立存储过程所定义的次序对应，用来接受输出值的参数则必须加上 OUTPUT。

EXECUTE 可以简写为 EXEC，如果存储过程是批处理中的第一条语句，那么可以省略 EXECUTE 关键字。对于以 sp_开头的系统存储过程，系统将在 master 数据库中查找。如果执行用户自定义的 sp_开头的存储过程，就必须用数据库名和所有者名限定。

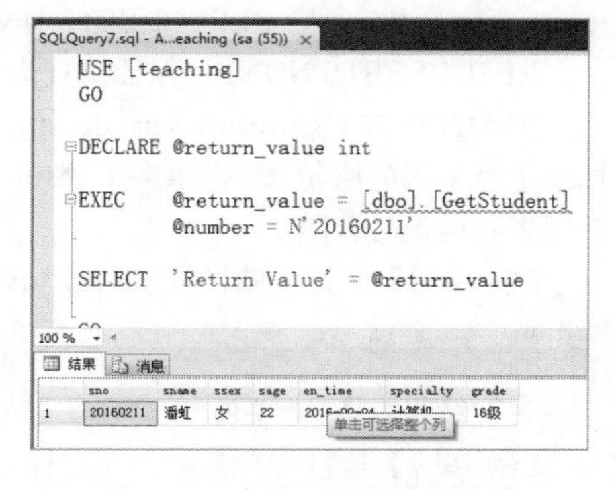

图 10-6 存储过程的执行结果

EXECUTE 语句的语法格式为：

```
[ { EXEC | EXECUTE } ]
{
        [ @return_status=] procedure_name[;number]
          [ [ @parameter=] { value  | @variable [ OUTPUT ] } ]  [ ,...n ]
     [WITH <execute_option>[,…n]]
}
<execute_option>::=
{
     RECOMPILE
    | { RESULT SETS UNDEFINED }
                [ WITH <execute_option> [ ,...n ] ]
    | { RESULT SETS NONE }
    | { RESULT SETS ( <result_sets_definition> [,...n ] )}
}
```

其中各参数含义如下：

@return_status：可选的整型变量，存储模块的返回状态。这个变量用于 EXECUTE 语句前，必须在批处理、存储过程或函数中声明过。

procedure_name：要执行的存储过程名称。

number：是可选整数，用于对同名的过程分组，使得同组的存储过程可以用 DROP PROCEDURE 语句删除。该参数不能用于扩展存储过程。

@parameter：存储过程参数，在 CREATE PROCEDURE 语句中定义。参数名称前必须加上符号@。在与@parameter_name=value 格式一起使用时，参数名和常量不必按它们在存储过程中定义的顺序提供。但是，如果对任何参数使用了@parameter_name=value 格式，则必须对所有后续参数都使用此格式。默认情况下，参数可为空值。

value：传递给存储过程的参数值。如果参数名称没有指定，参数值必须与在使用 CREATE PROCEDURE 创建存储过程时定义的顺序一致。

@variable：用来存储参数或返回参数的变量。

OUTPUT：指定存储过程返回一个参数。该存储过程的匹配参数也必须已使用关键字 OUTPUT 创建。

RECOMPILE：强制编译新的计划。如果所提供的参数为非典型参数或者数据有很大的改变，使用该选项。该选项不能用于扩展存储过程。建议尽量少使用该选项，因为它消耗较多系统资源。

RESULT SETS UNDEFINED：此选项不保证将返回任何结果（如果有），并且不提供任何定义。如果返回任何结果，则说明语句正常执行而没有发生错误，否则不会返回任何结果。如果未提供

result_sets_option，则 RESULT SETS UNDEFINED 是默认行为。

RESULT SETS NONE：保证执行语句不返回任何结果。如果返回任何结果，则会终止批处理。

RESULT SETS <result_sets_definition>：保证返回 result_sets_definition 中指定的结果。对于返回多个结果集的语句，需提供多个 result_sets_definition 部分。将每个 result_sets_definition 用圆括号括起来并由逗号分隔。

【例 10-8】执行存储过程 student_avg。

```
EXECUTE student_avg
```

执行结果如图 10-7 所示。

【例 10-9】执行带参数的存储过程 GetStudent，查询学号为 20160212 的学生的基本信息。

```
EXECUTE GetStudent @number= '20160212'
```

也可以省略参数名@number，直接输入：

```
EXECUTE GetStudent  '20160212'
```

执行结果如图 10-8 所示。

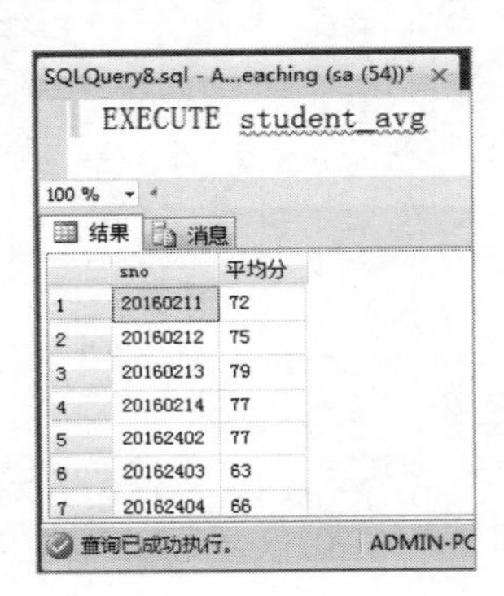

图 10-7　student_avg 执行结果

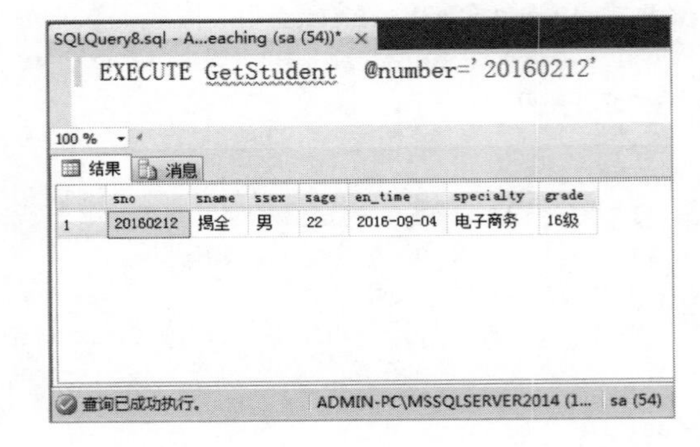

图 10-8　GetStudent 执行结果

【例 10-10】执行修改成绩的存储过程 Update_score。

```
EXECUTE Update_score '20160211','0101',100
```

执行结果如图 10-9 所示。

【例 10-11】执行带有参数和默认值（通配符）的存储过程 Student_Name。

（1）显示所有学生的信息：

```
EXECUTE Student_Name
```

执行结果如图 10-10 所示。

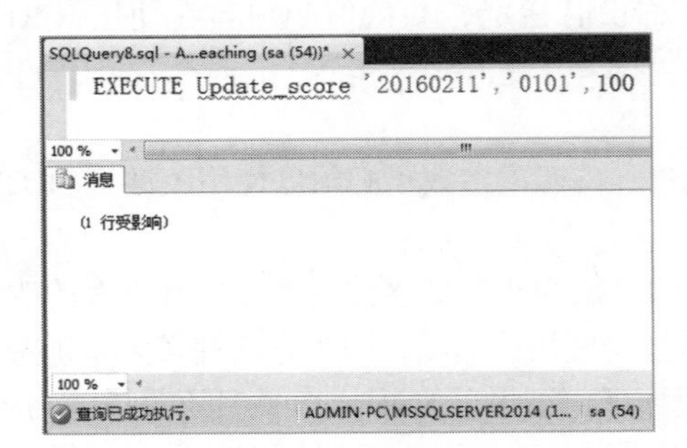

图 10-9　Update_score 执行结果

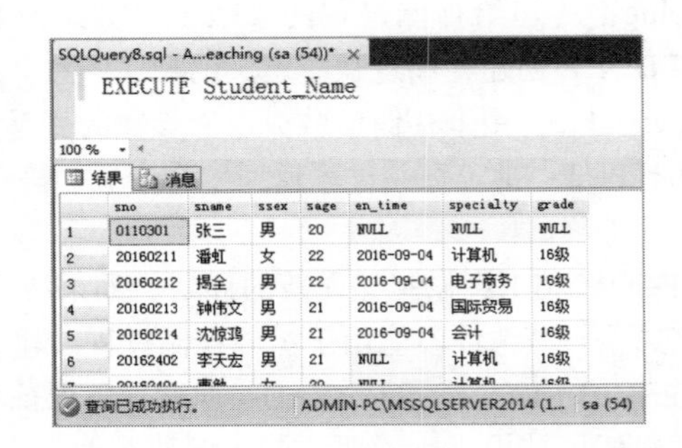

图 10-10　执行 Student_Name 显示所有学生的信息

（2）显示名为“潘虹”的所有学生信息：

```
EXECUTE Student_Name '潘虹'
```

执行结果如图 10-11 所示。

【例 10-12】将 Student_Name 进行修改，可以实现模糊查询，即输入学生姓名信息不全时同样可以得到查询结果。例如输入“王”，可以查询所有姓“王”的学生信息。

```
ALTER PROCEDURE Student_Name @name varchar(20)= '%'
AS
SELECT *
FROM student
WHERE sname LIKE '%'+@name+'%'
GO
```

此时使用执行语句：

```
EXECUTE Student_Name '王'
```

执行结果如图 10-12 所示。

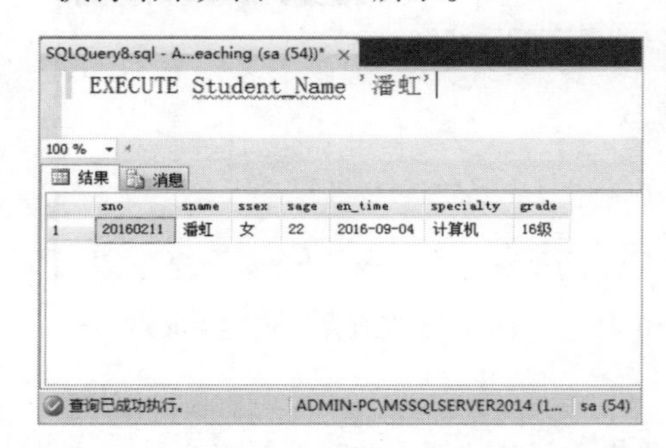

图 10-11　执行 Student_Name 显示某个学生的信息

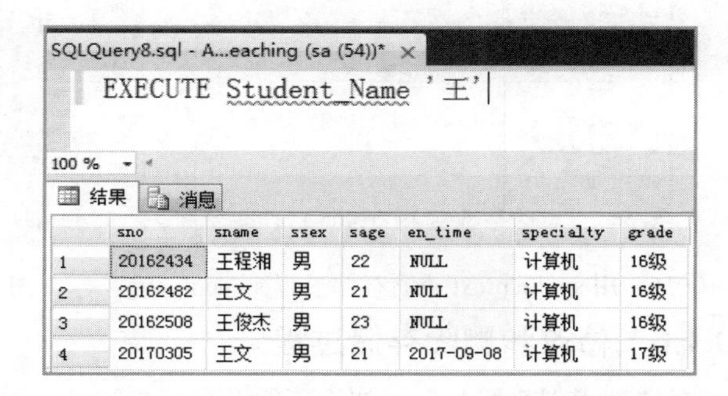

图 10-12　使用 Student_Name 实现模糊查询的执行结果

10.1.5　查看存储过程

查看存储过程可以使用 SQL Server Management Studio 界面，也可以使用 T-SQL 语句。

1. 使用 SQL Server Management Studio 查看

【例 10-13】使用 SQL Server Management Studio 界面查看 GetStudent 存储过程。

（1）打开 SQL Server Management Studio，展开存储过程所在的数据库，展开“可编程性”选项，右击存储过程名，如 teaching 数据库中的“GetStudent”存储过程，在弹出的快捷菜单中选择“编写存储过程脚本为”→“CREATE 到”→“新查询编辑器窗口”命令，如图 10-13 所示。

（2）进入“查询编辑器”窗口，可以看到“CREATE PROCEDURE”代码，如图 10-14 所示。

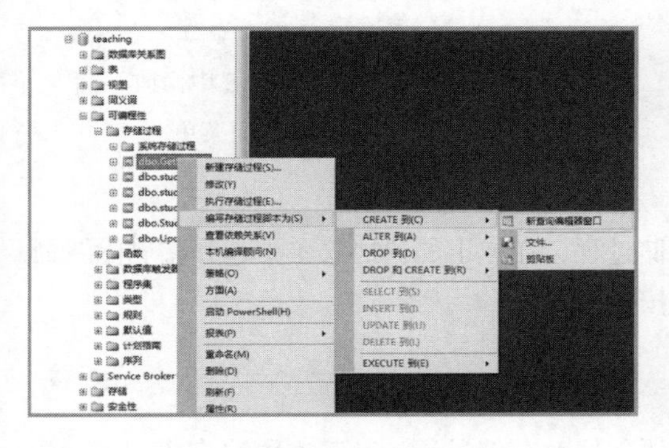

图 10-13　查看存储过程的快捷菜单

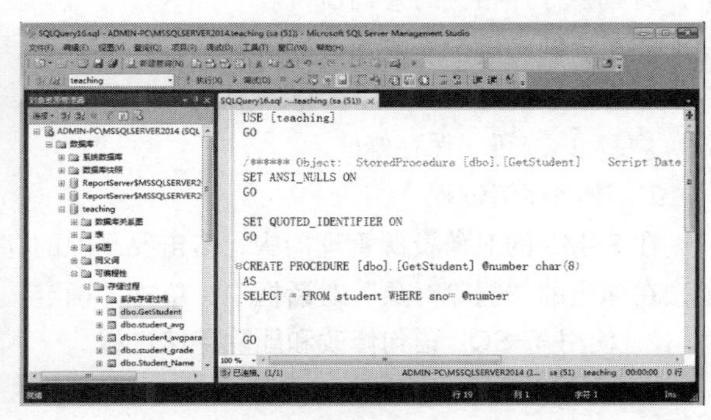

图 10-14　查看 CREATE PROCEDURE 代码

2. 使用 T-SQL 语句查看存储过程

可以执行系统存储过程 sp_helptext，用于查看创建存储过程的命令语句；也可以执行系统存储过程 sp_help，用于查看存储过程的名称、拥有者、类型、创建时间，以及存储过程中所使用的参数信息。其语法格式分别为：

```
sp_helptext 存储过程名称
sp_help 存储过程名称
```

【例 10-14】查看存储过程 student_avg 的相关信息。

（1）sp_helptext student_avg

执行结果如图 10-15 所示。

（2）sp_help student_avg

执行结果如图 10-16 所示。

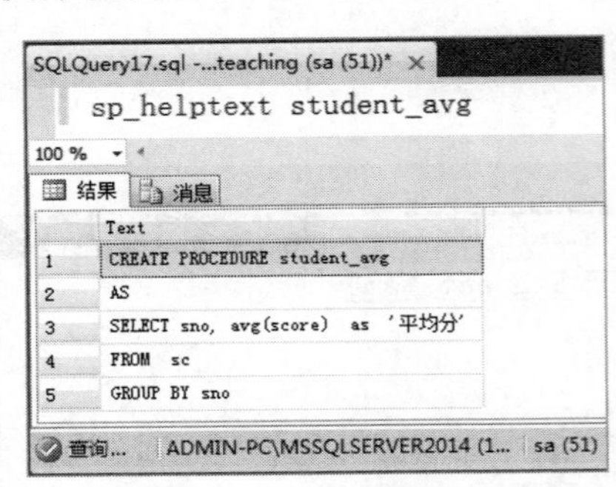

图 10-15 用 sp_helptext 查看存储过程 student_avg

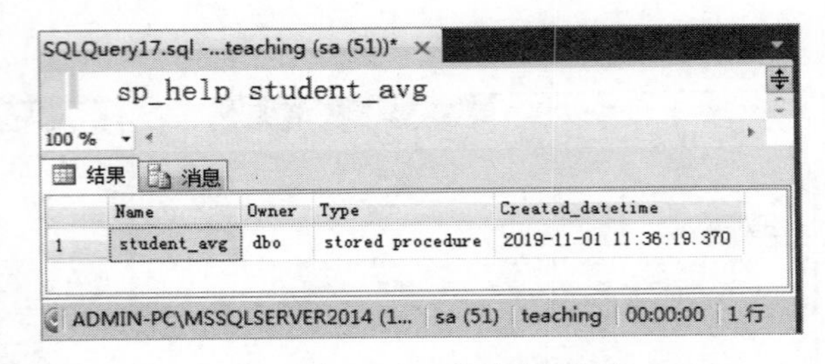

图 10-16 用 sp_help 查看存储过程 student_avg

10.1.6 修改和删除存储过程

存储过程创建好之后，如果不能满足用户需求，需要修改部分功能，此时需要修改存储过程。某些存储过程不再需要时，可以删除存储过程。修改和删除存储过程可以在 SQL Server Management Studio 中实现，也可以通过 T-SQL 中的 ALTER 语句来完成。

1. 在 SQL Server Management Studio 中修改和删除存储过程

1）修改存储过程的操作步骤如下：

①在对象资源管理器中，找到要修改的存储过程，右击该存储过程，在弹出的快捷菜单中选择“修改”命令，如图 10-17 所示，随后会打开相应的查询窗口。

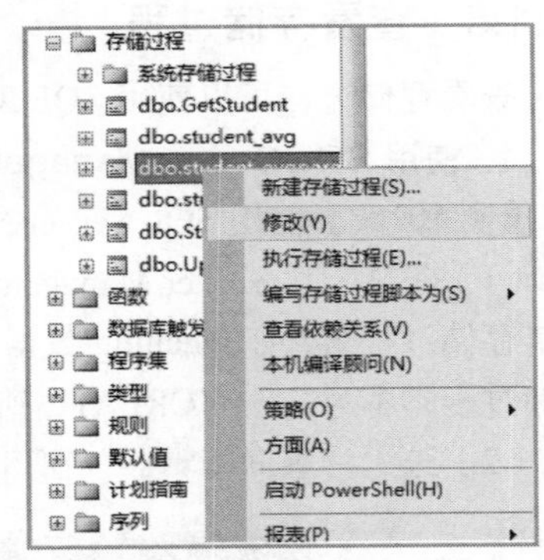

图 10-17 在 SSMS 中修改存储过程的快捷菜单

②在查询窗口中修改相应的语句。

③语句修改完成后，单击✓按钮，确认没有语法错误后，单击“! 执行(X)”按钮，保存修改。

2）删除存储过程

在 SSMS 的对象资源管理器中，右击要删除的存储过程，在弹出的快捷菜单中选择“删除”命令，在弹出的“删除对象”对话框中，单击“确定”按钮即可。

2. 使用 T-SQL 语句修改和删除存储过程

1）使用 T-SQL 修改存储过程

SQL Server 2014 中提供了 ALTER PROCEDURE 语句修改存储过程，其基本语法格式如下：

```
ALTER { PROC | PROCEDURE } [schema_name.] procedure_name [ ; number ]
    [ { @parameter [ type_schema_name. ] data_type }
  [ VARYING ] [=default ] [ OUT | OUTPUT ] [READONLY]
     ] [ ,...n ]
[ WITH <procedure_option> [ ,...n ] ]
[ FOR REPLICATION ]
AS { [ BEGIN ] sql_statement [;] [ ...n ] [ END ] }
[;]
<procedure_option> ::=
     [ ENCRYPTION ]
     [ RECOMPILE ]
     [ EXECUTE AS Clause ]
```

各参数含义与 CREATE PROCEDURE 语句中参数的含义一致。

2）使用 T-SQL 删除存储过程

SQL Server 2014 中提供了 DROP PROCEDURE 语句删除不需要的存储过程，如果另一个存储过程调用某个已删除的存储过程，则 SQL Server 2014 会在执行该调用过程时显示一条错误提示信息。如果定义了同名和参数相同的新存储过程来替换已删除存储过程，那么引用该过程的其他过程仍能顺利执行。

删除存储过程的 T-SQL 语句的语法格式为：

```
DROP{PROC| PROCEDURE } {[schema_name.]procedure_name} [,…n]
```

其中，procedure_name 指要删除的存储过程或存储过程组的名称。

10.1.7 存储过程的其他操作

1. 重命名存储过程

重命名存储过程可以在 SQL Server Management Studio 中右击要重命名的存储过程，在弹出的快捷菜单中选择“重命名”命令，输入新的名称即可。

也可以使用系统存储过程 sp_rename 实现重命名存储过程，基本语法格式为：

```
sp_rename 'Proc_name','newName','OBJECT'
```

其中“proc_name”是要重命名的存储过程，“newName”是重命名后的名称。

例如，将存储过程 stu_avgpara 重命名为 stu_avgpara1：

```
EXECUTE sp_rename 'stu_avgpara','stu_avgpara1','OBJECT'
```

重命名存储过程不会更改 sys.sql_modules 目录视图的定义列中相应对象名的名称。因此，建议不要重命名存储过程，而是删除存储过程，然后使用新名称重新创建该存储过程。

2. 查看存储过程的定义

存储过程创建完成后，如果要查看它的定义语句，可以使用 SSMS 查看，也可以使用系统存储过程查看。

1）使用 SQL Server Management Studio 界面查看存储过程的定义

在对象资源管理器中，右击要查看的存储过程，在弹出的快捷菜单中选择“编写存储过程脚本为”→“CREATE 到”→“新查询编辑器窗口”命令，如图 10-18 所示。

此时，在打开的查询编辑器窗口中可以看到该存储过程的定义，如图 10-19 所示。

2）使用系统存储过程查看存储过程的定义

查看存储过程定义的常用的系统存储过程有 sp_helptext 和 sp_help。其中 sp_helptext 主要用于查看存储过程的定义语句；sp_help 主要用于查看存储过程的名称、所有者、类型和创建时间，以及存储过程中使用的参数信息。

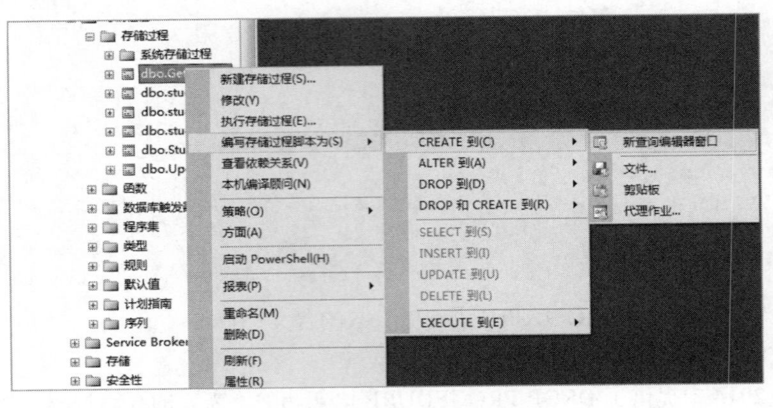

图 10-18　查看存储过程定义

sp_helptext 的基本语法格式为：

```
sp_helptext [ @objname = ] 'name'
```

其中@objname 是参数，可以省略；name 是要查看的存储过程名称。

sp_help 的基本语法格式为：

```
sp_help [ [ @objname=] 'name' ]
```

其中[@objname =] 'name'的含义与 sp_helptext 一致，但 sp_helptext 中的存储过程名称不能省略，而 sp_help 中的存储过程名称可以省略，省略时会显示所有数据库对象的基本信息，如果使用 name 指定某个存储过程，则显示该存储过程的基本信息。

【例 10-15】查看存储过程 Student_Name 的定义。

```
EXECUTE sp_helptext @objname='Student_Name'
```

执行结果如图 10-20 所示。这里执行存储过程的语句可以简写为：

```
sp_helptext 'Student_Name'
```

【例 10-16】查看存储过程 Student_Name 的定义。

```
EXECUTE sp_help @objname='Student_Name'
```

执行结果如图 10-21 所示。这里执行存储过程的语句可以简写为：

```
sp_help 'Student_Name'
```

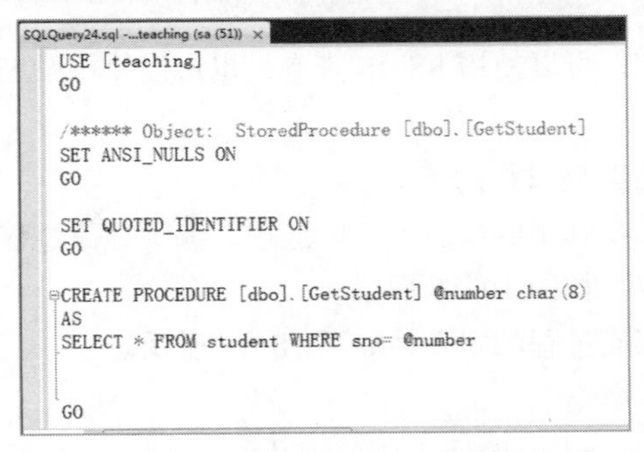

图 10-19　存储过程定义窗口

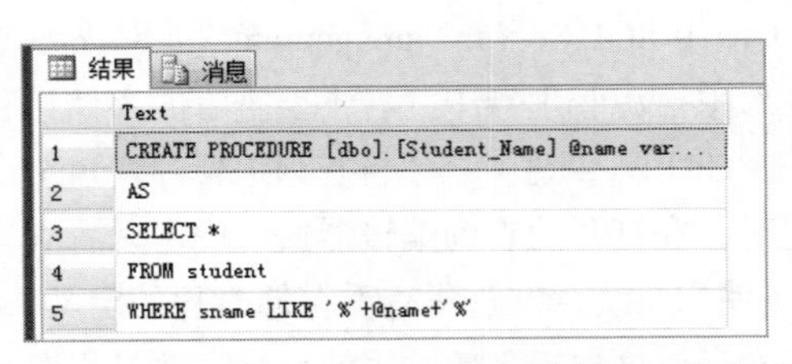

图 10-20　使用 sp_helptext 查看存储过程定义

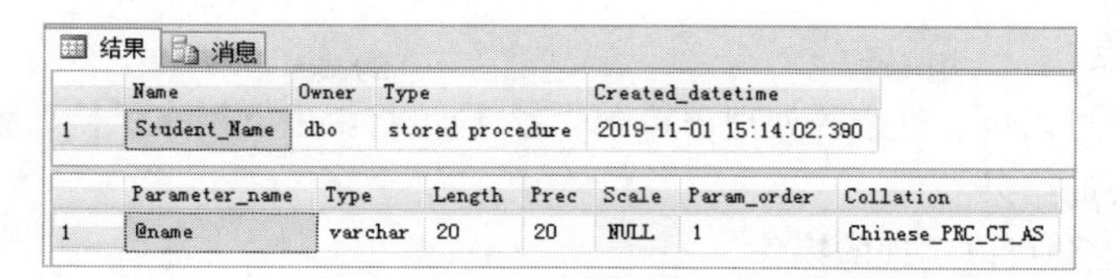

	Name	Owner	Type	Created_datetime
1	Student_Name	dbo	stored procedure	2019-11-01 15:14:02.390

	Parameter_name	Type	Length	Prec	Scale	Param_order	Collation
1	@name	varchar	20	20	NULL	1	Chinese_PRC_CI_AS

图 10-21　使用 sp_help 查看存储过程基本信息

3）使用对象目录视图 sys.sql_modules 查看存储过程定义

Sys.sql_modules 是系统定义的对象目录视图，对每个 T-SQL 语言定义的模块对象都返回一行，主要返回对象的创建信息。例如，它可以返回表的架构、字段等信息以及存储过程的定义信息等。

【例 10-17】使用 sys.sql_modules 查看 stu_update 的定义。

```
SELECT definition
FROM sys.sql_modules
WHERE object_id=OBJECT_ID(N'Student_Name')
```

此时，在查询结果中会显示 Student_Name 的定义语句，如图 10-22 所示。

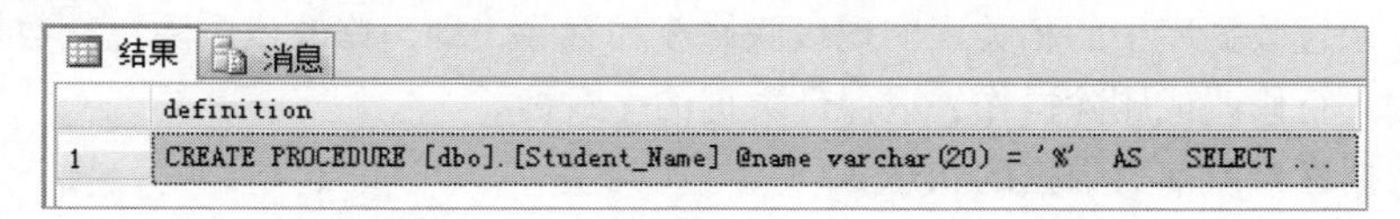

	definition
1	CREATE PROCEDURE [dbo].[Student_Name] @name varchar(20) = '%' AS SELECT ...

图 10-22　使用 sys.sql_modules 查看存储过程的定义

3. 查看存储过程的依赖关系

存储过程中通常会引用到数据库中的表或视图，或者调用其他存储过程，当对存储过程进行修改、删除、重命名等操作时，可能会影响到与该存储过程相关的其他对象，所以需要了解存储过程的依赖关系。

查看存储过程依赖关系的最简单的方法是使用 SQL Server Management Studio，在对象资源管理器中，右击要查看的存储过程，在弹出的快捷菜单中选择“查看依赖关系”命令，弹出“对象依赖关系”对话框，显示依赖于该存储过程的对象和该存储过程依赖的对象。

除了可以在 SQL Server Management Studio 中查看存储过程的依赖关系，还可以在查询窗口中使用系统函数 sys.dm_sql_referencing_entities、sys.dm_sql_referenced_entities 和对象目录视图 sys.sql_expres sion_dependencies 查看存储过程的依赖关系。

10.2 触 发 器

就本质而言，触发器也是一种存储过程，它会在特定语言事件发生时自动执行。

10.2.1 触发器概述

在 SQL Server 2014 数据库系统中，存储过程和触发器都是 T-SQL 语句和流程控制语句的集合，都是为了实现一定的功能而编写的语句集合。触发器也是一种存储过程，它是一种在基本表被修改时自动执行的内嵌过程，主要通过事件进行触发而被执行，而存储过程可以通过存储过程名称而被直接调用。

当对某一张表进行诸如 UPDATE、INSERT、DELETE 这些操作时，SQL Server 2014 就会自动执行触发器所定义的 SQL 语句，从而确保对数据的处理符合由这些 SQL 语句所定义的规则。触发器的主要作用是其能实现由主键和外键所不能保证的复杂的参照完整性和数据的一致性，有助于强制引用完整性，以便在添加、更新或删除表中的行时保留表之间已定义的关系。

1. 触发器的优点

由于在触发器中可以包含复杂的处理逻辑，因此，应该将触发器用来保持低级的数据的完整性，而不是返回大量的查询结果。

2. 使用触发器主要可以实现的操作

（1）强制实现比 CHECK 约束更复杂的数据的完整性。

在数据库中要实现数据的完整性约束，可以使用 CHECK 约束或触发器来实现，但是在 CHECK 约束中不允许引用其他表中的列来完成检查工作，而触发器可以引用其他表中的列来完成数据的完整性的约束。

（2）实现自定义的错误信息提示。

有时在数据的完整性遭到破坏或其他情况下，约束只能通过标准的系统错误信息传递错误信息，如果应用程序要求使用自定义信息或较为复杂的错误信息处理，则必须使用触发器。通过使用触发器，用户或应用程序可以捕获破坏数据完整性的操作，并返回自定义的错误提示信息。

（3）对数据库中的相关表实现级联修改和删除。

触发器可以通过数据库中的相关表实现级联修改和删除，即当修改或删除主表数据时，同时对子表的相关数据进行修改或删除操作，以保证数据的一致性。

（4）跟踪数据库修改前后数据的状态。

触发器提供了访问由 INSERT、UPDATE 或 DELETE 语句引起的数据前后状态变化的能力，因此用户就可以在触发器中引用由于修改所影响的记录行。

（5）调用更多的存储过程。

约束的本身是不能调用存储过程的，但是触发器本身就是一种存储过程，而存储过程中可以调用其他存储过程，所以触发器也可以调用一个或多个存储过程，甚至可以通过外部过程的调用，从而在数据库管理系统本身之外进行操作。

（6）禁止或回滚违反引用完整性的更改。

触发器可以禁止或回滚违反引用完整性的更改，从而取消所尝试的数据修改。例如，可以创建一个插入触发器，当插入的列的值与表中某列的某个值不匹配时回滚这个插入，从而保证所要求的数据完整性。

综上所述，触发器可以实现更高级的业务规则、复杂的行为限制和完善的完整性约束，触发器功能强大，能轻松可靠地实现许多复杂的功能。但是，在数据库中并不是使用触发器越多越好，要慎用触发器。触发器本身没有过程，但是滥用会造成数据库和应用程序的维护困难。在数据库操作中，可以通过关系、触发器、存储过程、应用程序等来实现数据操作，同时规则、约束、缺省值等也是保证数据完整性的重要保障。如果对触发器过分依赖，势必影响数据库的结构，同时增加了维护的难度，降低了数据库系统的效率。所以，要合理使用触发器，必须使用时才使用。

10.2.2 触发器的分类

SQL Server 2014 主要有三种常规类型的触发器：DML 触发器、DDL 触发器和登录触发器。

1. DML 触发器

DML 触发器是当数据库服务器中发生数据操作语言（DML）事件时会自动执行的存储过程。DML 事件包括在指定表或视图中修改数据的 INSERT 语句、UPDATE 语句或 DELETE 语句。DML 触发器可用于强制业务规则和数据完整性、查询其他表并包括复杂的 T-SQL 语句。系统将触发器和触发它的语句作为可在触发器内回滚的单个事务对待，如果检测到错误（例如磁盘空间不足），则整个事务即自动回滚。

1）DML 触发器与约束的区别

DML 触发器类似于约束，可以用于强制实体完整性和域完整性。通常，实体完整性总应在最低级别上通过索引进行强制，这些索引应是 PRIMARY KEY 和 UNIQUE 约束的一部分，或者是独立于约束而创建的。域完整性应通过 CHECK 约束进行强制，而引用完整性（RI）则应通过 FOREIGN KEY 约束进行强制。当约束支持的功能无法满足应用程序的功能要求时，触发器非常有用。

DML 触发器和约束的区别主要表现在以下几点：

（1）DML 触发器可以将更改通过级联方式传播给数据库中的相关表；不过，使用级联引用完整性约束可以更有效地执行这些更改。除非 REFERENCES 子句定义了级联引用操作，否则 FOREIGN KEY 约束只能用与另一列中的值完全匹配的值来验证列值。

（2）DML 触发器可以评估数据修改前后表的状态，并根据该差异采取措施。

（3）DML 触发器可以防止恶意或错误的 INSERT、UPDATE 以及 DELETE 操作，并强制执行比 CHECK 约束定义的限制更为复杂的其他限制。与 CHECK 约束不同，DML 触发器可以引用其他表中的列。

（4）一个表中的多个同类 DML 触发器（INSERT、UPDATE 或 DELETE）允许采用多个不同的操作来响应同一个修改语句。

（5）约束只能通过标准化的系统错误消息来传递错误消息。如果应用程序需要（或能受益于）使用自定义消息和较为复杂的错误处理，则必须使用触发器。

（6）DML 触发器可以禁止或回滚违反引用完整性的更改，从而取消所尝试的数据修改。当更改外键且新值与其主键不匹配时，专业的触发器将生效。但是，FOREIGN KEY 约束通常用于此目的。

（7）如果触发器表上存在约束，则在 INSTEAD OF 触发器执行后但在 AFTER 触发器执行前检查这些约束。如果违反了约束，则回滚 INSTEAD OF 触发器操作并且不执行 AFTER 触发器。

2）DML 触发器的分类

SQL Server 2014 的 DML 触发器分为两类。

（1）AFTER 触发器：

在执行 INSERT、UPDATE、MERGE 或 DELETE 语句的操作之后执行 AFTER 触发器。这类触发器在记录已经改变完之后，才会被激活执行，它主要是用于记录变更后的处理或检查，一旦发现错误，也可以用 ROLLBACK TRANSACTION 语句来回滚本次的操作。如果操作违反了约束，则永远不会执行 AFTER 触发器。因此，这些触发器不能用于任何可能防止违反约束的处理。AFTER 触发器只能在表上定义，可以为针对表的同一操作定义多个触发器。

以删除记录为例：当 SQL Server 接收到一个要执行删除操作的 SQL 语句时，SQL Server 先将要删除的记录存放在一个临时表（删除表）里，然后把数据表里的记录删除，再激活 AFTER 触发器，执行 AFTER 触发器里的 SQL 语句。执行完毕之后，删除内存中的删除表，退出整个操作。

（2）INSTEAD OF 触发器：

与 AFTER 触发器不同，INSTEAD OF 触发器一般用来取代原来的操作，它是在数据变更之前触发的，并不执行原来的操作语句（INSERT、UPDATE 或 DELETE），而去执行触发器本身所定义的操作。因此，触发器可用于对一个或多个列执行错误或值检查，然后在插入、更新或删除行之前执行其他操作。INSTEAD OF 触发器不仅可以定义在表上，也可以定义在视图上。它能够扩展视图可支持的更新类型，基于多个基本表的视图必须使用 INSTEAD OF 触发器来支持引用多个表中数据的插入、更新和删除操作。

2. DDL 触发器

DDL 触发器是 SQL Server 2005 以后的版本增加的一个触发器类型，是一种特殊的触发器，它在响应数据定义语言（DDL）语句时触发，DDL 语句关键字主要有 CREATE、ALTER、DROP、DENY、REVOKE、UPDATE STATISTICS 等。DDL 触发器一般用于数据库中执行管理任务。

添加、删除或修改数据库的对象时，一旦误操作，可能会导致大麻烦，需要一个数据库管理员或开发人员对相关可能受影响的实体进行代码的重写。为了在数据库结构发生变动而出现问题时，能够跟踪问题和定位问题的根源，我们可以利用 DDL 触发器来记录类似“用户建立表”这种变化的操作，这样可以大大减轻跟踪和定位数据库模式的变化的烦琐程度。

一般来说，在以下几种情况下可以使用 DDL 触发器：

（1）数据库里的库架构或数据表架构很重要，不允许被修改。

（2）防止数据库或数据表被误操作删除。

（3）在修改某个数据表结构的同时修改另一个数据表的相应结构。

（4）要记录对数据库结构操作的事件。

触发器的作用于取决于事件。例如，每当数据库或服务器实例上发生 CREAETE TABLE 事件时，都会激发为相应 CREATE TABLE 事件创建的 DDL 触发器。仅当服务器实例上发生 CREATE LOGIN 事件时，才能激发为相应 CREATEA LOGIN 事件创建的 DDL 触发器。

当在执行触发 DDL 触发器的 DDL 语句后，DDL 触发器才会触发。DDL 触发器无法作为 INSTEAD OF 触发器使用。

数据库范围内的 DDL 触发器都作为对象存储在创建它们的数据库中。可以在 master 数据库中创建 DDL 触发器，这些触发器的行为与在用户设计的数据库中创建 DDL 触发器的行为类似。可以通过查询 sys.triggers 目录视图获取有关 DDL 触发器的信息。可以在创建触发器的数据库上下文中或通过指定数据库名称作为标识符（如 master.sys.triggers），查询 sys.triggers。

服务器范围内的 DDL 触发器作为对象存储在 master 数据库中，然而，可以通过在任何数据库上下文中查询 sys.server_triggers 目录视图，获取有关服务器范围内的 DDL 触发器的信息。

3. 登录触发器

登录触发器将为响应 LOGIN 事件而激发存储过程。与 SQL Server 实例建立用户会话时将引发此事件。登录触发器将在登录的身份验证阶段完成之后且用户会话实际建立之前激发。因此，来自触发器内部且通常将到达用户的所有消息（例如错误消息和来自 PRINT 语句的消息）会传送到 SQL Server 错误日志。如果身份验证失败，将不激发登录触发器。

可以使用登录触发器来审核和控制服务器会话，例如通过跟踪登录活动、限制 SQL Server 的登录名或限制特定登录名的会话数。

10.2.3 创建触发器

在创建触发器前，需要注意以下问题。

（1）CREATE TRIGGER 语句必须是批处理中第一条语句，只能用于一个表或视图。

（2）创建触发器的权限默认为表的所有者，不能将该权限转给其他用户。

（3）虽然触发器可以引用当前数据库以外的对象，但只能在当前数据库中创建。

（4）虽然不能在临时表或系统表上创建触发器，但是触发器可以引用临时表。不应引用系统表，而应使用信息架构视图。

（5）在含有用 DELETE 或 UPDATE 操作定义的外键的表中，不能定义 INSTEAD OF 触发器。

（6）虽然 TRUNCATE TABLE 语句类似于没有 WHERE 子句的 DELETE 语句，但不会激发 DELETE 触发器，因为 TRUNCATE TABLE 语句没有记录日志。

创建触发器时需要指定以下几项内容：

（1）触发器的名称。

（2）在其上定义触发器的表。

（3）触发器将何时激发。

（4）激活触发器的数据修改语句，有效选项为 INSERT、UPDATE 或 DELETE，多个数据修改语句可激活同一个触发器。

在 SQL Server 2014 中创建 DML 触发器主要有两种方式：在 SQL Server Management Studio 界面中实现或通过在查询窗口中执行 T-SQL 语句创建 DML 触发器。

1. 创建 DML 触发器

1）在 SQL Server Management Studio 中创建 DML 触发器

（1）打开 SQL Server Management Studio，在对象资源管理器中展开要创建 DML 触发器的数据库和其中的表或视图（如 course 表），右击“触发器”选项，在弹出的快捷菜单中选择“新建触发器”命令，如图 10-23 所示。

（2）弹出如图 10-24 所示的创建触发器的 T-SQL 语句界面，在界面中编辑相关的命令。

图 10-23 创建触发器

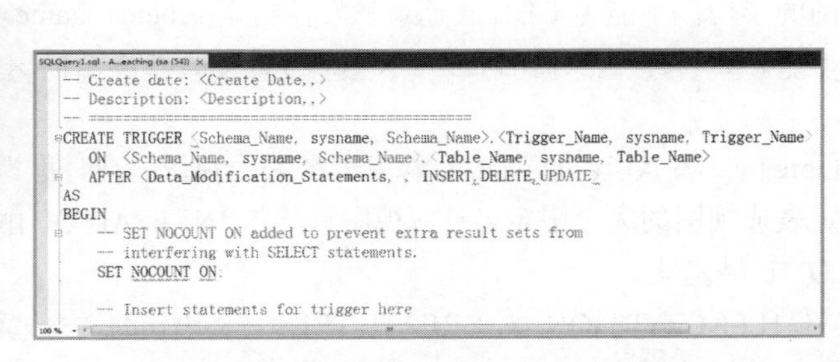

图 10-24 创建 DML 触发器的 T-SQL 语句

（3）在图 10-24 所示的界面中，也可以选择“查询”→“指定模板参数的值”命令，弹出“指定模板参数的值”对话框，在对话框中输入各参数的值，如图 10-25 所示。

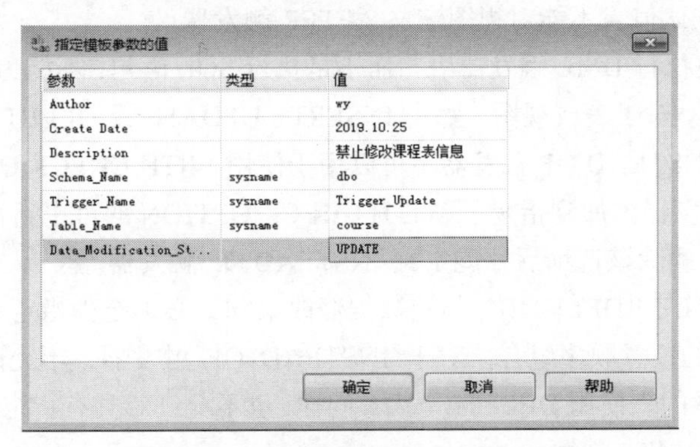

图 10-25 “指定模板参数的值”对话框

（4）参数设置完毕后，在图 10-24 所示的查询窗口中的“Insert statements for trigger here”处输入触发器语句即可。例如，创建触发器，不允许修改课程表 COURSE，则可以输入以下语句：

```
PRINT '禁止修改课程表 COURSE!'
ROLLBACK
```

（5）命令编辑完成后，单击“分析”按钮✓，确认没有语法错误后单击 ! 执行(X) 按钮，至此一个 DML 触发器建立成功。

2）利用 T-SQL 语句创建触发器

SQL Server 2014 中创建触发器的另一种方法是使用 T-SQL 语句。SQL Server 2014 提供了 CREATE TRIGGER 创建触发器，其基本语法格式如下：

```
CREATE TRIGGER [schema_name.]trigger_name
ON { table|view }
[ WITH <dml_trigger_option> [ ,...n ] ]
{ FOR | AFTER|INSTEAD OF }
{[INSERT][,][UPDATE][,][DELETE]}
[WITH APPEND]
[NOT FOR REPLICATION]
AS { sql_statement  [ ; ] [ ,...n ] }
<dml_trigger_option> ::=
    [ ENCRYPTION ]
[ EXECUTE AS Clause ]
```

其中各参数的含义如下：

schema_name：DML 触发器所属架构的名称。DML 触发器的作用域是为其创建该触发器的表或视图的架构。不能为 DDL 或登录触发器指定 schema_name。

trigger_name：触发器的名称。trigger_name 必须遵循标识符规则，但 trigger_name 不能以#或##开头。

table | view：对其执行 DML 触发器的表或视图，有时称为触发器表或触发器视图。可以根据需要指定表或视图的完全限定名称。视图只能被 INSTEAD OF 触发器引用。不能对局部或全局临时表定义 DML 触发器。

WITH ENCRYPTION：对 CREATE TRIGGER 语句的文本进行模糊处理。使用 WITH ENCRYPTION 可以防止将触发器作为 SQL Server 复制的一部分进行发布。

FOR | AFTER：AFTER 指定 DML 触发器仅在触发 SQL 语句中指定的所有操作都已成功执行时才被触发。所有的引用级联操作和约束检查也必须在激发此触发器之前成功完成。如果仅指定 FOR 关键字，则 AFTER 为默认值。不能对视图定义 AFTER 触发器。

INSTEAD OF：指定执行 DML 触发器语句而不是执行 SQL 语句，不能为 DDL 或登录触发器指定 INSTEAD OF 触发器。对于表或视图，每个 INSERT、UPDATE 或 DELETE 语句最多可定义一个 INSTEAD OF 触发器。INSTEAD OF 触发器不可以用于使用 WITH CHECK OPTION 的可更新视图。如果将 INSTEAD OF 触发器添加到指定了 WITH CHECK OPTION 的可更新视图中，则将引发错误。用户须用 ALTER VIEW 删除该选项后才能定义 INSTEAD OF 触发器。

[INSERT][,][UPDATE][,][DELETE]：指定数据修改语句，必须至少指定一个选项。在触发器定义中允许使用上述选项的任意顺序组合。对于 INSTEAD OF 触发器，不允许对具有指定级联操作 ON DELETE 的引用关系的表使用 DELETE 选项。同样，也不允许对具有指定级联操作 ON UPDATE 的引用关系的表使用 UPDATE 选项。

WITH APPEND：指定应该再添加一个现有类型的触发器。WITH APPEND 不能与 INSTEAD OF 触发器一起使用，如果显式声明了 AFTER 触发器，则也不能使用该子句。仅当为了向后兼容而指定了 FOR（但没有 INSTEAD OF 或 AFTER）时，才能使用 WITH APPEND。

NOT FOR REPLICATION：指示当复制代理修改涉及触发器的表时，不应执行触发器。

sql_statement：定义触发器被触发后将执行的数据库操作，指定触发器执行的条件和动作。触发器条件是除引起触发器执行操作外的附加条件。

EXECUTE AS Clause：指定用于执行该触发器的安全上下文。允许用户控制 SQL Server 实例用于验证被触发器引用的任意数据库对象的权限的用户账户。

【例 10-18】在 teaching 数据库的 sc 表上创建 DML 触发器 unupdate，禁止修改 sc 表的数据。

```
USE teaching
GO
CREATE TRIGGER unupdate ON sc
FOR UPDATE
AS
PRINT '禁止修改成绩表sc!'
ROLLBACK
GO
```

单击“分析”按钮✓确认，没有错误后单击 ! 执行(X) 按钮，此时在对象资源管理器中展开 sc 表，展开“触发器”选项，可以看到新创建的触发器 unupdate。

若在查询窗口中输入修改 sc 表的语句：

```
UPDATE sc
SET score=80
WHERE sno='20160211' and cno='0101'
```

由于此时发生了 UPDATE 事件，自动触发 unupdate 触发器。由于 unupdate 触发器是 AFTER 类型的，因此触发器内的语句是在执行了 UPDATE 语句之后执行，触发器内应使用 ROLLBACK 语句使 UPDATE 操作回滚，进而达到禁止修改的目的。执行结果如图 10-26 所示。

如果把 unupdate 改为 INSTEAD OF 类型的触发器，语句如下：

```
CREATE TRIGGER unupdate ON sc
INSTEAD OF UPDATE
AS
PRINT '禁止修改成绩表sc!'
ROLLBACK
GO
```

由于 INSTEAD OF 触发器会取代原来的操作，它在数据变更之前触发，此时并不执行原来的 UPDATE 操作语句，而是转而执行触发器本身定义的语句，因而此时不需要 ROLLBACK 回滚操作。

【例 10-19】在 teaching 数据库中的学生表 student 中创建 DML 触发器 stu_unupdate，禁止修改 sno（学号）和 sname（姓名）字段。

```
USE teaching
GO
CREATE TRIGGER stu_unupdate ON student
FOR UPDATE
AS
  IF UPDATE(sno)OR UPDATE(sname)
  BEGIN
      PRINT '不能修改学号和姓名!'
ROLLBACK
      END
GO
```

在对 student 表进行数据修改时，如果修改学号 sno 或姓名 sname 字段，会执行触发器语句，给出提示信息并对 UPDATE 操作回滚，禁止修改，如图 10-27 所示；如果修改其他字段，则不会有任何影响，但此时也同样触发了触发器。

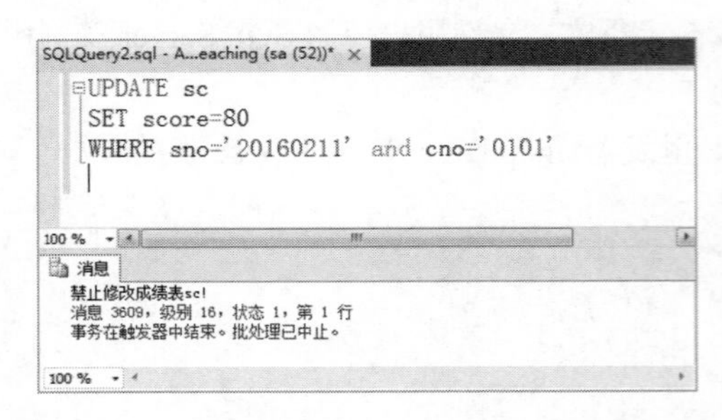

图 10-26　修改 sc 表触发 unupdate 触发器

```
SQLQuery3.sql - A...eaching (sa (55))*
update student
set sname='吴伟'
where sno='20160211'

消息
消息 50000，级别 16，状态 2，过程 stu_unupdate，第 6 行
不能修改学号和姓名
消息 3609，级别 16，状态 1，第 1 行
事务在触发器中结束。批处理已中止。
```

图 10-27　修改 student 表触发 stu_unupdate 触发器

【例 10-20】 为 teaching 数据库的 student 表创建一个 DML 触发器 stu_reminder，在插入和更新数据时自动显示提示信息。

```
USE teaching
GO
CREATE TRIGGER stu_reminder ON student
AFTER INSERT,UPDATE
AS
print '你正在给student表插入或更新数据!'
GO
```

当对 student 表进行数据插入和更新数据时都会触发 stu_reminder 触发器。

【例 10-21】 为 student 表创建一个 DML 触发器 print_table，在插入和修改数据时，都会自动显示所有学生的信息。

```
CREATE TRIGGER print_table ON student
FOR INSERT,UPDATE
AS
SELECT * FROM student表
GO
```

【例 10-22】 在学生表 student 上创建一个 DELETE 类型的触发器，删除数据时，显示删除学生的个数。

```
CREATE TRIGGER del_count ON student
FOR DELETE
AS
  DECLARE @count varchar(50)
  SELECT @count=STR(@@ROWCOUNT)+'个学生被删除'
  SELECT @count
RETURN
```

【例 10-23】 删除所有“会计”专业的学生。

```
DELETE FROM student WHERE specialty='会计'
```

执行结果如图 10-28 所示。

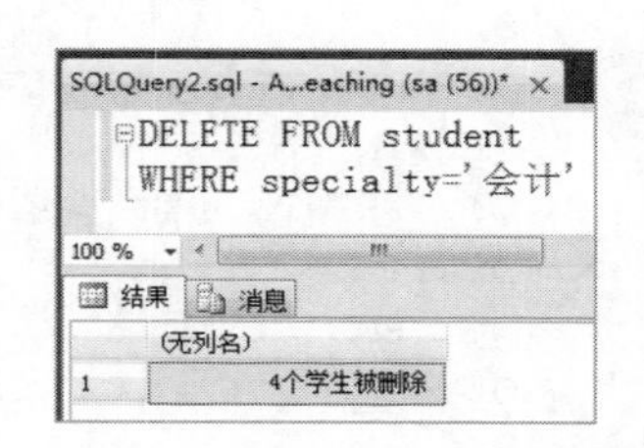

图 10-28　例 10-22 的执行结果

在 SQL Server 2014 里，为每个 DML 触发器都定义了两个特殊的表，一个是插入表（inserted），一个是删除表（deleted）。这两个表是建在数据库服务器的内存中的，是由系统管理的逻辑表，而不是真正存储在数据库中的物理表。对于这两个表，用户只有读取的

权限，没有修改的权限。

在触发器的执行过程中，SQL Server 建立和管理这两个临时表。这两个表的结构与触发器所在数据表的结构是完全一致的，其中包含了在激发触发器的操作中插入或删除的所有记录。当触发器的工作完成之后，这两个表也将会从内存中删除。

在 DML 触发器中，inserted 和 deleted 表主要用于执行以下操作：

- 扩展表之间的引用完整性。
- 在以视图为基础的基表中插入或更新数据。
- 检查错误并采取相应的措施。
- 找出数据修改前后表的状态差异并基于该差异采取相应的措施。

插入表里存放的是更新前的记录：对于插入记录操作来说，插入表里存放的是要插入的数据；对于更新记录操作来说，插入表里存放的是要更新的记录。

删除表里存放的是更新后的记录：对于更新记录操作来说，删除表里存放的是更新前的记录（更新完毕后即被删除）；对于删除记录操作来说，删除表里存入的是被删除的旧记录。

也就是说，在用户执行 INSERT 语句时，所有被添加的记录都会存储在 inserted 表中；在用户执行 DELETE 语句时，从触发程序表中被删除的行会发送到 deleted 表；对于 UPDATE 语句，SQL Server 先将要进行修改的记录存储到 deleted 表中，然后再将修改后的数据复制到 inserted 表以及触发程序表。

【例 10-24】使用触发器实现表的级联更新：如果更新 student 表中的学号 sno 字段，则 sc 表中的学号 sno 字段也随之更新。

```
CREATE TRIGGER stu_sc_update ON student
AFTER UPDATE
AS
   IF UPDATE(sno)
     BEGIN
       DECLARE @sno1 char(8),@sno2 char(8)
       SELECT @sno1=sno from inserted
       SELECT @sno2=sno from deleted
UPDATE sc
SET sno=@sno1
WHERE sno=@sno2
      END
   GO
```

这里从删除表 deleted 中获取被修改的学号 sno 保存在@sno2 中，从插入表 inserted 中获取 student 表中修改之后的学号 sno 保存在@sno1 中，在修改 sc 表学号 sno 时使用这两个变量。

此时，在查询窗口中输入更新语句：

```
UPDATE student
SET sno='20190211'
Where sno='20160211'
```

执行后显示效果如图 10-29 所示。此时，修改 student 表中的一条记录，同时也修改了 sc 表中学号为 20160211 的 6 条记录。

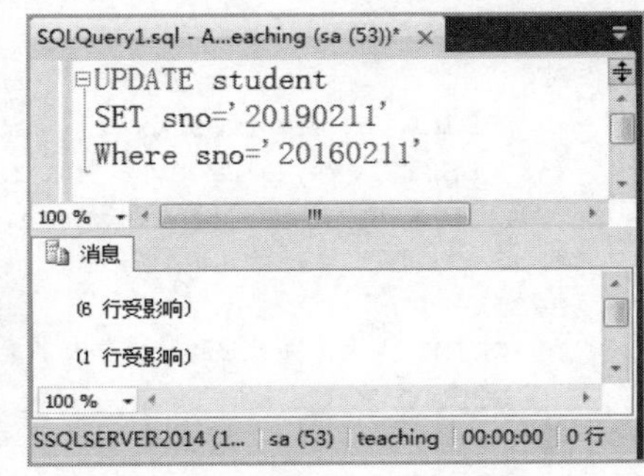

图 10-29　修改 student 表时触发 stu_sc_update 触发器

【例 10-25】使用触发器实现表的参照完整性：向 sc 表中插入数据时，检查插入的学号是否存在于 student 表中，检查插入的课程号是否存在于 course 表中，如果都存在则允许插入，否则不允许插入，并给出错误提示。

```
CREATE TRIGGER tr_sc ON sc
FOR INSERT
AS
  IF NOT EXISTS(SELECT * FROM student WHERE sno=(SELECT sno FROM inserted))
    OR NOT EXISTS(SELECT * FROM course WHERE cno=(SELECT cno FROM inserted))
    BEGIN
       DECLARE @sno char(8),@cno char(4)
SET @sno=(SELECT sno FROM inserted)
SET @cno=(SELECT cno FROM inserted)
PRINT '你要插入的记录的学号'+@sno+'不在学生表student 中，或者要插入的记录的课程号'+@cno+'不在课程表course 中！'
      ROLLBACK
END
  GO
```

此时，在查询窗口中输入如下语句：

```
INSERT INTO sc values('00000000','0101',60)
```

执行结果如图 10-30 所示。插入的学号或者课程号不满足参照完整性。

如果插入的语句为：

```
INSERT INTO sc values('0110301', '0101',60)
```

此时的数据符合参照完整性规则，触发器会通过检查，允许插入，执行结果如图 10-31 所示。

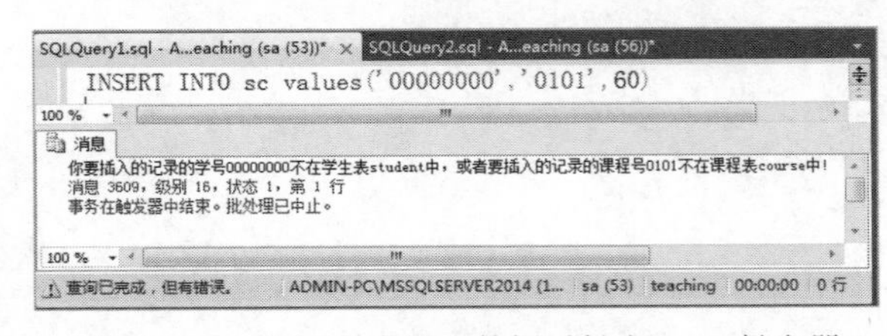

图 10-30　向 sc 表中插入数据时触发 tr_sc 触发器

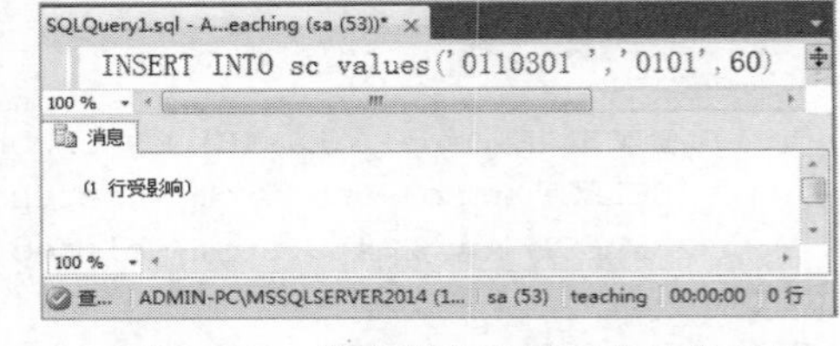

图 10-31　插入符合参照完整性的记录

【例 10-26】在 teaching 数据库中的 student 表上创建触发器实现：当修改数据时，如果该记录的专业是“计算机”，则不允许修改记录；否则可以修改，此时要检查修改性别时是否为“男”或“女”。

```
CREATE TRIGGER tr_s ON student
AFTER UPDATE
AS
     DECLARE @ssex char(2),@specialty varchar(20)
     SELECT @specialty = specialty from deleted
     SELECT @ssex=ssex from inserted
IF @specialty='计算机'
BEGIN
   PRINT '计算机专业的学生信息不允许修改！'
   ROLLBACK
END
ELSE
IF @ssex!='男' and @ssex!='女'
BEGIN
```

```
    PRINT '性别字段只能为男或者女! '
    ROLLBACK
END
    GO
```

此时，在查询窗口中输入以下语句：

```
UPDATE student
SET sname='潘瑜' WHERE sname='潘虹'
```

由于“潘虹”是“计算机”专业的学生，因此执行 UPDATE 操作时，触发了 tr_s 触发器，使 UPDATE 操作回滚，无法修改。执行结果如图 10-32 所示。

如果在查询窗口中输入以下语句：

```
UPDATE student
SET ssex='nv' WHERE sname='钟伟文'
```

由于“钟伟文”的专业是“国际贸易”而不是“计算机”，因此可以执行 UPDATE 操作，由于修改性别 ssex='nv'，不满足性别为“男”或“女”，所以同样违反了触发器语句，导致 UPDATE 操作回滚，无法修改，执行结果如图 10-33 所示。

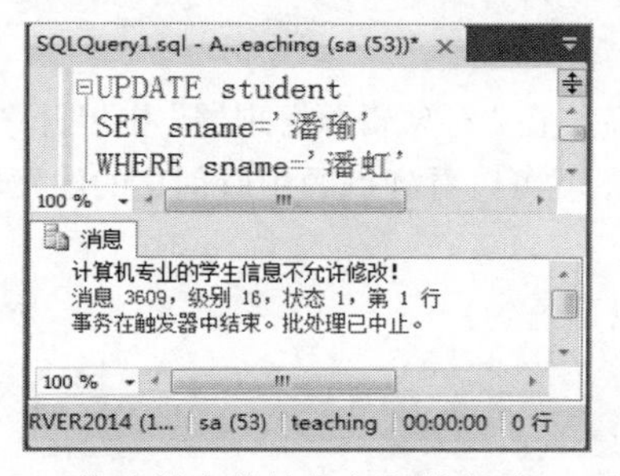

图 10-32　修改学生的姓名字段触发了 tr_s 触发器

图 10-33　修改学生性别时触发 tr_s 触发器

2. 创建 DDL 触发器

创建 DDL 触发器主要使用 T-SQL 语句方式，其基本语法格式为：

```
CREATE TRIGGER trigger_name
ON { ALL SERVER |DATABASE }
[ WITH <ddl_trigger_option> [ ,...n ] ]
{ FOR | AFTER }{ event_type|event_group } [ ,...n ]
AS { sql_statement [ ; ] [ ,...n ] }
<ddl_trigger_option> ::=
    [ ENCRYPTION ]
    [ EXECUTE AS Clause ]
```

其中各参数含义如下：

trigger_name：触发器的名称。

ALL SERVER：将 DDL 或登录触发器的作用域应用于当前服务器。如果指定了参数，则只要当前服务器中的任何位置上出现 event_type 或 event_group，就会激发该触发器。

DATABASE：将 DDL 触发器的作用域应用于当前数据库。如果指定了此参数，则只要当前数据库中出现 event_type 或 event_group，就会激发该触发器。

WITH ENCRYPTION 或 WITH EXECUTE AS：含义与 DML 触发器含义相同。

FOR | AFTER：含义同 DML 触发器。

event_type：执行之后将导致激发 DDL 触发器的 T-SQL 语言事件的名称。常见的事件有

CREATE_TABLE、ALTER_TABLE、DROP_TABLE、CREATE_VIEW、ALTER_ VIEW、DROP_ VIEW、CREATE_INDEX、ALTER_ INDEX、DROP_ INDEX、CREATE_PROCEDURE、ALTER_ PROCEDURE、DROP_ PROCEDURE、CREATE_DATABASE、ALTER_ DATABASE、DROP_ DATABASE 等。

event_group：预定义的 T-SQL 语言事件分组的名称。执行任何属于 event_group 的 T-SQL 语言事件之后，都将激发 DDL 触发器。事件组 DDL_TABLE_EVENTS，该事件组涵盖 CREATE_TABLE、ALTER_TABLE 和 DROP_TABLE 语句。事件组 DDL_TABLE_VIEW_EVENTS 涵盖 DDL_TABLE_EVENTS、DDL_VIEW_EVENTS、DDL_INDEX_EVENTS 和 DDL_STATISTICS_EVENTS 类型下的所有 T-SQL 语句。

sql_statement：同 DML 触发器。

【例 10-27】在 teaching 数据库中创建 DDL 触发器，禁止修改、删除数据库中的表。

```
CREATE TRIGGER safety
ON DATABASE
FOR DROP_TABLE,ALTER_TABLE
AS
      PRINT '你必须禁用 safety 触发器才可以执行修改或删除操作! '
      ROLLBACK
GO
```

此例题中的 safety 触发器的作用域是 teaching 数据库，在“对象资源管理器”中展开“teaching”数据库，依次展开 “可编程性”和“数据库触发器”选项，就可以看到例题中所创建的触发器 safety，如图 10-34 所示。

此时，如果新修改 student 表，在查询窗口中输入以下语句：

```
ALTER TABLE student
ADD birthday DATE
```

执行结果如图 10-35 所示。当在 teaching 数据库中执行 ALTER 操作时，触发了 safety 触发器，该触发器给出提示信息，并回滚 ALTER 操作。

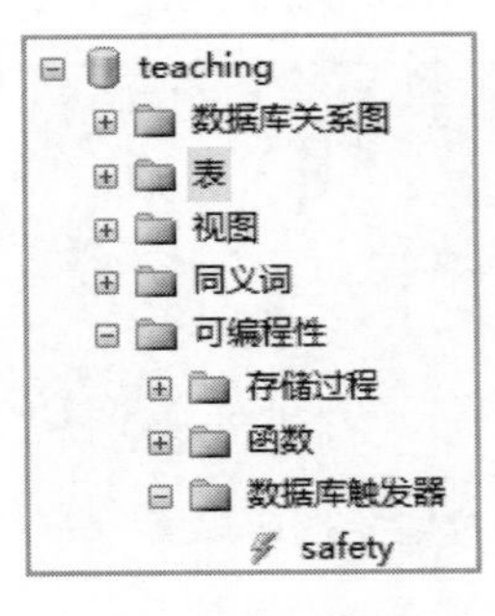

图 10-34　在 teaching 数据库中查找 safety 触发器

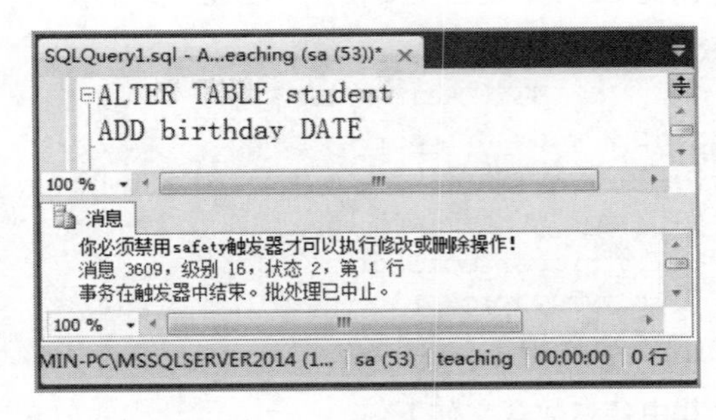

图 10-35　修改 student 表时触发 safety 触发器

【例 10-28】在当前服务器实例中创建触发器，当创建数据库时给出提示信息。

```
    IF EXISTS(SELECT * FROM sys.server_triggers
WHERE name='tr_database')
         DROP TRIGGER tr_database
         ON ALL SERVER
         GO
         CREATE TRIGGER tr_database
         ON ALL SERVER
         FOR CREATE_DATABASE
```

```
AS
   PRINT '您创建了新数据库! '
GO
```

上面语句先判断以 tr_database 命名的触发器是否已经存在，如果存在先删除。触发器 tr_database 的作用域为当前服务器，打开 SQL Server Management Studio，在当前服务器实例中展开“服务器对象”选项下的“触发器”选项，就可以看到新创建的服务器范围的触发器 tr_database，如图 10-36 所示。

触发器 tr_database 触发的事件是 CREATE DATABASE，即新创建数据库时触发，触发的结果是给出提示信息“您创建了新数据库!”。

此时，如果在查询窗口中输入以下语句：

```
CREATE DATABASE teacher
```

其执行结果如图 10-37 所示。

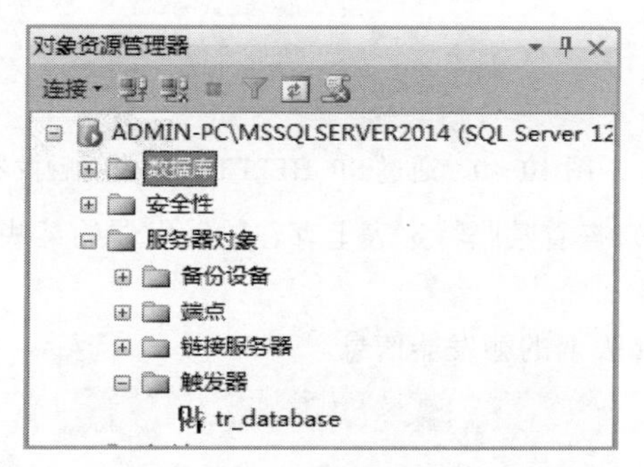

图 10-36　创建的服务器范围的触发器 tr_database

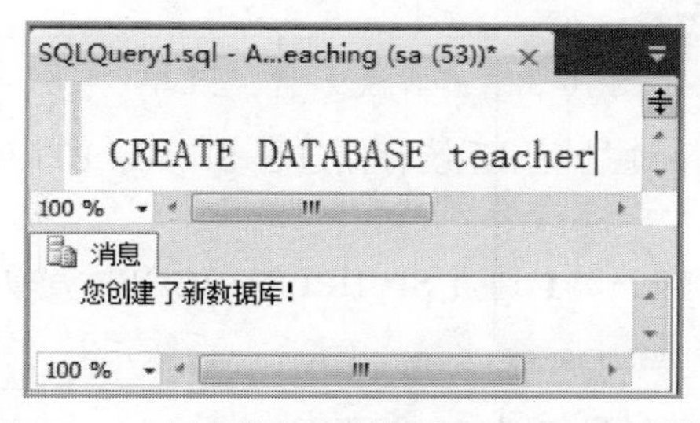

图 10-37　创建数据库时触发 tr_database 触发器

10.2.4　查看触发器信息

一般查看触发器的方法有两种：使用 SQL Server Management Studio 和使用系统存储过程查看触发器。

1. 在 SQL Server Management Studio 中查看触发器

具体步骤是：在 SQL Server Management Studio 的对象资源管理器中右击要查看的触发器，在弹出的快捷菜单中选择“编写触发器脚本为”→“CREATE 到”→“新查询编辑器窗口”命令，如图 10-38 所示。在弹出的 T-SQL 命令窗口中显示了该触发器的语句内容。

2. 使用系统存储过程查看触发器

系统存储过程 SP_HELP 和 SP_HELPTEXT 分别提供有关触发器的不同信息。

（1）通过 SP_HELP 系统存储过程，可以了解触发器的一般信息，包括名称、拥有者名称、类型、创建时间。

【例 10-29】通过 SP_HELP 查看 student 表上的触发器 stu_unupdate。

```
SP_HELP stu_unupdate
```

执行结果如图 10-39 所示。

（2）通过 SP_HELPTEXT 能够查看触发器的定义信息。

【例 10-30】通过 SP_HELPTEXT 查看 student 表上的触发器 stu_unupdate。

```
SP_HELPTEXT stu_unupdate
```

执行结果如图 10-40 所示。

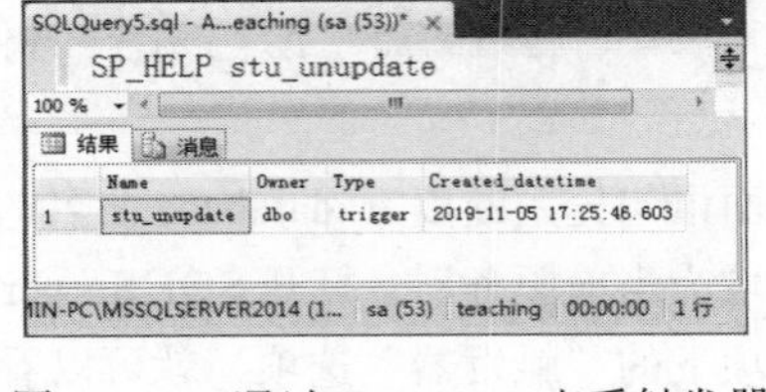

SP_HELP stu_unupdate

	Name	Owner	Type	Created_datetime
1	stu_unupdate	dbo	trigger	2019-11-05 17:25:46.603

图 10-39　通过 SP_HELP 查看触发器

图 10-38　查看触发器快捷菜单

图 10-40　通过 SP_HELPTEXT 查看触发器

（3）通过使用系统存储过程 SP_HELPTRIGGER 来查看某张特定表上存在的触发器的某些相关信息。

【例 10-31】通过 SP_HELPTRIGGER 查看 student 表上的触发器信息。

```
SP_HELPTRIGGER student
```

执行结果如图 10-41 所示。

10.2.5　修改触发器

修改触发器可以通过使用 SQL Server Management Studio 窗口或 T-SQL 语句来完成。

1. 在 SQL Server Management Studio 中修改触发器

在 SQL Server Management Studio 中修改触发器时，展开要修改的触发器，右击该触发器，在弹出的快捷菜单中选择“修改”命令，如图 10-42 所示。

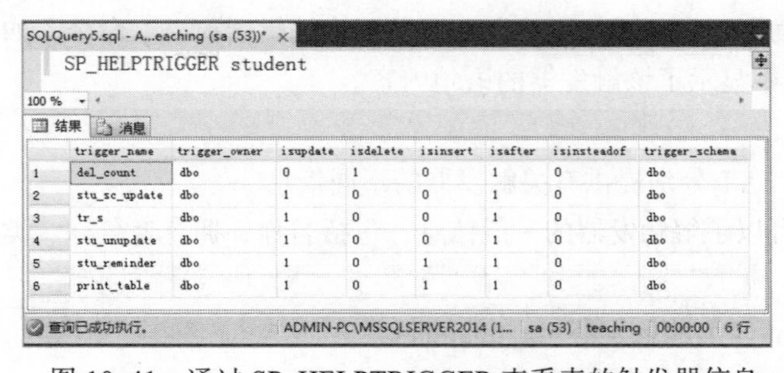

SP_HELPTRIGGER student

	trigger_name	trigger_owner	isupdate	isdelete	isinsert	isafter	isinsteadof	trigger_schema
1	del_count	dbo	0	1	0	1	0	dbo
2	stu_sc_update	dbo	1	0	0	1	0	dbo
3	tr_s	dbo	1	0	0	1	0	dbo
4	stu_unupdate	dbo	1	0	0	1	0	dbo
5	stu_reminder	dbo	1	0	1	1	0	dbo
6	print_table	dbo	1	0	1	1	0	dbo

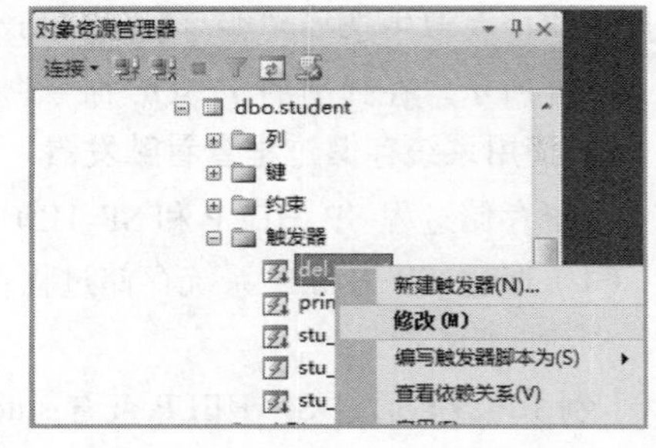

图 10-41　通过 SP_HELPTRIGGER 查看表的触发器信息

图 10-42　修改触发器快捷菜单

2. 使用 T-SQL 语句来修改触发器

T-SQL 中提供了 ALTER RIGGER 命令来修改触发器，修改 DML 触发器的基本语法格式如下：

```
ALTER RIGGER  schema_name.trigger_name
ON {table_name | view }
[WITH <dml_trigger_option> [,...n ]]
{ FOR | AFTER | INSTEAD OF }
{ [ INSERT ] [,] [ DELETE ] [,][ UPDATE ] }
```

```
[NOT FOR REPLICATION ]
AS {sql_statement [;] [...n ]}
dml_trigger_option::=
   [ENCRYPTION]
   [<EXECUTE AS Clause>]
```

修改 DDL 触发器的基本语法格式如下：

```
ALTER RIGGER trigger_name
ON {DATABASE | ALL SERVER }
[WITH <ddl_trigger_option> [,...n ] ]
{ FOR | AFTER }{event_type [,...n ]|event_group}
AS {sql_statement [;] }
ddl_trigger_option::=
   [ENCRYPTION]
   [<EXECUTE AS Clause>]
```

以上格式中的参数含义与创建触发器时是一致的。

【例 10-32】修改数据库 teaching 中 student 表上的触发器 stu_reminder，禁止向 student 表插入数据和更新数据。

```
ALTER TRIGGER stu_reminder
ON student
INSTEAD OF INSERT , UPDATE
AS
PRINT '不允许对student表修改或插入数据! '
   GO
```

10.2.6 禁用、启用触发器

当不再需要某个触发器时，可以对其进行删除，但有时仅仅是某一时段内不想让该触发器起作用，此时可以禁用触发器。禁用触发器不会将触发器删除，该触发器仍然作为对象存在于当前数据库中。但是，当运行编写触发器程序所用的任何 T-SQL 语句时，不会触发该触发器。如果以后需要使用该触发器时，可以再次启用此触发器，使其重新起作用。

1. 在 SQL Server Management Studio 中禁用或启用触发器

在 SQL Server Management Studio 的对象资源管理器中可以很方便地启用或禁用触发器。当要禁用某个触发器时，可以在对象资源管理器中右击该触发器，在弹出的快捷菜单中选择“禁用”命令即可，如图 10-43 所示。

当一个触发器被禁止后，该触发器仍然存在于表上，只是图标会显示为一个红色向下的箭头，而且此触发器的动作将不再执行，直到该触发器被重新启用。如果要重新启用被禁用的触发器，可在对象资源管理器中右击此触发器，在弹出的快捷菜单中选择“启用”命令即可，此时触发器图标上的红色向下箭头会消失，表示此触发器可以起作用了。

图 10-43 禁用触发器

2. 使用 T-SQL 语句禁用或启用触发器

还可以通过T-SQL语句中的ALTER TABLE命令来禁用或启用一个表上的一个或者全部的触发器，禁用或启用 DML 触发器的 T-SQL 语句的语法格式如下：

```
ALTER TABLE table_name
ENABLE | DISABLE TRIGGER [ ALL | trigger_name [ ,...n ] ]
```

【例 10-33】禁用 student 表上创建的所有触发器。

```
ALTER TABLE student 表
DISABLE TRIGGER ALL
```

禁用或启用 DDL 触发器的 T-SQL 语句的语法格式如下：

```
ENABLE | DISABLE TRIGGER { [schema_name.] [ ALL | trigger_name [ ,...n ] ] }
ON { object_name | DATABASE | ALL SERVER} [ ; ]
```

【例 10-34】禁用 teaching 数据库中的 safety 触发器。

```
    DISABLE TRIGGER safety on database
```

10.2.7 删除触发器

当不再需要某个触发器时，可以删除它。删除已创建的触发器一般有以下两种方法：

（1）在 SQL Server Management Studio 的对象资源管理器中找到相应的触发器，右击，在弹出的快捷菜单中选择“删除”命令即可。

（2）使用 T-SQL 命令 DROP TRIGGER 删除指定的触发器，删除触发器的具体语法格式如下：

```
DROP TRIGGER trigger_ name
```

【例 10-35】使用 DROP TRIGGER 命令删除 student 上的 del_count 触发器。

```
DROP TRIGGER del_count
```

注意：删除触发器所在的表时，SQL Server 将自动删除与该表相关的触发器。

本章小结

本章主要介绍了存储过程和触发器。

存储过程是大型数据库系统中，为了完成特定功能的一组 T-SQL 语句的集合，经过编译后存储在数据库中。使用存储过程可以减少服务器/客户端网络流量、提供更强的安全性、提高代码的重复使用效率并且提高执行速度。存储过程的类型主要有系统存储过程、本地存储过程、临时存储过程和扩展存储过程，用户可以通过自定义存储过程来提高系统的性能。

触发器是一种特殊类型的存储过程，但它又不同于存储过程。触发器主要是通过事件触发而执行的，而存储过程是通过存储过程名来直接调用的。当对某个表进行如 UPDATE、INSERT、DELETE 等操作时，SQL Server 就会自动执行触发器中所定义的 T-SQL 语句，从而确保对数据的处理必须符合由这些 T-SQL 语句所定义的规则。触发器的主要功能是实现由主键和外键所不能保证的复杂的参照完整性和数据一致性，除此之外，触发器还可以实现的功能有强化约束、跟踪变化、级联运行、存储过程的调用等。触发器可以分为 AFTER 触发器和 INSTEAD OF 触发器，AFTER 触发器要求只有执行了某个操作（INSERT、UPDATE、DELETE）之后，触发器才会被触发，且只能在表上定义；INSTEAD OF 触发器并不会执行 INSERT、UPDATE 或 DELETE 等操作，而仅仅是执行触发器本身，它既可以在表上定义，也可以在视图上定义，但对同一操作只能定义一个 INSTEAD OF 触发器。

思考与练习

1. 简述存储过程和触发器的概念，并说明使用它们的优点。
2. 简述存储过程的分类。

3. 简述触发器的分类。

4. 根据第6章思考与练习中“供货管理”数据库中的表，完成以下题目。

(1) 创建存储过程，查询每个供应商供应的零件总数，显示供应商号及其供应的零件总数，并执行该存储过程查看结果。

(2) 创建存储过程，根据供应商号查询指定供应商供应的零件总数，指定供应商号由输入参数指定，并执行该存储过程。

(3) 创建存储过程，根据供应商号查询指定供应商供应的零件总数，零件总数通过输出参数返回结果，执行存储过程。

(4) 创建存储过程，根据供应商号、零件号和项目号修改供应数量，执行该存储过程。

(5) 创建带有参数和默认值（通配符）的存储过程，从供应商表中查询指定供应商的信息。如果没有提供参数，则返回所有供应商的信息，执行该存储过程。

(6) 创建存储过程，查看某供应商供应的零件总数占总供应数量的百分比。

(7) 修改第（3）题的存储过程，除了计算零件总数外，还要计算供应商的平均供应数量。

(8) 删除第（1）题创建的存储过程。

(9) 创建触发器，禁止对“供货管理”数据库中的表进行修改、删除等操作，并使用ALTER TABLE等命令检验触发器是否起作用。

(10) 禁用第（9）题创建的触发器。

(11) 创建触发器，禁止修改“供应”表中的供应商号、零件号和项目号。

(12) 创建触发器，实现级联删除，即当删除“供应商”表中的记录时，自动将“供应”表相应的记录一起删除。

(13) 创建触发器，在删除“供应商”表中记录时，如果城市是“北京”，则禁止删除，并给出提示信息。

(14) 创建触发器，实现参照完整性，即当向“供应”表中插入数据时，如果“供应商号”、“项目号”或者“零件号”在相应的主表中不存在，则不允许插入，并给出提示，如果存在则允许插入新数据。

(15) 创建触发器，实现级联更新，即当修改“供应商”表中的“供应商号”时，“供应”表中的“供应商号”也相应修改。

(16) 修改第（11）题的触发器，只禁止修改“供应”表中的供应商号。

(17) 禁用供应商表上所有创建的触发器。

(18) 删除第（15）题创建的触发器。

第11章 事务与并发控制

数据库的特点是高度共享，可以供多个用户并发使用。前面介绍数据库的访问主要是单机、单用户的情况，并没有考虑在网络上同时有多个用户访问及更新同一数据库资源的问题，会存在数据不一致性的问题。通过什么机制来解决这些问题，就是本章我们要讨论的内容。

一个好的 DBMS 必须提供并发控制机制来协调并发用户的并发操作以保证并发事务的隔离性，防止数据的不一致性。数据库的并发控制以事务为单位，本章首先介绍事务的概念。

11.1 事务的基本概念

11.1.1 事务定义

事务（transaction）是构成单一逻辑工作单元的数据库操作序列。这些操作是一个统一的整体，要么全部成功执行（执行结果写到物理数据文件），要么全部不执行（执行结果没有写到任何的物理数据文件）。

换一种理解，事务是若干操作语句的序列，这些语句序列要么全部成功执行，要么全部都不执行。全部不执行的情况是：在执行到这些语句序列中的某一条语句时，由于某种原因（如断电、磁盘故障等）而导致该语句执行失败，这时将撤销在该语句之前已经执行的语句所产生的结果，使数据库恢复到执行这些语句序列之前的状态。

例如，银行转账，从一个账号 A1 转一笔资金 X 到另一个账号 A2，应该是一个不能分割的操作，不管 DBMS 实现时由哪些具体指令构成，但必须保证转账全部完成，要么全都不做。如图 11-1 所示。

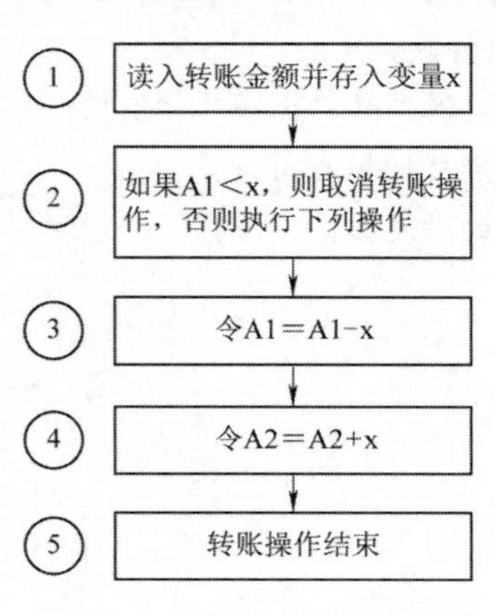

图 11-1　银行转账事务流程

如果转账程序在刚好执行完操作③的时刻出现硬件故障，并由此导致程序运行中断，那么数据库就处于这样的状态：账号 A1 中已经被扣除金额 x（转出部分），而账号 A2 并没有增加相应的金额 x。也就是说，已经从账号 A1 上转出金额 x，但账号 A2 并没有收到这批钱。显然，这种情况在实际应用中决不允许出现。

如果将上述操作①~⑤定义为一个事务，由于事务中的操作要么全都执行，要么全都不执行，那么就可以避免出现上述错误的状态。这就是事务的用途。

11.1.2 事务的性质

事务具有 4 个特性，简称 ACID 特性，即原子性（atomicity）、一致性（consistency）、隔离性（isolation）和持续性（durability）。

1. 原子性（atomicity）

事务是数据库的逻辑工作单位，事务中包括的各个操作要么全部都做，要么全部都不做。

这一性质即使在系统崩溃之后仍能得到保证，在系统崩溃之后将进行数据库恢复，用来恢复和撤销系统处于活动状态的事务对数据库的影响，从而保证事务的原子性。系统对磁盘上的任何实际数据的修改之前都会将修改操作信息本身的信息记录到磁盘上。当发生崩溃时，系统能根据这些操作记录当时该事务处于何种状态，以确定是撤销该事务所做出的操作还是提交操作。

2. 一致性（consistency）

事务执行的结果必须是使数据库从一个一致性状态变到另一个一致性状态。因此当数据库只包含成功事务提交的结果时，就说数据库处于一致性状态。如果数据库系统运行中发生故障，有些事务尚未完成就被迫中断，系统将事务中对数据库的所有已完成的操作全部撤销，回滚到事务开始时的一致状态。

拿转账来说，假设用户 A 和用户 B 两者的钱加起来一共是 5 000，那么不管 A 和 B 之间如何转账，转几次账，事务结束后两个用户的钱相加起来应该还得是 5 000，这就是事务的一致性。

3. 隔离性（isolation）

并行事务的修改必须与其他并行事务的修改相互独立。保证事务查看数据时数据所处的状态，只能是另一并发事务它之前的状态或是修改它之后的状态，而不能是中间状态。隔离性意味着一个事务的执行不能被其他事务干扰。即一个事务内部的操作及使用的数据对其他并发事务是隔离的，并发执行的各个事务之间不能互相干扰。

4. 持续性（durability）

持续性也称永久性（permanence），指一个事务一旦提交，它对数据库中数据的改变就应该是永久性的，无论发生何种机器和系统故障都不应该对其有任何影响。事务的持久性保证事务对数据库的影响是持久的，即使系统崩溃。

11.2 事务的类型

事务可以分为：显式事务、隐式事务、自动提交事务、分布式事务等。

1. 显式事务

显式事务就是可以显式地在其中定义事务的开始和结束的事务。T-SQL 脚本使用 BEGIN TRANSACTION 语句开始，用 COMMIT TRANSACTION 或 ROLLBACK TRANSACTION 语句结束来定义显式事务。

```
BEGIN TRANSACTION          /*表示本地事务的开始*/
COMMIT TRANSACTION         /*表示事务的提交*/
ROLLBACK TRANSACTION       /*表示事务的回滚*/
```

2. 隐式事务

隐式事务需要用 T-SQL 语句才能打开，打开隐式事务的语句是：

```
SET IMPLICIT_TRANSACTIONS ON
```

一旦隐式事务打开，数据库实例第一次执行 alert table、insert、create、open、delete、revoke、drop、select、fetch、truncate table、grant、update 等语句时，会自动开启一个事务，开始的事务需要利用 commit 或 rollback 结束。当事务结束时，一旦运行以上类型的语句，会再次自动开启一个新的事务，这样就形成了一个隐性事务链，直到隐性事务模式关闭为止（SET IMPLICIT_TRANSACTIONS OFF）。

3. 自动提交事务

自动提交事务是 SQL Server 默认模式，每条 T-SQL 语句默认就是一个自动提交事务。该类型不需要开发人员手动执行任何操作，每个单独的 T-SQL 语句都在其完成后自动提交，如果出现错误则回滚，所以开发人员无法对其严格控制，不适合大规模导入，不适合业务关联数据录用，如果完成一项业务需要 3 句语句，当第二条出错时，第一条无法撤销，所以无法保证事务一致性。

4. 分布式事务

分布式事务跨越两个或多个称为资源管理器的服务器。称为事务管理器的服务器组件必须在资源管理器之间协调事务管理。如果分布式事务由 SQL Server 数据库引擎分布式事务处理协调器（MS DTC）之类的事务管理器或其他支持 Open Group XA 分布式事务处理规范的事务管理器来协调，则在这样的分布式事务中，每个 Microsoft 实例都可以作为资源管理器来运行。

跨越两个或多个数据库的单个数据库引擎实例中的事务实际上是分布式事务，该实例对分布式事务进行内部管理；对用户其操作就像本地事务一样。

数据库引擎可以通过 BEGIN DISTRIBUTED TRANSACTION 语句表示分布式事务起始。

11.3 事务处理语句

上节中发现 SQL Server 中有专门的事务处理语句，常见的 T-SQL 事务处理语句包括：

```
BEGIN TRANSACTION           /*表示本地事务的开始*/
COMMIT TRANSACTION          /*表示事务的提交*/
ROLLBACK TRANSACTION        /*表示事务的回滚*/
SAVE TRANSACTION            /*在事务内设置保存点*/
```

1. BEGIN TRANSACTION 语句

BEGIN TRANSACTION 语句定义一个显式事务的起始点，即事务的开始。其语法格式为：

```
BEGIN { TRAN | TRANSACTION }
    [ { transaction_name | @tran_name_variable }
      [ WITH MARK [ 'description' ] ]
    ]
```

参数说明：

transaction_name 为分配给事务的名称，transaction_name 必须符合标识符规则，但标识符所包含的字符数不能大于 32。仅在最外面的 BEGIN...COMMIT 或 BEGIN...ROLLBACK 嵌套语句对中使用事务名。transaction_name 始终区分大小写，即使 SQL Server 实例不区分大小写也是如此。

@tran_name_variable 是用户定义的、含有有效事务名称的变量的名称。必须使用 char、varchar、nchar 或 nvarchar 数据类型声明该变量。如果传递给该变量的字符多于 32 个，则仅使用前面的 32 个字符；其余的字符将被截断。

WITH MARK ['description'] 指定在日志中标记事务。description 是描述该标记的字符串。在将长于 128 个字符的 description 存储到 msdb.dbo.logmarkhistory 表中之前，先将其截断为 128 个字符。

如果使用了 WITH MARK，则必须指定事务名。WITH MARK 允许将事务日志还原到命名标记。

2. COMMIT TRANSACTION 语句

COMMIT TRANSACTION 语句表示事务的提交，标志一个成功的隐性事务或显式事务的结束。其语法格式为：

```
COMMIT [ { TRAN | TRANSACTION } [ transaction_name | @tran_name_variable ] ]
```

参数说明：

transaction_name 指定由前面的 BEGIN TRANSACTION 分配的事务名称。SQL Server 数据库引擎忽略此参数。transaction_name 必须符合标识符规则，但不能超过 32 个字符。transaction_name 向程序员指明与 COMMIT TRANSACTION 关联的嵌套 BEGIN TRANSACTION。

@tran_name_variable 为用户定义的、含有有效事务名称的变量的名称。必须使用 char、varchar、nchar 或 nvarchar 数据类型声明该变量。如果传递给该变量的字符数超过 32，则只使用 32 个字符，其余的字符将被截断。

3. ROLLBACK TRANSACTION 语句

ROLLBACK TRANSACTION 表示事务的回滚，将显式事务或隐性事务回滚到事务的起点或事务内的某个保存点。可以使用 ROLLBACK TRANSACTION 清除自事务的起点或到某个保存点所做的所有数据修改。它还释放由事务控制的资源。其语法格式如下：

```
ROLLBACK { TRAN | TRANSACTION }
    [ transaction_name | @tran_name_variable
    | savepoint_name | @savepoint_variable ]
```

参数说明：

transaction_name 是为 BEGIN TRANSACTION 上的事务分配的名称，其要求同上。

@ tran_name_variable 用户定义的、含有有效事务名称的变量的名称，其要求同上。

savepoint_name SAVE TRANSACTION 语句中的 savepoint_name，必须遵守标识符规则。当条件回滚应只影响事务的一部分时，可使用 savepoint_name。

@ savepoint_variable 是用户定义的、包含有效保存点名称的变量的名称。必须使用 char、varchar、nchar 或 nvarchar 数据类型声明该变量。

特别说明：

（1）不带 savepoint_name 和 transaction_name 的 ROLLBACK TRANSACTION 将回滚到事务的起点。嵌套事务时，该语句将所有内层事务回滚到最外面的 BEGIN TRANSACTION 语句。在这两种情况下，ROLLBACK TRANSACTION 都将@@TRANCOUNT（事务计数）系统函数减小为 0。ROLLBACK TRANSACTION savepoint_name 不会减小@@TRANCOUNT。

（2）在由 BEGIN DISTRIBUTED TRANSACTION 显式启动或从本地事务升级而来的分布式事务中，ROLLBACK TRANSACTION 不能引用 savepoint_name。

（3）在执行 COMMIT TRANSACTION 语句后不能回滚事务，但是 COMMIT TRANSACTION 与包含在要回滚的事务中的嵌套事务关联时除外。在这种情况下，嵌套事务会回滚，即使已对它发出 COMMIT TRANSACTION，也不例外。

（4）在事务内允许有重复的保存点名称，但如果 ROLLBACK TRANSACTION 使用重复的保存点名称，则只回滚到最近的使用该保存点名称的 SAVE TRANSACTION。

4. SAVE TRANSACTION 语句

SAVE TRANSACTION 在事务内设置保存点，其语法格式如下：

```
SAVE { TRAN | TRANSACTION } { savepoint_name | @savepoint_variable }
```

参数说明：

savepoint_name 为分配给保存点的名称，其要求同上。

@savepoint_variable 为包含有效保存点名称的用户定义变量的名称，其要求同上。

【例 11-1】定义一个事务，将所有选修了“0102”号课程的学生的分数加 2 分，并提交该事务。

```
BEGIN TRANSACTION add_tran
USE teaching
UPDATE sc  SET score=score+2
WHERE cno='0102'
COMMIT TRANSACTION add_tran
```

【例 11-2】定义一个事务，向 teaching 库的学生表（student）中插入一行数据，然后再删除该行。执行后，新插入的数据行并没有被删除。

```
BEGIN TRANSACTION
USE teaching
INSERT INTO student
VALUES('20191089','张三','男',19,'2019-09-01','计算机','19 级')
SAVE TRAN savepoint
DELETE FROM student  WHERE sname= '潘虹'
ROLLBACK TRAN savepoint
COMMIT
```

【例 11-3】定义一个事务，如果语句执行错误就回滚，否则就提交。

```
BEGIN TRAN -- 开始事务
PRINT '执行语句 1'
IF @@ERROR > 0
GOTO TranRollback
PRINT '执行语句 2'
IF @@ERROR > 0
   GOTO TranRollback
IF @@ERROR > 0 OR @@ROWCOUNT<>1
BEGIN
   TranRollback:
   ROLLBACK TRAN        -- 如果有错误则回滚事务
END
ELSE
   COMMIT TRAN          -- 如果没有错误则提交事务
```

说明：

（1）@@ERROR 是个全局变量，返回执行的上一个 Transact-SQL 语句的错误号，如果前一个 Transact-SQL 语句执行没有错误，则返回 0。如果前一个语句遇到错误，则返回错误号。

（2）@@rowcount 返回受上一语句影响的行数。

11.4 并发控制

事务可以一个一个地串行执行：每个时刻只有一个事务运行，其他事务必须等到这个事务结束以后才可运行。事务在执行过程中需要不同的资源，如有时需要 CPU，有时需要 I/O，有时需要存取数据库等等，因此事务串行执行，则许多系统资源处于空闲状态，为了提高系统资源利用率，发挥数据库共享性的特点，应该允许多个事务并行执行。

● 在单处理机系统中，事务的并行执行实际上是这些并行事务的并行操作轮流交叉运行。虽然单处理机系统中的并行事务并没有真正地并行运行，但是减少了处理机空闲的时间，提高了系统的效率。

● 在多处理机系统中，每个处理机运行一个事务，多个处理机可以同时运行多个事务，实现多个事务真正的并行运行。

本章研究讨论的数据库系统并发控制技术是以单处理机系统为基础的。

多个事务并行运行时，不同事务的操作交叉执行，数据库管理系统必须保证多个事务的交叉运行不影响这些事务的原子性，这些就是数据库管理系统中并发控制机制的任务。

11.4.1 并发的目的

数据库系统实施并发有以下目的：

提高系统资源利用率。前面讲到多个事务在执行过程中只有串行和并行两种方法。如果采用串行，每个时刻只有一个事务在运行，其他事务只能等待，很多资源便会处于空闲状态，为了充分利用数据库资源，应允许事务并行执行，可以交叉利用其他方不用的资源，提高资源的利用率。

改善短事务的响应时间。假设有两个事务 A 和 B，A 事务需要长时间运行才能完成，而 B 事务需要较少的时间。如果串行执行，且 A 事务在前，B 事务在后，A 事务开始执行时 B 事务恰好达到等待系统执行的状态，则 B 事务必须等待 A 事务执行完才能开始执行，需要等待较长的时间。但如果事务 A 和 B 并发执行，则两者可以重叠进行，A 事务还未完成时 B 事务已经执行完成，因此明显改善了 B 事务的响应时间。

11.4.2 并发带来的问题

并发操作虽然可以提高系统资源利用率和改善短事务的响应时间，但在运行中不对并发的事务加以控制的话，会带来很多数据不一致性的问题。并发控制就是多个事务同时访问一个数据时进行的操作控制。

数据库的并发访问会引起丢失修改、不可重复读、“脏”读和幻读等数据不一致性的问题。下面我们通过一个例子，来具体说明：

我们知道火车票售票系统是一个全国连网的多用户数据库系统，下面考虑火车票售票系统中的一个活动序列：

（1）甲售票点（甲事务）读出某车次的车票余额 A，设 A=10。

（2）乙售票点（乙事务）读出该车次的车票余额 A 也为 10。

（3）甲售票点卖出一张火车票，并修改车票余额 A←A−1。所以 A 为 9，把 A 写回数据库。

（4）乙售票点也卖出一张火车票，同时修改车票余额 A←A−1，所以 A 为 9，把 A 写回数据库。

显然上述活动是卖出了两张火车票，而数据库中车票余额只减少一张，与实际活动不符。

DBMS 对事务的并发执行进行控制，就是在保证数据库的完整性的同时，避免用户得到不正确的数据。要使事务并行执行与串行执行时得到一致的结果，就必须对数据库并发操作带来的问题进行分析。

1. 丢失修改（丢失更新）

丢失修改是指一个事务的修改数据尚未提交，而另一个事务又对该未提交的修改数据做了再次修改。

图 11-2 说明了丢失修改问题。两个事务 T1 和 T2 读入同一数据并修改，T2 提交的结果破坏了 T1 提交的结果，导致 T1 的修改被丢失。上面火车票售票系统的例子就属此类。

2. 不可重复读（不一致的分析）

不可重复读是指事务 T1 读取数据后，事务 T2 执行更新操作，使 T1 无法再现前一次读取结果。

具体地讲，不可重复读包括三种情况：

（1）事务 T1 读取某一数据后，事务 T2 对其做了修改，当事务 T1 再次读该数据时，得到与前一次不同的值。例如在图 11-3 中，T1 读取 B=15 进行运算，T2 读取同一数据 B，对其进行修改后将 B=30 写回数据库。T1 为了对读取值校对重读 B，B 已为 30，与第一次读取值不一致。

（2）事务 T1 按一定条件从数据库中读取了某些数据记录后，事务 T2 删除了其中部分记录，当 T1 再次按相同条件读取数据时，发现某些记录神秘地消失了。

（3）事务 T1 按一定条件从数据库中读取某些数据记录后，事务 T2 插入了一些记录，当 T1 再次按相同条件读取数据时，发现多了一些记录。

T1	T2
Read A=10	
	Read A=10
A=A-1	
Write A=9	
…	A=A-1
T1 的修改丢失	Write A=9…

图 11-2　丢失修改

T1	T2
Read A=10	
Read B=15	
S=A+B	
	Read B=15
	B=B*2
	Write B=30
Read A=10	
Read B=30	
S=A+B	

图 11-3　不可重复读

3. 脏读（未提交的依赖关系）

读“脏”数据是指事务 T1 修改某一数据，并将其写回磁盘，事务 T2 读取同一数据后，T1 由于某种原因被撤销，这时 T1 已修改过的数据恢复原值，T2 读到的数据就与数据库中的数据不一致，则 T2 读到的数据就为“脏”数据，即不正确的数据，如图 11-4 所示。

为避免并行事务操作出现上述问题，DBMS 在进行并发控制时，为保证事务的可串行化执行，采用了基于锁的并发控制协议。

T1	T2
Read B=15	
B=B*2	
Write B=30	
	Read B=30
ROLLBACK	…

图 11-4　脏读

4. 幻读

当对某行执行插入或删除操作，而该行属于某个事务正在读取的行的范围时，会发生幻读问题。由于其他事务的删除操作，事务第一次读取的行的范围显示有一行不再存在于第二次或后续读取内容中。同样，由于其他事务的插入操作，事务第二次或后续读取的内容显示有一行并不存在于原始读取内容中。与不可重复读的情况相似。

产生上述问题的主要原因是并发操作破坏了事务的隔离性。为防止上述数据不一致性问题的发生，必须用正确的方式来调度并发事务的操作，使一个事务的执行不受其他事务的干扰，解决并发操作带来的问题的技术和机制就是封锁。

11.5　封锁及封锁协议

封锁协议的基本思想是：用封锁（即加锁 locking）来实现并发控制，即在操作前对被操作对象加锁，当一个事务访问某个数据对象时，不允许其他事务更新该数据对象。这类协议是 RDBMS 中最为广泛使用的一种并发控制技术。

11.5.1 封锁

所谓封锁就是事务 T 在对某个数据对象例如表、记录等操作之前，先向系统发出请求，对其加锁。加锁后事务 T 就对该数据对象有了一定的控制，在事务 T 释放它的锁之前，其他的事务不能更新此数据对象。

基本的封锁类型有两种：排他锁（exclusive locks，简记为 X 锁）和共享锁（share locks，简记为 S 锁）。

排他锁又称为写锁。若事务 T 对数据对象 A 加上 X 锁，则只允许 T 读取和修改 A，其他任何事务都不能再对 A 加任何类型的锁，直到 T 释放 A 上的锁。这就保证了其他事务在 T 释放 A 上的锁之前不能再修改 A。

共享锁又称为读锁。若事务 T 对数据对象 A 加上 S 锁，则事务 T 可以读 A，但不能修改 A，其他事务只能再对 A 加 S 锁，而不能加 X 锁，直到 T 释放 A 上的 S 锁。这就保证了其他事务可以读 A，但在 T 释放 A 上的 S 锁之前不能对 A 做任何修改。

11.5.2 封锁协议

在运用 X 锁和 S 锁这两种基本封锁对数据对象加锁时，还需要约定一些规则，例如应何时申请 X 锁或 S 锁、持锁时间、何时释放等。我们称这些规则为封锁协议（locking protocol）。对封锁方式规定不同的规则，就形成了各种不同的封锁协议。下面介绍三级封锁协议。对并发操作的不正确调度可能会带来丢失修改、不可重复读和读“脏”数据等不一致性问题，三级封锁协议分别在不同程度上解决了这一问题。为并发操作的正确调度提供一定的保证。不同级别的封锁协议达到的系统一致性级别是不同的。

1. 一级封锁协议

一级封锁协议是指事务 T 在修改数据 R 之前必须先对其加 X 锁，直到事务结束才释放。事务结束包括正常结束（COMMIT）和非正常结束（ROLLBACK）。

一级封锁协议可防止丢失修改，并保证事务 T 是可恢复的。如图 11-5 所示，事务 T1 修改 A 之前先加 X 锁，事务 T1 修改 A，提交结束才释放 X 锁，T2 一直处于等待状态，在 T1 释放 A 的 X 锁后，才能对 A 加 X 锁，进行操作。T1 的修改不会丢失。

T1	T2
XLOCK A	
Read A=10	
	XLOCK A
A=A-1	WAIT
Write A=9	WAIT
COMMIT	WAIT
UNLOCK A	WAIT
	XLOCK A
…	Read A=9
	A=A-1
	Write A=8
	COMMIT
	UNLOCK A

图 11-5　没有丢失修改

在一级封锁协议中，如果仅仅是读数据不对其进行修改，是不需要加锁的，所以它不能保证可重复读和不读“脏”数据。

2. 二级封锁协议

二级封锁协议是指一级封锁协议加上事务 T 在读取数据 A 之前必须先对其加 S 锁，读完后即可释放 S 锁。二级封锁协议除防止了丢失修改，还可进一步防止读“脏”数据。如图 11-6 所示，T2 在对 B 读数据前要加 S 锁，由于 T1 对 B 已加锁，只能等 T1 释放锁后才能加锁，避免了读“脏”数据。

3. 三级封锁协议

三级封锁协议是指一级封锁协议加上事务 T 在读取数据 R 之前必须先对其加 S 锁，直到事务结束才释放。

三级封锁协议除防止了丢失修改和不读“脏”数据外，还进一步防止了不可重复读。如图 11-7 所示，T1 在读 A 和 B 数据前要加 S 锁，T1 事务结束时才释放对 A、B 加的锁，T2 事务要修改 B 数据，只能等 T1 释放 B 的 S 锁后才能加对 B 的 X 锁，所以防止了不可重复读的问题。

T1	T2
XLOCK B	
Read B=15	
B=B*2	
Write B=30	
	SLOCK B
ROLLBACK	WAIT
UNLOCK B	WAIT
	SLOCK B
	Read B=15
	COMMIT
	UNLOCK B

图 11-6　不读“脏”数据

T1	T2	T1（续）	T2（续）
SLOCK A		COMMIT	WAIT
SLOCK B		UNLOCK A	WAIT
Read A=10		UNLOCK B	WAIT
Read B=15			XLOCK B
S=A+B			Read B=15
	XLOCK B		B=B*2
Read A=10	WAIT		Write B=30
Read B=15	WAIT		COMMIT
S=A+B	WAIT		UNLOCK B

图 11-7　可重复读

11.5.3　活锁和死锁

一个事务如果申请锁未获批准，则需要等待其他事务释放锁，当出现一直等待时就有可能引起活锁和死锁情况，DBMS 采用了相应的处理方法。

1. 活锁

活锁是指如果事务 T1 封锁了数据 A，事务 T2 又请求封锁 A，于是 T2 等待。T3 也请求封锁 A，当 T1 释放了 A 上的封锁之后系统首先批准了 T3 的请求，T2 仍然等待。然后 T4 又请求封锁 A，当 T3 释放了 A 上的封锁之后系统又批准了 T4 的请求……T2 有可能永远等待，这就是活锁的情形，如图 11-8 所示。

避免活锁的简单方法是采用先来先服务的策略。

2. 死锁

死锁是指如果事务 T1 封锁了数据 A，T2 封锁了数据 B，然后 T1 又请求封锁 B，因 T2 已封锁了 B，于是 T1 等待 T2 释放 B 上的锁。接着 T2 又申请封锁 A，因 T1 已封锁了 A，T2 也只能等待 T1 释放 A 上的锁。这样就出现了 T1 在等待 T2，而 T2 又在等待 T1 的局面，T1 和 T2 两个事务永远不能结束，形成死锁，如图 11-9 所示。

1）预防死锁的方法

在数据库中，产生死锁的原因是两个或多个事务都已封锁了一些数据对象，然后又都请求对已被其他事务封锁的数据对象加锁，从而出现死等待。防止死锁的发生其实就是要破坏产生死锁的条件。预防死锁通常有两种方法：

（1）一次封锁法：

一次封锁法要求每个事务必须一次将所有要使用的数据全部加锁，否则就不能继续执行。一次封锁法虽然可以有效地防止死锁的发生，但也存在问题，一次就将以后要用到的全部数据加锁，势必扩大了封锁的范围，从而降低了系统的并发度。

(2) 顺序封锁法:

顺序封锁法是预先对数据对象规定一个封锁顺序，所有事务都按这个顺序实行封锁。顺序封锁法可以有效地防止死锁，但也同样存在问题。事务的封锁请求可以随着事务的执行而动态地决定，很难事先确定每一个事务要封锁哪些对象，因此也就很难按规定的顺序去施加封锁。

T1	T2	T3	T4
LOCK A			
…	LOCK A		
	WAIT		
	WAIT		
	WAIT	LOCK A	
	WAIT	WAIT	
UNLOCK A	WAIT	Get LOCK A	
	WAIT	…	LOCK A
	WAIT		WAIT
	WAIT	UNLOCK A	Get LOCK A

图 11-8 活锁

T1	T2
SLOCK A	
	SLOCK B
XLOCK B	
WAIT	XLOCK A
WAIT	WAIT
WAIT	WAIT

图 11-9 死锁

2) 死锁检测

在两个或多个任务中，如果每个任务锁定了其他任务试图锁定的资源，此时会造成这些任务永久阻塞，从而出现死锁。图 11-10 清楚地显示了死锁状态，其中:

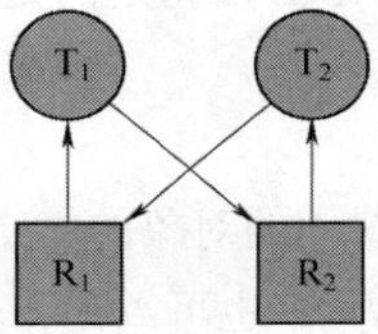

任务 T1 具有资源 R1 的锁(通过从 R1 指向 T1 的箭头指示)，并请求资源 R2 的锁(通过从 T1 指向 R2 的箭头指示)。

任务 T2 具有资源 R2 的锁(通过从 R2 指向 T2 的箭头指示)，并请求资源 R1 的锁(通过从 T2 指向 R1 的箭头指示)。

T_1 T_2 R_1 R_2

图 11-10 死锁状态

因为这两个任务都需要有资源可用才能继续，而这两个资源又必须等到其中一个任务继续才会释放出来，所以陷入了死锁状态。

3) 死锁解决方法

DBMS 的并发控制子系统一旦检测到系统中存在死锁，就要设法解除。通常采用的方法是选择一个处理死锁代价最小的事务，将其撤销，释放此事务持有的所有的锁，使其他事务得以继续运行下去。当然，对撤销的事务所执行的数据修改操作必须加以恢复。

SQL Server 解决死锁的方法是，系统根据事务死锁优先级来结束一个优先级最低的事务，回滚该事务，其他事务就有可能继续运行了。死锁优先级设置的语句为: SET DEADLOCK_PRIORITY {LOW|NORMAL}，其中 LOW 说明该事务进程会话的优先级最低，在出现死锁时，可以首先中断该进程的事务。

【例 11-4】死锁解决的例子。

新建两个连接，在第一个连接的事务 1 中执行以下语句:

```
SET DEADLOCK_PRIORITY LOW
BEGIN TRAN t1
UPDATE student SET en_time='2019-09-04'
WHERE grade='19 级'
WAITFOR DELAY '00: 00: 30'        --等待30秒
```

```
DELETE course
COMMIT TRAN t1
```

在第二个连接的事务 2 中执行以下语句：

```
BEGIN TRAN t2
UPDATE course SET credit=2 WHERE credit=1
DELETE student WHERE  grade='19级'
COMMIT TRAN  t2
```

说明：

（1）本例中出现了两个事务的相互等待，各自占用资源，出现死等待也叫循环等待，就会发生死锁。

（2）事务 t1 的执行语句中的 SET DEADLOCK_PRIORITY LOW，说明该事务进程会话的优先级最低，它就会被选为牺牲者，将其回滚，释放此事务占用的资源。

（3）事务 t2 在事务 t1 牺牲回滚后，死等待状态消失，事务 t2 继续执行，直到事务的提交。

（4）WAITFOR 语句的功能是阻止执行批处理、存储过程或事务，直到已过指定时间（TIME 参数）或时间间隔（DELAY 参数）。

```
WAITFOR {  DELAY 'time_to_pass'  |  TIME  'time_to_execute'}
```

DELAY 后指定可继续执行批处理、存储过程或事务之前必须经过的指定时段，最长可为 24 小时。

TIME 后指定的是运行批处理、存储过程或事务的具体时间。

11.6 封锁的粒度

封锁的对象的大小称为封锁粒度（Granularity）。封锁的对象可以是逻辑单元（关系、元组、属性值等），也可以是物理单元（数据页、索引页、数据块等）。

封锁的粒度越大，系统所能够封锁的数据单元就越少，这样就降低了并发控制能力（并发度），但系统开销也越小；反之，封锁的粒度越小，能够提高并发控制能力，系统需要控制的锁增加，也就增加了系统开销。

在 DBMS 中支持多种封锁粒度供不同的事务选择，这种封锁方法称为多粒度封锁（multiple granularity locking）。选择封锁粒度时应该同时考虑封锁开销和并发度两个因素，适当选择封锁粒度以求得最优的效果。

例如，若事务需要处理一个关系中的大量元组时，事务可以以该关系为封锁粒度，而对于处理少量元组的用户事务，以元组为封锁粒度则比较合适；需要同时处理相互关联的多个关系中的大量元组时，事务可以以数据库为封锁粒度。

11.6.1 多粒度锁协议

为方便讨论，我们把要封锁的对象称为结点，可封锁的对象根据包含的关系，定义成多粒度树，依此来讨论多粒度封锁的封锁协议。图 11-11 为粒度树。

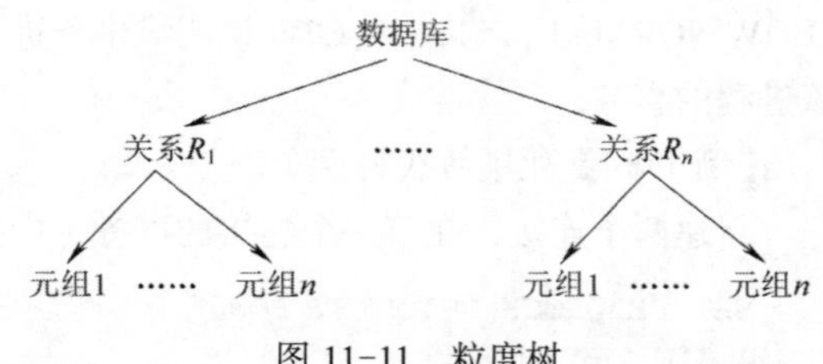

图 11-11 粒度树

表 11-1 列出了 SQL Server 数据库引擎可以锁定的资源。

表 11-1 SQL Server 锁定资源的粒度

资 源	描 述
RID	用于锁定堆中的单个行的行标识符
KEY	索引中用于保护可序列化事务中的键范围的行锁
PAGE	数据库中的 8 KB 页，例如数据页或索引页
EXTENT	一组连续的八页，例如数据页或索引页
HoBT	堆或 B 树。用于保护没有聚集索引的表中的 B 树（索引）或堆数据页的锁
TABLE	包括所有数据和索引的整个表
FILE	数据库文件
APPLICATION	应用程序专用的资源
METADATA	元数据锁
ALLOCATION_UNIT	分配单元
DATABASE	整个数据库

多粒度封锁协议允许多粒度树中的每个结点被独立地加锁。对一个结点加锁意味着这个结点的所有后裔结点也被加以同样类型的锁。因此，在多粒度封锁中，一个数据对象可能以两种方式封锁，分别为显式封锁和隐式封锁。

显式封锁是应事务的要求直接加到数据对象上的封锁；隐式封锁是该数据对象没有独立加锁，是由于其上级结点加锁而使该数据对象加上了锁。

系统要对某个数据对象加锁时，要检查该数据对象上有无显式封锁与之冲突，还要检查其所有上级结点，看本事务的显式封锁是否与该数据对象上的隐式封锁（即由于上级结点已加的封锁造成的）冲突；还要检查其所有下级结点，看上面的显式封锁是否与本事务的隐式封锁（将加到下级结点的封锁）冲突。显然，这样的检查方法效率很低。为此人们引进了一种新型锁，称为意向锁（intention lock）。

11.6.2 意向锁

意向锁表示一种封锁意向，当要对某一结点加锁时，必须先对它的上层结点加意向锁。

当对任一元组加锁时，必须先对它所在的关系加意向锁。例如，事务 T 要对关系 R1 加 X 锁时，系统只要检查根结点数据库和关系 R1 是否已加了不相容的锁，而不再需要搜索和检查 R1 中的每一个元组是否加了 X 锁。意向锁可以提高并发性能，降低封锁成本。

意向锁包括意向共享锁（intent share lock，简记为 IS 锁）、意向排他锁（intent exclusive lock，简记为 IX 锁）和共享意向排他锁（share intent exclusive lock，简记为 SIX 锁）。

1. 意向共享锁

要对一个数据对象加 IS 锁，则表示它的后继结点拟（意向）加 S 锁。例如，要对某个元组加 S 锁，则要首先对关系和数据库加 IS 锁。

2. 意向排他锁

要对一个数据对象加 IX 锁，则表示它的后裔结点拟（意向）加 X 锁。例如，要对某个元组加 X 锁，则要首先对关系和数据库加 IX 锁。

3. 共享意向排他锁

要对一个数据对象加 SIX 锁，则表示对它加 S 锁，再加 IX 锁，即 SIX = S + IX。例如对某个表加 SIX 锁，则表示该事务要读整个表（所以要对该表加 S 锁），同时会更新个别元组（所以要对该表加 IX 锁）。

图 11-12 给出了这些锁的相容矩阵，从中可以发现这 5 种锁的强度有图 11-13 所示的偏序关系。所谓锁的强度是指它对其他锁的排斥程度。一个事务在申请封锁时以强锁代替弱锁是安全的，反之则不然。

T1 \ T2	S	X	IS	IX	SIX	–
S	Y	N	Y	N	N	Y
X	N	N	N	N	N	Y
IS	Y	N	Y	Y	Y	Y
IX	N	N	Y	Y	N	Y
SIX	N	N	Y	N	N	Y
–	Y	Y	Y	Y	Y	Y

Y—表示相容的请求　N—表示不相容的请求

图 11-12　锁的相容矩阵

具有意向锁的多粒度封锁方法中任意事务 T 要对一个数据对象加锁，必须先对它的上层结点加意向锁。申请封锁时应该按自上而下的次序进行；释放封锁时则应该按自下而上的次序进行。

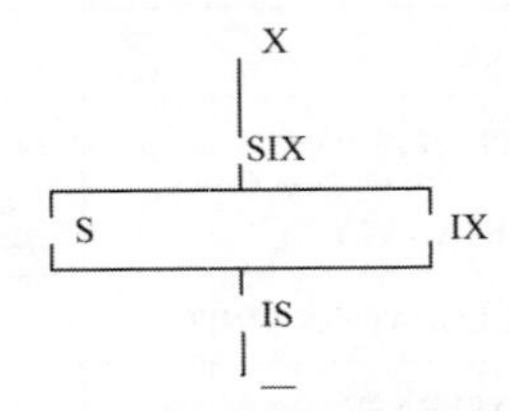

图 11-13　锁的强度偏序关系

SQL Server 数据库引擎使用不同的锁模式锁定资源，这些锁模式确定了并发事务访问资源的方式，表 11-2 显示了数据库引擎使用的资源锁模式。

表 11-2　SQL Server 锁模式

锁 模 式	描　　述
共享（S）	用于不更改或不更新数据的读取操作，如 SELECT 语句
更新（U）	用于可更新的资源中。防止当多个会话在读取、锁定以及随后可能进行的资源更新时发生常见形式的死锁
排他（X）	用于数据修改操作，例如 INSERT、UPDATE 或 DELETE。确保不会同时对同一资源进行多重更新
意向	用于建立锁的层次结构。意向锁包含三种类型：意向共享（IS）、意向排他（IX）和意向排他共享（SIX）
架构	在执行依赖于表架构的操作时使用。架构锁包含两种类型：架构修改（Sch-M）和架构稳定性（Sch-S）
大容量更新（BU）	使用大容量复制数据到表和 TABLOCK 指定提示
键范围	当使用可序列化事务隔离级别时保护查询读取的行的范围。确保再次运行查询时其他事务无法插入符合可序列化事务的查询的行

11.7　手 动 加 锁

SQL Server 系统中建议让系统自动管理锁，该系统会分析用户的 SQL 语句要求，自动为该请求加上合适的锁，而且在锁的数目太多时，系统会自动进行锁升级。

在实际应用中，有时为了应用程序正确运行和保持数据的一致性，必须人为地给数据库的某个表加锁。这就需要用到手动加锁技术，也称显示加锁技术。

SQL Server 的 SQL 语句（SELECT、INSERT、DELETE、UPDATE）支持显示加锁。这 4 个语句在显示加锁的语法上类似。SELECT 语句手动加锁的语法格式如下：

```
SELECT FROM [with] {添加的锁类型名}
```

SQL Server 中 with 语句执行时添加在该表上的锁的类型有以下几种：

（1）HOLDLOCK：在该表上保持共享锁，直到整个事务结束，而不是在语句执行完立即释放所添加的锁。

（2）NOLOCK：不添加共享锁和排他锁，当这个选项生效后，可能读到未提交读的数据或“脏”数据，这个选项仅仅应用于 SELECT 语句。

（3）PAGLOCK：指定添加页锁（否则通常可能添加表锁）。

（4）READCOMMITTED 用与运行在提交读隔离级别的事务相同的锁语义执行扫描。默认情况下，SQL Server 2000 在此隔离级别上操作。

（5）READPAST：跳过已经加锁的数据行，这个选项将使事务读取数据时跳过那些已经被其他事务锁定的数据行，而不是阻塞直到其他事务释放锁，READPAST 仅仅应用于 READ COMMITTED 隔离性级别下事务操作中的 SELECT 语句操作。

（6）READUNCOMMITTED：等同于 NOLOCK。

（7）REPEATABLEREAD：设置事务为可重复读隔离性级别。

（8）ROWLOCK：使用行级锁，而不使用粒度更大的页级锁和表级锁。

（9）SERIALIZABLE：用与运行在可串行读隔离级别的事务相同的锁语义执行扫描。等同于 HOLDLOCK。

（10）TABLOCK：指定使用表级锁，而不是使用行级或页面级的锁，SQL Server 在该语句执行完后释放这个锁，而如果同时指定了 HOLDLOCK，该锁一直保持到这个事务结束。

（11）TABLOCKX：指定在表上使用排他锁，这个锁可以阻止其他事务读或更新这个表的数据，直到这个语句或整个事务结束。

（12）UPDLOCK：指定在读表中数据时设置更新锁（UPDATE LOCK）而不是设置共享锁，该锁一直保持到这个语句或整个事务结束，使用 UPDLOCK 的作用是允许用户先读取数据（而且不阻塞其他用户读数据），并且保证在后来再更新数据时，这一段时间内这些数据没有被其他用户修改。

【例 11-5】系统自动加排他锁的情况。

新建两个连接，在第一个连接中执行以下语句：

```
BEGIN TRAN
  UPDATE student SET sname='aaaa' WHERE sno='20160211'
WAITFOR DELAY '00: 00: 30' --等待30秒
COMMIT TRAN
```

在第二个连接中执行以下语句：

```
BEGIN TRAN
   SELECT * FROM student WHERE 学号='20160211'
COMMIT TRAN
```

说明：第一个连接事务需要修改，默认该事务对资源加了排他锁，第二个连接的事务必须等待第一个事务提交之后才能进行查询操作。

【例 11-6】系统自动加共享锁的情况。

```
BEGIN TRAN
  SELECT * FROM student
  WHERE sno='20160211'
WAITFOR DELAY '00: 00: 30' --等待30秒
COMMIT TRAN
```

在第二个连接中执行以下语句：

```
BEGIN TRAN
UPDATE student SET sname='aaaa' WHERE sno='20160211'
COMMIT TRAN
```

说明：第一个连接事务先执行查询，接着等待 30 秒，而第二个连接事务接着立即执行修改并提交事务后，第一个连接事务等待时间到，提交事务，运行结果则是第二个连接事务修改之前的查询结果。

【例 11-7】人为加 HOLDLOCK 锁的情况。

新建两个连接，在第一个连接中执行以下语句：

```
BEGIN TRAN
  SELECT * FROM student WITH(HOLDLOCK)
  WHERE sno='20160211'
WAITFOR DELAY '00: 00: 30' --等待30秒
COMMIT TRAN
```

在第二个连接中执行以下语句：

```
BEGIN TRAN
UPDATE student SET sname='aaaa' WHERE sno='20160211'
COMMIT TRAN
```

说明：第一个连接事务进行查询操作手动加共享锁，第二个连接的事务因此也只能加共享锁，它执行修改语句默认要加排他锁，因此第一个连接的事务必须等待，等第一个事务提交之后才能进行修改操作。

【例 11-8】人为加 TABLOCKX 锁的情况。

新建两个连接，在第一个连接中执行以下语句：

```
BEGIN TRAN
SELECT * FROM student WITH(TABLOCKX)
WAITFOR DELAY '00: 00: 30' --等待30秒
COMMIT TRAN
```

在第二个连接中执行以下语句：

```
BEGIN TRAN
SELECT * FROM student
COMMIT TRAN
```

说明：第一个连接事务进行查询操作手动加排他锁，第二个连接的事务即使是查询操作也必须等待，第一个连接事务等待时间到，提交事务显示查询结果，释放排他锁，第二个连接的事务才能进行查询操作并提交事务。

【例 11-9】人为加 NOLOCK 锁的情况。

新建两个连接，在第一个连接中执行以下语句：

```
BEGIN TRAN
DELETE student WHERE sno='20160211'
WAITFOR DELAY '00: 00: 30' --等待30秒
ROLLBACK TRAN
```

在第二个连接中执行以下语句：

```
BEGIN TRAN
SELECT * FROM student WITH(NOLOCK)
COMMIT TRAN
```

说明：第一个连接事务进行 DELETE 操作系统自动加排他锁，第二个连接的事务即使是查询操作也必须等待，但它手动加了 NOLOCK，意思是任何锁对这个查询语句无影响，所以无须等待可以进行查询操作并提交事务，但第一个连接事务等待 30 秒后回滚了事务，所以第二个连接事务其实是读到了“脏”数据。

本 章 小 结

本章首先介绍了事务的定义、性质和分类，并分析事务并发操作时容易带来的三种问题，即丢失修改、读“脏”数据及不可重复读/幻读，然后介绍了解决这三种问题的方法，即采用三级封锁协议，但三种封锁协议会出现死锁与活锁的现象，针对这种情况，本章又分析了预防与解决死锁与活锁方法，并提供了具体的应用实例加以分析。本章还用实例演练了在 SQL Server 中手动加锁，以巩固对封锁机制和技术的理解。

本章重点：事务处理语句和并发控制的封锁机制。

思考与练习

1. 什么是事务？事务具有什么性质？
2. 事务并发操作会带来哪些数据不一致的问题？
3. 什么是封锁？
4. 什么是封锁协议？基本的封锁协议有哪些？
5. 什么是活锁？试述其产生的原因及解决方法。
6. 什么是死锁？试述其产生的原因及解决方法。
7. 请给出预防死锁的方法。
8. 请说明意向锁的含义是什么？它包含哪些种？
9. 填空题

   （1）数据库的并发操作通常会带来________、________和________三类问题。

   （2）常用的封锁有________和________。

   （3）事务在修改数据 R 之前必须先对其加 X 锁，直到事务结束才释放，称为________协议。

   （4）如果多个事务依次执行，则称为事务的________；如果利用分时的方法，同时处理多个事务，则称为事务的________。

   （5）使事务永远处于等待状态，得不到执行的现象称为________。有两个或两个以上的事务处于等待状态，每个事务都在等待其中另一个事务解除封锁，它才能继续下去，结果任何一个事务都无法执行，这种现象称为________。

   （6）多粒度封锁中的一个数据对象有________和________两种方式加锁。
10. 创建一个事务，将所有女生的考试成绩都加 5 分，并提交。

第 12 章 数据库安全管理

党的二十大报告中指出，强化国家安全工作协调机制，完善国家安全法治体系、战略体系、政策体系、风险监测预警体系、国家应急管理体系，完善重点领域安全保障体系和重要专项协调指挥体系，强化经济、重大基础设施、金融、网络、数据、生物、资源、核、太空、海洋等安全保障体系建设。数据安全对于任何数据库管理系统来说都是至关重要的，数据库的安全性是指保护数据库，防止不合法用户的访问所造成数据的泄密、更改或破坏。SQL Server 2014 提供有效的数据访问安全机制，在数据库管理系统中，用检查密码等手段来检查用户身份，从而保证只有合法的用户才能进入数据库系统。当用户对数据库执行操作时，系统自动检查用户是否有权限进行这些操作。

对于系统管理员、数据库编程人员，甚至对于每个用户来说，数据库系统的安全性都是至关重要的。本章首先介绍 SQL Server 的三层安全性机制，然后重点介绍两种验证模式及其设置，服务器登录账户的创建方法，数据库用户的创建方法以及角色和权限的设置、管理和使用等。

12.1 SQL Server 的身份验证模式

SQL Server 的安全模型分为三层结构，分别为服务器安全管理、数据库安全管理和数据库对象的访问权限管理。与 SQL Server 安全模型的三层结构相对应，SQL Server 的数据访问要经过三关访问控制。

第一关，用户必须登录到 SQL Server 的服务器实例上。要登录服务器实例，用户首先要有一个登录账户，即登录名，对该登录名进行身份验证，被确认合法才能登录到 SQL Server 服务器实例。固定的服务器角色可以指定给登录名。

第二关，在要访问的数据库中，用户的登录名要有对应的用户账户。在一个服务器实例上，有多个数据库，一个登录名要想访问哪个数据库，就要在该数据库中将登录名映射到哪个数据库中，这个映射称为数据库用户账户或用户名。一个登录名可以在多个数据库中建立映射的用户名，但是在每个数据库中只能建立一个用户名。用户名的有效范围是在其数据库内。数据库角色可以指定给数据库用户。

第三关，数据库用户账户要具有访问相应数据库对象的的权限。通过数据库用户名的验证，用户可以使用 SQL Server 语句访问数据库，但是用户可以使用哪些 SQL 语句，以及通过这些 SQL 语句能够访问哪些数据库对象，则还要通过语句执行权限和数据库对象访问权限的控制。

通过了上述三关的访问控制，用户才能访问到数据库中的数据。

12.1.1 身份验证模式概述

为了防止不合法的用户访问数据库造成数据的泄密和破坏，可以通过身份验证来保证合法用户才能登录服务器，不合法用户被拒绝访问，从而保证了服务器级别的安全性。SQL Server 2014 提供了两种身份验证模式：Windows 身份验证模式和混合验证模式。

1. Windows 身份验证模式

SQL Server 2014 数据库系统通常运行在 Windows 服务器平台上，Windows 本身具备管理登录、验证用户合法性的能力，因此 Windows 验证模式利用这一用户安全性和账户管理的机制，允许 SQL Server 使用 Windows 操作系统的安全机制来验证用户身份，在这种模式下，只要用户能够通过 Windows 的用户身份验证，即可连接到 SQL Server 2014 服务器上，而 SQL Server 本身不需要管理一套登录数据。

在 Windows 验证模式下，SQL Server 检测当前使用 Windows 的用户账户，并在系统注册表中查找该用户，以确定该用户是否有权限登录。这种验证模式只适用于能够实现有效身份验证的 Windows 操作系统，在其他的操作系统下无法使用。

SQL Server 的登录安全性直接集成到 Windows 的安全上，可以利用 Windows 的安全特性，例如安全验证和密码加密、审核、密码过期、最短密码长度，以及在多次登录请求无效后锁定账户。

Windows 验证模式有以下主要优点：

（1）数据库管理员的工作可以集中在管理数据库上，而不是管理用户账户。对用户账户的管理可以交给 Windows 去完成。

（2）Windows 有着更强的用户账户管理工具。可以设置账户锁定、密码期限等。如果不是通过定制来扩展 SQL Server，SQL Server 是不具备这些功能的。

（3）Windows 的组策略支持多个用户同时被授权访问 SQL Server。

2. 混合身份验证模式

混合身份验证模式使用户可以使用 Windows 身份验证或 SQL Server 身份验证与 SQL Server 2014 服务器连接。它将区分用户账户在 Windows 操作系统下是否可信，对于可信的连接用户，系统直接采用 Windows 身份验证模式，否则，SQL Server 2014 会通过账户的存在性和密码的匹配性自行进行验证。例如，允许某些非可信的 Windows 用户连接 SQL Server 2014 服务器，它通过检查是否已设置 SQL Server 2014 登录账户以及输入的密码是否与设置的相符来进行验证，如果 SQL Server 2014 服务器未设置登录信息，则身份验证失败，而且用户会收到错误提示信息。

混合验证模式允许以 SQL Server 验证模式或者 Windows 验证模式来进行验证，使用哪个模式取决于最初通信时使用的网络库，如果一个用户使用 TCP/IP SOCKETS 进行登录验证，则将使用 SQL Server 验证模式；如果用户使用命名管道，则登录时使用 Windows 验证。在 SQL Server 验证模式下，处理登录的过程为在输入登录名和密码后，SQL Server 在系统注册表中检测输入的登录名和密码，如果输入的登录名和密码正确，就可以登录到 SQL Server 服务器上。

混合验证模式具有如下优点：

（1）创建了 Windows 之上的另外一个安全层次。

（2）支持更大范围的用户，例如非 Windows 客户、Novell 网络等。

（3）一个应用程序可利用单独的 SQL Server 登录或密码。

12.1.2 身份验证模式设置

在 SQL Server Management Studio 中设置身份验证模式的基本步骤如下：

（1）打开 SQL Server Management Studio，在对象资源管理器中右击目标服务器，在弹出的快捷菜单中选择“属性”命令。

（2）弹出“服务器属性”窗口，选择“选择页”栏中的“安全性”选项，进入安全性设置界面，如图 12–1 所示。

（3）在“服务器身份验证”选项区域中选择验证模式前的单选按钮，选中需要的验证模式。

（4）单击“确定”按钮，完成登录验证模式的设置。

最后，要使设置生效，还需要重启数据库服务。

如果在安装过程中选择“Windows 身份验证模式”单选按钮，则 sa 登录名将被禁用，安装程序会分配一个密码。如果将身份验证模式更改为“SQL Server 和 Windows 身份验证模式”，则 sa 登录名仍处于禁用状态。若要启用 sa 登录名，可使用 ALTER LOGIN 语句启用 sa 登录名并分配一个新密码；或者在 SSMS 的对象资源管理器中依次展开“数据库”、“安全性”、“登录名”选项，在列表中右击 sa 选项，在弹出的快捷菜单中选择“属性”命令，打开“登录属性-sa”窗口，选择“状态”选项，在“设置”选项区域中选中“授予”单选按钮，在“登录”选项区域中选中“已启用”单选按钮，单击“确定”按钮，如图 12-2 所示。

需要注意的是，当把身份验证改为“SQL Server 和 Windows 身份验证模式”，并启用 sa 用户后，要重启 SQL Server 服务，sa 才可以起作用。

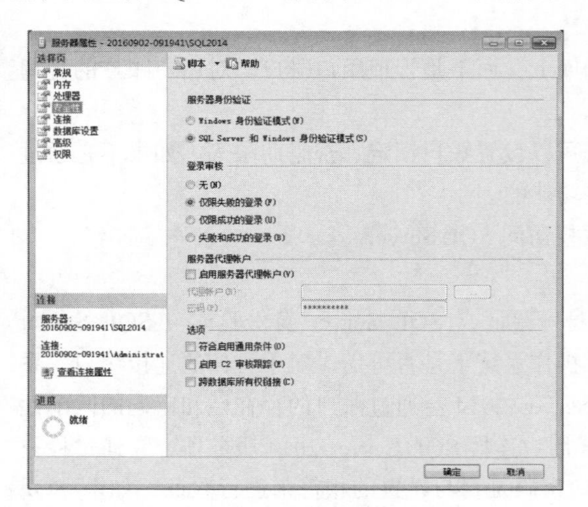

图 12-1　服务器身份验证设置

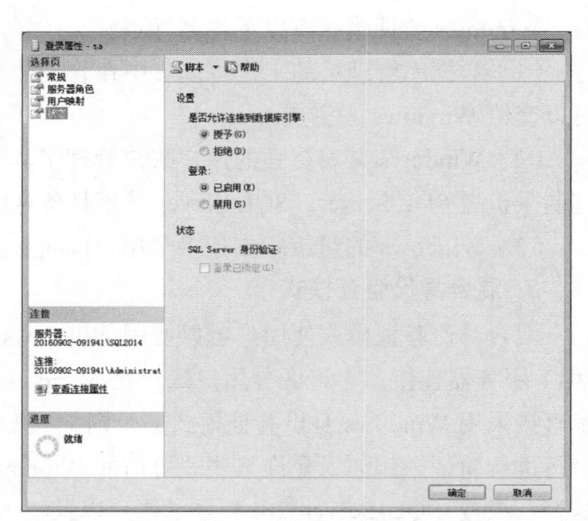

图 12-2　“登录属性-sa”窗口

12.2 账户管理

SQL Server 账户有两种：一种是服务器的登录账户，另一种是数据库的用户账户。有了登录账户就有了登录到 SQL Server 服务器的能力，登录到服务器后，有了用户账户才可以访问数据库，所以，登录账户是服务器级别的，而用户账户是数据库级别的。所有登录账户信息都存放在系统表 Syslogins 中，所有用户账户都存放在系统表 Sysusers 中。当一个登录账户与用户数据库中的一个用户账户关联后，使用该登录账户连接 SQL Server 服务器，才可以访问数据库中的对象。

12.2.1 服务器登录账户

登录属于服务器级的安全策略，在实际使用过程中，用户经常需要添加一些登录账户。用户可以将 Windows 账户添加到 SQL Server 2014 中，也可以创建 SQL Server 账户。

1. 添加 Windows 登录账户

首先在 Windows 的“控制面板”中新建一个 Windows 用户 hyp。在 SQL Server Management Studio 中创建 Windows 登录账户的步骤如下：

（1）在 SQL Server Management Studio 的对象资源管理器中，展开“安全性”选项，右击“登录名”选项，在弹出的快捷菜单中选择“新建登录名”命令，打开“登录名-新建”窗口，如图 12-3 所示。

（2）在“登录名-新建”窗口中，选中“Windows 身份验证”单选按钮。单击“搜索”按钮，打开“选择用户或组”对话框，在“输入要选择的对象名称”文本框中输入 Windows 用户 hyp，单击“确定”按钮，如图 12-4 所示。

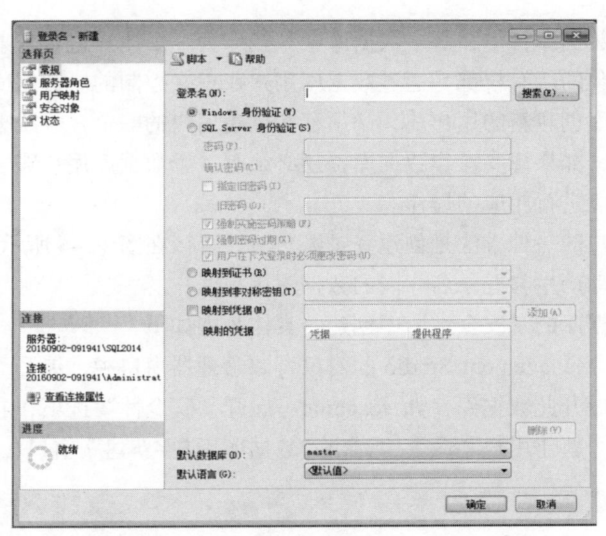

图 12-3　“登录名–新建”窗口

（3）在“登录名–新建”窗口的“选择页”栏中选择“服务器角色”选项，弹出服务器角色设定界面，可以为此登录账户的用户添加服务器角色，当然也可以不为此用户添加任何服务器角色。

（4）选择“选择页”栏中的“用户映射”选项，进入映射设置界面，可以为这个新建的登录添加映射到此登录名的用户，并添加数据库角色，从而使该用户获得数据库的相应角色对应的数据库权限。同样也可以不为此用户添加任何数据库角色。

（5）单击“确定”按钮，Windows 登录账户 hyp 创建完毕，如图 12–5 所示。

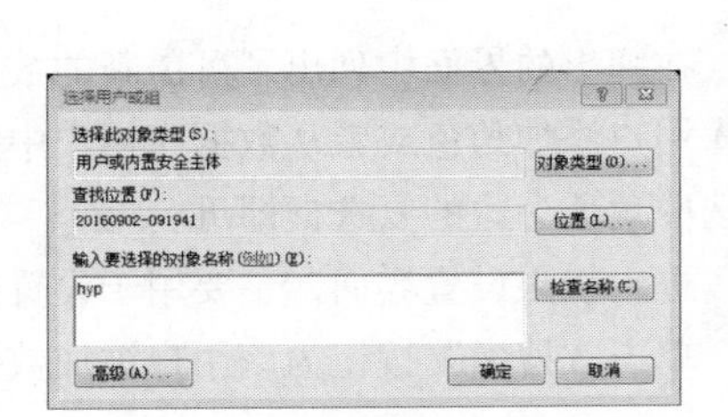

图 12–4　“选择用户或组”对话框

图 12–5　对象资源管理器

2. 创建 SQL Server 登录账户

创建 SQL Server 登录账户，用户可以直接在图 12–3 所示的“登录名–新建”对话框中选择“SQL Server 身份验证”单选按钮，然后在“登录名”文本框中输入一个新的 SQL Server 账户，例如 teacher，在“密码”和“确认密码”文本框中输入密码。其他设置与添加 Windows 账户相同。

12.2.2　数据库用户账户

通过登录账户登录服务器后，还必须映射到某个数据库用户账户才可以访问该数据库。一个登录名可以映射到不同的数据库，但在每个数据库中只能作为一个用户进行映射。用户对数据库的访问权限以及对数据库对象的所有权都是通过数据库用户账户来控制的。数据库用户账户是数据库级的安全策略。在为数据库创建新的用户前，必须存在创建用户的一个登录或者使用已经存在的登录创建用户。用户登录后，如果想要操作数据库，还必须有一个数据库用户账户，然后为这个数据库用户设置某种角色，才能进行相应的操作。

创建数据库用户账户的一种方法是创建登录账户时，直接在图 12-6 所示对话框的“用户映射”界面中设置，此时会自动产生与登录名相同的数据库用户账户。

另一种方法是在数据库的“安全性”中创建，具体步骤如下：

（1）在 SQL Server Management Studio 的对象资源管理器窗口中，展开“数据库”选项，选中要创建用户的数据库，展开此数据库，如 teaching。展开“安全性”选项，右击“用户”选项，在弹出的快捷菜单中选择“新建用户”命令，弹出“数据库用户-新建”窗口，如图 12-7 所示。

图 12-6　“登录名-新建”对话框 2

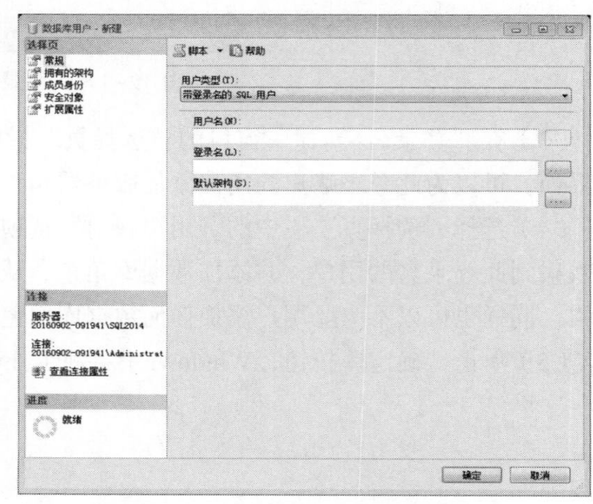

图 12-7　“数据库用户-新建”窗口

（2）在“数据库用户 - 新建”窗口的“常规”界面中，从“用户类型”下拉列表框中选择用户类型，输入要创建的“用户名”，选择此用户的服务器“登录名”，选择“默认架构”名称，添加此用户拥有的架构。

（3）在“选择页”栏中选择“成员身份”选项，在弹出的界面中列出了可由新的数据库用户拥有的所有可能的数据库成员身份角色。若要向数据库用户添加角色或者从数据库用户中删除角色，在“数据库角色成员身份”选项区域中选中或取消选中角色旁边的复选框即可。

（4）在“选择页”栏中选择“安全对象”选项，进入权限设置界面，主要用于设置数据库用户拥有的能够访问的数据库对象以及相应的访问权限。单击“搜索”按钮为该用户添加数据库对象，并为添加的对象添加显式权限。

（5）单击“确定”按钮，完成此数据库用户的创建。

可以使用对象资源管理器查看数据库的用户：在 SQL Server Management Studio 的对象资源管理器中，展开要查看的数据库，展开“安全性”选项，再展开“用户”选项，则显示目前数据库中的所有用户。

12.3　角 色 管 理

数据库用户角色在 SQL Server 中联系着两个集合：一个是权限的集合，另一个是数据库用户的集合。一方面，由于角色代表了一组权限，具有了相应角色的用户，就具有了该角色的权限。另一方面，一个角色也代表了一组具有同样权限的用户，所以，在 SQL Server 中为用户指定角色，就是将该用户添加到相应角色组中。通过角色简化了直接向数据库用户分配权限的烦琐操作，对于用户数目多、安全策略复杂的数据库系统，能够简化安全管理工作。

角色是为特定的工作组或者任务分类而设置的，用户可以根据自己所执行的任务成为一个或多个角色的成员。当然用户可以不必是任何角色的成员，也可以为用户分配个人权限。

SQL Server 的安全体系结构中角色被分成三类：固定服务器角色、固定数据库角色和用户自定义的数据库角色。

12.3.1 固定服务器角色

SQL Server 2014 提供了 9 种固定服务器角色，固定服务器角色的权限是系统设定的，用户无法更改授予固定服务器角色的权限。从 SQL Server 2012 开始，用户可以创建自定义服务器角色，并将服务器级权限添加到用户定义的服务器角色中。

每个固定服务器角色对应着相应的管理权限。在 SSMS 的对象资源管理器中，展开“安全性”选项下的“服务器角色”选项，就可以看到系统定义的 9 种固定服务器角色，如图 12–8 所示。

系统提供的固定服务器角色的权限如表 12–1 所示。

图 12–8 固定服务器角色

表 12–1 固定服务器角色权限

角 色	权 限
bulkadmin	可以运行 BULK INSERT 语句
dbcreator	可以创建、更改、删除和还原任何数据库
diskadmin	用于管理磁盘文件
processadmin	可以终止在 SQL Server 实例中运行的进程
public	每个 SQL Server 登录名均属于 public 服务器角色
securittyadmin	管理登录名及其属性
serveradmin	可以更改服务器范围内的配置选项并关闭服务器
setupadmin	可以通过使用 T–SQL 语句添加和删除链接服务器
sysadmin	可以在服务器中执行任何活动

在 SQL Server Management Studio 中，可以按以下步骤为用户分配固定服务器角色，从而使该用户获取相应的权限。

（1）在对象资源管理器中，展开服务器，再展开“安全性”选项。这时可以看到固定服务器角色，右击要给用户添加的目标角色（如 sysadmin），在弹出的快捷菜单中选择“属性”命令。

（2）在“服务器角色属性”窗口中，单击“添加”按钮，如图 12–9 所示，弹出“选择服务器登录名或角色”对话框，单击“浏览”按钮。

（3）在“查找对象”对话框中，选中目标用户前的复选框，如图 12–10 所示，单击“确定”按钮。

（4）回到“选择服务器登录名或角色”对话框，可以看到选中的目标用户已包含在对话框中，确认无误后，单击“确定”按钮，如图 12–11 所示。

（5）回到“服务器角色属性”窗口，如图 12–12 所示。确认添加的用户无误后，单击“确定”按钮，完成为用户分配角色的操作。

图 12-9　为服务器角色添加成员—选择登录名

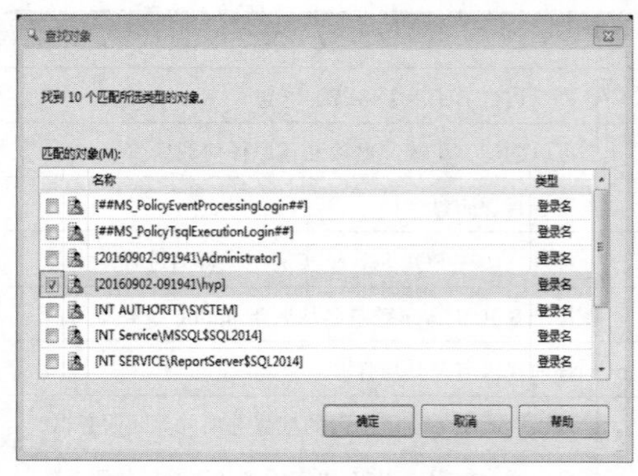

图 12-10　“查找对象”对话框

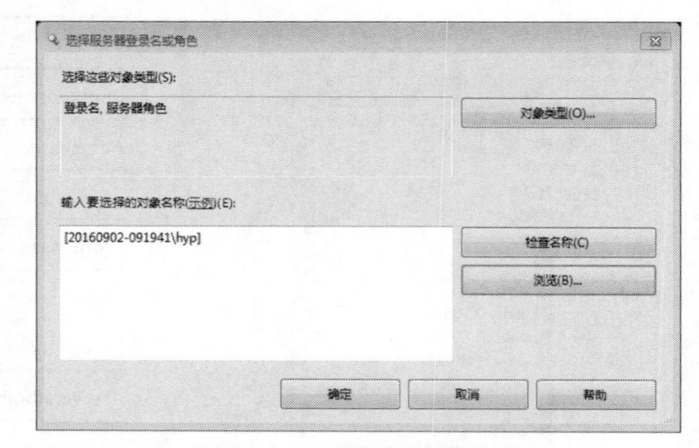

图 12-11　选择服务器登录名

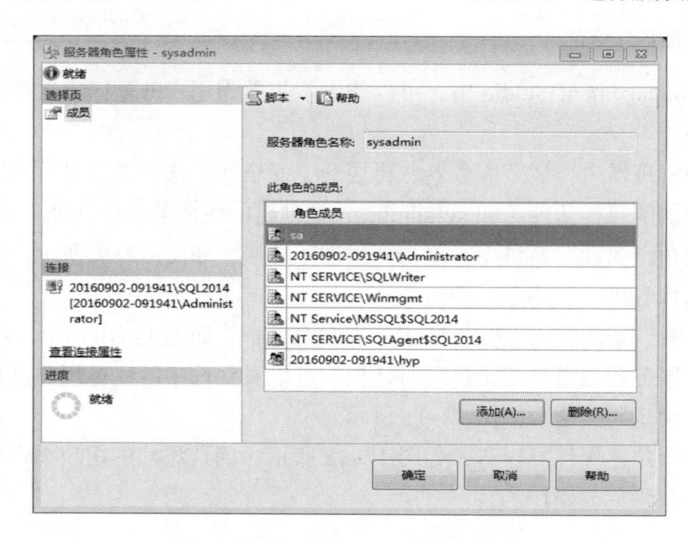

图 12-12　为用户分配服务器角色

12.3.2 数据库角色

在 SQL Server 2014 安装时，数据库级别上也有一些预定义的角色，在创建每个数据库时都会添加这些角色到新创建的数据库中，每个角色对应着相应的权限。这些数据库角色用于授权给数据库用户，拥有某种或某些角色的用户会获得相应角色对应的权限。

也可以为数据库添加角色，然后把角色分配给用户，使用户拥有相应的权限，在 SQL Server Management Studio 中，给用户添加角色（或者叫做将角色授权给用户）的操作与将固定服务器角色授予用户的方法类似，通过相应角色的属性对话框可以方便地添加用户，使用户成为角色成员。

1. 固定数据库角色

固定数据库角色是为某一个用户或某一组用户授予不同级别的管理或访问数据库以及数据库对象的权限，这些权限是数据库专有的，并且还可以使一个用户具有属于同一个数据库的多个角色。固定数据库角色权限如表 12-2 所示。

表 12-2 固定数据库角色权限

角　色	权　限
db_owner	可以执行数据库的所有配置和维护活动，还可以删除数据库
db_securityadmin	可以修改角色成员身份和管理权限
db_accessadmin	可以为 Windows 登录名、Windows 组和 SQL Server 登录名添加或删除数据库访问权限
db_backupoperator	可以备份数据库
db_ddladmin	可以在数据库中运行任何 DDL 命令
db_datawriter	可以在所有用户表中添加、删除或更改数据
db_datareader	可以从所有用户表中读取所有数据
db_denydatawriter	不能添加、修改或删除数据库内用户表中的任何数据
db_denydatareader	不能读取数据库内用户表中的任何数据
public	每个数据库用户都属于 public 数据库角色

2. 自定义数据库角色

如果数据库服务器中的用户很多，需要为每个用户分配相应的权限，这是一项很烦琐的工作，而且系统中往往有许多用户的操作权限是一致的，此时，固定服务器角色并不一定能满足系统安全管理的要求，这时可以添加自定义数据库角色，把具有相同权限的一类数据库用户账户添加进自定义数据库角色，给该角色赋予操作权限，从而简化对用户权限的管理工作。

在 SQL Server Management Studio 中创建用户自定义的数据库角色操作的具体步骤如下：

（1）在 SQL Server Management Studio 的对象资源管理器中，展开要添加新角色的目标数据库，展开“安全性”选项。右击“角色”选项，在弹出的快捷菜单中选择“新建”→“新建数据库角色”命令。

（2）在“数据库角色-新建”对话框的“常规”界面中，添加“角色名称”和“所有者”，并选择此角色所拥有的架构。在此对话框中也可以单击“添加”按钮为新创建的角色添加用户，如图 12-13 所示。

（3） 选择“选择页”栏中的“安全对象”选项，单击“搜索”按钮，弹出“添加对象”对话框， 如图 12-14 所示。

（4）选择“特定对象”选项，单击“确定”按钮，弹出“选择对象”对话框，单击“对象类型”按钮，弹出“选择对象类型”对话框，这里选中“表”复选框，单击“确定”按钮，如图 12-15 所示。

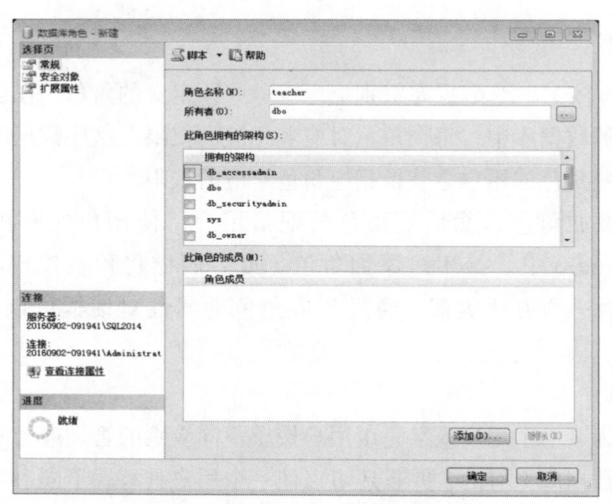

图 12-13 “数据库角色-新建”窗口

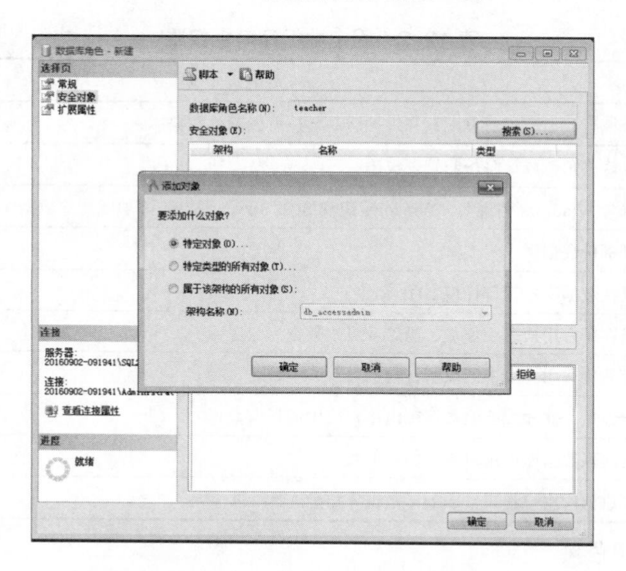

图 12-14 “添加对象”对话框

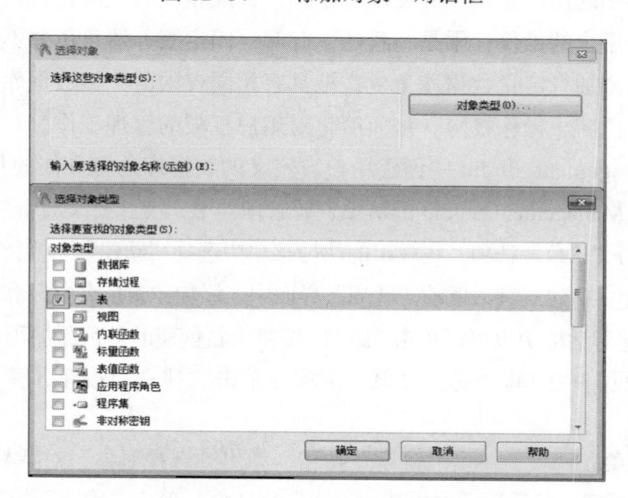

图 12-15 选择对象类型

（5）回到“选择对象”对话框，单击“浏览”按钮，弹出“查找对象”对话框，选择设置此角色的表，如“student 表”、“course 表”和“sc 表”，如图 12-16 所示。

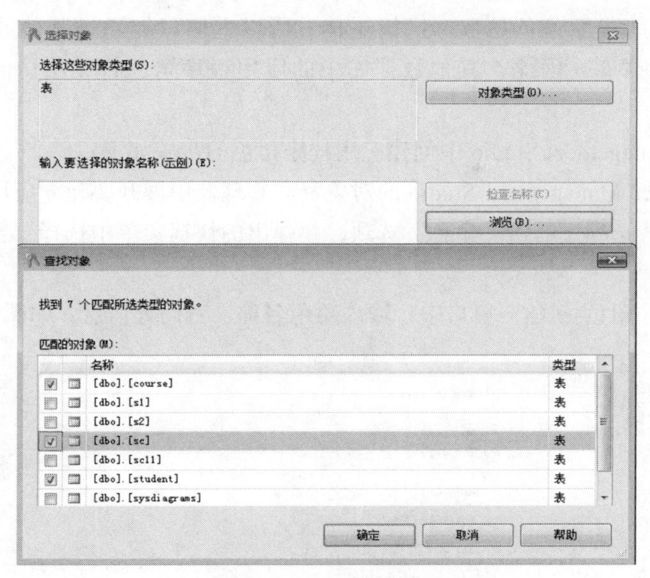

图 12-16　选择表

（6）进入权限设置界面，然后就可以为新创建的角色添加所拥有的数据库对象的访问权限，如“student 表”、“course 表”和“sc 表”的“更新”和“选择”权限，每个表都要选中一次，如图 12-17 所示。

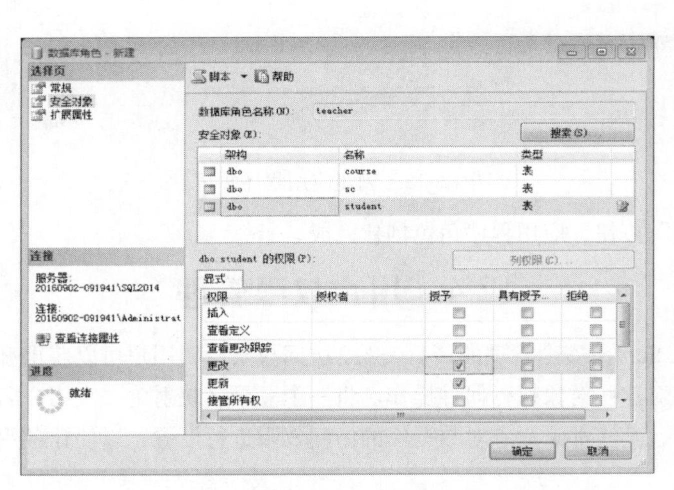

图 12-17　为新建的角色添加数据库对象的访问权限

（7） 单击“确定”按钮，自定义数据库角色创建完成。

12.3.3　应用程序角色

应用程序角色是一种比较特殊的由用户定义的数据库角色，所以也是一种数据库级角色。与数据库角色不同的是，应用程序角色默认情况下不包含任何成员，而且是非活动的。应用程序角色是用来控制应用程序存取数据库的，在编写数据库的应用程序时，可以自定义应用程序角色，让应用程序的操作者能用编写的程序来存取 SQL Server 数据。也就是说，应用程序的操作者本身并不需要在 SQL Server 上拥有登录账户以及用户账户，但仍然可以进行存取数据的操作。

应用程序角色使用两种身份验证模式，可以使用 sp_setapprole 启用应用程序角色，该过程需要密码。因为应用程序角色是数据库级主体，所以它们只能通过其他数据库为 guest 授予的权限来访问这些数据库，因此，其他数据库中的应用程序角色将无法访问任何已禁用 guest 的数据库。

在 SQL Server Management Studio 中创建应用程序角色的步骤如下：

（1）在 SQL Server Management Studio 的对象资源管理器中展开要建立应用程序角色的目标数据库，展开“安全性”选项，右击“角色”选项，在弹出的快捷菜单中选择“新建”→“新建应用程序角色”命令。

（2）在“应用程序角色-新建”窗口中，输入角色名称、密码等信息，如图 12–18 所示。

图 12–18　创建应用程序角色

（3）单击“确定”按钮，应用程序角色创建完成。

12.4　用户权限管理

权限管理是 SQL Server 安全管理的最后一关，访问权限指明用户可以获得哪些数据库对象的使用权，以及用户能够对这些对象执行何种操作。将一个登录名映射为一个用户名，并将用户名添加到某种数据库角色中，其实都是为了对数据库的访问权限进行设置，以便让各用户能够进行适合其工作职能的操作。

12.4.1　权限的类别

用户可以设置服务器和数据库的权限。服务器权限允许数据库管理员执行管理任务，数据库权限用于控制对数据库对象的访问和语句执行。用户只有在具有访问数据库的权限之后，才能够对服务器上的数据库进行权限下的各种操作。

1. 服务器权限

服务器权限允许数据库管理员执行任务。这些权限定义在固定服务器角色中。这些固定服务器角色可以分配给登录用户，但这些角色是不能修改的。一般只把服务器权限授予 DBA（数据库管理员），其不需要修改或者授权给别的用户登录。

2. 数据库对象权限

数据库对象权限是授予用户以允许他们访问数据库中对象的一类权限，它对于使用 SQL 语句访问表或者视图是必需的。除了数据库中的对象权限外，还可以给用户分配数据库权限。这些数据库权限除了授权用户可以创建数据库对象和进行数据库备份外，还有一些更改数据库对象的权限。

12.4.2 用户权限操作

用户权限操作包括权限的授予、撤销和禁止。SQL Server 2014 中的权限控制操作可以通过在 SQL Server Management Studio 中，对用户的权限进行设置，也可以使用 T-SQL 提供的 GRANT（授予）、REVOKE（撤销）和 DENY（禁止）语句完成。

1. 在 SQL Server Management Studio 中设置权限

在 SSMS 中可以有两种途径实现对用户权限的设置：一种是面向单一用户的权限设置；另一种是面向数据库对象的权限设置。

1）面向单一用户进行权限设置

在 SSMS 中面向单一用户进行权限设置的步骤如下：

（1）在 SSMS 的对象资源管理器中展开要设置权限的数据库用户，如数据库 teaching 的用户 hyp，该用户对应的登录账户是“20160902-091941\hyp”。右击用户名，在弹出的快捷菜单中选择“属性”命令，弹出现“数据库用户”窗口，单击“安全对象”选择页中的“搜索”按钮，弹出“添加对象”对话框，选择要添加的对象类型，例如“特定对象”，如图 12-19 所示。

（2）在“添加对象”对话框中单击“确定”按钮，弹出“选择对象”对话框，单击“对象类型”按钮，弹出“选择对象类型”对话框，在其中选择相应的类型，例如选中“表”复选框，如图 12-20 所示，单击“确定”按钮。

图 12-19 “添加对象”对话框

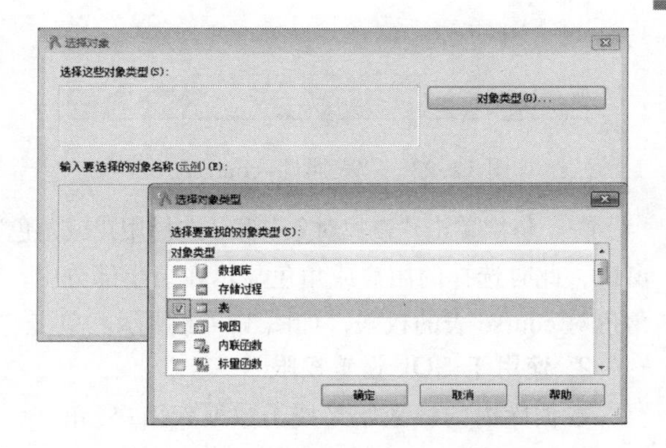

图 12-20 “选择对象类型”对话框

（3）返回“选择对象”对话框，其中“选择这些对象类型”文本框中出现了刚才选择的对象类型，单击“浏览”按钮，弹出“查找对象”对话框，选择要添加的安全对象，如选择 student 表，如图 12-21 所示。单击“确定”按钮。此时回到“安全对象”对话框，选择的安全对象 student 表会显示在“输入要选择的对象名称”文本框中，单击“确定”按钮。

（4）返回“数据库用户”窗口，单击安全对象 student 表，在对话框的下半部分会显示“dbo.student 的权限”栏，选中相应的复选框设置对 student 表进行的操作权限，如图 12-22 所示。设置完后，单击“确定”按钮，用户“hyp”的权限设置完成。

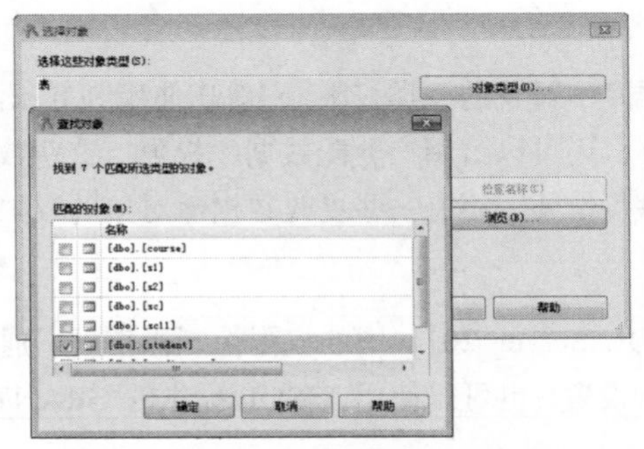

图 12-21 “查找对象”对话框

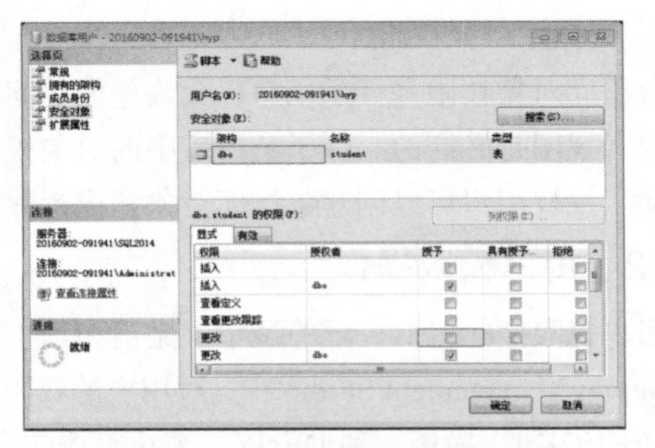

图 12-22 “数据库用户”对话框

2）面向数据库对象进行权限设置

除了可以对用户进行权限设置，还可以面向数据库对象进行权限设置。在 SSMS 中面向数据库对象进行权限设置的步骤如下：

（1）在 SSMS 的对象资源管理器中展开要设置权限的数据库对象（表、视图、存储过程等），如 course 表，右击 course 表，在弹出的快捷菜单中选择“属性”命令，弹出“表属性-course”窗口，在“选择页”栏中选择“权限”选项，如图 12-23 所示。

（2）单击“搜索”按钮，弹出“选择用户或角色”对话框，单击“对象类型”按钮，选择用户类型，单击“浏览”按钮，弹出“查找对象”对话框，可以选择用户 hyp ，如图 12-24 所示。

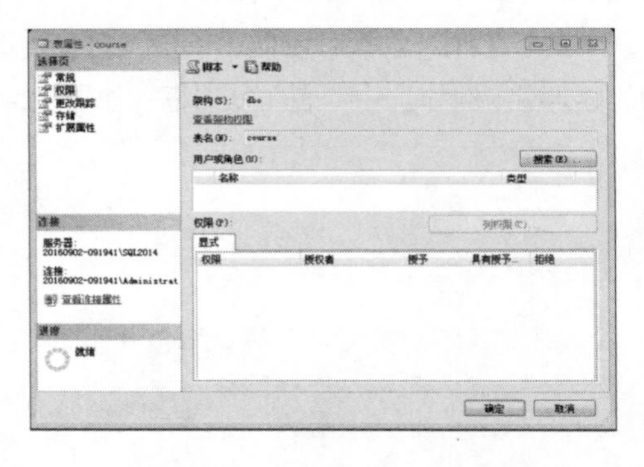

图 12-23 “表属性-course”窗口

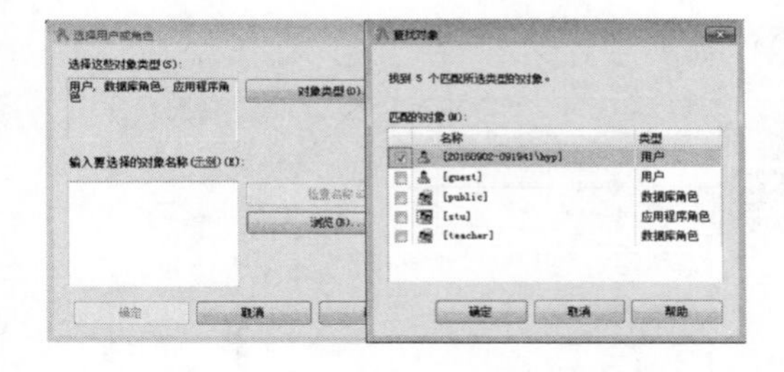

图 12-24 “查找对象”对话框

（3）依次单击“查找对象”和“选择用户或角色”对话框中的“确定”按钮，回到“表属性-course”窗口，此时选择的用户或角色显示在上半部分中，单击某个用户或角色，在下半部分设置该用户或角色对 course 表的权限，如图 12-25 所示。单击“确定”按钮，完成对 course 表权限的设置。

2. 使用 T-SQL 设置权限

数据库内的权限始终授予数据库用户、角色和 Windows 用户或组，但从不授予 SQL Server 登录。为数据库内的用户或角色设置适当权限的方法有：GRANT（授予权限）、DENY（禁止权限）和 REVOKE（撤销权限）。

用户权限是由两个要素组成的：数据库对象和操作类型。定义一个用户的存取权限就是要定义这个用户可以在哪些数据库对象上进行哪些类型的操作。在数据库系统中，定义存

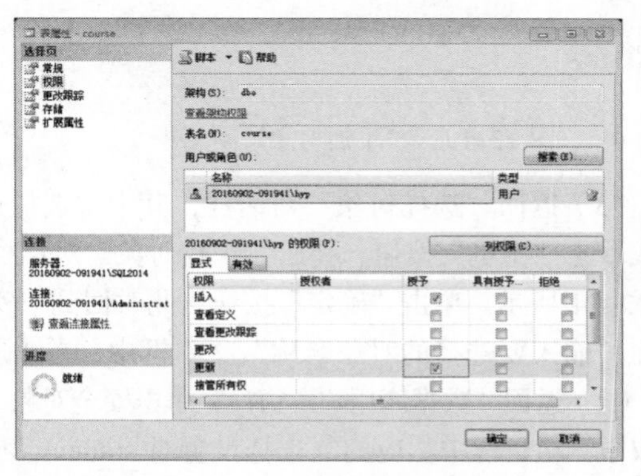

图 12-25 设置用户权限

取权限称为授权。

在关系数据库系统中，存取控制的对象不仅有数据本身（基本表中的数据、属性列上的数据），还有数据库模式（包括数据库、基本表、视图和索引的创建等），表 12-3 列出了主要的存取权限。

表 12-3　关系数据库系统中的存取权限

对象类型	对　　象	操作类型
数据库模式	模式	CREATE SCHEMA
	基本表	CREATE TABLE、ALTER TABLE
	视图	CREATE VIEW
	索引	CREATE INDEX
数据	基本表和视图	SELECT、INSERT、UPDATE、DELETE、REFERENCES、ALL PRIVILEGES
	属性列	SELECT、INSERT、UPDATE、REFERENCES、ALL PRIVILEGES

表 12-3 中，列权限包括 SELECT，INSERT，UPDATE，REFERENCES，其含义与表权限类似。需要说明的是，对列的 UPDATE 权限指对于表中存在的某一列的值可以进行修改。当然，有了这个权限之后，在修改的过程中还要遵守表在创建时定义的主码及其他约束。列上的 INSERT 权限指用户可以插入一个元组。对于插入的元组，授权用户可以插入指定的值，其他列或者为空，或者为默认值。在给用户授予列 INSERT 权限时，一定要包含主码的 INSERT 权限，否则用户的插入动作会因为主码为空而被拒绝。

1）授权语句

T-SQL 语句中的 GRANT 命令的语法格式如下：

```
GRANT<权限> [,<权限>] ...
ON<对象类型><对象名>[,<对象类型><对象名>] ...
TO <用户>[,<用户>] ...
[WITH GRANT OPTION];
```


其语义：将对指定操作对象的指定操作权限授予指定的用户。发出该 GRANT 语句的可以是数据库管理员，也可以是该数据库对象创建者（即属主 owner），还可以是已经拥有该权限的用户。接受权限的用户可以是一个或多个具体用户，也可以是 PUBLIC，即全体用户。

如果指定了 WITH GRANT OPTION 子句，则获得某种权限的用户还可以把这种权限再授予其他的用户。如果没有指定 WITH GRANT OPTION 子句，则获得某种权限的用户只能使用该权限，不能传播该权限。

在以下例子中，首先假定所有被授权的登录用户已存在。

【例 12-1】把查询学生表的权限授予用户 U1。

```
GRANT SELECT  ON student  TO U1
```

执行此操作后，用户 U1 就被授予了查询学生表的权限。可以在 SQL Server Management Studio 中查看到用户 U1 被授予了学生表的 SELECT 权限。展开“teaching”数据库的“用户”选项，在目标用户“U1”选项上右击，在弹出的快捷菜单中选择“属性”命令。

在“数据库用户”对话框中选择“选择页”栏中的“安全对象”选项，可以看到 U1 对 student 表的“选择”权限。此时，U1 登录 SQL Server 就可以对 student 表进行 SELECT 操作。

【例 12-2】把 student 表的全部操作权限授予用户 U2 和 U3。

```
GRANT ALL PRIVILEGES  ON student  TO U2,U3
```

执行此操作后，用户 U2 和 U3 就被授予了 student 表的全部操作权限。可以在 SQL Server Management

Studio 中查看到用户 U2 和 U3 被授予了学生表的 SELECT、INSERT、UPDATE、DELETE 等权限。此时，U2 或 U3 登录 SQL Server 就可以对 student 表进行所有这些操作。

【例 12-3】把对 sc 表的查询权限授予所有用户。

```
GRANT SELECT ON sc TO PUBLIC
```

执行此操作后，所有用户都被授予了 sc 表的查询权限。可以在 SQL Server Management Studio 中查看到 PUBLIC 用户被授予了 sc 表的 SELECT 权限。此时，所有登录用户都可以对 sc 表进行 SELECT 操作。

【例 12-4】把查询 student 表和修改学生 sno（学号）的权限授予用户 U4。

```
GRANT SELECT,UPDATE (sno) ON student TO U4
```

【例 12-5】把对 sc 表的插入权限授予用户 U5，允许 U5 再将此权限授予其他用户。

```
GRANT INSERT ON sc TO U5 WITH GRANT OPTION
```

执行此操作后，用户 U5 被授予了 sc 表的插入权限，同时允许 U5 再将此权限授予其他用户。例如下面就是用户 U5 为用户 U6 授予了 sc 表的插入权限，并允许 U6 再将此权限授予其他用户。

```
GRANT INSERT ON sc TO U6 WITH GRANT OPTION
```

执行此操作后，用户 U6 被授予了 sc 表的插入权限，同时允许 U6 再将此权限授予其他用户。例如下面就是用户 U6 为用户 U7 授予了选课表的插入权限，U7 就不能再将此权限授予其他用户了。

```
GRANT INSERT ON sc TO U7
```

【例 12-6】将教学库数据库中建表的权限授予 U8。

```
USE 教学库
GRANT c reate table TO U8
```

2）撤销权限语句

授予用户的权限可以由数据库管理员或其他授权者用 REVOKE 语句收回，REVOKE 语句的一般格式为：

```
REVOKE<权限> [,<权限>]...
ON<对象类型><对象名>[,<对象类型><对象名>]...
FROM <用户>[,<用户>]...[CASCADE|RESTRICT];
```

【例 12-7】把用户 U4 修改 student 表 sno（学号）的权限收回。

```
REVOKE UPDATE (sno) ON student FROM U4
```

【例 12-8】收回所有用户对 sc 表的查询权限。

```
REVOKE SELECT ON sc FROM PUBLIC
```

【例 12-9】把用户 U5 对 sc 表的 INSERT 权限撤销。

```
REVOKE INSERT ON sc FROM U5 CASCADE
```

注意：执行此操作后，用户 U5 被撤销了 sc 表的插入权限， U5 授予其他用户的此权限也被一并撤销，包括 U6 和 U7。

3）禁止权限语句

T-SQL 语句中的 DENY 命令的语法格式如下：

```
DENY<权限> [,<权限>]...
ON<对象类型><对象名>[,<对象类型><对象名>]...
TO <用户>[,<用户>]...
```

DENY 语句拒绝对 SQL Server 2014 的特定数据库对象的权限，防止主体通过其组或角色成员身份继承权限。

【例 12-10】拒绝用户 U1 对 kc 表的 SELECT 权限。

```
DENY SELECT  ON KC TO U1
```

【例 12-11】拒绝 U2 对存储过程 GetStudent 的 EXECUTE 权限。

```
DENY EXECUTE ON GetStudent TO U2
```

本 章 小 结

随着计算机特别是计算机网络的发展，数据的共享日益加强，数据的安全保密越来越重要。DBMS 是管理数据的核心，因而其自身必须具有一整套完整而有效的安全机制。本章介绍了 SQL Server 2014 的安全机制和安全管理的基础知识，并重点介绍了登录账户、用户账户的创建和管理以及权限分配和灵活使用角色实现权限管理的技术。通过对本章的学习，应重点掌握如何根据安全规划创建登录账户和用户账户，并对其进行合理的权限分配和有效管理。

思考与练习

1. 简述服务器登录账户和数据库用户账户的创建方法。
2. SQL Server 的两种身份验证的优缺点是什么？
3. 简述角色的概念及其分类。
4. 简述什么是固定服务器角色、什么是固定数据库角色。
5. 在对象资源管理器中创建数据库用户和角色。

（1）在 SSMS 的对象资源管理器中创建登录名为 login_gy1、密码为 gongying1、默认数据库为“供货管理”的数据库用户 gy1。

（2）在对象资源管理器中创建数据库角色，角色名称为 role_gy1 和 role_gy2。

（3）把查询零件和供应表的权限授予角色 role_gy1，并拒绝角色对项目表的查询权限。

（4）把数据库用户 gy1 添加到角色 role_gy1 中。

（5）把查询供应商表的权限授予角色 role_gy2，并把数据库用户 gy1 添加到角色 role_gy2 中。

（6）授予用户 gy1 对项目表的查询权限。

（7）以登录账户 login_gy1 登录 SQL Server，验证数据库用户 gy1 具有的权限。

（8）删除用户 gy1 以及角色 role_gy1 和 role_gy2。

6. 假设“供货管理”数据库中，已经创建了数据库用户 user1、user2、user3，使用 T-SQL 语句管理权限。

（1）把查询零件表的权限授予用户 user1。

（2）把零件表的全部权限授予用户 user1。

（3）把查询零件表的权限授予所有用户。

（4）把查询零件表和修改规格的权限授予用户 user2。

（5）把对零件表的 INSERT 权限授予用户 user2，并允许将此权限再授予其他用户。

（6）把在数据库供货管理中建立表的权限授予用户 user3。

（7）把用户 user2 的修改零件规格的权限撤销。

（8）撤销所有用户对零件表的查询权限。

（9）拒绝用户 user1 对零件表的删除权限。

第13章 数据库备份和还原

尽管数据库系统中采取了各种保护措施来防止数据库的安全性和完整性被破坏，保证并发事务的正确执行，但是计算机系统中硬件的故障、软件的错误、操作员的失误以及恶意的破坏仍是不可避免的，这些故障轻则造成运行事务非正常中断，影响数据库中数据的正确性，重则破坏数据库，使数据库中全部或部分数据丢失。因此，SQL Server 2014 指定了一个良好的备份/还原策略，定期将数据库进行备份以保护数据库，以便在事故发生后还原数据库。数据库系统所采用的恢复技术是否行之有效，不仅对系统的可靠程度起着决定性作用，而且对系统的运行效率也有很大影响，是衡量系统性能优劣的重要指标。

数据库的备份是一个长期的过程，而还原可以看作是备份的逆过程。还原程度的好坏很大程度上依赖于备份的情况。

13.1 数据库备份概述

对于计算机用户来说，对一些重要文件、资料定期进行备份是一种良好的习惯。如果出现突发情况，例如系统崩溃、系统遭受病毒攻击等，使得原先的文件遭到破坏以至于全部丢失，启用文件备份，就可以节省大量的时间和精力。

数据库备份就是定期地将整个数据库复制到磁带、磁盘或其他存储介质上保存起来的过程，以便在数据库遭到破坏时能够利用备份集恢复数据库。执行备份操作必须拥有对数据库备份的权限许可，SQL Server 2014 只允许系统管理员、数据库所有者和数据库备份执行者备份数据库。

SQL Server 2014 提供了高性能的备份和还原功能以及保护手段，以保护存储在 SQL Server 2014 数据库中的关键数据。通过适当的备份，可以使用户能够在发生多种可能的故障后恢复数据，这些故障主要包括：系统故障、用户错误（例如，误删除了某个表或某些数据）、硬件故障（例如，磁盘驱动器损坏）、自然灾害。

13.1.1 数据库备份的类型

在 SQL Server 系统中，有完整数据库备份、差异数据库备份、事务日志备份、数据库文件或文件组备份 4 种备份类型。

1. 完整数据库备份

备份数据库的所有数据文件、日志文件和在备份过程中发生的任何活动（将这些活动记录在事务日志中，一起写入备份设备）。完整备份是数据库恢复的基础，日志备份、差异备份的恢复完全依赖于在其前面进行的完整备份。

完整数据库备份易于使用。因为完整数据库备份包含数据库中的所有数据，所以对于可以快速备份的小数据库而言，最佳方法就是使用完整数据库备份。但是，随着数据库的不断增大，完整备份需花费更多时间才能完成，并且需要更多的存储空间。因此，对于大型数据库而言，可以用差异数据库备份来补充完整数据库备份。

2. 差异数据库备份

差异数据库备份只备份自最近一次完整备份以来被修改的那些数据。当数据修改频繁时，用户应当执行数据库差异备份。差异备份的优点在于备份设备的容量小，减少数据损失并且恢复的时间快。数据库恢复时，先恢复最后一次的数据库完整备份，然后再恢复最后一次的数据库差异备份。

对于大型数据库，完整数据库备份需要大量磁盘空间。为了节省时间和磁盘空间，可以在一次完整数据库备份后安排多次差异备份。每次连续的差异数据库备份都大于前一次备份，这就需要更长的备份时间、还原时间和更大的空间。因此，可以定期执行新的完整备份以提供新的差异基准。

3. 事务日志备份

备份事务日志可以记录数据库的更改，在创建第一个日志备份之前，必须先创建一个完整备份。定期备份事务日志十分有必要，可以使用事务日志备份将数据库恢复到特定的即时点（如输入多余数据前的那一点）或恢复到故障点。数据库差异备份和数据库完整备份都不能做到。

恢复事务日志备份时，SQL Server 2014 重做事务日志中记录的所有更改。当 SQL Server 2014 到达事务日志的最后时，已重新创建了与开始执行备份操作的那一刻完全相同的数据库状态。如果数据库已经恢复，则 SQL Server 2014 将回滚备份操作开始时尚未完成的所有事务。

一般情况下，事务日志备份比数据库备份使用的资源少，因此可以比数据库备份更经常地创建事务日志备份，经常备份将减少丢失数据的危险。

图 13-1 所示为基于完整恢复模型（详见 13.2 节）下的 1 个完整备份 + 多个连续的事务日志备份的策略。如果中间的日志备份 02 删除或者损坏，则数据库只能恢复到日志备份 01 的即时点。

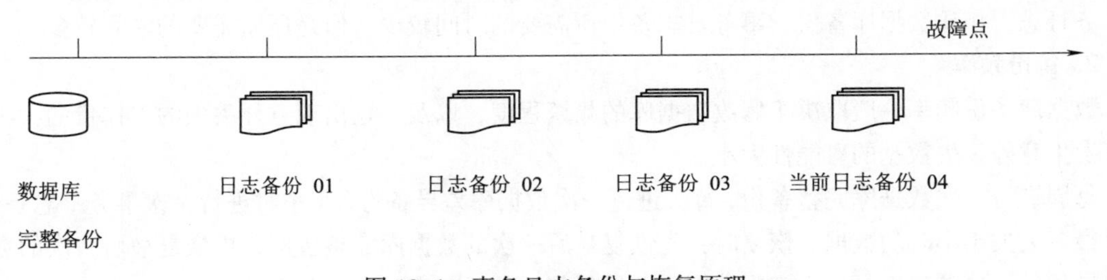

图 13-1　事务日志备份与恢复原理

假如日志备份 01、02 和 03 都是完整的，那么在恢复时，先恢复数据库完整备份，然后依次恢复日志备份 01、02 和 03。如果要恢复到故障点，就需要看数据库的当前日志是否完整，如果是完整的，可以做一个当前日志的备份，然后恢复日志备份 04 就可以了。

4. 数据库文件或文件组备份

备份组件是选择要备份的数据库组件。如果在“备份类型”下拉列表框中选择“事务日志”选项，则不会激活此选项。备份组件有两个选项，如图 13-2 所示。

- 如果选择“数据库”单选按钮，是指定备份整个数据库。
- 如果选择“文件和文件组”单选按钮，是指定要备份的文件和文件组。在“选择文件和文件组”对话框中可以选择要备份的文件或文件组，可以全选，也可以选择一部分文件或文件组。

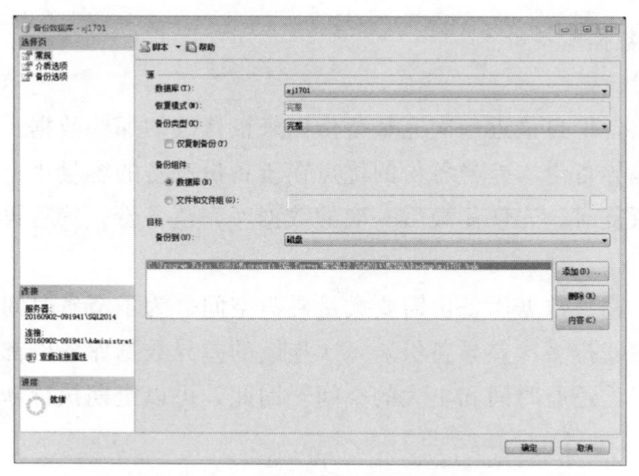

图 13-2　备份类型和备份组件

13.1.2　数据库备份计划

创建备份的目的是为了可以恢复已损坏的数据库。但是，备份和还原数据需要在特定的环境中进行，并且必须使用一定的资源。因此，在备份数据库之前，需要对备份内容、备份频率以及数据备份存储介质等进行计划。

1. 备份内容

备份内容主要包括：系统数据库、用户数据库和事务日志。

（1）系统数据库中存储了 SQL Server 的服务器配置信息、用户登录信息、用户数据库信息以及作业信息等，主要包括 master、msdb 和 model 数据库。

（2）用户数据库中存储了用户的数据。在创建或装载了数据库之后、创建了索引之后等情况下都应当备份用户数据库。

（3）事务日志记录了用户对数据库中数据的各种操作，平时系统会自动管理和维护所有的数据库事务日志。相比数据库备份，事务日志备份所需要的时间较少，但是还原需要的时间较多。

2. 备份频率

数据库备份频率一般取决于修改数据库的频繁程度，以及一旦出现意外丢失的工作量的大小，还有发生意外丢失数据的可能性大小。

每周进行一次数据库完整备份，每天进行一次数据库差异备份，每小时进行一次事务日志备份，这样最多丢失 1 小时的数据。恢复时：先恢复最后一次的数据库完整备份，再恢复最后一次的数据库差异备份，再顺序恢复最后一次数据库差异备份后的所有事务日志备份。

3. 备份存储介质

常用的备份存储介质包括硬盘、磁带和命令管道等。具体使用哪一种介质，要考虑用户的成本承受能力、数据的重要程度、用户的现有资源等因素。在备份中使用的介质确定以后，一定要保持介质的持续性，一般不要轻易地改变。

4. 其他计划

（1）确定备份工作的负责人。备份负责人负责备份的日常执行工作，并且要经常进行检查和督促。这样，可以明确责任，确保备份工作得到人力保障。

（2）确定使用在线备份还是脱机备份。在线备份就是动态备份，允许用户继续使用数据库。脱机备份就是在备份时，不允许用户使用数据库。虽然备份是动态的，但是用户的操作会影响数据库备份的速度。

（3）确定是否使用备份服务器。在备份时，如果有条件最好使用备份服务器，这样可以在系统出现故障时，迅速还原系统的正常工作。当然，使用备份服务器会增大备份的成本。

（4）确定备份存储的地方。备份是非常重要的内容，一定要保存在安全的地方。在保存备份时应该实行异地存放，并且每套备份的内容应该有两份以上的备份。

（5）确定备份存储的期限。对于一般性的业务数据可以确定一个比较短的期限，但是对于重要的业务数据，需要确定一个比较长的期限。期限越长，需要的备份介质就越多，备份成本也随之增大。

总之，备份应该按照需要经常进行，并进行有效的数据管理。SQL Server 2014 备份可以在数据库使用时进行，但是一般在非高峰活动时备份效率更高。另外，备份是一种十分耗费时间和资源的操作，不能频繁操作。应该根据数据库的使用情况确定一个适当的备份周期。

13.2 数据库还原概述

备份是还原数据库最容易和最能防止意外的有效方法。没有备份，所有的数据都可能会丢失，而且将造成不可挽回的损失，这时就不得不从源头重建数据；还原数据库就是将原来备份的数据库还原到当前的数据库中，通常是在当前的数据库出现故障或误操作时进行。当还原数据库时，SQL Server 全自动将备份文件中的数据库备份全部还原到当前的数据库中，并回滚任何未完成的事务，以保证数据库中数据的一致性。

13.2.1 数据库还原策略

还原数据库是一个装载数据库的备份，然后应用事务日志重建的过程，这是数据库管理员另一项非常重要的工作。数据还原策略认为所有的数据库一定会在它们的生命周期的某一时刻需要还原。数据库管理员职责中很重要的部分就是将数据还原的频率降到最低，并在数据库遭到破坏之前进行监视，预估各种形式的潜在风险所能造成的破坏，并针对具体情况制定恢复计划，在破坏发生时及时地恢复数据库。

还原方案从一个或多个备份中还原数据，并在还原最后一个备份后恢复数据库。如果数据库进行过完整备份和事务日志备份，那么还原它是很容易的，倘若保持着连续的事务日志，就能快速地重新构造和建立数据库。还原数据库是一个装载最近备份的数据库和应用事务日志来重建数据库到失效点的过程。定点还原可以把数据库还原到一个固定的时间点，这种选项仅适用于事务日志备份。当还原事务日志备份时，必须按照它们建造的顺序还原。

在还原一个失效的数据库之前，调查失效背后的原因是很重要的。如果数据库的损坏是由介质错误引起的，那么就需要替换失败的介质。倘若是由于用户的问题而引起的，那么就需要针对发生的问题和今后如何避免采取相应的对策。如果是由系统故障或自然灾害引起的，那么就只能具体问题具体分析，根据损害的程度采取相应的对策。例如死机，只需重新启动操作系统和 SQL Server 服务器，重做没有提交的事务；如果数据库损坏，可以通过备份还原；而如果介质损坏，只能替换；等等。

13.2.2 数据库恢复模式

数据库的恢复模式是数据库遭到破坏时还原数据库中数据的数据存储方式，它与可用性、性能、磁盘空间等因素相关。备份和还原操作是在“恢复模式”下进行的，恢复模式是一个数据库属性，它用于控制数据库备份和还原操作基本行为。

每一种恢复模式都按照不同的方式维护数据库中的数据和日志。Microsoft SQL Server 2014 系统提供了三种数据库的恢复模式：

1. 完整恢复模式

系统默认采用完整还原模式，它使用数据库备份和日志备份，能够较为完全地防范媒体故障。采用该模型，SQL Server 事务日志记录了对数据进行的全部修改，包括大容量数据操作。因此，其能够将数据库还原到特定的即时点。

如果系统符合下列任何要求，则使用完整恢复模式：

（1）用户必须能够恢复所有数据。

（2）数据库包含多个文件组，并且希望逐段还原读/写辅助文件组（以及只读文件组）。

（3）必须能够恢复到故障点。

2. 简单恢复模式

简单恢复模式可以最大限度地减少事务日志的管理开销，因为不备份事务日志。如果数据库损坏，简单恢复模式将面临极大的工作丢失风险，最后一次备份之后的更改将不受保护，这些更改在发生灾难时必须重做。

在简单恢复模式下恢复数据库，只能恢复到最新备份的结尾。因此，在简单恢复模式下，备份间隔应尽可能短，以防止大量数据丢失。

在简单恢复模式下还原数据库时，如果只使用完整数据库备份，则只需还原最近的备份；如果还使用差异数据库备份，则应还原最近的完整数据库备份，然后再还原最近的差异数据库备份并恢复数据库。

如果系统符合下列所有要求，则使用简单恢复模式：

（1）丢失日志中的一些数据无关紧要。

（2）无论何时还原主文件组，用户都希望始终还原读/写辅助文件组（如果有）。

（3）是否备份事务日志无所谓，只需要完整差异备份。

（4）不在乎无法恢复到故障点以及丢失从上次备份到发生故障时之间的任何更新。

3. 大容量日志恢复模式

该模式和完整模式类似，也是使用数据库备份和日志备份，不同的是，对大容量数据操作的记录，采用提供最佳性能和最少的日志空间方式。这样，事务日志只记录大容量操作的结果，而不记录操作的过程。所以，当出现故障时虽然能够恢复全部数据，但不能恢复数据库到特定的时间点。

此模式简略地记录大多数大容量操作（例如，索引创建和大容量加载），完整地记录其他事务。大容量日志恢复提高大容量操作的性能，常用作完整恢复模式的补充。

这种恢复模式的特点是：

（1）还原允许大容量日志记录的操作。

（2）数据库可以进行 4 种备份方式中的任何一种。

（3）不能还原到某个即时点。

这种模式的优点是对大容量操作使用最少的日志记录，节省日志空间；缺点是丧失了恢复到即时点的功能，如非特别需要，不建议使用此模式。

在 SQL Server 2014 中有 SSMS 和 ALTER DATABASE 语句两种设置数据库恢复模式的方式。

这里主要介绍前一种方法：在 SQL Server Management Studio 环境下，选中将要设置恢复模式的数据库，右击数据库，在弹出的快捷菜单中选中“属性”命令，弹出如图 13-3 所示的“数据库属性”窗口。在该对话框的“选项”界面中，可以从“恢复模式”下拉列表框中选择恢复模式。

数据库的最佳恢复模式取决于业务要求。通常情况下，数据库使用简单恢复模式或完整恢复模式。简单恢复模式同时支持数据库备份和文件备份，但不支持事务日志备份。备份非常易于管理，因为始终不会备份事务日志。但是，如果没有日志备份，数据库只能还原到最近数据备份的末尾。如果操作失败，则在最近数据备份之后所做的更新便会全部丢失。

图 13-3　设置数据库恢复模式

在完整恢复模式和大容量日志恢复模式下，差异数据库备份将最大限度地减少在还原数据库时回滚事务日志备份所需的时间。

事务日志备份只能与完整恢复模式和大容量日志记录恢复模式一起使用。在简单模式下，事务日志有可能被破坏，所以事务日志备份可能不连续，不连续的事务日志备份没有意义，因为基于日志的恢复要求日志是连续的。

13.3　数据库备份操作

在 SQL Server 2014 中，数据库备份操作有两种方式：在 SQL Server Management Studio 中使用界面备份数据库和使用 T-SQL 语句备份数据库。

1. 在 SQL Server Management Studio 中使用界面备份数据库

【例 13-1】在 SQL Server Management Studio 的对象资源管理器中创建“teaching”数据库的完整数据库备份，操作步骤如下：

（1）在对象资源管理器中展开“teaching”数据库。

（2）右击“teaching”选项，在弹出的快捷菜单中选择“任务”→“备份”命令，弹出“备份数据库-teaching”窗口，如图 13-4 所示。

（3）在“数据库”下拉列表框中选择“teaching”选项，作为准备备份的数据库。在“备份类型”下拉列表框中，选择需要的类型，这是第一次备份，选择“完整”选项。

（4）由于没有磁带设备，因此所以只能备份到“磁盘”。单击“添加”按钮，重新选择路径并设置文件名，最后单击“确定”按钮，如图 13-5 所示。

（5）选择“备份数据库-teaching”窗口左侧的“介质选项”选项。对“备份到现有介质集”选项区域进行设置，此选项的含义是备份媒体的现有内容被新备份重写。在“备份到现有介质集”选项区域中含有两个单选按钮：“追加到现有备份集”和“覆盖所有现有备份集”。其中“追加到现有备份集”是媒体上以前的内容保持不变，新的备份在媒体上次备份的结尾处写入。“覆盖所有现有备份集”是重写备份设备中任何现有的备份。此处选中“追加到现有备份集”单选按钮，单击“确定”

按钮，数据库备份完成，如图 13-6 所示。

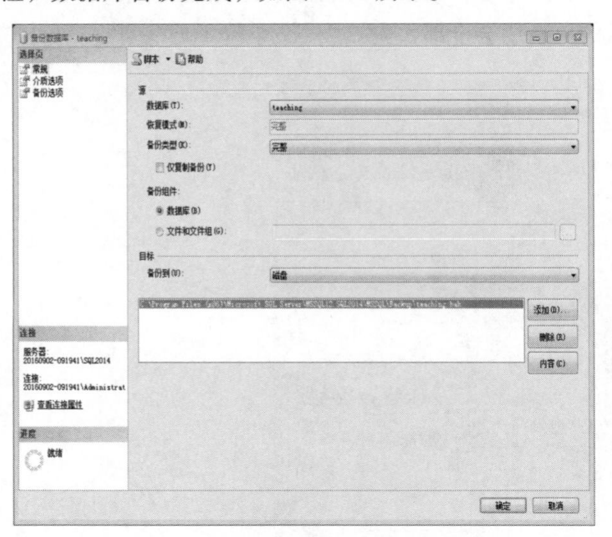

图 13-4　“备份数据库-teaching”窗口

图 13-5　选择路径并设置文件名

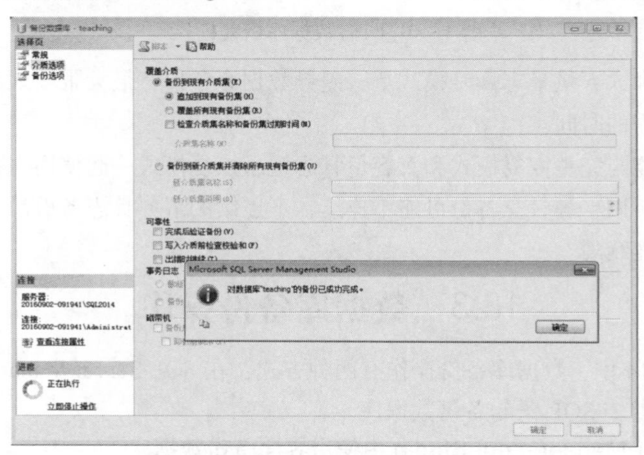

图 13-6　数据库 teaching 备份完成

2. 使用 T-SQL 语句备份数据库

使用 T-SQL 语句备份数据库的基本语法格式如下：

```
BACKUP DATABASE { database_name | @database_name_var } /*被备份的数据库名*/
TO < backup_device > [ ,...n ] /*指出备份目标设备*/
[WITH
    [BLOCKSIZE = { blocksize | @blocksize_variable } ]/*块大小*/
    [[ , ] DESCRIPTION = { 'text' | @text_variable } ]/*备份集的自由格式文本*/
    [[ , ] DIFFERENTIAL ]
    [[ , ] EXPIREDATE = { date | @date_var }]
    [[ , ] PASSWORD = { password | @password_variable } ]
    [[ , ] FORMAT | NOFORMAT ]
    [[ , ] { INIT | NOINIT } ]]
```

其中参数的含义如下：

（1）{ database_name | @database_name_var }：将名为 database_name 的数据库备份到指定的备份设备。其中参数 database_name 指定了一个数据库，表示从该数据库中对事务日志和完整的

数据库进行备份。如果要备份的数据库以变量（@database_name_var）提供，则可将该名称指定为字符串常量（@database_name_var=database_name）或字符串数据类型（ntext 或 text 数据类型除外）的变量。

（2）< backup_device >：指定备份操作时要使用的逻辑或物理备份设备。其中，{logical_backup_device_name}|{@ logical_backup_device_name_var }指备份设备的逻辑名称，数据库将备份到该设备中；{DISK|TAPE }='phyaical_ backup_device_name' |@phyaical_ backup_device_name_var 表示允许在指定的磁盘或磁带设备上创建备份。在执行 BACKUP 语句之前不必存在指定的物理设备。如果存在物理设备且 BACKUP 语句中没有指定 INIT 选项，则备份将追加到该设备。

（3）DIFFERENTIAL：指定数据库备份或文件备份应该与上一次完整备份后改变的数据库或文件部分保持一致。差异备份一般会比完整备份占用更少的空间。对于上一次完整备份时备份的全部单个日志，使用该选项可以不必再进行备份。

（4）EXPIREDATE = { date | @date_var }：EXPIREDATE 选项指定备份集到期和允许被重写的日期。如果该日期以变量（@date_var）提供，则可以将该日期指定为字符串常量（@date_var=date）、字符串数据类型变量（ntext 或 text 数据类型除外）、smalldatetime 或者 datetime 变量，并且该日期必须符合已配置的系统 datetime 格式。

（5）PASSWORD = { password | @password_variable }：PASSWORD 选项为备份集设置密码，它是一个字符串。如果为备份集定义了密码，必须提供这个密码才能对该备份集执行恢复操作。

（6）FORMAT：指定应将媒体头写入用于此备份操作的所有卷。使用 FORMAT 选项可以覆盖备份设备上的所有内容，即格式化备份设备。

（7）NOFORMAT：指定媒体头不应写入所有用于该备份操作的卷中，并且不会格式化备份设备，除非指定了 INIT。

（8）INIT：表示如果备份集已经存在，新的备份集会覆盖旧的备份集。

（9）NOINIT：表示新的备份集会追加到旧的备份集的后面，不会覆盖。

注意：如果要备份特定的文件或文件组，在 BACKUP DATABASE 语句中加入 < file_or_filegroup > [,…n]参数即可；如果要进行事务日志备份，则使用 BACKUP LOG。详细内容可参考 Microsoft SQL Server 2014 的联机帮助。

【例 13-2】将整个 teaching 数据库完整备份到磁盘上，并创建一个新的媒体集。

```
BACKUP DATABASE teaching
TO DISK = 'E:\data\teaching.Bak'
  WITH FORMAT,
  NAME = '教学库的完整备份'
```

在 teaching 数据库中，创建一个任意的新表，名为“Table”。

【例 13-3】创建 teaching 的差异数据库备份。

```
BACKUP DATABASE teaching
TO DISK = 'E:\data\teaching差异备份.Bak'
  WITH DIFFERENTIAL
```

13.4 数据库还原操作

SQL Server 提供了数据库的两种还原过程：自动还原过程和手动还原过程。

13.4.1 自动还原

自动还原是指 SQL Server 数据库在每次出现错误或关机重启之后都会自动运行带有容错功能的

特性。SQL Server 用事务日志来完成这项任务，它读取每个数据库事务日志的活动部分，标识所有已经提交的事务，把它们重新应用于数据库，然后标识所有未提交的事务并回滚，这样保证删除所有未完全写入数据库的未提交事务。这个过程保证了每个数据库逻辑上的一致性。

13.4.2 手动还原

手动还原数据库需要指定数据库还原工作的应用程序和接下来的按照创建顺序排列的事务日志的应用程序。完成这些之后，数据库就会处于和事务日志最后一次备份时一致的状态。

当从完整数据库备份中恢复数据库时，SQL Server 将重建数据库文件，并把所重建的数据库文件置于备份数据库时这些文件所在的位置，所有的数据库对象都将自动重建，用户无须重建数据库的结构；如果使用差异数据库备份来还原，则可以还原最近的差异数据库备份。

在 SQL Server 2014 中，数据库还原操作有两种方式：在 SQL Server Management Studio 中使用界面还原数据库和使用 T-SQL 语句还原数据库。

1. 在 SSMS 中使用界面还原数据库

【例 13-4】在 SSMS 的对象资源管理器中利用 teaching 数据库的完整数据库备份还原 teaching 数据库，操作步骤如下：

（1）在对象资源管理器中展开 teaching 数据库。

（2）右击 teaching 选项，在弹出的快捷菜单中选择“任务”→“还原”→“数据库”命令，弹出“还原数据库-teaching”窗口，如图 13-7 所示。

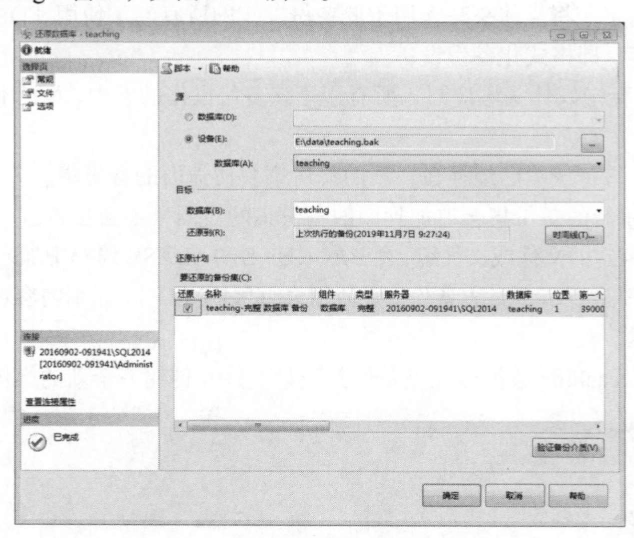

图 13-7　“还原数据库-teaching”窗口

（3）在“设备”单选按钮后的文本框中选择备份文件“E:\data\teaching.bak”，其他设置默认。

（4）单击“确定”按钮，数据库还原操作完成。打开 teaching 数据库，可以看到其中的数据进行了还原。看不到其中的“Table”表，因为只进行了完整数据库备份的还原。

【例 13-5】在对象资源管理器中利用 teaching 数据库的差异数据库备份还原数据库，操作步骤和还原完整数据库备份基本相同。

在“还原数据库-teaching”窗口中，选择“要还原的备份集”为“teaching 差异备份”，数据库完整备份会自动被选中，因为在还原差异备份之前，必须先还原其基准备份。还原操作完成后，打开 teaching 数据库，可以看到完整备份时的数据，也可以看到其中的“Table”表，因为还原了完整数据库备份后的差异数据库备份。

2. 使用 T-SQL 语句还原数据库

使用 T-SQL 语句还原数据库的基本语法格式如下：

```
RESTORE DATABASE { database_name | @database_name_var }
[ FROM <backup_device> [ ,...n ] ]
[ WITH
   [[ , ] FILE = { backup_set_file_number | @backup_set_file_number } ]
   [[ , ] KEEP_REPLICATION ]
   [[ , ] MEDIANAME = { media_name | @media_name_variable } ]
   [[ , ] MEDIAPASSWORD = { mediapassword | @mediapassword_variable } ]
 [[ , ] MOVE 'logical_file_name_in_backup' TO 'operating_system_file_name' ]
         [ ,...n ]
  [[ , ] PASSWORD = { password | @password_variable } ]
  [[ , ] { RECOVERY | NORECOVERY | STANDBY =
        {standby_file_name | @standby_file_name_var } } ]
[[ , ] REPLACE ]]
```

其中大部分参数在备份数据时已经介绍，下面对一些没有介绍过的参数进行介绍。

KEEP_REPLICATION：将复制设置为与日志传送一同使用。设置该参数后，在备用服务器上还原数据库时可防止删除复制设置。

MOVE：将逻辑名指定的数据文件或日志文件还原到指定的位置。

RECOVERY：回滚未提交的事务，使数据库处于可以使用的状态，但无法还原其他事务日志。

NORECOVERY：不对数据库执行任何操作，不回滚未提交的事务，但可以还原其他事务日志。

STANDBY：使数据库处于只读模式，撤销未提交的事务，但将撤销操作保存在备用文件中，以便可以恢复效果逆转。

standby_file_name | @standby_file_name_var：指定一个允许撤销恢复效果的备用文件或变量。

【例 13-6】将 teaching 数据库的完整数据库备份进行还原。


```
RESTORE DATABASE teaching
FROM DISK = 'E:\data\ teaching.Bak'
WITH REPLACE, NORECOVERY
```

【例 13-7】将 teaching 数据库的差异数据库备份进行还原。

```
RESTORE DATABASE teaching
FROM DISK = 'E:\data\ teaching差异备份.Bak'
WITH RECOVERY
```


本 章 小 结

数据库备份和还原的基本原理就是利用存储在后备副本、日志文件和数据库镜像中的冗余数据来重建数据库。数据库的恢复模式还决定数据库支持的备份类型和还原方案。有三种恢复模式：简单恢复模式、完整恢复模式和大容量日志恢复模式。

思考与练习

1. 简述数据库备份和还原的基本概念。
2. 数据库备份有哪几种类型？
3. 简述数据库的恢复模式。
4. 简述在 SSMS 中使用界面进行备份和还原数据库的操作过程。

参 考 文 献

[1]王珊，萨师煊．数据库系统概论[M]．5 版．北京：高等教育出版社，2014.

[2]夏保芹，刘春林，徐小平．数据库原理及应用：SQL Server 2014[M]．北京：清华大学出版社，2019.

[3]尹志宇，郭晴．数据库原理与应用教程 SQL Server 2008[M]．北京：清华大学出版社，2017.

[4]施伯乐，丁保康，汪卫．数据库系统教程[M]．3 版．北京：高等教育出版社，2008.

[5]郑阿奇．SQL Server 实用教程[M]．北京：电子工业出版社，2014.

[6] 厄尔曼，怀德姆．数据库系统基础教程（第 3 版）[M]．北京：机械工业出版社，2008.

[7]西尔伯沙茨，科思，苏达尔善．数据库系统概念（第 6 版）[M]．杨冬青，李红燕，唐世渭，译．北京：机械工业出版社，2012.

[8]康诺利，贝格．数据库系统：设计、实现与管理（进阶篇）（第 6 版）[M]．宁洪，李姗姗，王静，译．北京：机械工业出版社，2018.